U0308349

家政服务

通用培训教程

董颖蓉　褚达鸥　编著

（上）

云南出版集团
云南科技出版社
·昆明·

图书在版编目（CIP）数据

家政服务通用培训教程：上、下册 / 董颖蓉, 褚达鸥编著. -- 昆明：云南科技出版社, 2021.8
ISBN 978-7-5587-3707-7

Ⅰ.①家… Ⅱ.①董… ②褚… Ⅲ.①家政服务—职业教育—教材 Ⅳ.①TS976.7

中国版本图书馆CIP数据核字(2021)第163571号

家政服务通用培训教程

JIAZHENG FUWU TONGYONG PEIXUN JIAOCHENG

董颖蓉　褚达鸥　编著

责任编辑：李凌雁　杨梦月
封面设计：长策文化
责任校对：张舒园
责任印制：蒋丽芬

书　　号：ISBN 978-7-5587-3707-7
印　　刷：云南金伦云印实业股份有限公司
开　　本：787mm×1092mm　1/16
印　　张：38.75
字　　数：900千字
版　　次：2021年8月第1版
印　　次：2021年8月第1次印刷
定　　价：198.00元（上、下册）

出版发行：云南出版集团　云南科技出版社
地　　址：昆明市环城西路609号
电　　话：0871-64190973

特别鸣谢：云南子渊教育集团

国家开放大学

云南旅游职业学院

云南新子路职业培训学校

昆明市妇女联合会

昆明市巾帼家政产业联盟

昆明善品兆福家政服务公司

云南新子路职业培训学校

更多学习交流请扫码关注

 昆明善品兆福家政服务有限公司

如果风

能掀起波澜

那么

有什么命运不能改变

投入学习吧

奇迹一定会发生

《家政服务通用培训教程》
序

　　也许在很多人眼里，家政服务就是一个打扫卫生之类的"粗活"。实际上，随着社会分工的不断优化，家政服务面临着新的机遇和挑战：越来越多的人到城里居住，人们的工作愈加繁忙，住房档次越来越高，家具种类越来越多……由此，家政行业对家政服务员如何高效打扫房间、收纳物品、保养家具的专业性要求，以及对客服务能力、职业道德和审美素养等方面的要求也与日俱增。优秀的家政服务人员还可以晋升为职业管家，步入更高端的服务业。因此，家政服务业具有更加广阔的发展空间，对于如何培养新时代的家政服务员，也随之成为应情、应势之需。

　　如今我们欣喜地看到，云南新子路职业培训学校校长、昆明善品兆福家政服务有限公司总经理董颖蓉女士，带领她的团队，将长期从事家政服务、农村劳动力就业技能培训这两个领域的一些成功经验，经过不断地实践、研究和反馈固化下来，形成了一套简单有效的培训方式和操作标准，以技服人，以技助人，以技福人。家政服务公司的运营，使得他们对客户的需求有着深入了解，客户也对他们提供的服务比较满意；同时不断进取的职业培训历程，使得学校链接了最接地气的供给端，把农村劳动力和其他从事家政服务的人员进行针对性培训后输送到千家万户，为城市忙碌的人们提高生活质量，提供了可靠而有效的保障。

本书的面世，为有志于在家政服务及物业服务领域发展，需要在家政服务业内实现提升的人员、甚至是有兴趣做好家人照护的人提供了一个综合学习的平台。本书具有一定的科学性和实用性，是一本专业的实战书籍。希望这本书能够为新型城镇化建设、乡村振兴、家庭和谐以及现代服务业的发展起到积极的促进作用。

云南旅游职业学院酒店管理学院院长、教授

杨红波

《家政服务通用培训教程》

前　言

　　随着生活品质的日益提高，请家政服务人员帮助料理家务已经成为人们日常生活的一个重要事项。由于家政服务入职门槛低，许多没有经过专业培训的从业人员混杂其间，给聘用和提供家政服务的各方带来了巨大的困扰。

　　如何提升从事家政服务人员的专业水平？如何让需要家政服务的家庭能享受到优质满意的服务？如何在家政服务领域建立实在的优质服务行业标准理念？云南子渊教育产业集团组织编写了《家政服务通用培训教程》，为促进家政服务的"职业化专业发展"提供了具体可操作的实用基础范本。

　　本教程务实地从生活的真实视角，严谨地分析家政服务需求，综合国内外经验，结合家政服务的现状和对未来发展的需要，科学梳理家政服务关键内容，尝试制订服务实用标准和服务内容的范围、要求、步骤与流程，期盼建立家政服务专业技术职业规范实操示范。特别是关注照应文化层次低、偏僻落后地区的从业者学习方便，将家政服务在规范叙述的前提下尽可能细化，并配以流程图，最大限度地做到简单易懂，突出实践性和操作性，有利于家政服务人员在实际工作中专业的实施。

在新的时代，现代家政服务人员已不再是简单传统意义上的保姆和保洁员，而是从事一项或多项复杂、综合、高水平的专业服务工作技能人才，所以对家政服务人员、家庭服务师的培训已成为家政服务的一个基本要求，也是家政服务行业提高服务质量、服务技能的必由之路。本教程立足专业为本，易学为要，在教与学融合融通上下功夫，编写力图呈现"理念新""技术专""易学练"三大特点，使《家政服务通用培训教程》成为家政服务职业技术培训的好帮手，也是从事家政服务人员进行专业技术学习的好助手。

本教程在编写过程中得到了中国国家开放大学、云南旅游职业学院、云南省公共保洁与家政行业协会、昆明市妇女联合会、昆明市巾帼家政产业联盟等的大力支持与协助，在此一并表示衷心的感谢！

昆明市盘龙区教育科研中心

褚达鸥

2021年1月22日

董颖蓉，云南予渊教育产业集团总裁，天津师范大学教育心理学硕士，国家二级心理咨询师。云南省教育学会中小学综合实践活动专业委员会常务理事，云南省公共保洁与家政协会常务副会长，昆明市妇女联合会巾帼家政产业联盟副理事长，中央电视台"庆祝建国70周年——中国品牌献礼系列活动"特约嘉宾，云南省家政行业2018年年度风云人物，云南省家政行业2019年特殊贡献人。曾编著《房客服务与管理》《房客管理发展趋势》《酒店人力资源管理》，参编《农民工进城务工引导性培训》等书。

褚达鸥，高级教师，昆明市优秀教师，盘龙区人民政府督学，云南省教育学会中小学综合实践活动专业委员会常务理事，联合国教科文组织中国可持续发展教育云南省工作委员会专家，中国科学技术发展基金会、教育部国家级"优秀科学教师提名奖"获得者，云南师范大学"国培计划"——云南省农村骨干教师培训学科培训专家。云南妇女儿童发展中心《学习能力与学习技术训练手册》主编，云南省昆明市、玉溪市、曲靖市中考复习《名师点拨中考语文》主编，参编中小学教师现行教材《课程教学指南丛书·初中语文》，参编云南省教育科学院《义务教育课程标准实验教材初中学习指导丛书》语文分册。

杨红波，云南旅游职业学院酒店管理学院院长、教授。国际金钥匙学院荣誉董事，全国旅游行指委酒店专委会委员，云南省婚庆行业协会副会长，云南省饭店行业协会副秘书长，历届国家级职业技能大赛评委，云南省旅游服务专家组成员，云南省餐饮职业教育教学指导委员会主任委员。美国饭店注册高级职业经理人（CHA）、高级教育督导(CHE)、高级培训师(CHT)。拥有十多年高星级饭店一线管理及旅游职业教育经验，曾赴奥地利、瑞士进修酒店与旅游管理，并在多家五星级酒店挂职锻炼。

王航，高级教师，云南省骨干教师，云南省美术家协会会员，云南美术馆公共教育负责人。曾任教于昆明市书林一小、昆明市滇池度假区实验学校。在从教生涯中，践行"教育就是尊重和点亮生命的过程"的教育教学理念，并以美术创作传播公共教育正能量，代表画作有《弟子规新解》《三字经新解》，参与编写《抗战时期的云南美术》一书。

《家政服务通用培训教程》

目 录

懂家懂生活

——叶颖恭

细雨朦胧　润物无声

你心里

从事家政事业的小芽

开始生长了吗？

绪

跨进家政门

——以技惠人

细节决定一切
学不到足够的专业
细节的精妙就体会不到

本书人物介绍

月嫂

家政服务员

保洁员

家政服务师

家政企业管理员

孕妇

我来啦！

婴儿

爷爷

奶奶

家政是一门既古老而又常新的学科，也是一门直接为人类家庭生活服务的学科。明白家政服务的核心理念与操作标准，梳理家政服务的流程，把握中国家政服务的发展趋势，探寻中国家政的发展之路，具有十分重要的意义。本书从实用的操作标准入手，对家政服务进行有意义的探索与建构。

一、什么是家政

家政的英文名称是 Home Economics，其意义在于经济的基础上来管理、服务家庭生活。

家政一词有四种意思。

第一，家政是指家庭事务的管理。"政"是指行政与管理，它包含三个内容：一是规划与决策；二是领导、指挥、协调和控制；三是监督与评议。《现代汉语词典》中家政一词解释为"指家庭事务的管理工作，如有关家庭生活中烹调、养老、保洁及养育幼儿等"。

第二，家政是指在家庭这个小群体中，与全体或部分家庭成员生活有关的事情，它带有"公事""要事"的意思。家庭的吃喝拉撒睡和锅碗勺盆瓢，家庭的养老、育儿、迎来送往、收纳整理、消费理财、绿化管养、休闲娱乐、安全管理等，无一不是家政内容。在实践中，根据不同家庭的情况把注意力放在大事和要事上面，也就是首先抓好事关所服务家庭的重要事情。

第三，家政是指家庭生活管理服务的规则或者行为准则。家庭生活需要有一些关于行为和关系的规定和标准，有的写成条文，有的经过协商形成口头协议，有的在长期生活中成为特有的习惯规则。这些规则有综合的，也有单项的。

第四，家政服务是指家庭生活中实用、适用的知识、技能与技巧。家庭事务是很具体、很实际的，人们的修养、认识、管理、技能都要与日常行为结合起来才能表明其内涵。

综合国内外学术界的各种认识，我们认为家政是研究家庭生活规律，以提升生活品质、引领生活方式为目的的综合类服务行业，涵盖了家庭生活的方方面面，如食品备置、加工、烹饪、服装选购和保养、美容美发、形象设计、家居布置设计、室内装潢设计、庭院设计和管理、母婴卫生、育儿、儿童发展心理教育、家庭婚姻关系、家庭要事记录、家庭经营管理等。本书从常用的、不同的服务类别的操作要求上广义来认识、理解和应用家政服务这个概念。

二、你想当哪个级别的家政人

国家人力资源和社会保障部制定的《家政服务员国家职业标准》将职业水平设为五个等级，分别为初级（国家职业资格五级）、中级（国家职业资格四级）、高级（国家职业资格三级）、技师（国家职业资格二级）、高级技师（国家职业资格一级），但由于国家对鉴定工种的不断调整及删减，现在能取到相应职业资格证书的方法和等级还在不断调整中，因此只有利用行业标准对服务人员进行考核认定以区别服务水准。

在实际的管理中，家政行业（协会或联盟）可按技术和素养水平将服务人员考核评定为五个星级："一星、二星、三星、四星、五星"（月嫂、育儿嫂、家庭服务师、保洁员、养老护理员、医疗陪护等）。

三、不同星级家庭服务人员的家政服务能力要求

"一星"等级的家政服务员
该家政服务员具有小学以上学历水平，并经过7～10天的岗前工作指导，无工作实践经验、未经系统培训。

"二星"等级的家政服务员
初中学历，已取得国家初级家政服务相关职业资格证书或家政服务行业组织考核颁发的同等职业水平证书。在岗工作半年以上。

"三星"等级的家政服务员
初中及以上学历，具有国家中级家政服务相关职业资格证书或家政服务行业组织考核颁发的同等职业水平证书。连续从事家政服务工作2年以上，能够独立完成工作任务。

“四星”等级的家政服务员

高中以上或具有同等学历，持有国家相关专业高级职业资格证书或家政服务行业组织考核颁发的同等职业水平证书。连续从事家政服务工作5年以上，业务能力较强，有突出的专业服务技能，综合素质较高。

“五星”等级的家政服务员

大专以上学历，持有国家相关专业技师职业资格证书或家政服务行业组织考核颁发的同等职业水平证书3年以上。从事家政管理及服务工作8年以上，业务能力、管理能力、沟通能力、文字处理、表达能力、综合素养都比较突出。

1. "一星"等级的家政服务员（保姆）

（1）一般家政服务，如洗衣、做饭、家居保洁。

（2）协助照料、看护婴幼儿。

（3）照料能够自理的老年人。

（4）协助照料、护理病人。

2. "二星"等级的家政服务员（家庭服务员）

（1）制作家庭餐：能使用燃气灶具、高压锅、电饭煲、冰箱和微波炉；能购买、烹饪原料和食品；能运用蒸、煮、烙技法分别制作2种以上主食；能选、削、择、洗常见蔬菜；能将烹饪原料加工成丁、片、块、段、条、丝或茸状；能运用蒸、炒、炖、拌、煎、煮、炸技法分别制作2种以上菜肴。

（2）家居清洁：能清扫、擦拭、清洁地面；能清扫墙壁灰尘；能清洁卧室、书房、起居室；能清洁厨房、卫生间及其附属设施；能擦拭、清洁家具、门窗玻璃和灯具。

（3）洗涤摆放衣物：能识别衣物洗涤标识；能依据衣物的质地选用洗涤剂；能用手工和洗衣机洗涤常见衣物；能晾晒常见衣物；能清洁鞋帽；能折叠和分类摆放常见衣物。

（4）照料孕妇、产妇：能按要求制作孕产妇饮食；能为孕产妇换洗衣物；能照料孕产妇盥洗、沐浴。

（5）照料婴幼儿：能为婴幼儿调配奶粉；能给婴幼儿喂奶、喂饭和喂水；能清洁婴幼儿餐具；能给婴幼儿进行日常失去盥洗；能给婴幼儿穿、脱衣服；能抱、领婴幼儿；能给婴儿换洗尿布；能照料婴幼儿便溺；能清洁婴幼儿玩具；能在发现婴幼儿的异常情况时及时报告；能处理婴幼儿的轻微外伤和烫伤。

（6）照料老人：能给老年人制作常见主、副食品；能给老年人喂食、喂水；能照料老年人盥洗和洗澡；能给老年人穿、脱衣物；能陪伴老年人出行；能在发现老年人的异常情况时及时报告；能处理老年人的轻微外伤和烫伤。

（7）护理病人：能为病人制作基本饮食；能给卧床病人喂食、喂水；能给病人盥洗；能照料卧床病人便溺；能为病人测体温；能照料卧床病人盥洗和洗澡；能在发现病人的异常情况时及时报告。

3. "三星"等级的家政服务员（家庭服务师）

（1）制作家庭餐：能分别运用蒸、煮、烤、烙技法制作4种主食；能运用蒸、炒、炖、拌、煎、煮、炸技法分别制作4种菜肴；能宰杀禽类和鱼类；能对干货进行涨发处理。

（2）洗烫保管衣物：能清洁羽绒类制品；能清除衣物的常见污渍；能熨烫衬衫、

裤子、裙子；能收纳整理不同种类的衣物；能对衣物进行防霉、防虫处理。

（3）照料孕妇、产妇与新生儿：能根据孕期营养需求为其制作主、副食；能在发现孕妇的异常情况时采取相应措施；能制作3种适合产妇营养需要的汤；能帮助产妇做形体恢复操；能对产妇乳头凹陷和开裂进行护理；能包裹新生儿；能给新生儿喂水、喂奶；能处理新生儿便溺；能给新生儿洗澡；能为新生儿做抚触；能对新生儿脐带进行护理。

（4）照料婴幼儿：能为婴幼儿制作主食、辅食；能照料婴幼儿的日常生活；能给婴幼儿洗澡；能培养婴幼儿的卫生与睡眠习惯；能对婴幼儿常见病进行护理；能使用普通话与婴幼儿进行交流；能给婴幼儿讲故事、唱儿歌；能陪伴婴幼儿玩游戏。

（5）照料老年人：能为老年人制订饮食计划；能根据老年人的生理陪伴老年人进行户外活动；能陪伴老年人就医。根据老年人特点制作菜肴；能为老年人测血压。

（6）护理病人：能为病人制作流食或半流食；能给病人测量血压；能给卧床病人做口腔护理；能给病人做冷敷、热敷护理；能给卧床病人做晨、晚间护理；能煎制中草药。

4.“四星”等级的家政服务员（高级家庭服务师）

（1）家宴设计制作：能设计并制作家庭便宴；能制作2种不同菜系的菜肴；能制作5道西餐；能制作3种以上便宴点心；能制作水果拼盘；能煮制咖啡。

（2）家务料理：能制订并完成日常生活用品、食品的月采买计划；能制订并完成月家务工作计划；能进行居室布置，会进行常见花卉的插摆；能修剪家庭盆栽花草。

（3）家庭办公设备使用：能按要求收发并处理网络邮件；能使用计算机进行网络搜索并下载文件；能使用计算机进行文字录入；能使用计算机进行文本编辑；能使用基础数码影像设备。

（4）儿童教育辅助：能培养婴幼儿的语言表达能力；能训练婴幼儿的生活自理能力；能培养婴幼儿的社会交往能力；能培养婴幼儿认识事物的能力；能给婴幼儿选择和设计动作训练游戏；能培养学龄儿童的言行习惯；能培养学龄儿童的社会交往能力。

5.“五星”等级的家政服务员（高级管家）

（1）家宴设计制作：能设计并制作家庭宴席；能制作4种以上不同菜系的菜肴；能制作8道西餐；能制作3种以上便宴点心；能制作水果拼盘；会茶艺服务及表演；能煮制咖啡。

（2）家务料理：能制订家庭生活品质提升建议和计划，做出旅游攻略，预订行程、接待，做好生活秘书工作，能专业收纳整理家庭设施设备及物资；能利用常见花卉及道具进行艺术插花，懂绿化管养、宠物管养；能驾驶C型汽车。

（3）家庭办公设备使用：能按要求收发并处理网络邮件；能使用计算机进行网络

搜索并下载文件；能使用计算机进行文字录入；能使用计算机进行文本、图片编辑；能使用传真机收发文件；能熟练使用数码影像设备。

（4）具备早教水平及能力：能培养婴幼儿的语言表达能力；能训练婴幼儿的生活自理能力；能培养婴幼儿的社会交往能力；能培养婴幼儿认识事物的能力；能给婴幼儿选择和设计动作训练游戏；能培养学龄儿童的言行学习习惯；能培养学龄儿童的社会交往能力；能辅导小学生学习。

四、家政人应该具备的基本服务素养

立足当好家政人的第一件事就是学习如何更好地为客户服务，争取使客户达到百分之百的满意。家政员工在服务时，上门服务要做到预约时间，用微笑服务客户，做不好不收费，不满意就返工。用周到细致的服务把不满意客户转变成满意客户，甚至是惊喜客户；用感恩的心态，争得客户的满意和谅解；用微笑的服务态度，赢得客户的满意；用为客户着想的服务方式，赢得客户的信任；创造优质服务，让客户从心底感谢服务员的服务；用附加服务来赢得忠实客户。

无论客户在哪里接受我们的服务，都会感觉到"亲切友好"。当走近服务接待窗口，就会有穿着整洁、彬彬有礼、面带微笑的服务员相迎。当客户电话或网上咨询服务时，会听到、感觉到我们的工作人员是在微笑着提供服务的。当服务员去到客户家时，他们是整洁的、专业的、谦恭有礼的，服务细致而专业。

温馨小贴士

家政服务员上岗提示

1. 个人形象落落大方，不佩戴首饰；

2. 统一着工装，衣裤鞋袜保持卫生整洁；

3. 对客户家庭情况要学习了解，家外环境须熟悉；

4. 把客户安排放首位，满足客户需求；

5. 对家务工作做好分步计划，分清轻重缓急；

6. 加强沟通交流，真心诚信待人。

本章学习重点

1.了解家政的概念。

2.熟悉不同星级家庭服务人员应具备的能力。

3.家政服务人员应具备的基本素养。

本章学习难点

1.家政的内涵和服务范围。

2.什么是现代家政?

3.不同星级家庭服务人员应具备的能力标准。

练习与思考

1.请简述现代家政的服务内涵。

2.如何做一个合格的家政服务员?

3.什么是管家?

4.家政服务员的职业素养有哪些?

第一篇

家务技能

——以技服人

小小的梦想

往往会生成大大的动能

用一份初心，成就大爱

每一个客户，都是我们的亲人

都是在世界上与我们有着千丝万缕联系的亲人

第一章 家庭保洁

家居保洁涉及面很广，需要我们合理安排时间和清洁步骤。不管是其中哪项工作，服务人员都要尽可能做到专业、熟练，熟悉每项清洁工作的具体操作方法，既能使家庭环境保持干净、卫生、整洁，又可以延长家具的使用寿命。本章节详细描述了如何对卧室、书房、客厅、厨房、卫生间等进行清洁，针对不同的环境应该采取不同的清洁方式，学会具体问题具体处理。

第一节 识别与运用家庭保洁工具

一、抹布

（一）抹布的种类

家庭保洁使用的抹布一般有纯棉抹布、无纺布抹布、超细纤维无尘布、百洁布，以及一般的擦拭毛巾，现在也有一些一次性新型防水纸抹布，可用于特殊污渍及重油处理。

（二）抹布的擦拭方法

干擦：抹布操作时，就像抚摸似的轻擦，以除去微细的灰尘。如果用力干擦，反而会产生静电黏附灰尘。

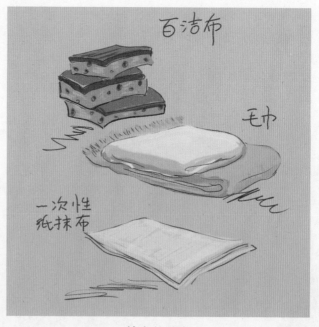

抹布的种类

半干擦：对于不宜经常湿擦的表面，用干擦又难以擦净的，可用半湿半干的抹布擦拭。

水擦：湿抹布可将污垢溶于水中，去污除尘效果好，随手用干布抹干，以免留下水印。

加清洁剂擦拭：可用抹布沾上清洁剂后擦拭。擦拭后，应再用洗净的湿抹布擦去清洁剂成分，最后用干布抹干。

（三）常用抹布的使用方法

抹布用途及区域划分：

一般以客厅、卧室、卫生间、厨房、地面来进行划分，并用颜色进行区分，通常情况下，颜色越鲜艳越强调污染区。

擦洗物品表面：选用吸水性好、不掉毛灰、柔软的40×40或者60×60正方形专业毛巾。使用时将毛巾对折2次，正反8面，分面使用，折叠后大小比手掌稍大一点。

红色用于交叉感染高危区，如卫生间马桶及蹲坑部位；

黄色用于交叉感染敏感区，如洗脸盆、浴缸、五金件、浴室隔断部分；

蓝色用于常规污渍区位，如办公区、接待区、家具、画框、普通摆件；

绿色用于餐饮区、厨房；

白色用于家电；

深蓝色用于窗户玻璃及灯具；

褐色用于地面。

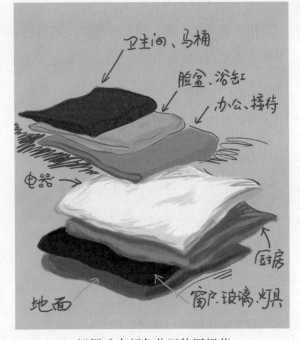

根据毛巾颜色分区使用规范

地面：地巾应选用柔软、吸水性强、质地厚实的棉制毛巾。使用时将毛巾折3次，叠成8层（正反16面），大小比手掌稍大一点。折叠成8层的毛巾，一面用脏后再用另一面，16面全脏后，洗净拧干再用。

擦拭时应遵从从里至外、从上至下、从右至左（或从左至右）的顺序擦拭，先用力与平行重叠推进法均匀擦拭物体表面，再擦背阳面及死角，不要漏擦。

有油污的地方，根据油污轻重程度选择合适的除油剂及工具。除去油污后再用上述方法进行擦拭。

二、清洁剂

（一）洁厕剂

一种酸性清洁剂，用于清除水垢、污垢、尿垢。pH值在5以下，呈酸性。

（二）多功能清洁剂

一种中性多用清洁剂，含多种表面活性物，用于清除物体表面的轻污垢，pH值在6～7，属于中性清洁剂。

（三）洗洁精

用于碗、盘、碟、锅及微波炉、冰箱内层，在清水中加入适量洗洁精，但一定要用清水漂干净、擦干净。

（四）酒精

可挥发性液体，具有消毒、去污的效果。可清洁、消毒家电。

（五）玻璃清洁液

pH值在7～8，适用于擦洗玻璃门窗、镜子。

（六）油污清洁剂

pH值在8以上，多用于灶具、灶台、排油烟机的日常保洁。

（七）碧丽珠

用于家具清洁、上光、保护，一次性完成。适用于木制品、桌面、皮革、电气仪表、金属物品等。

（八）地板清洁剂

有快干除尘的作用，适用于油漆地板、地砖等。用清洁剂加水（比例参照说明书），用拖布拖地，不用过水，但拖布一定要拧干。

（九）地板蜡

地板清洁后将地板蜡均匀地喷在干燥后的地板表面，10～15分钟后用干净拖布擦亮。

洁厕剂

多功能清洁剂

洗洁精

酒精

玻璃清洁液

油污清洁剂

碧丽珠

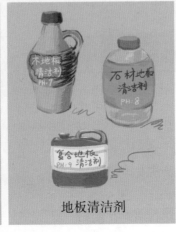

地板清洁剂

地板蜡

三、消毒水

消毒水分为厨房、厕所、衣物、杀菌所用。

厨房：厨房专业消毒液及相关类别产品。

厕所：厕所消毒液、漂白水等相关类别产品。

衣物：衣物除菌液多数只适用于白色或浅色的棉质衣物，要先用少量测试后无褪色现象才能使用，以免破坏衣物。

四、清洁工具

（一）扫帚

可转动毛刷式扫帚（多用于清扫室内平滑地面）；小扫帚（用于清扫床铺及沙发等家具）。

（1）作用：清扫杂物及灰尘。

（2）使用：扫帚从身体左右两侧往前扫，人在后，边扫边进，扫地时采用直扫法、中央收集法、分块收集法。

（二）垃圾铲

带盖式垃圾铲；三柱式垃圾铲。

（1）作用：收集扫起的杂物及灰尘。

（2）使用：将平直的下面放在垃圾边侧，用扫帚将垃圾扫进铲内。

（三）清洁刀

单面刀片或专用刀片。

（四）吸尘器

根据用途选择功率及内容量型号。

（五）拖布

老式圆拖布（多用于拖擦地面，适用范围广）；扁形活动式拖布（便于拖擦边角，便于浸水压干）；除尘拖布（主要用于各种高档石材地面的牵尘，以保持地面光亮）。

（1）作用：用来拖擦地板，可水擦或干擦。

带盖式

清洁刀

吸尘器

（2）使用：横拖法和竖拖法，横拖法适于宽敞的区域，竖拖法适于狭窄的区域。

（六）玻璃刮

刮洗玻璃污物之用。

（七）手持喷雾器

用于擦拭玻璃、家具、墙壁和装饰物等。

（八）步梯

铝合金或不锈钢制，按长短不同有多种型号。

（九）水桶、掸子、垃圾桶、清洁刷

第二节 家居常规保洁

一、清洁前的准备

家居保洁在家务劳动中涉及面很广，工作量很大，这就需要我们合理地制订计划，做好家居保洁的准备工作。

（一）明确清洁任务

在工作前一定要对所做的清洁工作有所了解，也就是对雇主家里的污染程度及重点清洁区域要做到心中有数，根据当天的工作安排，合理地安排家居清洁的时间。

（二）准备好清洁工具及用品

根据雇主家里的污染程度及清洁目标准备清洁工具，如毛巾、清洁箱、清洁剂、消毒液、吸尘器等。

（三）明确清洁程序

从里到外，从上到下，从左到右或从右到左，环形清洁，干湿分离。
家庭清洁可按照卧室—书房—客厅—厨房—卫生间的顺序进行。

二、熟记清洁九字流程

进—撤—收—抹—洗—吸—补—检—关。

进：敲门，报上公司名及个人身份，例如：用中指指关节敲门三下并报"您好，我是××家政公司保洁员××，今天来为您提供家庭保洁服务"。如未开门，重复三次，进门后向客户问好，然后展示所带工具及提示相关注意事项。

先将桌上的杯子、烟缸等撤到清洗区。

撤：将桌上所需清洁杯具、烟缸等撤到清洗区，将垃圾桶里垃圾也撤走，稍后清洗垃圾桶。

垃圾桶需清洗

不常用的放往后

高的放后

常用的放箱
矮的

收：常规收纳整理。

抹：按规定标准及要求全面抹尘，要求做到无灰尘、无污渍、无水印、无毛发。

抹尘后

洗：清洗撤下来的杯具、烟缸、垃圾桶及客户要求清洗的餐具物件。

吸：吸尘、吸水，并将地面清洁干净，要求做到无灰尘、无污渍、无水印、无毛发。

吸尘、吸水后

补：将垃圾袋补充完全，如需要把纸巾等也帮忙补上。

补上垃圾袋及纸巾

检：再次检查有无遗漏部位，保障无死角、无污渍。

关：检查水闸、电闸、窗户是否关好，并用一块毛巾收尾，擦拭留下的厅内、厅外脚印，（若客户在家则向客户告别后倒退出房门），轻轻关上客户家门离开。

关水

关电

关窗

关门

三、卧室的清洁

一般卧室摆放的物品不是很多，打扫比较方便。卧室需要清洁的主要部位有床、床头柜、梳妆台、衣柜、电视机、电脑、窗、地面、门等。但如果要进行彻底的清洁，如节假日大扫除等，就要注意遮盖易被二次污染的物品，如床、电视机等。卧室内物品的清洁可按照天棚—墙面—窗台—家具—地面—门的顺序进行，把握从上到下，从左到右或者从右到左，从里到外的操作原则。

1. 天棚的清洁

要注意备好踏步梯、鸡毛掸子、毛刷等工具，用鸡毛掸子轻轻扫去天棚上的灰尘。

2. 床铺的清洁

如果床上铺了遮盖物，首先把遮盖物去掉。先清洁床头，由床头顶部的中间向两侧将灰尘用微潮毛巾擦拭，然后再清洁床头框。应注意以下几点：

（1）如果床头或者其他地方有沟槽的装饰时，要用毛刷或者其他辅助物品搭配毛巾把灰尘擦净。

（2）在清洁床头时无特殊污垢不要使用清洁剂。

（3）如果床头有特殊污垢，要选用合适的清洁剂，一般油污用全能清洁剂即可，如果有胶类污垢，可以用酒精去除。

3. 电视机的清洁

用毛刷将表面的灰尘清理干净，再用微潮的毛巾或者无纺布进行清洁。应注意以下两点：

（1）清洁电视机时首先要断开电源，防止触电；

（2）清洁电视机时动作要轻，尤其是不宜随便擦拭屏幕，特别灰时，可用干抹布适量喷洒防静电除尘液进行清洁，注意不能留下油渍。

4. 衣柜的清洁

由衣柜顶部向下逐步清理，清理衣柜顶部时，能挪动的物品一定要挪动再擦拭，如果灰尘较多，首先要用毛刷或者干毛巾把表面的灰清除，然后用微潮的毛巾进行擦拭，最后由上到下依次清洁即可，应注意以下两点：

（1）要定期对衣柜内部进行清洁、整理。

（2）有划痕的衣柜要对划痕进行清洁，以防造成二次污染。

5. 地面的清洁

先将踢脚线用微潮的毛巾擦拭干净，这是清洁时容易遗漏的地方，清洁地面时由里向外顺着地板的木条方向逐步擦拭，如果有可移动的物品一定要移开。特别注意床头柜下、床下。应注意以下几点：

（1）移动物品时一定要轻，以防划伤地板。

（2）在清洁地板时一定要注意清洁用水的量，不要将太多的清洁用水撒到地板上，造成对地板的损坏。

（3）遇到铺设地毯的卧室时，要先将地毯移到客厅，清理完卧室地面后将地毯用吸尘器上下吸干净后再重新铺回原来的位置。

（4）在将床下的物品移回前，要将物品表面擦拭干净，再有序地放回去。

6. 门的清洁

清洁门时同样要遵循从上到下的顺序，用微潮毛巾擦拭。应注意以下几点：

（1）门的顶部很容易积累灰尘，一定要先擦拭。

（2）门把手一般为不锈钢材质，很容易积累指纹等污渍，要着重擦拭。

（3）擦拭时要把门固定牢，用一只手支撑或者固定，以防发出不必要的声响。

四、书房的清洁

书房是供人读书和学习的地方。书房的清洁包括书桌和书柜，书桌上有大量的书籍、文件资料，不要随便移动，书桌上的小纸条及发票等不能随便扔掉。笔要放入笔筒里。应注意以下几点：

（1）清洁书柜时不要轻易打开柜门，也不需要每次清洁都擦拭内部。

（2）在清洁摆设物品时，移动时一定要轻拿轻放。

（3）清理书桌的物品时，不要随意挪动，以防给雇主造成不便。

（4）清洁电脑时用干毛巾或者毛刷将表面的灰尘掸净，再用微潮的毛巾或者无纺布将屏幕外面的框体擦净，清洁显示屏时参考电视机显示屏清洁方法。

（5）清洁电脑时首先确定电脑是否断电，如果电脑正在工作先不要去动，也可请雇主协助清理，不要将清洁用水淋到电脑上。

五、客厅的清洁

客厅是一个非常重要的活动空间，它具有多功能，如会客、休息、娱乐等。家具也较多，有沙发、椅子、组合柜等，此外还有家用电器，如电视机、空调、音响系统。应注意以下几点：

（1）家用电器用干净的软布擦拭，特别是电视显示屏要干净无痕迹。

（2）沙发清洁时首先要确定沙发的材质是真皮、人造革还是布艺，清洁时如果有必要，可用吸尘器将沙发缝隙内的灰尘及杂物吸出，吸之前先把大块的杂物清理出来。布艺沙发只做表面的除尘处理；真皮和人造革用毛巾或者无纺布进行表面的擦拭。

（3）客厅内的木质家居尽量不要用湿布擦，可配用家具打蜡液（碧丽珠），用干布擦，有雕花的家具可用小刷子（牙刷）清洁。

（4）绿色植物的盛装物品表面及底座要清洁擦拭，大叶植物的表面用清水及毛巾进行擦拭。

（5）清洁鞋架时，将鞋架上的鞋放到另一侧，地上放防护物品，内部擦拭干净后将鞋摆放整齐，将鞋底擦净。

（6）挂画边框要擦干净，擦完要摆正。

六、厨房的清洁

厨房的清洁可按照天花板—墙面—橱柜—炊具（包括电器）—地面的顺序进行。

1. 厨房天花板

首先遮盖厨房内的餐具、食品，防止清洁过程中造成污染。确定天花板的污染程度，选择清洁剂，污染主要是由于炒菜时的油烟造成的，如果污染很严重可直接用油烟净；如果污染程度一般可用清洁剂，使用时不要将清洁剂直接喷到天花板上，这样会溅到眼睛里，把清洁剂喷到毛巾上，可避免对人体造成伤害，之后配合清水擦净。

2. 厨房墙面

厨房墙面的清洁方法与天花板清洁方法相同，但需要注意的是如果要清洁橱柜内部，一定要把橱柜内的物品放到安全位置，防止污染。清理橱柜内部时，如果发现有蟑螂的痕迹，应马上通知客户及时灭虫，油烟机与炉灶台之间的墙面一般油污较严重，可先喷清洁剂，稍等片刻再擦拭。

3. 油烟机

步骤是拆下油网和油盒—喷去污剂—毛巾擦拭—清水毛巾擦拭—装上油网、油盒。具体来讲，先将油网、油盒拆下，把油烟机及拆下的物件表面喷上去污剂，过3～5分钟用毛巾或者软质百洁布擦拭，再用清水毛巾擦拭。应注意以下几点：

（1）为了避免零部件损坏，油烟机内部一般不拆洗。

（2）清洗时禁止用清洁球，以免损伤机体表面。

（3）若油网、油盒油污较重，可先用加入洗洁精的开水浸泡一段时间，再喷上去污剂更容易清洗。

（4）刮除的油污装入小垃圾袋，不得随意丢放。

4. 厨具及电器

对冰箱一类的厨房电器的清洁要做到一擦二净三消毒，注意不要随便挪动电器设备，以防造成损害。如果餐具、炊具是不锈钢材质的，一定要认真选择所用的清洁工具，不可用钢丝球或者较硬的百洁垫进行擦拭，以防出现划痕。如果污染较严重，可直接在污染处喷上清洁剂，用毛巾或百洁布进行擦拭即可。除净污垢后可将色拉油滴到干净的毛巾上，不要太多，再对表面进行擦拭，有意想不到的效果。

5. 厨房地面

地面用清洁剂进行全面擦拭，再用清水配合干净的毛巾进行清洁。注意清洁地面时不可将毛巾直接放入洗碗池中清洗，要找一个盆或者清洁箱进行清洗。

6. 餐具、碗筷的清洁

清洁使用后的餐具、碗筷时，应先去除食物残渣和厚重的油污。方法是用纸初步擦拭，将残渣集中在不漏的一个小塑料袋内；根据餐具的多少，洗涤盆里放一至两勺碱面，然后用开水将碱面沏开；用百洁布沾碱水擦拭餐具内外；将碱水洗过的碗筷先集中放在一个盆内；最后用清水逐一将碗筷冲洗干净，注意不能有洗涤剂的残留。最后将洗净的餐具扣在有漏盘的托盘内晾干。

7. 刀具、案板的清洁

菜刀、案板实行生熟分开，禁止混用。

使用过的菜刀、案板，应先用洗涤剂刷洗表面污渍，去除异味，然后清水充分冲洗，用开水烫浇后再放入架上晾干。

对于切生肉的菜刀、案板，每次应用84消毒液与水的溶液浸泡。

8.其他厨房用品的清洁

（1）洗碗，用专用洗碗盆，不要在水池里洗。

（2）小餐垫的清洁标准如碗。

（3）洗碗，洗锅，擦油烟机、台面等的抹布、百洁布、钢丝球，分开使用，并且每次使用后用洗洁精揉搓干净，不留食物残渣和油垢，用自来水冲净。

（4）洗菜盆、洗肉盆、洗水果盆分开。

9.厨房门

门的清洁方法与地面的清洁方法相同，要将污垢处理干净，特别要注意槽缝。如果厨房门为玻璃材质，要配合油烟净或洗洁精进行清洁，再用清水擦拭，干毛巾擦干即可。

七、卫生间的清洁

卫生间的清洁可按照天花板—墙面—洁具—地面—门的顺序进行。

1.天花板

天花板的清洁要根据实际情况进行，如果需擦拭天花板，要借助踏步梯或者椅子进行辅助，沿天花板的板条顺势擦拭；如果污染较严重要先用清洁剂，再用清水擦拭。

2.墙面

由左至右，从上到下依次进行清洁，擦拭过程中墙面的电器要注意断电。

3.马桶

先用84消毒液对马桶的桶体及水箱外

部进行消毒擦拭，再用洁厕灵对马桶内部进行洗刷，之后放清水冲洗，将大约10毫升84消毒液倒入水箱内，对水箱进行自然消毒。便器消毒方法：

（1）每天用洁厕灵刷洗马桶内壁，再用清水冲洗，也可以用1％漂白粉清洗液浸泡30～60分钟来消毒。马桶平日未加以清洗，就容易形成黄斑污渍，也容易滋生霉菌等细菌，如有84消毒液或者喝剩的可乐，可将之倒入马桶中，浸泡10分钟左右，污垢一般便能被清除，若清除不彻底，可进一步用刷子刷除。而抽水马桶边缘所形成的黄色污垢，可将废旧的尼龙袜绑在棍子一端，加入发泡性清洁剂刷洗，1周清洗1次，即可保持马桶洁白。

（2）较易忽略的马桶座圈、马桶盖的内外两侧、外侧底座，也应用清洁剂喷淋刷洗一遍，并用水冲洗干净，最后，用干净的布将其整个擦干，就可以亮白如新了。

（3）忌将不同成分的酸性、中性或碱性清洁剂混合使用，以免因化学反应发生危险。

4. 浴缸

（1）对于浴缸上的一般污渍，用拧干的湿毛巾沾牙膏擦拭，或直接用擦擦克林棉擦，去污效果好，而且不损伤浴缸表面。

（2）每星期清洗浴缸，确保浴缸每次使用后保持干爽，将柠檬切片，盖住浴缸里的黄色污迹，可使黄色污迹逐渐消失。

（3）切忌使用易磨损（如去污粉）及高碱性的、具有腐蚀性的清洁用品。避免使用深色的清洁剂，以免色素渗入缸面。不要留下金属物品于浴缸内，它们会令浴缸生锈及弄脏表面。

（4）水龙头或金属器件上的镀膜不能使用84消毒液等具有腐蚀性的清洗剂，也不能使用摩擦性强的去污粉，以免留下永久刮痕。

（5）使用水龙头后，不要忘记关掉水阀，以免经常性滴水而导致浴缸积水；浴缸如有任何损坏，应立即通报主人通知有关公司修理，以避免问题恶化。

5. 洗漱台

（1）若发现水龙头上有污渍，可以用旧牙刷挤上牙膏刷洗水龙头，然后用清水冲洗，再用旧毛巾擦干，既可以清除污渍，又可以留下清香。或者用不腐蚀镀膜、去污效果好的洗手液或者清洗剂洗刷。

（2）洗手盆里留下的肥皂渍宜用抹布蘸上牙膏擦拭，就能擦得非常干净。如果觉得用海绵蘸清洁液擦拭污垢很麻烦，宜先在海绵上剪出一个小口，再塞一小块肥皂进去，然后就可以直接蘸点水擦拭了。或者喷上不腐蚀镀膜、去污效果好的清洗剂，用刷子刷，然后用清水冲洗。

（3）人造石台面要用干净的抹布擦拭，保持干净、无水渍。毛发和碎屑是产生异味的根源，如果毛发和碎屑阻塞了下水口，就会从管道里溢出怪味。这时，要注意千万不要让毛发和碎屑流进下水口，要经常对下水口进行清扫，必要时还可以拔出活塞，用竹签把毛发等取出，然后用纸巾擦拭。

6. 地面

卫生间的地面清洁用兑水的洁厕灵，使用百洁垫进行刷擦，再用清水冲洗，用毛巾擦干地面，不能有湿的感觉。清理地漏时，先将地漏盖拿下来，用洁厕灵沿地漏四壁向下倒入，掌握好计量，再用清水冲洗；用洁厕灵前先用厕纸将地漏边缘的毛发清理干净，最后将地漏盖放回原位。卫生间清洁完毕、自检合格后，将洗手盆的水滴擦干，换掉厕纸筐内的垃圾袋。应注意以下几点：

（1）在清洁卫生间之前，可将洁厕灵倒入马桶，以便洁厕灵充分溶解马桶内的污垢，节省擦洗时间。

（2）不要用坚硬物擦拭浴缸，以免留下划痕或者损伤浴缸。

（3）禁止将灰尘、毛发丢入马桶，以免堵塞。

（4）清洁瓷砖地面交接缝处，可用刷子刷，不得用钢丝球擦拭。

7. 门

（1）清洁门时，注意从高至下的原则、面板擦拭只能横向或者竖向。

（2）门楣、门铰链，有门框边的是抹尘的细节关注点。

（3）关门时有毛巾护住门把手、拉门关闭，以免留下指印在门把上。

八、玻璃窗的清洁

清洁玻璃窗的程序：卸纱窗—清洁窗槽—清洁窗框—喷玻璃水—擦拭—安装纱窗。具体做法：擦玻璃之前如果有纱窗先要把纱窗卸下，放入卫生间清洗；再用毛巾或者毛刷清洁窗槽，特殊情况可用吸尘器；把玻璃窗框四周擦拭干净开始擦玻璃。重点是对玻璃进行清洁。

（1）用玻璃集水器将玻璃表面的灰尘除净，如果污染很严重，用玻璃清洁剂去除表面的污垢，用玻璃集水器反复擦拭。

（2）用玻璃刮刮玻璃时，要从左到右、从上到下刮擦，玻璃刮与玻璃表面形成45度角，刮擦时不要中间停顿，要一步到位。

（3）刮擦时第二刮要压到第一刮约三分之一处，一步到位刮擦。

（4）刮擦过程中如果个别部位有水珠，找干毛巾擦一遍即可。

（5）人手达不到的位置，要使用伸缩杆，使用伸缩杆的过程中要将玻璃刮或玻璃集水器上牢，防止脱落伤人。

（6）如果玻璃上有去不掉的污物时，要用云石刀去除。

当玻璃上有特殊或顽固污渍时，可用下列办法进行清洁：

（1）将去污膏涂抹在污渍上，用百洁布将污渍先处理干净后再按标准程序清洁。

（2）对于雨水和污水腐蚀的玻璃，将醋和水按1∶2的比例调成醋水溶液，用喷雾器喷在玻璃上，没有喷雾器可均匀洒在玻璃上，再用干抹布擦抹，是十分有效的方法。

（3）对于陈旧的玻璃，用湿抹布先把玻璃均匀抹湿，趁湿时用旧报纸把玻璃擦干，玻璃也会显得干净明亮。

（4）在玻璃上滴点煤油，或用粉笔灰和石膏粉蘸水涂在玻璃上晾干，再用干净的抹布或棉花团擦拭，会使玻璃既干净又明亮。用洋葱片擦玻璃也能起到洁净的作用。

（5）可以用汽油和水调成5%的溶液清洗玻璃，待玻璃稍干后再用干布擦干净，玻璃会显得一尘不染，光亮透明，还能防雨水附着。

（6）玻璃上粘有鸟粪，用抹布蘸醋擦抹。如果沾上油渍的话，可以把柠檬切开擦洗，也可以倒点啤酒在玻璃或抹布上再擦拭，也能去除很多种污迹。

（7）玻璃上有油漆等不明来源的污物，先用醋润湿浸软后，再用干净布揩擦，容易擦掉。如果玻璃发黑，可以用细布涂牙膏擦拭。用布蘸些油性面霜，可以擦去蜡笔画迹。

（8）脏的抹布应随时用肥皂洗干净再用。

第三节　家具清洁与养护

一、真皮沙发的清洁与护理

皮革吸收力强，应注意防污，最好在春、秋季节里用一次皮革柔软剂。平常擦拭沙发时请勿大力搓擦，以免损伤表皮。真皮沙发上的污渍，可以用干净湿海绵蘸洗涤剂擦拭，或者用布蘸适当浓度的肥皂水洗擦，然后让其自然干。

真皮沙发应该每周用干净毛巾浸水拧干后轻拭一次，如发现有洞孔、破烂、烧损现象，要请专业人士来清理。

真皮沙发上如果不小心滴上饮料，应立即用干净布或海绵将之吸干，并用湿布擦抹，让其自然干；真皮沙发上如沾有油污，可以用酒精加香蕉水按2∶1的比例配成的液体清除，并用清水擦拭，再用干净的布擦干即可，不可用水擦洗。

真皮沙发忌用化学溶剂如松节油、汽油等烈性去污品清洗；宜放置在通风干燥处，不宜用水擦拭或洗涤，避免潮湿、生霉和虫蛀；忌放置在日光下暴晒，否则将造成皮质纤维钝化。

二、布艺沙发的清洁与护理

布艺沙发温馨、舒适，是很多年轻人首选的家居沙发类型，布艺沙发也适用于小面积居室，可以让居室显得温馨、浪漫，布艺沙发在使用一段时间后，会有灰尘与污渍，怎么清洗布艺沙发呢？布艺沙发清洗起来也是比较方便的，下面就为大家介绍一下布艺沙发的清洗知识。

（一）可拆卸与不可拆卸的布艺沙发清洗方法

1. 可拆卸布艺沙发、棉质布艺沙发清洗方法

可低温水洗，但尽量不要用洗衣机清洗，也不可使用漂白剂清洗，以免褪色。提花布艺沙发清洗：其优点是不容易褪色，可机洗。若布料中加进人造棉、人造丝等则必须干洗。注意：无论印花布还是提花布，当布料的成分为麻、羊毛等易缩天然纤维时也只能干洗。

2. 不可拆卸布艺沙发清洗方法

灰尘的清洁：先用吸尘器吸净布艺沙发表面的灰尘，再用毛巾轻轻擦拭。切记不可大量用水擦洗，以免水渗透到沙发里面而造成沙发里面的边框架受潮、变形、沙发布缩水。咖啡等有色饮料的清洁：如果是咖啡等饮料滴到沙发布套上了，要马上拿毛巾蘸温水，将饮料从沙发布面上吸出来，而且是越早处理越好，如果一旦时间拉长变成顽渍就难处理了。表面带绒的布艺沙发清洗：用干净毛刷蘸少许稀释的酒精扫刷一遍，再用电吹风吹干，如遇上果汁污渍，用少许苏打粉与清水调匀，再用布沾上擦抹。

（二）布艺沙发清洗的一般方法

1. 吸尘器法

布艺沙发相对于皮质沙发会更容易脏，所以为了保证布艺沙发的干净美丽，一定

要定期清洗布艺沙发。采用吸尘器清理布艺沙发是个很不错的方法，而且能有效清理布艺沙发上的灰尘。

2. 清洗法

现在一般的布艺沙发都有沙发外罩，可以把沙发外罩拆下来清洗，但要注意的是不要频繁清洗，因为布艺沙发的布料会掉色、缩水、变形等。大家只要在使用一年左右的时间把布艺沙发外罩拆下彻底清洗干净就好。

3. 洒防污剂

布艺沙发在换新的外罩时，可以在其表面喷洒一层布艺防污剂，这样就可以有效避免灰尘的沾染。

布艺沙发吸尘

4. 铺盖沙发巾

由于布艺沙发会比较不耐脏，特别是扶手、头部、坐垫的位置。对于这些地方可以用沙发巾铺盖，只要清洗沙发巾就好。

5. 专业人员清洗

对于布艺沙发上大面积的污迹，要请专业清洗人员来清洗，要是自己清洗的话，很可能会破坏布艺沙发的布面。

布艺沙发的清洗是较真皮沙发等其他材质的沙发要更好清洗的沙发类型，了解了以上为您介绍的清洗方法，就可以较好对布艺沙发进行清洁保养了。

三、木质家具的清洁与护理

（1）用水质蜡水直接喷在家具表面，然后用柔软的干布抹干，这样去污去尘，家具会变亮。

（2）对于因使用了很多年而油漆光泽变暗的木制家具，可以用软布蘸浓茶水擦拭几次，这样也可以恢复它的光泽。

（3）木质家具，平时应用干布擦并上蜡保养，若沾上难以擦掉的污垢，可先用布蘸少许牙膏擦拭，然后再用湿布擦除。

（4）忌将盛有沸汤的器皿放在木制家具上，因为木制家具表面的油漆层怕烫。

四、实木地板的清洁与护理

（一）实木地板如何保养

（1）平时可以用吸尘器或扫帚清扫实木地板表面灰尘，再用浸湿后拧干至不滴水的抹布或拖把擦拭实木地板表面。拖地后最好打开门窗，让空气流通，尽快将实木地板吹干，保持实木地板干燥清洁。

（2）不定期对实木地板进行打蜡护理，但打蜡不可过于频繁，最少隔6个月一次。

（3）在实木地板上行走时，应尽量穿布拖鞋，最好赤脚。给家具的"脚"都贴上软底防护垫，避免家具的"脚"刮花实木木地板耐磨层，别让很重的物品砸坏耐磨层。不能使用砂纸、打磨器、钢刷、去污粉或金属工具清理实木地板。如果家中养猫，要想办法解决猫爪的破坏。

给家具的"脚"都穿上"鞋子"，可以保护地板和家具。

有多种型号可以选择

（4）防止强烈持久的阳光暴晒或雨水浸泡实木地板；防止阳台、卫生间、厨房等处的水溢出，出门记得检查关好一切用水设施，尽量避免实木地板接触水；避免家用电器冷热风直吹和烘烤实木地板；避免长时间开门而造成外界风直吹实木地板。

（5）实木地板铺装后应在二周内入住，长时间不住人或经常不居住的房间，应在房间内放几盆水或使用加湿器保持湿度；梅雨季节应加强通风，保持室内不要过分干燥或潮湿。

（6）油渍、油漆、油墨等特殊污渍可使用专用去渍油擦拭；血迹、果汁、红酒、啤酒等残渍用湿抹布或用抹布蘸上适量的实木地板清洁剂擦拭；蜡和口香糖，用冰块放在上面一会儿，使之冷冻收缩，然后轻轻刮起，再用湿抹布或用抹布蘸上适量的实木地板清洁剂擦拭。总之，不可用强力酸碱液体清理实木地板。

（二）实木地板的清洁方式

1. 吸尘器清洁

实木地板很容易因受潮而滋生细菌，建议选择有过滤网的吸尘器进行清洁，可以利用过滤网过滤掉一些寄生虫。为了避免吸尘器对木质地板造成伤害，可以在吸尘器上安装一个特制的木地板吸尘嘴，可以很好地保护实木地板。

2. 拖把擦拭

实木地板非常怕水，使用抹布或拖把进行擦拭时一定要拧干，地板上如果有油渍、饮料等残渍，用抹布蘸一些淘米水拧干后擦拭，让地板持久保持原有的光泽。

3. 蜡烛

将去掉灯芯的蜡烛和同等重量的松节油放到装有冷水的锅中煮沸，待蜡烛熔化后倒进罐中备用。每次清洁完地面后，用来给实木地板进行打蜡处理保养。

4. 色拉油、牛奶与浓茶

在拖地的水中放几滴色拉油，就能够让实木地板变得更加光亮。也可以用发酵的牛奶加些醋，不仅让地板变得更加光亮，清洁过的地板还更加干净。对于经过油漆处理的地板，可以使用浓茶水擦拭污渍。

5. 注意事项

给木地板上蜡时，最好选择喷雾式的打蜡剂，容易将蜡打得均匀。再用软布将多余的油迹擦掉以避免产生亮斑。涂过轻蜡的地板应在晚间自然风干。对于木地板上的黑色橡胶磨痕或污痕，可用软布蘸低浓度的酒精或少许白酒擦去。

五、天然石材的清洁与保养

（一）常见天然石材

1. 大理石

大理石属于变质岩的一种，其成分以碳酸钙为主，有较高的抗压强度和良好的物理化学性能，相较于其他花岗石而言，质地较软，比较容易加工。抛光后非常美观，纹理曼妙，质感细腻，且每一块大理石的纹理都是独一无二的，将建筑装饰得更加高雅大气。

由于大理石石材本身具有毛细孔，容易被水侵蚀，所以不建议安装在水汽较大的地方，例如洗手间。其次白色系的大理石通常吸水率要高于深色系大理石，也更容易变脏，所以不建议安装在易脏的位置，比如地面等。深色系大理石相较而言抗污能力要好一些，使用场所一般也没什么需要太注意的。

2. 花岗岩

花岗岩是由地壳中各种不同成分的岩石经过深熔作用熔融而成，事实上花岗岩的成因在20世纪时一直饱受争议，众说纷纭。百度百科上的说法是"花岗石是一种由火山爆发的熔岩在受到相当的压力的熔融状态下隆起至地壳表层，岩浆不喷出地面，而在地底下慢慢冷却凝固后形成的构造岩，是一种深成酸性火成岩，属于岩浆岩（火成岩）"。这算是现代比较普遍认同的说法了。

花岗岩其主要成分是长石，含量在40%～60%之间，密度较高，质地坚硬，可以说是最硬的建筑材料，不易受外界环境影响，具有很强的抗腐蚀性、耐磨性以及耐热稳定性，但同时有些花岗岩有微量放射性元素，不建议室内使用，可以作为室外装饰用石。

花岗岩结构致密，内部孔隙少，所以吸水率低，化学稳定性也好，比大理石更好护理，寿命也更长，耐磨程度也更高，几乎不会受到天气的影响，抛光后表面光泽度也很高。就保养方面而言不宜做底蜡和面蜡，只需用喷洁保养蜡进行喷磨即可。

3. 板岩

板岩成片状结构，是一种变质岩，沿纹理方向可以将板岩剥成薄片，颜色受其所含有的杂质影响会有不同的呈现。

板岩表面粗糙，具备良好的防滑性能，其防滑性主要依靠凹凸不平的表面，以此来增大摩擦力，同时非常耐磨，是浴室地面材料的优秀选择。但同时也需要注意使用正确的养护剂养护，避免出现过早老化、开裂等情况。

4. 砂岩

砂岩是一种沉积岩，沉积岩顾名思义就是在外力作用下经过搬运、沉积、成岩作用所形成的岩石，准确地说应该是"在地表不太深的地方，将其他岩石的风化产物和一些火山喷发物，经过水流或冰川的搬运、沉积、成岩作用形成的岩石"。

砂岩有隔音、吸潮、易清理、抗磨损等特点，是公认的较为全面的可应用石材，事实上，卢浮宫、哈佛大学等历史悠久的著名建筑物都是使用砂岩装饰而成的，其价值可见一斑。

（二）清洁保养方法

1. 保持干净、清洁

天然大理石不耐风沙及土壤微粒的长期磨擦，因此要不时利用除尘器及静电拖把彻底做好除尘及清洁工作。

房屋入口处最好能放置除尘垫，过滤鞋子所带之沙粒。住家最好入门后换穿拖鞋，减少沙粒、尘土磨损石材表面的机会。

2. 定期保养、维护光泽

光靠除尘、清洁是无法让亮丽的石材光泽保持不减的，因此一定要定期请专业公司派人做保养及光泽再生的维护工作。

3. 及时清除污染

所有天然石材均具有毛细孔，污染物如油、茶水、咖啡、可乐、酱油、墨汁等会很容易顺着毛细孔渗透到石材内部，形成令人讨厌的污渍。

因此一定要选择优良品质的石材专用防护剂，以防止污染物污染石材。要知道所有防护剂均不可能百分之百长期阻绝污染，所以一旦有污染物在石材上一定要立即清除，以防止渗入石材毛细孔内。

4. 保持通风干燥

天然石材怕环境湿度太大，水气会对石材产生水化、水解及碳酸作用，产生水斑、白华、风化、锈黄等各种问题破坏石材，因此石材安装处要常保持通风干燥。

5. 做好定期保养和专业防护工作

对于天然石材的清洁保养，做好定期地面打蜡，根据人员流动情况和密度，3个月至半年做一次打蜡，或是新铺好时就清洁干净，做好封釉或结晶处理，以防污渍进入石材毛细孔中。

第四节 家庭保洁计划与验收标准

一、家庭保洁过程中的注意事项

（1）切忌一块毛巾擦到底，要勤洗毛巾，地面、台面、厨房、卫生间的毛巾一定要分开使用。

（2）清洁主卧室时如果雇主在家，必须告知，不得随意、私自进出主卧室，以免引起不必要的误会。

（3）注意门的顶端、插座开关、踢脚线、墙角等细节部位的清洁。

（4）对摆放的贵重物品进行清洁时一定要轻拿轻放，若不小心损坏雇主家的物品一定要告之，态度要好。

（5）垃圾要及时清理，并丢到指定的地方，不得放在楼梯口、门口，处理垃圾时一定要防止外漏以及将脏水滴到地板上。

（6）时时保持客厅、餐厅、桌椅、沙发的整洁，一有杂乱就应马上处理。

（7）擦拭电视机、电脑、灯具时，首先要关掉开关，用布擦去表面灰尘，再用静电除尘液或酒精棉擦拭。

（8）经常清洗拖鞋并做好消毒。

（9）衣柜内的衣物必须分类整理，要吊挂、摆放整齐，不可乱放。

（10）整理家中的物品时必须放到指定位置，不可随意更改摆放位置，以免给客户造成不便。

（11）拖地、擦地时要彻底清洁，能移开的物品尽可能移开，挪动时要轻拿轻放，不得拖动。

二、家庭计划卫生

（一）家庭计划卫生的意义

（1）保证清洁质量。

（2）保持设备、用具的良好状态。

（二）家庭计划卫生的内容

家居清洁的时间要根据客户家的设施、设备、用具的情况、方便的时间进行合理安排。

（三）家庭周期性卫生项目与时间安排表

根据客户家的实际情况，由家庭服务师制订并完善，需要与客户沟通后实施，可按照不同的清洁周期制订相应的清洁对策。

1. 初次清洁

由里到外，由上到下，由左至右进行彻底清洁，保证无死角。

2. 每天

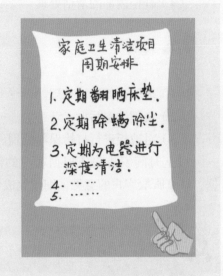

（1）对居室地面、地毯、窗台进行清洁，保证无尘无污。

（2）对家用电器、家具表面进行清洁，保证无尘。

（3）对厨房、卫生间的设施和用品进行清洁、消毒。

（4）对房间进行通风换气。春秋两季要求30分钟，夏季按客户要求，冬季通风15分钟左右。

3. 每3天

（1）卫生间消毒，地漏清洁消毒。

（2）清洁油烟机并消毒。

（3）微波炉、电话机、打印机、电脑等设备消毒。

（4）换气扇、空调出风口进行消毒。

4. 每15天

（1）灯具除尘清理。

（2）墙壁、天花板尘污清除。

（3）床下、沙发下、柜子下彻底清洁。

（4）卫生间墙面、天花板的尘污清除。

5. 每 20 天

（1）家具的清洁保养。
（2）厨房内壁框、碗柜、冰箱等的内部清洁。
（3）衣柜顶部的清洁处理。
（4）鞋柜内部的清洁处理。

6. 每 30 天

（1）玻璃窗的清洁处理。
（2）清理纱窗污垢。
（3）对地板进行打蜡保养处理。

以上时间安排表应根据客户的需求及实际情况来制订，以客户的生活习惯为依据，认真听取客户的意见，细致完成各项工作。

三、家庭保洁验收标准

分类	项目	标准	清洁频率
卧室	玻璃窗	干净明亮，无手印、污迹，窗框无灰尘	每一个月清洁一次
	天花板	干净，无塔灰、蛛网	随见随清，一季度清扫一次
	墙面 灯具	干净，无灰尘、污渍 干净，无灰尘、污渍	每月彻底清擦一遍 每月彻底清擦一遍
	桌面	干净，无污渍、灰尘、水痕	每次擦抹，每两个月保养
	床头 床垫 床上用品	干净，无污渍、灰尘、水痕 每半年翻一次面或头尾对调 枕头、棉被除螨	每次擦抹 半年一次 每月一次
	衣柜柜面 衣柜柜内	干净，无污渍、灰尘、水痕 干净，无污渍、灰尘、整洁有序	每次擦抹 每天收纳整理衣物
	地面、踢脚线	干净，无灰尘、污渍、水痕	每次湿拖，每季度打蜡保养
	绿植及盆体	干净，无灰尘，绿叶无浮尘，盆内无杂物	每次擦拭
	门	洁净，无手印、水痕、污渍，门缝无灰尘	每次擦抹

续表

分类	项目	标准	清洁频率
客厅	玻璃窗	干净明亮，无手印、污迹，窗框无灰尘	每一个月清洁一次
	天花板	干净，无塔灰、蛛网	随见随清，一季度清扫一次
	墙面	干净，无灰尘、污渍	每月彻底清擦一遍
	灯具	干净，无灰尘、污渍	每月彻底清擦一遍
	桌面	整洁、干净，无污渍、灰尘、水痕	每次擦抹，每两个月保养
	电视机	干净，无灰尘、污渍	每次擦拭
	柜面	干净，无污渍、灰尘、水痕	每次擦抹
	摆设工艺品	干净，无擦痕、灰尘	每次擦抹
	地面、踢脚线	干净，无灰尘、污渍、水痕	每次湿拖，每季度打蜡保养
	地毯	抽吸灰尘，底部无污物	每次吸尘
	绿植及盆体	干净无尘土，绿叶无浮尘，盆内无杂物	每次擦拭
	鞋架	里外干净，无灰尘污渍、杂物	每次擦拭
	入户门	洁净，无手印、水痕、污渍，门缝无灰尘	每次擦抹
厨房	玻璃窗	干净明亮，无手印、污迹、油垢，窗框无灰尘	每一个月清洁一次
	天花板	干净，无塔灰、蛛网、油垢	每周清擦一次
	瓷砖墙面	干净，无油垢	每次清擦
	油烟机	表面干净，无油垢	每次清擦
	灯具	表面干净，无油垢、灰尘	每周清擦一次
	橱柜	表面干净，无油垢、灰尘	每周里外彻底清擦一次
	厨房电器	表面干净，无油垢、灰尘	每次清擦
	料理台	表面干净，光亮，无灰尘、油垢	每次清擦
	洗涤池	干净，无油垢、污渍	每次清擦
	地面	干净，无油垢、污渍、杂物	每次清擦整理
	门	洁净，无手印、油污、污渍，门缝无灰尘、污垢	每次擦抹
卫生间	天花板	干净，无塔灰、蛛网、水痕、污垢	一季度清扫一次
	灯罩	干净，无灰尘	每次彻底清擦一遍
	瓷砖墙面	无污迹，无灰尘、水渍	每周彻底清擦一遍
	热水器	表面无灰尘，无污渍	每次擦拭
	玻璃镜面	光亮，无水点、水渍、手印	每次擦拭
	排风口	无灰尘、污渍，排风性能良好	每周彻底清擦一遍
	桑拿房、浴缸	无污垢，无水迹、杂物，白洁光亮	每次擦拭
	台面	无污垢，无水迹、杂物，白洁光亮	每次擦拭
	洗手盆	无污垢，无水迹、杂物，白洁光亮	每次擦拭

续表

分类	项目	标准	清洁频率
卫生间	水龙头	无污垢，无水迹、杂物，白洁光亮	每次擦拭
	马桶	无污垢，无水迹、杂物，白洁光亮	每次擦拭
	电镀管件	无污垢，无水迹、杂物，白洁光亮	每次擦拭
	地面	干净光洁，边角无杂物、污迹、水迹	每次湿拖
	地漏	干净，无污物、毛发	每次清理
	门	洁净，无手印、水痕、污渍，闷缝无灰尘、污垢	每次擦抹

本章学习重点

1. 不同清洁剂的使用范围。
2. 清洁工具的正确操作手法。
3. 家庭保洁九字流程。
4. 掌握玻璃保洁的技能和要点。
5. 掌握家具保养要领。
6. 保洁验收标准。

本章学习难点

1. 学会正确使用清洁剂。
2. 掌握九字流程中的每个细节。
3. 擦玻璃的技巧和要领。
4. 熟悉卫生标准。

练习与思考

1. 使用清洁剂前要做什么？
2. pH值中的不同数值代表什么，有什么作用？
3. 简述保洁九字流程。
4. 实操练习擦玻璃。

第二章 家庭衣物洗熨与收整

　　一个好的家政服务员，除了要擅长清洁打扫的工作之外，另一个工作重点便是衣服的洗涤与保养，本章详细阐述了不同材质、不同颜色、不同款式的衣物的洗涤方法和注意事项。衣物是家庭中重要的物品之一，只有细心地打理好这项工作，才能成为一个优秀的家政服务员。

　　衣物的洗涤、熨烫与保养是我们每天都要接触到的日常琐事，但其中却大有学问。科学、合理地对衣物进行洗涤、熨烫与保养，不仅可以使衣物维持原形，而且还能合理利用衣橱空间，使衣橱保持干净、整洁。

　　根据客户需要，针对不同衣物面料的特点，科学地进行衣物的洗涤、晾晒、整理和收藏，是从事家政服务工作必须具备的又一项基本技能。

衣物面料分类

第一节　衣物的洗涤

一、洗涤前的准备

（一）区分衣物

（1）内衣与外衣要分开。

（2）成人与小孩的衣物要分开。

（3）病人与健康人的衣物要分开。

（4）家政服务员与客户的衣物要分开。

（5）不同颜色、不同质地的衣物要分开。

（二）辨别衣物面料

常见衣物面料的种类如下图所示，不同的面料具有不同的特点，应采用不同的洗涤（保养）方法。皮革通常用皮革专用油来保养，不能洗涤。对于需洗涤的纺织纤维类衣物，家政服务员应掌握其面料的鉴别方法。

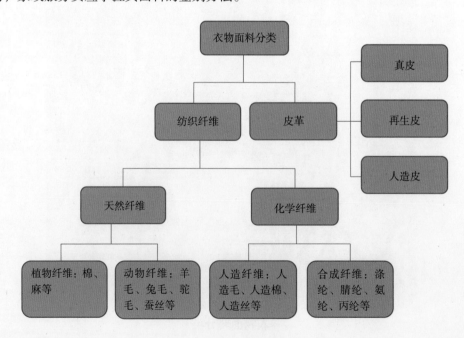

（三）检查衣服表面及口袋

（1）检查衣服表面是否有特殊污垢，如有应在洗涤前处理，如衣物上染有其他色泽，应及时向客户说明。

（2）检查衣服口袋中是否有钱币、首饰、票据等，如有要取出并及时告知客户，然后抖净口袋里的烟末、碎屑等。

（四）选择洗涤方法

1. 辨清洗涤标识

衣物的洗涤标识通常由文字和图形两部分组成，也有的衣物采用中文和外文两种洗涤标识。文字尽管有差异，但图形相对一致，家政服务员可以通过这些图形来判断所洗衣物适合哪种洗涤方式。

2. 征询客户意见

哪些衣物可以水洗，哪些需要干洗；哪些衣物必须手洗，哪些衣物适宜机洗，包括使用哪种类型的洗涤用品，如何操作不同类型的洗衣机等，家政服务员都要虚心向客户请教，征询客户意见，千万不要自作主张，以免给工作带来不便。尤其是特殊衣物，如价格昂贵的服饰、材质复杂的衣物、娇贵的织品、附带饰品和挂件的衣物等，都有相

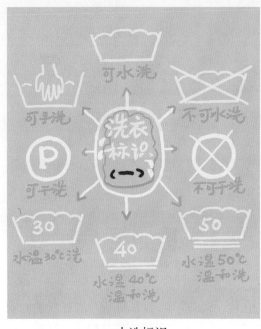

水洗标识

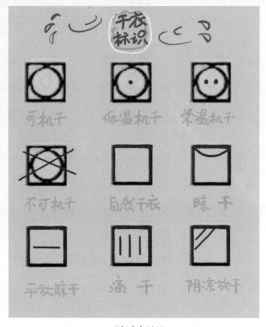

干洗标识

应的洗涤方法和要求，一定要事先向客户询问清楚，不可鲁莽行事，避免因洗涤不当给客户造成损失或出现服务纠纷。

二、洗涤方法

洗涤方法要根据衣物的面料、质地和洗涤标识要求而定。一般来说，可水洗的衣物在洗涤前应稍加浸泡，这样更易洗涤干净，具体洗涤温度和浸泡时间见下表。

各类纺织纤维衣物洗涤温度和浸泡时间

衣物种类		洗涤温度（℃）	浸泡时间（分钟）
棉	白色、浅色	50 ~ 60	30
	印花、深色	45 ~ 50	20 ~ 30（被里 4 小时以上）
麻	一般织物	40	30
丝	素色、本色	40	5
	印花交织	35	随浸随洗
	绣花、改染	微温或冷水	随浸随洗
毛料	一般织物	40	5 ~ 20
	拉毛织物	微温	随浸随洗
	改染	微温	随浸随洗
化学纤维	涤纶混纺	40 ~ 50	15
	锦纶混纺	30 ~ 40	15
	腈纶混纺	30 左右	15
	维纶混纺	微温或冷水	15

（一）手洗

1. 手洗衣物的范围及洗涤用品的选择

毛料衣物、丝（麻）织品、人造棉、人造毛、人造丝、羽绒制品、沾有汽油的衣物等适宜手洗。另外，对于可机洗的衣物，如果领口、袖口、被头等部位沾污严重，可先用手洗再用机洗。洗涤棉麻、合成纤维类衣物时，可选择使用中、高泡洗衣粉、碱性液体洗涤剂或肥皂；洗涤丝毛类衣物时，可选择中性液体洗涤剂或皂片。

提示

　　沾有汽油的衣物绝对不能在洗衣机内洗涤。因为汽油易燃、易爆，不但油污扩散后会污染、腐蚀洗衣机，还有可能因洗衣机运转中出现打火现象而引起爆炸。

2. 手洗衣物的要求及基本方法

　　一是勤洗勤换。对于手洗衣物应建议客户勤换衣服，久穿不换会降低穿用效果，增加洗涤难度。

　　二是对领口、袖口等容易脏的地方可先用衣领净涂抹。

　　三是根据衣物的面料，合理浸泡，但不可浸泡时间过长。用衣领净等处理过的衣物应至少等待5分钟后再浸泡。

　　四是冲洗干净。洗涤后要反复用清水将衣物漂洗干净。

　　常见的衣物洗涤手法有搓洗、刷洗、拎洗、揉洗四种，其操作方法见下表。

手洗衣物的方法

洗涤手法	具体操作
搓洗	一是双手抓住衣物，上下来回摩擦搓洗，根据衣物的面料、脏净程度适当用力 二是把衣物放在搓板上上下摩擦直至把污渍洗掉
刷洗	将衣物铺平，用刷子在污渍严重的部位来回刷洗，直至把污渍刷洗掉。适用于洗涤较脏的衬衣领子和牛仔服
拎洗	在盆内放适量清水，加入洗涤剂把脏衣服放入水中浸透，然后抓住衣物的上端，从盆内拎起再放入，反复数次后以同样的动作用清水冲洗干净。适用于洗涤容易扒丝的丝绸类衣物，尤其是绢丝衣物
揉洗	像揉面团一样在盆中揉搓衣物，双手反复抓捏衣物，直至把污渍洗掉，然后用清水揉洗干净，适用于洗涤羊毛衫、围巾等纯毛针织品

3. 不同面料衣物的洗涤要求

（1）毛料衣服的洗涤要求。纯毛衣服的面料一般是羊毛纤维，具有缩溶性、可塑性，洗涤时要特别注意：

洗涤水温不宜过高，以30～40℃为宜。如果水温过高，会出现褶痕且不易烫平。

选择适宜的洗涤剂。羊毛耐酸不耐碱，要用弱碱性或者中性洗涤剂，不能直接用肥皂或洗衣粉洗涤。

洗涤时间不宜过长。浸泡和洗涤时间过长会导致毛纤维"咬"在一起，导致织物缩水变形。尤其是织物松散的羊毛衫、围巾等，最容易导致缩水变形，甚至无法穿用。

晾晒方法必须得当。洗好的衣物不要拧，宜将其反面向外放在阴凉通风处自然晾干。

提示

纯毛衣物洗涤后不要抓着一小部分提出，而要用手整件托起，以免损坏面料的组织结构，使衣物变形。

（2）丝绸制品的洗涤要求。洗涤时要特别注意：

水温不宜过高。水温过高会使丝绸制品严重褪色。最好用冷水洗涤，且在冷水中浸泡的时间不宜过长，应随浸随洗。

洗涤动作要轻。不宜使用搓板搓洗，用力不要过猛，切忌拧绞。

防止太阳直晒。各类丝绸制品均不宜在阳光下暴晒，应置于阴凉通风干燥处晾干。高级丝绸制品最好干洗。

提示

丝织品在投洗过3～4次清水后，最好放入含有酸的冷水内（可滴点醋酸或白醋）浸泡投洗2～3分钟，这样处理既可中和衣服内残存的皂碱液，又能保持衣服的光泽，对织物有一定的保护作用。

（3）亚麻类衣物的洗涤要求：

控制水温在40℃以内。

动作轻柔。选用优质洗涤液，采用"拎洗"或"揉洗"的方式洗涤，忌在搓板上揉搓，也不能用硬毛刷刷洗。

漂洗干净。漂洗时先用温水漂洗2次，再用冷水漂洗1次（漂洗时不要拧绞），然后甩干并及时晾起。

（4）人造纤维类衣物的洗涤要求。洗涤人造毛、人造棉、人造丝等人造纤维类衣物时要做到：

控制水温。水温以30～40℃为宜。洗净后先用温水漂洗2次，再用冷水漂洗1次。

动作轻柔。人造棉和人造丝类衣物可用手轻轻搓洗或揉洗，人造毛类衣物下水后纤维膨胀变粗，质地变厚发硬，污垢和纤维结合牢固，适宜刷洗。

（5）羽绒服的洗涤。羽绒服的洗涤有"四忌"；一忌碱性物；二忌用洗衣机搅动或用手揉搓；三忌拧绞；四忌火烤。避开以上"四忌"，可根据衣服脏污程度参照以下洗涤步骤和方法处理，如下图所示。

①将羽绒服放入冷水中浸泡15分钟左右。

②将中性洗衣粉倒入温水中搅匀（水温为30℃左右，每件羽绒服约用2匙洗衣粉）。

③将已浸泡好的羽绒服取出，平压去水分后，放入兑好的洗涤液中，浸泡10分钟左右。

④将羽绒服从洗涤液中取出，平铺于干净平板上，用软毛刷蘸取洗涤液轻轻洗刷，先刷里面，后刷外面，最后刷两个袖子的正反面（越脏的地方越要放在后面刷），特别脏的地方可撒上洗衣粉重点刷。

⑤刷洗干净后，将衣服放在原洗涤液内上下拎涮几下，然后放在30℃左右的温水中漂洗2次。再放入清水中漂洗3次，以彻底清除洗涤残液。漂洗时切勿揉搓，以免羽绒堆积。

⑥将漂洗干净的羽绒服轻轻挤压出水分，然后放在日光下晾晒或挂在通风干燥处晾干。晾晒时勤加翻动，使其干透。最后用光滑的小木棒轻轻拍打羽绒服反面，可使羽绒服恢复蓬松柔软的状态。

如果羽绒服不太脏，尽量不要水洗，可用毛巾蘸汽油或干洗剂在衣服领口、袖口、前襟处轻轻擦拭，去除油污后再用汽油或干洗剂重新擦拭一遍，待汽油或干洗剂挥发后即可穿用。

提 示

　　羽绒被一般不直接水洗。只要不是很脏就不要全面清洗，某一部位脏了，可使用高浓度酒精、干洗剂或汽油擦洗，然后自然晾干便可。若羽绒被已很脏，可参照羽绒服的清洗方法洗涤。使用羽绒被时一定要套上被罩。

（二）机洗

　　家庭中使用的洗衣两大类；一类是全自动洗衣机，另一类是半自动洗衣机。

　　用全自动洗衣机洗涤时，可按"洗涤菜单"进行操作，根据不同的衣物选择合适的洗涤程序即可。

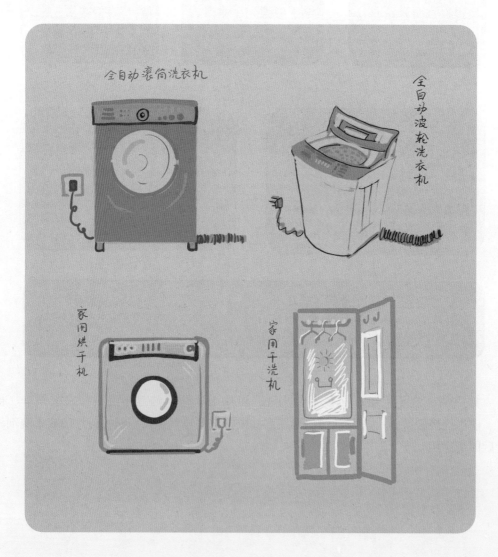

用半自动洗衣机洗涤时，可按以下程序操作：

1. 注水

根据洗涤衣物的数量，向洗衣机水桶内注入相应的水（要在机器规定的上下限水位内），放入适量的洗涤剂，洗涤剂溶解后放入所洗衣物。

2. 洗涤

根据要求选择洗涤按键。按衣物面料和脏污程度选择洗涤时间。

3. 漂洗

洗完后漂洗2~3次，每次2~3分钟，直至干净。

4. 脱水

将洗完的衣服均匀放入脱水桶内，放好脱水桶压盖，盖好桶盖进行脱水。

5. 晾晒

停机后，及时取出衣物晾干。

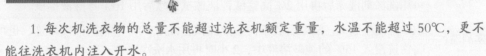

提示

1. 每次机洗衣物的总量不能超过洗衣机额定重量，水温不能超过50℃，更不能往洗衣机内注入开水。

2. 在甩干过程中，衣物偏在一侧会导致洗衣桶自动停转，此时必须断开电源，打开机盖，把衣物调平，然后重新盖好机盖，接通电源，使洗衣桶再度运转。

3. 去除衣物表面顽渍的方法：衣服在穿着过程中，难免会出现局部污渍较重的情况。对此，除整体洗涤外，还必须进行重点污渍的清洁处理。若处理不当，不仅会影响衣服的色泽和美观，甚至会损伤衣料，降低穿着寿命。因此，家政服务员在污渍处理前首先要正确识别污渍的种类和性质，然后根据污渍的种类和衣物的面料选择适宜的除渍用品，用正确的方法除渍，见下表：

衣物污渍的去除方法

污渍类型	去除方法
汗渍	汗渍是由汗液中所含的蛋白质凝固和氧化变黄形成的。洗涤汗渍时忌用热水，以防蛋白质进一步凝固。 1. 一般汗渍可用 5% ~ 10% 食盐水浸泡 10 分钟，再擦上肥皂洗涤； 2. 陈旧的汗渍可用氨水 10 份、食盐 1 份、水 100 份配成的混合液浸泡搓洗，然后用清水漂洗干净； 3. 白色衣物表面的陈旧汗渍可用 5% 纯碱溶液去除； 4. 毛线衣物的汗渍可用柠檬酸液擦拭。
呕吐物	用 10% 氨水将污渍润湿、擦拭即能除去。如仍有痕迹，可用酒精加肥皂液擦。
尿渍	1. 尿液所含成分与汗液相似，也可用食盐溶液浸泡的方法进行洗涤； 2. 白色织物上的尿渍可用 10% 柠檬酸液润湿，1 小时后用水洗； 3. 有色织物上的尿渍可用 15% ~ 20% 醋酸溶液润湿，1 小时后用水清洗干净。
血渍	1. 血渍如尚未凝固，可用冷水（不能用热水）加洗衣粉或肥皂洗涤； 2. 已凝固的血渍可用 10% 氨水擦拭，再用冷水洗涤； 3. 如前两种方法仍不能完全除去，可用 10% 的草酸溶液洗涤。
奶渍	1. 新渍立即用冷水冲洗； 2. 陈渍应先用洗涤剂洗后再用 1∶4 的淡氨水洗； 3. 如果是丝绸面料，可用四氯化碳揉搓污渍处，然后用热水漂洗，另外，把胡萝卜捣烂，拌上少许盐，也可擦掉衣服上的奶渍、血渍。
果汁渍	1. 新染上的果汁可先撒些食盐，轻轻地用水润湿，然后浸在肥皂水中洗涤； 2. 在果汁渍上滴几滴食醋，用手揉搓几次，再用清水洗净。
巧克力渍	1. 一般先用 10% 的氨水 1 份与水 10 份混合制成稀氨水溶液用棉球蘸取此溶液揩擦污处，直至干净； 2. 浅色毛绒织品染上巧克力渍，可用棉球蘸上 35℃ 左右的甘油擦洗，直至去除。
红药水渍	红药水是汞溴红的 2% 水溶液，呈樱红色或暗红色，汞溴红经氧化即可褪色。可用洗涤剂洗涤后再用 2% 高锰酸钾液擦拭，然后用 10% 草酸液擦拭。
碘酒渍	取 1 片维生素 C，浸湿后放于污迹处擦拭，或用 60% 酒精溶液浸污迹，也可将污迹浸入 15% 的纯碱溶液中，2 小时再用水洗净。
红、蓝墨水渍；红、蓝圆珠笔油渍	在污渍处涂擦 2% 的高锰酸钾液可褪色。
墨汁渍	润湿后用米饭粒、薯类和洗衣粉调匀的糊状物涂在污渍处揉擦，再用水洗净。
油墨渍	用汽油、松节油、四氯化碳浸泡或擦拭，最后用水清洗干净。如果还有痕迹，可用 10% 漂洗氨水或 10% 纯碱溶液擦拭。
万能胶渍	可将丙酮或香蕉水滴在胶渍上（醋酸纤维织物和混纺织物忌用），然后用刷子将胶渍刷除，再用清水洗净。如有陈迹要重复擦洗几次，直至洗净为止。

续表

污渍类型	去除方法
油漆渍	新迹可用松节油、香蕉水、苯、四氯化碳浸泡或擦拭，最后用清水清洗干净，如果还有痕迹，可用 10% 漂洗氨水或 10% 纯碱溶液擦拭。
印泥油渍	用汽油润湿，然后用 10% 氨水洗，再用酒精擦拭。
蜡烛油渍	先用刀片轻轻刮去衣服表面的蜡质，然后将衣服平放在桌子上，带有蜡油的一面朝上，上面放一两张吸附纸，用熨斗反复熨几下即可。
铁锈渍	可用 2% 草酸溶液（50～60℃）洗涤，然后用清水漂净。如无草酸，也可将 5 片维生素 C 碾成粉末后，撒在预先浸湿的衣服锈迹处，然后用水洗几次，即可除去。也可用 15% 醋酸或酒石酸溶液擦拭。如果是铁锈陈渍，可用草酸、柠檬酸的混合溶液（10% 的草酸和柠檬酸各 1 份，加水 20 份混合），将锈渍处浸湿然后浸入浓盐水中 1 天，再用清水漂净。
霉斑	1. 如衣服上出现霉点，可用少许绿豆芽在霉点处揉搓，然后用清水漂洗，霉点即可去除； 2. 对于新霉，先用软刷刷干净，再用酒精洗除。对于陈霉斑先涂上淡氨水，放置一会儿，再涂上高锰酸钾溶液，接着用亚硫酸氢钠溶液处理，最后用清水洗净； 3. 对于皮革衣物上的霉斑，可用毛巾蘸些肥皂水搓擦，去掉污垢后立即用清水洗净，待晾干后再涂夹克油即可； 4. 对于白色丝绸衣物上的霉斑，可用 5% 的白酒擦洗，除霉效果很好。
黄泥渍	先用生姜汁涂擦，再用清水洗涤。
酱油渍	刚沾上的酱油渍，用冷水浸湿后用洗涤剂洗涤再用清水洗净即可。陈酱油渍，可按 5∶1 的比例在洗涤剂溶液中加少量氨水浸洗，也可用 2% 硼砂溶液洗涤，最后用清水洗净。 注意，毛织品与丝织品不能用氨水洗涤，可用 10% 柠檬酸液擦拭，或者用白萝卜汁、白糖水、酒精洗净。
茶渍	衣服上刚沾了茶渍，可用 70～80℃的热水搓洗。陈茶渍可用浓食盐水浸洗，或者用氨水与甘油（1 份氨水与 10 份甘油）的混合液搓洗。
口香糖渍	1. 把干洗剂、四氯乙烯滴在污渍处，用小毛刷蘸清水轻轻刷洗即可去除；也可将衣服放置在冰箱内一段时间，口香糖经过冷冻变脆，用刀片轻轻刮掉即可。 2. 切忌用手抠口香糖渍。
口红渍	衣物沾上口红，可涂上卸妆用的卸妆膏（洁面膏），水洗后再用肥皂洗，最后用清水漂净。
眉笔色渍	可用汽油将衣物上的污渍润湿，再用含有氨水的皂液洗除，最后用清水漂净。
甲油渍	可用信纳水擦洗，当污渍基本去除后再用四氯乙烯擦洗，最后用清水漂净。

提示

洗涤污渍的药剂在家庭中很少准备，可到专业洗涤用品商店购买，必要时可将衣物送到专业的洗衣店清洗。

（三）晾晒

科学合理地晾晒衣物，是保持衣物良好形态、保证穿着质量的重要环节。衣物洗涤完毕，要根据衣物的面料、颜色和分类来确定衣物晾晒的方法，见下表：

不同衣物的晾晒方法和要求

衣物名称	晾晒方法和要求
棉麻类衣物	一般可放在阳光下直接晾晒。为避免褪色，最好反面朝外。这类织物的纤维强度在日光下几乎不下降，如内衣、袜子、床单、被罩等。
丝绸衣物	反面朝外，放在阴凉通风处自然晾干，严禁用火烘烤。这类衣物面料耐日光性差，阳光暴晒会造成织物褪色，纤维强度下降。
毛料衣物	反面朝外，放在阴凉通风处自然晾干。羊毛纤维的表面为鳞层，外部的天然油胺薄膜赋予了羊毛纤维以柔和光泽，阳光暴晒会使表面的油胺薄膜氧化变质，影响衣物外观和面料寿命。
毛衫、毛衣等针织衣物	洗涤后装入网兜挂在通风处晾干，也可搭在两个衣架上悬挂晾干，还可以平铺在其他物件上晾干。避免暴晒、烘烤，以防变形。
化纤类衣物	在阴凉处晾干，不宜在日光下暴晒，否则会使面料变色发黄、纤维老化，影响面料寿命。
羽绒服装	可挂起来自然脱水晾干，也可平铺在桌面上用干毛巾挤去水分晾干，避免阳光暴晒。

提示

1. 晾晒衣物时要用手将褶皱抚平。

2. 晾晒丝、毛上衣时，要选择与衣服肩宽相匹配的衣架，晾晒时将衣服前后对齐，避免衣架两端把衣服两侧顶出鼓包，给熨烫和穿着带来不便。

三、鞋帽的洗涤

（一）鞋的洗涤

鞋的种类很多，清洁方法分可水洗和不可水洗两种。无论哪种材质的鞋子，清洁时首先要将鞋面、鞋跟和鞋底的尘土擦净，有鞋带的将鞋带抽出单独清洗。

通常皮鞋不可洗，应根据鞋面颜色选择鞋油，将鞋油均匀地轻涂在鞋面、鞋沿上，晾10分钟后再用刷子或软布反复擦拭鞋面，直到光亮为止。

对于可水洗的运动鞋、布鞋等，应首先将鞋泡在水中，然后将皂液或洗衣粉均匀地涂洒在鞋内底和鞋面上，用鞋刷按照先里后外、先上后下、先鞋面后鞋帮的顺序反复刷洗直至干净，最后用清水将整个鞋刷洗干净，沥水晾干。

提示

如皮鞋进水，应尽快晾干，擦上鞋油，以防变形。

运动鞋应经常刷洗，避免暴晒。白色运动鞋、布鞋刷洗后在鞋面上贴上薄薄一层卫生纸晾晒，可避免晒干后鞋面出现黄斑。

擦鞋油时，在鞋油中滴一两滴醋，可使皮鞋色泽更鲜亮，用旧丝袜擦拭皮鞋，也能使皮鞋光亮。

不宜用肥皂来刷洗橡胶底运动鞋，如使用肥皂应及时冲洗干净。

（二）帽子的洗涤

普通的针织帽可直接水洗或机洗；太阳帽类可以用软毛刷轻轻刷洗；呢帽可用熨烫法清洁，清洁时先用填充物品把帽子填实，取潮湿毛巾盖在帽子上，然后用熨斗轻轻熨烫。清洁帽子时，要避免帽子变形而影响美观。

第二节　衣物的熨烫与存放

一、熨烫的原则和顺序

熨烫的原则：先烫反面，再烫正面；先烫局部，再烫整体。

上装的熨烫顺序：分缝—贴边—门襟—口袋—后身—前身—肩袖—衣领。

裤装的熨烫顺序：腰部—裤缝—裤脚—裤身。

衬衫的熨烫顺序：分缝—袖子—领子—后身—小裆—门襟—前肩。

二、各类衣物的叠放方法

（一）睡衣

叠睡衣前，不用扣纽扣，上衣和裤子要叠放在一起，以便存取。

（1）不扣纽扣，前身朝上摊开。竖起领子，抻平褶皱。

（2）根据摆放空间的宽度，左侧重叠到前身，把袖子折叠回来。

（3）相对应的一侧也同样如此，并将袖子折叠回来，注意左右均等。

（4）裤子先按中线重叠，再叠好。

（5）抻平褶皱，从裤脚处向上对折。

（6）再对折一次，长度约为裤长的四分之一。

（7）将折好的裤子放在上衣上。

（8）上衣从衣服的下摆开始对折，把裤子包在里面。

（9）存放时，可以进一步对折。

（二）T恤衫

向后对折，小而紧凑地叠放。将T恤衫紧密地叠起的关键是避免褶皱，衣领的周围不要有抓痕，把衣物向后折叠，根据空间的大小决定其宽度。将两端折叠后，可再对折一次或两次。

（1）将后身朝上的T恤衫摊开，抻平褶皱。握住左侧的领边，横向折叠。

（2）根据摆放位置的宽度，左侧向后身重叠，再将袖子折回来。

（3）相对的一侧同样折叠，将右侧折叠，并将袖子折回。左右折叠的大小要均等。

（4）从下摆开始向上对折，整理形状、抻平褶皱后，就基本完成了。注意领子的周围要叠放整齐。

（5）再将前身向上放置，叠放起来，衣服的长度过长时，可以先将下摆稍微折叠之后再对折。

（6）竖立收藏的时候进一步对折。将折叠的边缘向上并列排列，既不易松散，也可以轻松地取放。

（三）衬衫的叠放

准备好衬纸，与T恤衫的叠法基本相同。如果确定了摆放的位置，就可以根据空间的大小，确定衬纸的尺寸，重叠旋转的时候，在领口放入衬垫物，可将上下两件衬衫交错放置，保持厚度一致，收纳量也会提高。

（1）扣上第一、第二个纽扣。将后身向上旋转，按住领口，把前襟的扣子处弄整齐。

（2）抻平后身和袖子的褶皱，之后，在衣领下方中间旋转用厚纸做成的衬纸。

（3）根据衬纸的宽度将衣服向后折叠，再根据折叠后的宽度将袖子折叠，使左右相同。

（4）先将下摆稍微折叠，根据衬纸的长度对折。取出衬纸，在领口处放入填充物即可。

（四）开领短袖衬衫的叠放

先系上纽扣，将衣领立起后叠放，应尽量避免衣领和胸前出现褶皱。衣领比较坚硬的，将衣领竖起之后进行折叠；衣领柔软的，将衣领如穿着时那样整理，解开纽扣折叠。

（1）衣领坚硬的类型，将领子竖立；衣领柔软的类型，则将领子放倒放平。不扣纽扣也可以。

（2）将后身朝上，抻开褶皱，结合摆放位置的宽度，将左侧和袖子向上折叠。

（3）右侧的叠法相同。注意要让左右折叠的宽度相等。将衣服从下摆向上对折。

（4）衣服过长时，先将下摆稍微折叠一下，再对折。

（5）翻过来将前身向上放置，整理形状。如果重叠放置，衣领也会变得整齐。

（6）竖立放置的时候，将衣领朝向外侧，进一步对折。

（五）对襟衣物

不必系纽扣，向前折叠。将衣物正面朝上，即使不系纽扣也可以很好地折叠。若将前身有扣眼儿的一侧叠放于带纽扣的一侧，不仅叠起来会容易些，而且可以保护纽扣。

（1）将带有扣眼儿的一侧放置在上面，抻平褶皱，并结合放置场所的宽度，将衣服的左侧叠起。

（2）将左侧袖子折回，右侧也是同样。要注意使左右折叠的宽度均等。

（3）从下摆开始向上折回约三分之一的长度，结合放置场所调整折叠方法。

（4）如果折两次，在存取其他物品时，所占空间就会变宽，容易散架。

（六）毛衣的叠放

一定要在平整的地方叠毛衣，根据毛衣摆放的空间，调整毛衣的宽度，同时要控制毛衣叠放的厚度，防止产生褶皱。

（1）后身向上放置，将两个袖子向内侧折叠，使袖子保持水平。

（2）将毛衣的两侧向后身折起，宽度会减少一半。

（3）一边注意袖子的部分，一边从距下摆的三分之一处向上折一次。

（4）再折一次就完成了，根据摆放的空间，对折两次也可以。

（5）将后身向上，为了适合摆放空间的宽度，将右侧向后身折叠，再将袖子折回，左侧也是同样。

（6）将两侧对称折叠以后，从下摆的大约三分之一处折叠一次。

（7）再折一次就完成了，结合摆放空间的长度，调整折叠次数。

（七）领带的折叠方法

领带一般挂在衣柜的门内侧，将领带卷起来跟袜子一起收纳在收纳盒里会显得更为整齐。首先将领带对折，然后卷起来即可。

三、怎样保管衣物

（一）注意事项

1. 注意通风

在贮存时，尤其是夏季要经常把衣服拿出来晾晒通风，不可曝晒，要阴干，主要目的是去掉衣服里的水分，防止发霉虫蛀。

2. 合理存放

将通风晾晒好的衣物重新折叠整齐，放入干净的塑料衣袋或整理袋中。不宜折叠存放的衣物可用塑料衣袋罩好，用衣架挂起，放入衣柜。要适当放些防虫药剂（用白纸包好）。纤维织物大多怕潮湿，不要放在最下层；毛衣可放在中间部位；绢类最易发霉，应放在湿气最少的上层。

毛巾、袜子卷团收纳

3. 根据衣物的不同质地放置防虫药剂

放置樟脑丸时，千万不能直接放在衣服上，应用纸包上，放在衣橱的边角，因为在温度、湿度适合时，樟脑丸会挥发，沾到衣服上会有印渍，很难去除。

（二）各类衣物保管注意事项

1.棉麻服装

放入衣柜前，按颜色深浅分开存放。里面可放樟脑丸，以防衣服受蛀。

2.呢绒服装

应放在干燥处。毛绒或毛绒衣裤混杂存放时，应该用干净的布或纸包好，以免绒毛沾染其他服装，最好每月透风1次，以防虫蛀。各种呢绒服装悬挂存放在衣柜内为好。放入柜里时要把衣服的反面朝外，以防褪色风化，出现风斑。

3.化纤服装

这种服装以平放为好，不宜长期吊挂在柜内，以免因悬垂而伸长。若是与天然纤维混纺的织物，则可放入少量樟脑丸。

4.皮革服装

皮革过分干燥容易折裂，受潮后则不牢固，因此皮革服装既要防止过分干燥，又要防潮，千万不能把皮革服装当雨衣穿。如果皮衣表面发生了干裂现象，可用石蜡填在缝内，用熨斗烫平；如果衣面发霉，可先刷去霉菌，再涂上皮革清洁剂。

本章学习重点

1.能识别不同衣物面料，选择正确洗涤方法。
2.不同衣物的洗涤剂使用及水温控制。
3.掌握衣物熨烫和存放的正确方法。

本章学习难点

1.衣物面料的识别和洗涤方法选择。

2.手洗、拧干的正确操作。

3.衣物的不同熨烫方法及蒸汽、温度控制。

练习与思考

1.衣物常见面料有哪些?

2.操作洗衣设备（卧式、立式全自动洗衣机、半自动洗衣机、烘干机）。

3.手洗女式内衣、内裤、老人重污内衣裤实操练习。

4.练习熨烫西服、衬衫、裤子、裙装。

第三章 收纳整理

把空间还给空间
让人自由呼吸

第一节　收纳整理的原则和方法

一、收纳整理的 5 个基本原则

（一）克服囤积障碍

收纳时最根本的原则就是只留下有用的物品。掌握"断""舍""离"，即学会判断有用无用，舍去平时囤积而无用的，学会分离类别。因此，可以先将物品来个大清点，按有用和没用、常用和不常用分开，没用的要坚决处理掉。

（二）方便取用

物品要收纳在方便取用的地方，这样，当你想用的时候，就能够方便、快捷地拿到，既省时又省力。只要坚持这一原则，就能节省存取物品的时间。

（三）主次有序

要根据使用频率和重量来确定收纳位置，物品的收纳也要有主次之分。经常使用的物品要放在容易拿到的地方，不经常使用的可以放在较高或较低的地方。轻便的物品可以放在较高的位置，笨重的物品则要放在较低的位置，才不会发生意外。

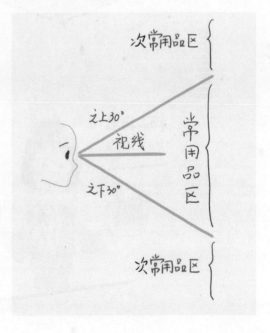

（四）美观实用

要根据使用者和存放位置选择适当的收纳工具，儿童房应该选用方便打开的收纳工具，最好是选用可以贴标签的透明储物箱。如果使用者是年轻人或主妇，就应该选用别致而有趣的储物箱，给生活增添情趣。而老年人应该选择比较容易开关且质地较轻、便于推拉的储物箱。

（五）物归原位

物品使用完后要养成放回原地的好习惯，这样才能使家居环境始终保持整齐有序。假如做不到这点，而是什么东西使用完后都随处乱扔，那么花再多的时间来整理都是没用的。

二、收纳整理 6 要素

（1）定期进行杂物清点；

（2）分类管理，隐藏和展示收纳并存；

（3）开发向下的收纳空间；

（4）开发向上的收纳空间；

（5）运用角落零碎空间；

（6）充分利用"废品"，绿色环保。

三、需要注意的误区

（一）杂物老是舍不得丢

这个舍不得丢，那个也还想留，于是杂物越来越多。能舍就是收纳的第一步，收纳整理时先检查下你的杂物，将不用的东西分为可回收、可再利用及直接丢掉三类，接下来的工作才能顺利进行。

（二）收纳整理没有计划

看到哪里比较乱就先收拾哪里，大多数人都是依照这种思维来整理，所以没看到或没想到的地方就漏掉了，这样毫无计划的整理将很难起到收纳的实际效果。

（三）无法专心导致进度缓慢

在整理时常发现许多找了好久却找不到的东西，于是又想起关于这东西的其他事情，例如该放哪里等，使得整理的工作一直被打断，这种坏习惯是阻碍收纳工作的绊脚石。

（四）刚整理过又乱了，又要再收拾

常觉得地板刚扫过又脏了？还是发现刚整理过的地方一转头怎么又乱了？这都是因为整理时没有先做好规划，该清扫、该整理、该折叠的都要先计划出处理顺序与步骤，这样才不会产生整理了这边又弄乱那边的困扰。

第二节 家庭各区域整理技巧

一、玄关

玄关是家居空间的关口，"出"与"入"均依靠玄关，如果灰尘、细菌等不好的物质从玄关进入室内，会影响家人的健康。"透""亮""意"是玄关收纳布置的原则。

（1）把不必需的物品及家具统统拿走，隔断也以通透效果的为好，保持玄关的透亮，明亮的空间能够从进门起就给人好心情，把坏的心情和运气挡在门外。

（2）玄关灯的开关应安装在进门后伸手就能碰到的地方，周围没有遮挡物，使用方便。

（3）镜子建议安放到进门的左右两边，出门前方便整理自己的仪表。切忌正对大门放置，试想如果你回家后还没有开灯时，一抬眼就看到镜中的自己，很容易受到惊吓。

（4）常住人的鞋子，进门后应及时消毒并收到鞋柜中，不要凌乱地摆放在玄关入口处，地面要保持整洁，以方便出入。

（5）如果采用单体的鞋柜，高度不宜超过1米，上面可以摆放些小的装饰，例如花瓶、工艺盘等，如果没有空间悬挂放置钥匙，工艺盘还能用来盛放钥匙等小物件。

（6）鞋柜中的鞋子宜根据季节和温度调整，换季的鞋子收起来，常用的鞋子按照大小高矮分类摆放。

（7）挂衣服的地方是必要的，如果空间足够可以采用收纳柜子和挂衣架的组合柜，能够最大限度地利用空间，挂外衣和存放些杂物、雨具。

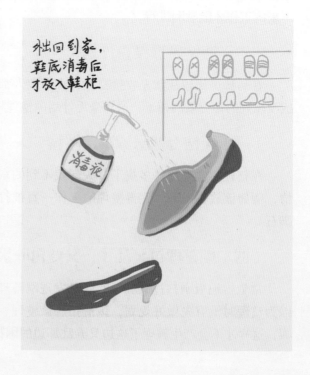

外出回到家，
鞋底消毒后
才放入鞋柜

二、客厅

客厅是家居空间中用于家庭聚会、接待亲朋好友的场所，是家庭中最为凝聚人气的场所，把客厅收纳整理得当，能够给客人留下深刻的第一印象，提升美好观感。

（一）检查归类

把常用、不常用和不用的统计清楚，并做好整理方案，向客户征询处理意见。

（二）基本原则

作为家居空间中最为宽敞的客厅，布置和收纳要以空间最大化为原则，保证空、净、亮，窗台上及落地窗前不要摆放阻碍光线的物品及家具。

作为活动最多的空间，地面空间十分重要，因此尽量不要在地面上摆放任何除必要家具外的杂乱物品。

书架上的书籍按照颜色或者高矮分类摆放，能够显示出专业水准，也方便取用。

杂乱的常用小物品如遥控器、电池等放到指定收纳盒里。

植物的选择和摆放位置十分重要，尽量避免选择尖叶类的品种；避免放在遮光的位置以及高处，要每天清洁，避免堆积灰。

穿过的衣服和用过的包包要放在玄关，保持客厅的整洁，避免带进外界过多的灰尘而影响健康。

（三）收纳步骤

（1）处理掉不需要的多余物品。

（2）利用遮盖法减少室内的颜色种类。

（3）按使用频率决定收纳的位置。

这一方法在客厅中特别适合用于有柜子、抽屉、书架、博古架的整理，使用率高的物品，要放在便于拿取的位置。可将空间分为五个部分：①身体两侧与视线齐平和指尖下垂的是经常会用并且最容易拿取的部分；②向上走到水平视线到上举指尖的部分；③下垂的指尖和膝盖之间的部分；④向上抬起的指尖之上的部分；⑤膝盖以下的部分。

（4）分门别类地细化整理。

在面对客厅中所有零碎的东西时，可以先按功能进行分类，同时还要注意，收纳的位置要在经常使用的地点旁边才能最大限度地方便使用者。

（四）收纳方法

1. 视听设备

电视机、录像机等家电通常都是深色的，给人一种沉重的感觉。在进行收纳的时候，采用统一色系的东西能够减轻压抑感，例如原木纹理或者白色的收纳工具；所有的遥控器全部集中起来放在筐内，然后把筐放在家电附近可以使视听区看起来更为整洁；如果插座上插有多个插头，可以用不同颜色的胶带以相等间距贴在不同的电线上，在胶带上用拼音做标记，既美化了电线还能够避免拔错插头。

2. 沙发椅凳

沙发、椅凳要随时保持整洁，只要人离开就要对铺设在沙发上的沙发布、靠垫进行整理，清扫干净，并将上面的杂物重新归类放回原地，如有抱毯、毛巾被等要折叠收好。

应每日整理沙发

3. 柜子

有一定深度的收纳柜，深处的物品不好取用，加装收纳框，使柜子变抽屉，使用空间变大，可以搭配上同样尺寸的收纳筐，将物品放在筐中取用就十分方便。不同类型的物品，可以在筐外贴上不同颜色的标识便于查找。

4. 收纳盒

收纳盒，特别是加盖的款式，是客厅收纳必不可少的帮手。但要选择略有区别的款式，比如同款不同色，或者同色不同款，等等，更便于查找物品。

带盖收纳盒

5. 最容易丢失的磁卡以及票据的收纳卡片类的物品

可以用名片夹来进行收纳，数量过多的时候按照使用的种类，比如医疗卡、店铺VIP卡、储蓄卡和名片等进行分类，在名片夹正面右下角粘贴便签以方便查找；各种类型的票据可以装进透明的文件袋中，分类时可以按照月份或者缴费类型进行划分，若能同时用袋子的颜色来进行区分则使用时更为顺手。

6. 暂时过期而又可能用到的报刊、杂志

利于下空间进行收纳整理，如沙发、柜子下方，利用拖轮式扁框盛放，既隐蔽又便于拿取。

7. 工艺品收纳

工艺品能够使客厅氛围更为活跃，整体画面更为生动，但若杂乱地摆放反而会破坏整体装饰效果。工艺品通常会出现在茶几、电视柜、隔板或博古架上，收纳时可按照材质、高矮、设计风格等进行分类，同种款式不宜无规则地摆放，从高到矮或者高矮相间均可，不可杂乱无章。

8. 书架

将所有的书籍按照类型划分，同一类书籍放在一起，而后按照高矮进行分层，每层根据颜色进行调整，可以依照由深至浅或由浅至深的色彩顺序进行收纳。分层时，整套的书籍可以放在视线集中的部分，杂乱的书籍放在上下部分，利用视线的特点制造整洁，打造浓郁的文学气息环境。

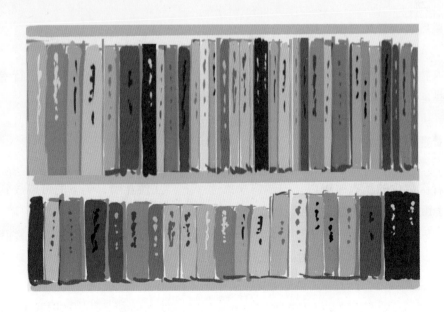

三、卧室

我们一天之中三分之一的时间都是在卧室中度过的，过于混乱的卧室环境对身体健康以及心情都会产生负面的影响。试想，忙碌了一天回到家中，想要美美地睡觉，可进入卧室中衣物随处可见，走几步都会遇到或大或小的阻碍，还能够享受舒适的睡眠吗？答案当然是否定的。

（一）卧室的收纳原则

（1）温馨、整洁、干净是卧室收纳的基本原则，有利于提供良好的睡眠环境。

（2）床头柜除了必要的台灯外不要放杂物，零碎的用品收纳抽屉里。

（3）床面上的枕头和被子要依次摆放好，除此之外不要有其他物品。

（4）地面保持整洁、干净，行走通畅。

（5）窗帘拉开后拢至窗子的两侧并用绑带系好，使日光充分照射屋子。

（6）墙壁挂画或其他挂件要安全牢固，并是适合安神休息的内容和颜色。

（7）打开衣橱，常用衣物按照季节、类别、风格、长度以颜色划分，过季衣物收纳起来，整体布置有序，在卧室收纳整理中衣橱是收纳的重中之重。

（二）衣橱收纳整理法

1. 整理衣橱要从"舍"开始

把衣物全部拿出来，找出那些一年甚至多年未穿但舍不得扔的衣服，进行专业评估，这些是否有必要留下，而后为衣满为患的衣橱做个瘦身。

2. 处理旧的衣物

穿着次数少的新衣服可以让闺蜜们来挑选一下，互换互赠，剩下的可以放到网络上的二手市场去转卖，还可以送到所在城市的慈善捐衣机构。

那些失去弹性没有办法穿的衣服可以再利用，例如将牛仔裤做成购物袋，纯棉的T恤等可以去掉不规则的部分作为抹布使用，柔软、吸水，在擦拭家具时比买来的要好用很多。

3. 衣物整理要点

仔细地分类，将衣物按照季节、颜色、用途做大的分类，将衣橱划分出几个大块，之后在每个类型中再做整理；不要将衣橱塞得太满，这样会影响空气的流通，影响面料的使用年限，为了避免衣物变形、缩短穿着寿命，在整理衣橱时，需要留出一定的弹性空间。

4. 具有稳定感的整理方式

可折叠类的衣物按照颜色从浅到深来进行摆放，这样做从视觉上具有稳定感，为了方便取用，可以收纳到悬挂式的收纳篮中；中间没有横向隔板的衣橱，下方可以摆放几组透明材质的抽屉式的收纳箱将使用频率较低的当季衣物按照颜色摆放进去，取用时一目了然；悬挂的衣服按照长度及重量悬挂，长款深色的大衣、风衣等悬挂在外侧，而后依次向内侧放。

5. 高大储物柜的整理方法

比较高的衣柜或者储物柜在进行物品整理时，可以分为上、中、下三个部分。最上方是比较难存取的地方，可以放置过季的棉被以及收纳箱，前面有把手的收纳箱很方便，可以放置一些根据季节变化才使用的东西和不常用的旧东西，但是不能放重的东西。中间是存取最轻松的黄金区域，可以收纳日常常用的东西。下方取物比最上方要方便很多，可以放袜子、熨斗等一些常使用的东西，使用专用的架子、盒子、柜子等进行区隔。

6. 充分利用衣橱深处的空间

如果衣柜的纵深很深，可以选择深度与柜子相同的收纳筐或者收纳盒，将物品按照使用的频率存放，不常用的放在内侧，常用的放在外侧，这样，寻找物品的时候将筐或者盒子拉出来就能够一目了然。

7. 充分利用墙壁与衣橱之间的空隙

大多数面积较小的卧室，衣橱都是靠在与打开的门同一方向的墙面位置，这样门与衣橱之间就会存在一个空隙。可以用落地衣架杆将这个位置利用起来，将当季穿着比较频繁或者刚从干洗店拿回来的衣服挂在这里通风。

8. 将衣橱的门利用起来做收纳

如果衣橱门不是推拉式的，则门的内侧完全可以利用起来。直接安装挂钩，用来悬挂各种小的物品，十分方便。如果想要更加整洁，可以安装硬质的铁丝网，用"S"形的挂钩，将腰带、丝巾、领带等物品用挂钩挂在网子上。若柜门比较窄，可以安装一个毛巾架，把领带及丝巾悬挂上去。

9. 巧用钩子改变拥挤的状态

每到冬季的时候，衣橱的整理就成了难题，特别是北方城市，衣服都比较厚，与夏装相比，同样的空间却装不下几件，衣物肩膀的地方显得十分拥挤而下方又比较宽松。这个时候，可以准备一些比较长的"S"形钩子，在两件长大衣之间加入件比较短的衣物，避免肩膀部分的拥挤，看上去更整齐。

10. 整套的衣服利用两个衣架配合收纳

整套的衣服如果分开收纳，寻找的时候不可避免地会浪费一些时间，将裤子放在衣服里面收纳又会增加厚度。可以将两个衣架用绳子组合起来使用，裤架挂套在绳子上，挂在衣架的下方，拿取时更为方便。

11. 整齐安置领带、丝巾

如果家里的领带、丝巾或者腰带的数量比较多，可以为它们单独留出一个空间。利用可以伸缩的衣架，安装在衣橱的侧面，用裤夹来悬挂丝巾避免产生褶皱，腰带可以用小的"S"形钩将头部悬挂起来，领带用专门的挂钩也悬挂在伸缩架上，这样做可以很好地保养物品，寻找起来也更方便，挑选时还会有种身处专卖店的满足感。如果衣橱纵深不够，可以用抽屉式的分格收纳盒来装丝巾和领带，将丝巾和领带整理成同样的大小，按照花色排列放进盒子里面，而后收纳入篮筐或者抽屉中。腰带适合放在方格形的收纳盒中，或者选一个大的盒子，自己DIY，加入隔板，将腰带盘起来放进去。

12. 增加裤子收纳数量的方法

对裤子进行悬挂收纳的时候，总会发现同样的宽度却不如衣服显得规整，且储物量也不多。可以选择一个长的衣架来提高裤子的收纳数量。将与衣柜纵深等长的衣架沿着纵深的方向悬挂，然后在下方悬挂上多个衣架来悬挂裤子，这样相等宽度的距离能够多放不少裤子。

13. 防止关门的时候衣服总是跑出来的方法

多购买的成品衣橱纵深都不是太深，特别是冬天在关闭衣橱门的时候，总会有衣服的下摆或者袖子被夹住，就要再打开一次将其塞回去，很麻烦。可以在衣橱的两边钉上小钉子，将橡皮筋固定在钉子上面，用它们将衣物收拢，这样在关门时就不会夹到衣服了。

14. 帽子的收纳

如果没有合适大小的独立衣帽间，帽子的收纳就会变得比较麻烦，帽子最害怕被挤压，变形后就会影响美观。怎么解决呢？有两种办法。如果空间足够，可以用悬挂的方式将一条圆环串联的铁链挂在墙上，用"S"形钩将帽子挂在铁链上，这样一顶帽子的宽度能够同时容纳好多顶帽子。还有一种办法是用圆筒式衣物网兜来装帽子，将较硬的放在下方，而后叠摆起来，悬挂在衣橱中。

四、书房

大户型有单独的书房，小户型的书房或者布置在阳台或在过道，或者与客卧合并，无论是哪一种户型，也不论书房位于哪里，都应该是整洁、干净、有序的，这样才能够静心工作、学习。

（一）书房的收纳整理原则

（1）明亮、整洁、无杂物。

（2）书桌是书房中最重要的家具，桌面要保持整洁，笔收到笔筒里，纸、本子放到文件收纳盒中，各自归位才更容易寻找。

（3）电脑要随时清洁，这样内部才不容易被灰尘侵袭，从而延长使用寿命，非一体式台式机不要忘记机箱内部清洁。

（4）抽屉中放置隔板，将不同的工具分隔起来，拉开后一目了然。

（5）书橱或书架上的书籍摆放规则，书脊统一向外，按照种类以及高度摆列，找寻方便。

（6）采用百叶窗或者浅色窗帘，能够根据需要调节光线，避免室内过于阴暗。

（二）书房的收纳技巧

（1）用隔板来整理抽屉。

（2）收纳盒以及档案盒是整理书橱的好帮手。

（3）让混乱的电脑线变得有序。

（4）根据重要性安排档案盒的顺序。

（5）大型书架按照类型分层。

记住便于拿取的原则，把常用的放在中间，最不常用的或者收藏的放在高处，下面放使用频率不高的书。分层后再按照书籍薄厚和大小将书放到格子里，若这一种类没有摆满，可以加一些饰品或收纳箱，以后再购书时继续摆放进去，尽量不要加入别的类型的书，否则容易混乱。

（6）为纸质文件准备专门的文件盒。

分层式的文件盒很适合用来收纳不同类型的纸类文件，例如信件、信用卡账单、广告传单、发票等，按照不同的类型放进不同的层里，可以在文件盒一侧贴上标签，标注名称，例如：标明"账单"，就专门放账单。还可以存放尚未阅读的近期杂志，阅读后再归类放到书橱中就不会弄混。

五、厨房

厨房是直接与食品相关的场所，它的整洁与否直接关系到家人的健康。合格的厨房必须整洁、干净，没有发霉的死角，碗橱、冰箱都应保持整洁。

（一）厨房收纳法则

（1）厨房湿气比较重，水、油、食材混合的空间最易藏污纳垢，垃圾也比较多。但厨房又是最需要注重整洁的地方，做到功能性收纳，勤打扫，保持整洁、干净是关键。

（2）水槽中的碗筷应随时清洗干净，擦干后放到指定位置，清理出来的食物残渣不要累积，每次都应及时从水槽中清理出来，避免吸引蟑螂。

（4）锅具、水壶、调味料分类存储，不要混乱地摆放在一起。

（5）冰箱内物品摆放整齐，扔掉干枯的食材和过期的食品，生熟分开储存。

（6）抽屉里面用隔板间隔分区，刀、叉、勺子、筷子分类摆放，取用方便。

（7）菜叶、食物残渣十分容易腐坏，因此要使用带盖子的垃圾桶，并每天清理垃圾。

（8）煤气易燃，下方的橱柜中不要储存食物和易燃物品，特别是食用油油桶。

（二）厨房收纳整理步骤

1. 食品整理

食品都是有保质期的，从它着手进行整理更为容易，清理出那些不新鲜的蔬菜、水果以及过期的食品，特别是已经开封的，将剩下的分类收纳，做饭的时候就会更加省心、快速。

2. 厨具整理

整理好食品后，就可以开始整理烹饪它们的工具了，锅、铲子、漏勺，等等。将它们分类摆放并检查一下，是不是有没使用过或很少使用的工具，同类的工具只留一个常用的就可以了，其他的收纳起来，这样新旧工具就不会混淆。锅具如果有底部焦痕比较严重的就应赶快处理掉，这样才能保证菜的美味和健康。

3. 餐具整理

清理所有餐具，相同容量的盆是不是有好几个，有的用过有的没用过；碗和盘子的边有没有豁口；筷子有没有使用时间过长或者头部坏朽的；碗的数量是不是严重超出了常用数量，有的根本用不到却占据着橱柜空间。将上述情况的餐具清理或收纳起来，橱柜会多出很多空间。

4. 厨房工具整理

洗碗布、海绵、保鲜袋、保鲜膜、垃圾袋等，这些都是厨房必不可少的一些辅助性小工具，有没有购买了很久却忘记使用的物品呢？将它们找出来吧。这些东西最佳的收纳方式是就近收纳，比如垃圾袋靠近垃圾桶收纳、保鲜膜靠近冰箱收纳等，固定位置后可以避免因乱放而忘记使用。

5. 密封容器的整理

密封容器是存储食品的好帮手，可以让食物更不易变质，让冰箱和橱柜内变得更为整洁、规矩。大部分密封容器都是塑料的，用久了以后，密封圈、盖子很容易出现问题，可将所有密封容器都找出来，筛选出有问题的部分，将它们改装成其他物品的容器，例如作为抽屉内的分类收纳格子。

（三）让橱柜井然有序的整理方法

我们常用的橱柜可以分为吊柜、地柜两部分空间，根据物品的使用频率来储存是最佳储物方式。

1. 吊柜

可以用来存储一些不常用的、季节性的轻质物品，在整理物品时最好能够保证从正面可以看到柜子中的物品，在分层储存时，还是根据使用频率来存储，下层放常用的物品。

2. 地柜分区存储

抽屉：用隔板来分类存放餐具，分区明确，取用方便。抽屉中存放叉子、勺子等小餐具，一些小的物品，例如做饼干的模具、食品封口夹，等等，将它们放在抽屉中，用小盒子来做收纳，会更容易找到。

水槽和煤气灶下方，因热交替温度变化大，不宜放米、面等食品，容易发霉，最适合放金属类的锅具和盆。

其他的空间中分类存储餐具和带有包装的食品。

3. 餐具的收纳宜注意

使用的方便和美观。

4. 巧妙利用水槽下方做收纳

用铁架子来存放锅具，可以叠放不少，根据使用频率来决定收纳的位置，同类锅具去掉盖子摞着放，锅盖用挂钩固定在门上取用更方便。侧面用挂钩还可以悬挂小件物品。

5. "一键式取放"原则整理碗柜

善用各种收纳工具，可以让碗柜中的餐具方便取用而又整齐美观。盘子最方便的取用方式是竖着放，用铁篮筐或者档案收纳盒来存储就可以满足这个需求。

小碟子可以直接用带有隔板的小篮筐来收纳，篮筐的大小根据家中常用碟子的大小来选购，使用起来更为合适，尽量选购塑料材质的，比较好清洁，铁的容易生锈。

将碗放在托盘上再收纳入橱柜中，取用的时候拉出托盘即可。

没有配套碟子的马克杯，可以用饮料瓶来收纳，将饮料瓶的侧面割出长条形的空当，将杯子的把手部分插入空当中，一个大的饮料瓶大概可以放下三个杯子，将它们竖着放进碗柜就可以了。

取放碗柜深处的物品时，如果不方便，可以在一块木板外面安装把手，底层粘贴有助滑动的东西，例如光面不干胶，抽出和放回就会非常顺畅、简单。

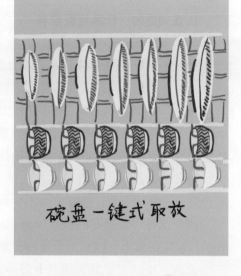

碗盘一键式取放

6. 可以直接摆出来的物品

如果橱柜中的空间容量很小，类似茶叶、调料类甚至是杂粮等物品可以用同款或者一系列的玻璃或者陶瓷罐子来盛放，然后摆到台面上，看起来很有情调。白色的餐具和玻璃制品，摆出来会显得很干净，将它们并排摆放，就不会有杂乱的感觉，还可以放在藤制的篮子中更有品位。

（四）冰箱整理

应分类、分栏摆放

1. 正确摆放，让冰箱更整齐

抽屉中的物品竖着放，不要叠加起来取用才方便。不同包装的食品之间可以分区摆放，显得更整齐。冷藏食品时，保质期短的靠外放，保质期长的放在后方。

在冰箱中储存物品时，相同的物品尽量避免排成横排，竖着收纳更容易看清，里面的所有存储物品采用收纳盒来分类更整齐。也可以自己动手，将成箱包装的牛奶箱去掉竖向的一面就成了收纳盒，能够抽拉会更方便取物。

管状的物品可以竖着收纳在去掉头部的矿泉水瓶中，统一放在冰箱门的格子中，不会分散，取用方便，能够容纳不少数量。

西兰花等不好储存的蔬菜，可以用去掉头部的饮料瓶来收纳，形状规则后更容易收纳。在底部放上一些水，上面用保鲜膜封口，能够延长保存的时间。

大葱、生菜、芹菜、胡萝卜等不容易摆放的蔬菜，可以立着放在冰箱中的蔬菜筐里，用塑料筐、空的牛奶盒、包装盒等来分隔储存更整齐，还可以避免相互挤压而过早地出现坏叶。小袋的物品可以放进比较扁的塑料盒中，例如录像带盒、成套袜子的外包装盒等，相同的种类放在一个盒子中，避免乱塞显得凌乱。用安全达标的塑料瓶来装一些有味道的酱料、咸菜等物品，可避免异味，也更容易收纳。根据存储物品的大小，将瓶子上部分和下部分保留，去掉中间的部分，割开后的边缘部分用胶布粘贴可以避免割伤手指，用下部分来装物品，之后盖上上半部分即可。火腿、奶酪等片状的物品开封以后，可以用塑料的透明盒子来存放，这样不需要打开也能够看清里面的物体，包装草莓的盒子就是个不错的选择。

使用一半的蔬菜、肉等用保鲜膜包起来，然后放到盒子中，按新鲜的程度排序，叠放进冰箱中。

需要冷冻保存的薄片肉类可以先平放冷冻，结冻后将食品放入带有封口的塑料袋中，竖着保存节省空间，取用更方便。

清除不需要冷藏存储的东西也是整理冰箱的好办法。将砂糖、干辣椒、干的山货如木耳、香菇放到透明的罐子中陈列摆放，能够成为厨房中的另一道风景。

每次买回鸡蛋都要一个个地放进冰箱鸡蛋盒中是不是很麻烦？如果购买的是带有塑料托的鸡蛋，可以直接去掉上面充当盖子的一面将剩下的部分整个放进冰箱中的鸡蛋盒里，这样即使有个别的碎掉也不会将冰箱弄脏。

2. 让冰箱保持整洁

表面光滑的厨房用纸巾，比保鲜膜更结实，将其铺在冰箱冷冻室箱底，即使不小心弄洒了什么，只要擦一下就可以了，定期更换可以减少很多劳作。

装蔬菜的容器内可以套一层塑料袋或者保鲜膜，这样如果蔬菜掉落了叶、渣滓等，只要更换塑料袋就能够保持干净，不需要总是清洁容器。

六、卫浴间

卫浴间是所有家居空间中湿气最重的地方，要保持整洁就要将物品归纳得整齐一些，避免死角的产生，才能够保持整洁、干净。

（一）卫浴间的整理原则

（1）卫浴室最重要的一点是干湿分区，如果不能够做到完全的分区，用帘子或者玻璃隔断，分开喷头是必要的，这样才能使卫浴间更清新、整洁。

（2）如果卫浴间没有窗子，一定要安装一个大功率的排气扇，每次沐浴过后都要及时排除湿气，这样空气才会清新。

（3）洗衣机等电器如果必须放在卫浴间中，应尽量远离喷头及浴缸摆放，实在没有空间就用隔绝水和潮气的帘子盖住。

（4）可以用收纳架整理马桶水箱上方的空间，不要直接将物品放在水箱上。当水箱上面摆满物体时，你就会不太想要清理它，久之就会变得很脏，难以清理。

（5）马桶的盖子在不用时需要闭合，敞开会增加空气的湿度，让细菌容易滋生。

（6）如果有在卫生间中看书的习惯，要把没看完的书随身带走，下次再拿进来，否则潮气会让书的纸张变形。

（7）毛巾、抹布等布类物品要用专门的杆子来收纳，这些物品是最容易滋生细菌的，基本3个月左右就要淘汰一次。

（8）清洁类工具如果自身已有顽固的污渍，就要随时换成新的，否则起不到清洁的作用。

（9）浴缸中使用过后的水要及时放掉，不要保留。

（10）卫浴间的位置通常不会太好，光线有限，或者完全没有自然光，因此应尽量避免采用黑色或深色的架子来收纳物品，会使人感觉沉闷，颜色亮一些的架子才能够显得整洁、明亮。

（11）每天换下来的脏衣服要及时清洗，不要堆积在脏衣筐中，衣物极其容易吸收潮气、霉菌，放置时间长了会影响穿着寿命。

（12）仔细地清理一下你的洗漱用品，同种功能的是不是有很多用不到的摆在外面，备用的和正在用的是不是混杂在一起，将它们分开吧。用得少的和备用的收纳到表面看不到的地方会显得更为整洁。

（13）吹风机用过之后要拔下电源收纳起来，不然在潮气的侵蚀下很容易损坏，而且还存在安全隐患。

（二）卫生间收纳整理方法

1. 只摆放使用的物品

例如毛巾、卫生纸、牙刷等物品，除了正在使用的，其他的都收纳到卫浴间以外的空间或柜子里，这样可以避免新物品受到湿气的污染而过早地变质，也会显得凌乱。

2. 清洁用具集中收纳

家中的清洁用具是不是随意地摆放着？将它们统一集中收纳起来吧，用篮筐竖着收纳取用更便利，还不易掉落，刷子之类的可以放在卷纸的空芯中再竖着放进筐里，做清洁时统一取用可以避免污染其他用品，同时也更加方便，抹布可以在柜子侧面或门后下方安装挂钩，每次用后洗净挂放好。

3. 小绿化让卫浴间更清新

卫浴间中湿气很重，在其中摆放一盆观叶植物可以帮助空气的流动，减少霉菌及污垢，还能够美化环境，使人感到更愉悦。

4. 让地面保持整洁

想要保持地面整洁，就需要保证下水口的通畅，及时地清理容易堵塞下水口的头发及垃圾，这样地面的水才能够顺畅地流干，迅速干爽，避免角落里霉菌的滋生。

5. 洗衣粉（液）挂在洗衣机上

根据收纳的就近原则，将洗衣粉（液）与洗衣机放在一起，使用起来更方便。可以在洗衣机的侧面固定一个篮筐，将各种需要的洗剂放进去收纳。

6. 减少直接摆放的物品就会变得整洁

将洗衣机上下及周围的空间利用起来，用层叠式的架子来收纳放进篮筐中的物品，减少可见用品的数量，化零为整，就会看起来更为整洁。

7.洗手盆下面也要好好利用

洗手盆下面的柜子通常没有隔板，可以用木板自制一层架子，这样能够多存储不少物品，用篮筐将物品分类更容易取用。

8.人口多的时候将物品分类存储

如果家庭成员比较多，需要摆出来的物品就会多一些，如果不好好整理就会显得很凌乱，用的时候找起来也很麻烦。可以用不同颜色的收纳筐将每个人的物品分开存放，一人一个颜色，取用的时候就会很容易找到。

9.沾水的工具用撑杆收纳

经常沾水的沐浴用品例如海绵、澡巾、沐浴球等物品需要悬挂放置，可以在靠近沐浴区的墙面位置安装一个撑杆，用"S"形钩将这些物品悬挂在撑杆上，用的时候随手就能拿到，使用过后水分也能够迅速沥出。

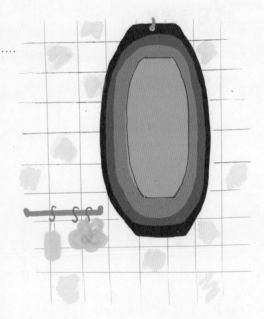

10.把脸盆和孩子用的澡盆悬挂起来

家里有孩子就会有专用的澡盆，平放在地上会占用很多空间且碍事，立着放又很容易倒下。可以用钉子、金属片和松紧带将澡盆悬挂在靠近天花板的墙面上，这样就不会占用地面的空间了。具体做法是将金属片钻孔套在钉子上，将钉子钉入墙中，然后将松紧带系在墙与金属片之间的钉子上，这样不容易脱落，如果盆比较大，可以固定两条松紧带。

本章学习重点

1.收纳整理的原则。

2.收纳整理的误区。

3.家庭各区域的整理技巧。

4.衣物的收纳整理技巧。

本章学习难点

1.如何引导客户认可收纳的重要性，接受"断""舍""离"。

2.家庭各区域的收纳标准。

3.衣物收纳整理技巧。

4.如何进行分类收纳。

练习与思考

1.收纳整理的五原则、六要素是什么？

2.厨房的收纳标准是什么？

3.书房收纳要注意什么？

4.练习衣物折叠收纳整理。

第四章　家庭餐品制作

月光朦胧

微风轻柔

放下一身的疲惫

好好做一餐美食

慢慢品尝

第一节 食材基本常识

一、食材的挑选与储存

（一）辛辣调味料的选购与识别

辛辣料包括五香粉、胡椒粉、花椒粉、咖喱粉、芥末粉等。辛香料的主要原料有八角、花椒、桂皮、小茴香、大茴香、辣椒、孜然等。

优质辛辣料：具有该种香料所特有的色、香、味；呈干燥的粉末状。

次质辛辣料：色泽稍深或变浅，香气特异，滋味不浓；有轻微的潮解、结块现象。

劣质辛辣料：具有不纯正的气味和味道，有发霉味或其他异味；潮解、结块、发霉、生虫或有杂质。

1. 真假八角的区别

八角又名大料或八角茴香。八角茴香的同科同属的不同种植物的果实统称为假八角。假八角茴香含有毒物质，食用后会引起中毒。常见的假八角茴香有红茴香、地枫皮和大八角。

真八角（八角茴香）：常由八枚青突果组成聚合果，呈浅棕色或红棕色。整体果皮肥厚，单瓣果实前端平直圆钝或钝尖。

红茴香：由7～8枚青突果组成聚合果。果实整体瘦小，呈红棕色或红褐色，单瓣果实前端尖而向上弯曲；气味弱而特殊，味道酸而略甜。

2. 掺假花椒面的识别

正品花椒面：呈棕褐色粉末状；有刺激性特异香气，闻之刺鼻、打喷嚏；用舌尖品尝很快就会有麻的感觉。

掺假花椒面：因掺入了大量麦麸皮、玉米面等，外观上往往呈土黄色粉末状，或有霉变、结块现象；花椒香味很淡；口尝时舌尖微麻或不麻，伴有苦味。

3. 胡椒粉质量识别

胡椒粉感官质量识别的方法比较简单，只要把瓶装胡椒粉用力摇几下即可识别。

优质胡椒粉：摇动后，其粉末松软如尘土。

劣质胡椒粉：摇动后，粉末若变成了小块状则质量不好。造成这种情况的原因可能是干燥不足，也可能是掺入了较多的淀粉或辣椒粉。

（二）肉类的选购

根据烹饪菜品的需求选择不同的部位和肉类，新鲜、不变质。

（三）菜类的选购

根据时令选择菜品最好，以新鲜、有机为优。

二、不同食物的保存方法

（一）放入冰箱内的蔬菜新鲜保存法

1. 大蒜

虽然放入网兜或是阴凉通风的地方可以保存，但是在湿度大和温度较高的夏天最好放入冰箱内冷藏保管。冷藏之前，去皮洗净沥水后放入密闭容器内即可。保存的量最好不要超过5天以上的，且由于保管的容器很容易被浸入气味，所以最好始终使用同一个专用容器存放大蒜。

2. 胡萝卜

买来以后马上去掉尾部并用保鲜膜缠住切面，再用报纸包上放入冰箱冷藏。如果使用一部分，那么剩下的部分很容易腐烂，所以不仅断面，整体也要用保鲜膜缠上再放入冷藏室保管。另外把胡萝卜洗净，切成小块后冷冻存放也可。

3. 菠菜

在湿度高和低温状态下保存较好。另外，由于叶子柔软容易受损，且容易由受损部位开始腐烂，所以如果有折断或已损伤的部分一定要先除去。去掉绑在外包装的塑料胶布后用蘸湿了的报纸包好后放入保鲜袋再放入冰箱冷藏。为保持报纸的湿润的状态，要偶尔向报纸淋水，这样，菠菜的新鲜度可保持一周左右。

4. 苏子叶

如果沾上了水，叶子容易变质或褪色。所以，千万不要在叶子沾水的情况保存。如果沾上了水，一定要在擦净之后用保鲜膜全部包上，且不要有丝毫空隙再放入冰箱冷藏室。

5. 荠菜

最好是购买后不洗不摘，用纸包上放入密封容器，再放入冰箱保存。这样一来，在使用的时候，颜色和新鲜度都不会有改变。想要长时间保存的话，需要洗净沥水后进行冷冻。

6. 卷心菜与生菜

如果购买的是一整棵，要先把菜心除去再放入干净的湿布，让它能够吸收水分，便可长时间保存了。如果是一点点撕叶子食用的话，最外边的那层叶子要保留，用其将剩下的部分包好后再包一层保鲜膜进行冷藏。如果是切开的，断面部分水分容易蒸发，所以要用干净的湿布包上后再包保鲜膜。

7. 茄子

在不沾水的状态下，用纸包上冷藏保存。茄子低温冷藏后味道会变差，所以如果是在两天之内食用的话，在室温下保存更好。

8. 香菇

伞状物下面的孢子如果脱落，香菇会很快枯萎，所以保存时应该把它倒着放置。在扁平密封容器的底部铺上干净的湿布，将香菇置于其内再放入冰箱冷藏。

9. 黄豆芽与绿豆芽

大部分是装在塑料袋里出售的，但如果是在非真空状态下放入冰箱内就很容易变色。最好的方法就是在买来以后洗净，用冷水浸泡后再放入冰箱。

10. 洋芹

切成半段，然后竖着立于牛奶盒或是玻璃杯当中，最后再用保鲜膜封住杯口即可。洋芹的叶子部分吸水能力较强，可以去叶后放入带拉链的保鲜袋内保存，或是轻轻焯一下再冷冻保存。

（二）保持谷类新鲜的方法

1. 米

粳米、糯米、大麦等谷类食品放入传统保存方式的陶瓷器皿中保存。由于可以通风透气，所以是最好的保存方法。可以准备一个小的陶瓷缸当作米桶，如果放一个陶瓷缸感到不如意的话，也可以使用纸袋来代替。用纸袋来保存谷类食品，不生霉菌不变色。另外在使用专用米桶保管时，放入炭、大蒜或是苹果，对于预防米虫和霉菌会有很大的帮助。

2. 豆类

夏季的豆类食品在保存的过程中容易发芽，所以一定要在没洗的状态将其放入带拉链的保鲜袋或是密闭容器中冷藏保存，料理时再洗净使用。这类食品在料理前需长时间的浸泡，把豆子煮过沥水后放入密闭容器中冷藏待用，这是一个不错的方法。

（三）不变味儿的坚果保存法

1. 花生

花生去皮后容易氧化，购买时最好买带皮的，另外保存的时候也不要去皮。最好按需进行购买，装入密闭容器后冷冻保存。

2. 只要冰箱里有，就可以做出可口饭菜的基本食材

可以使用在日常料理的基本食材：蔬菜、肉类以及熟食。利用冰箱里常有的几种食材，我们就可以随时做出那么一两顿可口的饭菜了。特别是蔬菜，在忙的时候或是客人突然来访的时候是可以解决问题的食物。那么，我们应该常常在冰箱内保存哪些蔬菜呢？土豆：煎炒烹饪或是做汤都可以用得上的材料；洋葱：在不适合加入其他材料的时候加入洋葱，会使菜的味道更加鲜美；南瓜：在想不起做什么菜时，最合适的就是加入一些蔬菜搭配南瓜做汤；萝卜：做汤的最好原料，再有牛肉或是小咸鱼之类的做汤原料就可以了；大葱：做任何汤都需要的必须材料。即使没有其他蔬菜，只要有鸡蛋也可做出一碗香喷喷的鸡蛋汤出来；辣椒：做汤时用来调味的最重要的材料。

3. 松仁

松仁虽然是较易保存的坚果，但应该置于阴凉通风处保存。如需要长时间保存，不去皮直接置于冰箱冷冻室进行保存。

4. 栗子

栗子如果失去了水分，马上将会开始腐烂变质，所以保持水分最重要。将其带壳浸于盐水中，之后埋在沙土内。因为虫子不食栗子，所以一个冬天都可吃到新鲜的栗子，如果是去了皮的栗子，可以喷水后冷冻保存。

（四）不该放入冰箱的食品

并不是所有的食品都可以放入冰箱稳妥地保存，特别是蔬菜类食品，如果长时间存在冰箱内，就会变得烂糊糊的或是产生斑点。低温下不易保存的蔬菜有地瓜、茄子、洋葱、南瓜等，因为这些蔬菜在低温下呼吸不畅，反而腐烂得更快。

有些食品比较适合的温度是15℃，如果室温高于此温度，便可考虑将其置于冰箱内。地瓜：因其不耐低温，因此不放入冰箱保存较好。如果买来了整箱的地瓜，可以在天气好的日子放在太阳底下暴晒，然后用报纸包起来再放入纸箱进行保存；香蕉：不可放入冰箱内保存。香蕉是不耐低温的水果，如果冷藏会马上变黑。香蕉在12℃以下容易变质，所以在室温下保存较好。室温下保存时，可用纸包上放在阴凉通风的地方；西红柿：低温下不宜长期保存，所以在吃之前放入，待变得凉爽后取出食用为好。熟透的西红柿直接冷冻保管也可以，冷冻了的西红柿在用水解冻的过程中很容易去皮，用于料理时省时省力；生菜酱：9℃下其成分就会产生分离现象，并且细菌开始繁殖，如果不是十分炎热请不要放入冰箱保存；罐头食品：考虑到可以长期保管才制造的，所以放入冰

箱没有任何意义，只是占地方。

三、营养搭配

（一）饮食营养搭配的10大绝招

平衡膳食就是指一日饮食中适当量的粮谷类、豆类、肉蛋奶类、蔬菜水果类和油脂类，且几大类食物相配得当的一种膳食。归纳起来，应做到以下10种相配。

合适的营养搭配有益身体健康

1. 粗细粮相配

日常饮食中增加粗粮有助于预防糖尿病、老年斑、便秘等，而且还有助于减肥。

2. 主副食相配

日常饮食中应将主食和副食统一起来。

3. 干稀相配

冬季进补的理想食物：当归生姜羊肉汤；利水除湿佳品：赤小豆炖鲤鱼汤；催乳佳品：茭白泥鳅豆腐羹；益智佳品：黑芝麻糊及红楼梦中记载的6种粥（红稻米粥、碧梗粥、大枣粥、鸭子肉粥、腊八粥及燕窝粥），还有敦煌艺术宝库中发现的"神仙粥"（由芡实、山药和大米组成）等均为干稀相配的典型代表。

4. 颜色相配

食物一般分为5种颜色：白、红、绿、黑和黄。一日饮食中应兼顾上述5种颜色的食物。

5. 营养素相配

容易过量的为脂肪、碳水化合物和钠；容易缺乏的为蛋白质、维生素、部分无机盐、水和膳食纤维素；高蛋白质、低脂肪的食物有鱼虾类、兔肉、蚕蛹、莲子等；富含维生素、无机盐、膳食纤维素的食物有蔬菜水果类和粗粮等；水是一种重要的营养素，每日应饮用4杯以上的水。

6. 酸碱相配

食物分为呈酸性和呈碱性食物。主要是根据食物被人体摄入后最终使人体血液呈酸性还是碱性区分的。近年来，很多人因肉类食品摄入过多，引发"富贵病"，应引起重视。

7. 生熟相配

吃生、吃活现已成为一种时尚。吃生蔬瓜果、鲜虾、银鱼等可以摄入更多的营养素。吃生、吃活必须注意食品卫生。

8. 皮肉相配

连皮带肉一起吃渐成时尚。如鹌鹑蛋、小蜜橘、大枣、花生米等带皮一起吃营养价值更高。

9. 性味相配

食物分四性五味。四性是指寒、热、温、凉；五味是指辛、甘、酸、苦、咸。根据"辨证施膳"的原则，不同疾病应选用不同性味的食物，一般原则是"热者寒之，寒者热之，虚则补之，实则泻之"。根据"因时制宜"的原则，不同季节应食用不同性味的食物，如冬季应选食温热性食物：羊肉、鹿肉、牛鞭、生姜等，尽量少吃寒凉性食物。五味也应该相配起来，不能光吃甜的而不吃苦的。

10. 烹调方法相配

常用的烹调方法有蒸、炖、红烧、炒、溜、氽、炸、涮等。单一的烹调方法，如烧、炸、炒容易引起肥胖。应多选用氽、蒸、涮等烹调方法。

（二）个体差异化的饮食

每一个人的生活方式有所不同，最好是根据个体差异化进行饮食安排，学习些相关的营养知识。不求成为营养大师，但是多少需要懂一些。

第二节　私房菜制作

一、炒鳝片

黄鳝肉嫩味鲜，营养价值很高，是很多人喜爱的美食。炒鳝片是黄鳝的通常做法。烹饪前，需要准备的主要配料包括：

序号	配料名称	数量	说明
1	黄鳝	1000 克	黄鳝不宜挑选太粗的，1 角钱硬币大小粗细的即可。宰杀时划成鳝片，不要头，然后再放入约 80℃的开水中烫一下，烫到黄鳝表面黏膜发白，最后用自来水洗去黄鳝表面的黏液
2	韭菜	250 克	除了韭菜、洋葱，青椒等也是炒鳝片的绝好配菜
3	薄荷	30 克	摘嫩叶洗净
4	花椒	5 克	清水过洗晾干
5	八角	3 颗	清水过洗晾干
6	草果	2 颗	清水过洗晾干
7	大蒜	5 瓣	清水过洗晾干
8	干辣椒	5 个	清水过洗晾干
9	菜籽油	2 勺	
10	食盐	2 克	
11	辣面酱	5 克	

烹制方法：

第一步，将菜籽油在锅里炼熟，放入八角、草果、大蒜、干辣椒、食盐炒香。

第二步，放入鲜鳝片翻炒至变色。

第三步，再放入辣面酱、韭菜，炒透后放入适量水焖炖5分钟。

第四步，起锅前在碗里放入薄荷，倒入烹饪好的鳝片即可。

这样，美味可口的炒鳝片就做好了。

二、炖青头菌

青头菌是我国西南地区常见的一种真菌，营养价值丰富，尤其用来做汤羹十分美味可口。下面我们就来学习一种青头菌的做法。首先我们准备配料：

序号	配料名称	数量	说明
1	青头菌	500克	将骨朵期青头菌洗净，菌把、菌帽分离，放入滤网滤水
2	猪脊肉	100克	剁成肉末
3	鲜姜	10克	剁成姜末
4	鸡蛋	2个	打散至起泡
5	高汤	1小碗	用鸡骨、猪脊骨熬4小时汤汁
6	大蒜	8瓣	剁成蒜末
7	猪油	1小匙	
8	食盐	适量	
9	白胡椒	少许	

烹制方法：

第一步，把剁好的姜末、打好的鸡蛋、盐、白胡椒拌入肉里，调匀。

第二步，把调好的馅填入菌帽之中。

第三步，将菌把放入碗（锅）底，菌帽平放在上方，凹面向上，撒入蒜末，浇入高汤，汤水不漫过菌面。

第四步，小火炖15分钟。这样，一道味道鲜美的炖青头菌就做好了。

三、爽口藕饼

藕饼是一种深受大众喜爱的食品，那么爽口藕饼应该怎么做呢？

首先准备配料：

序号	配料名称	数量	说明
1	鲜藕	500 克	将其去皮洗净，再横切成约 1 厘米厚的藕片
2	鸡蛋	2 个	打在碗里，充分调匀，打出泡
3	橄榄油	1 小匙	
4	食盐	适量	根据口味浓淡放入适量食盐
5	小粉	10 克	稀释成糊，放入切好的藕片，沾满汁后捞起
6	米汤	1 汤匙	浓稠一些
7	黑米粉	少许	将黑米磨成粉，与调好的鸡蛋拌在一起
8	冰糖	2 克	打碎成粉备用
9	红枣	6 个	切成碎片

烹制方法：

第一步，把备好的藕片在开水中焯一下，捞出晾干备用。

第二步，用一个容器，将鸡蛋、橄榄油、盐、黑米粉调成糊状。

第三步，先将藕片放入稀释好的小粉中，翻转沾匀捞出，再将黑米鸡蛋糊灌满藕孔，然后将其夹出放入盘中，均匀浇上米汤，放入冰糖、红枣。

第四步，中火炖至汤汁收尽，这样，一道爽口糯嫩的藕饼就做好了。

四、红烧肉

红烧肉是一道解馋又美味的大众菜肴，肥而不腻，香糯酥烂，它以猪五花肉为主要材料，烹饪的关键是以糖上色，最后焖烧收汁而成。

做红烧肉需要准备哪些配料呢？

序号	配料名称	数量	说明
1	精选五花肉	1000 克	洗净切成 5 厘米左右宽的方块滤水备用
2	料酒	少许	
3	老姜	10 克	洗净拍扁
4	大葱	2 根	切成小段
5	蜂蜜	1 汤匙	土蜂蜜
6	菜籽油	3 汤匙	纯菜籽油炼熟
7	胡椒	5 克	洗净晾干备用
8	八角	2 个	洗净晾干备用
9	红糖	50 克	切成糖末
10	桂皮	少许	洗净晾干备用
11	香叶	少许	洗净晾干备用
12	老抽酱油	1 汤匙	
13	干辣椒	适量	根据个人口味洗净备用
14	花椒	5 克	洗净晾干备用
15	食盐	适量	适当翻炒至黄

烹饪方法:

第一步,将猪肉洗净,切成适当大小的方块,放入开水锅中煮 5 分钟左右,用清水洗净滤水晾干,再拌上蜂蜜、料酒后待用。

第二步,炒锅置中火上,倒入 3 汤匙油,放入糖加热,待糖完全溶化并在其边缘冒出细小气泡时,倒入肉块翻炒 5 分钟,将糖色均匀地炒在肉块上后捞出(给肉块上糖色时,一定要充分煸炒)。

第三步,把锅中的油倒掉一些(倒掉一些油是为了避免成菜后过于油腻),然后下姜片、八角、桂皮、香叶、干辣椒、花椒等佐料略炒,放入肉块,加老抽酱油、胡椒后再次翻炒,最后把葱段放到表面,注开水。

第四步,放入足量的开水(注意:加水要尽量一次到位,焖烧过程中如需加水,则一定要加开水),用旺火烧开后,转用小火焖烧至猪肉熟烂,汤汁收敛,出锅即可。

五、小炒肉

小炒肉属于湘菜系,麻辣鲜香,口味滑嫩,是一道极受欢迎的下饭菜。

做小炒肉需要准备以下食材和配料:

序号	配料名称	数量	说明
1	精选五花肉	200g	切成肉片、肉丁、肉丝均可
2	精炼油	1汤匙	
3	料酒	少许	
4	小粉	2小匙	调成汁
5	老姜	10克	切成丝
6	大蒜	2瓣	切成碎末
7	生抽酱油	2小匙	
8	干辣椒	20克	切成筒状
9	花椒	5克	
10	花生	适量	翻炒至半熟备用
11	食盐	少许	

烹饪方法：

第一步，将切好的肉拌上料酒和小粉汁。

第二步，将油烧热，放入姜丝、蒜末、干辣椒、花椒、花生，中火翻炒，滤油捞出。

第三步，将拌好料酒和小粉的肉倒入炒过调料的锅中，加适量食盐、酱油，煸炒至八成熟，加适量鸡精，再放入炒好的调料，炒匀即可装盘。

六、清蒸鲈鱼

鲈鱼中富含DHA，营养价值较高。清蒸鲈鱼是以鲈鱼为主要食材、采用蒸的烹饪方法制作的一道美食，口味咸鲜，老少皆宜。

烹饪清蒸鲈鱼需要准备：

序号	配料名称	数量	说明
1	新鲜鲈鱼	1条	将鲈鱼宰杀，去除鱼鳞和内脏，洗干净备用。彻底去除内脏、血污、鱼鳞及黏液是去鱼腥的关键
2	猪油	少许	
3	精炼花生油	少许	
4	海鲜酱油	4小匙	
5	料酒	2小匙	

续表

序号	配料名称	数量	说明
6	姜	20克	切成片
7	大葱	5根	3根留叶切段，2根去叶留茎切成细丝
8	胡萝卜	半根	切成细丝放入冰水漂泡后捞出晾干备用
9	食盐	少许	
10	胡椒	少许	
11	蚝油	2小匙	

烹饪方法:

第一步，在鲈鱼正面打划刀，斜刀约45度，打至鱼骨。然后在两面薄薄抹上一层料酒、盐和胡椒粉，腌制5分钟。

第二步，在蒸盘底部铺上大段葱姜，葱姜上平铺放鱼，鱼身上再铺一层葱姜片，蒸锅大火上汽后放入蒸盘，盖上锅盖，保持大火蒸5分钟。5分钟后关火，焖3分钟，立即将鱼取出，除去葱姜，倒去蒸出的血水。

第三步，均匀浇上适量猪油、海鲜酱油、蚝油，并撒上葱丝、姜丝、胡萝卜丝。

第四步，另起一锅烧热适量花生油，待油微微冒油烟时，将热油趁热浇在鱼身和葱丝上，听到"滋滋"的声响，葱香四溢，一道美味的清蒸鲈鱼就做好了。

七、可乐鸡翅

可乐鸡翅是以可乐和鸡中翅为主要原材料制作的一道美食，鸡翅中富含大量维生素A，对视力和骨骼的生长发育有很多益处。

做可乐鸡翅需要准备：

序号	配料名称	数量	说明
1	鸡中翅	10个	洗净，用牙签在鸡翅上扎些小洞，方便入味
2	姜	若干	切碎
3	蒜	3瓣	切碎
4	小葱	2根	切碎
5	食盐	少许	

续表

序号	配料名称	数量	说明
6	海鲜酱油	适量	
7	老抽酱油	适量	
8	料酒	少许	
9	可乐	250 克	

烹饪方法：

第一步，将鸡翅放盘内，加入姜、蒜、小葱，然后加入盐、海鲜酱油、老抽酱油、料酒，用手抓匀腌制 15 分钟。

第二步，将腌制好的鸡翅放入锅内，用小火煎至两面金黄。

第三步，加入可乐烧开，可乐和鸡翅齐平即可，用小火焖至汤汁变浓时即可关火。

这样，一道鲜嫩可口的可乐鸡翅就做好了。

八、口水黄瓜

黄瓜味甘甜、性凉，具有除热、利水利尿、清热解毒、减肥的功效。

要做一道美味可口的口水黄瓜需要准备：

序号	配料名称	数量	说明
1	新鲜黄瓜	1 根	黄瓜须选择粗大、笔直的
2	生抽	1 小匙	
3	蚝油	1 小匙	
4	蒜蓉	少许	
5	味精	少许	
6	醋	2 小匙	
7	花生碎	1 小撮	
8	香油	少许	
9	干辣椒	2 个	切成辣椒圈，或用新鲜红辣椒也行

烹饪方法：

第一步，用削皮器削成条状。

第二步，放盐腌2分钟，待黄瓜变软后把黄瓜用手指卷起，摆出圆形造型。

第三步，碗中放生抽、蚝油、蒜蓉、味精、醋调匀，然后淋到黄瓜上，撒上花生碎，最后滴几滴香油，点缀上干辣椒。

第三节　面点制作

一、中式面点制作

原料准备，根据所制面点的品种、数量，选择相应的原料，放在固定处，随用随取，工具备齐，面点成形前加工，面点成形熟制（蒸、煮、炸、煎、烤）。

和面、调面的方法：

1. 饺子面

500克面粉加50%～60%的温水，放2%的精盐，充分揉和，醒面30分钟开始操作。面中放盐不仅会增加面筋，出锅的饺子也不粘皮。

2. 擀面条面

500克面粉加35%～40%的温水，放2%的精盐及少量食用碱，醒面30分钟后操作。这样不仅会增加筋力，而且口感顺滑，不易断条。

3. 蒸馒头面

500克面粉加50%左右的温水，放酵母1%，可加少量白糖，充分揉和后置暖处充分醒发，这样蒸出来的馒头柔软香甜。

4. 烙饼面

500克面粉加50%~60%的温水，醒面20分钟后操作，效果极佳。

根据面团的特性和要求不同，和面的方法主要有揉、捣、揣、摔、擦、搋等，其中以揉、擦面最为常用。

二、西式面点

西点行业在西方通常被称为烘焙业（baking industry），在欧美十分发达。现代西式面点（简称西点）的主要发源地是欧洲。西点是以面、糖、油脂、鸡蛋和乳品为主要原料，辅以干鲜果品和调味品，经过调制、成形、成熟、装饰等工艺过程制成的具有一定色、香、味、形的营养食品。

1. 儿童玛格丽饼干

玛格丽饼干是用低筋面粉和玉米粉做的一款零添加剂的饼干。做法简单，口感蓬松柔软，入口即化，是小朋友最喜欢吃的一种健康零食。

准备糕点用小麦低筋面粉100克、玉米淀粉100克、黄油50克、蛋黄2个、糖粉30克、盐1克。首先黄油切块，室温内软化后放入容器，再用电动打蛋器打至蓬松变白。蛋黄压碎，过筛，加入黄油继续搅拌至均匀。把低筋面粉、玉米淀粉、糖粉、盐加在一起搅拌、过筛，然后把过筛后的低筋面粉倒入先前的黄油容器中搅拌均匀，并揉搓成光滑的面团。用保鲜膜包裹面团放入冰箱冷藏2小时。取出面团，分成小团，揉搓光滑，放在手心压扁备用。接下来在烤箱垫上硅油纸，均匀把饼干胚放入烤盘，烤箱预热170℃，上下火，置于中层，烤20分钟，美味的玛格丽饼干就做好了。

2. 鸡蛋糕

鸡蛋糕吃起来口感实在，并且鸡蛋糕食材简单，做法也简单，只要鸡蛋液打发到位，成功率是比较高的。

主料：鸡蛋3个，白砂糖50克，低筋面粉75克。辅料：玉米油25克。

首先把3个鸡蛋加入打蛋盆，用电动打蛋器打出粗泡后加入白砂糖，然后继续用打蛋器打至蛋糊细腻，提起打蛋器，划出的纹路不消失即可。随后筛入低筋面粉，用刮刀像炒菜一些翻拌均匀后加入玉米油，拌匀，蛋糕糊就做好了。随后把蛋糕糊装入面糊分离器，挤入不粘模具中。最后放入预热好的烤箱，中层，170℃，上下火，烤20分钟即可。

3. 曲奇饼

曲奇，来源于英语cookie的香港音译，意为"细小的蛋糕"，最初由伊朗发明，20世纪80年代，曲奇由欧美传入中国，21世纪初在香港、澳门、台湾等地掀起热潮，随之不断流行开来。

主料：黄油75克，糖粉45克，鸡蛋30克，面粉50克，低筋面粉50克。辅料：泡打粉适量，抹茶粉5克，可可粉5克，蔓越莓干10克，朗姆酒适量。

首先把黄油软化后低速打散，加入细糖粉稍拌一下，然后用电动打蛋器打至蓬发，黄油颜色变浅。分次少量地加入打散的鸡蛋液，每加一次需要用电动打蛋器打至蛋油融合后方可再次加入。打好后的黄油呈蓬松的乳膏状；面粉和低筋面粉、泡打粉混合过筛，筛入黄油中，翻拌均匀。裱花袋装上裱花嘴，如果做原味曲奇直接把翻拌好的面糊装入裱花袋。如果做另几种口味的在这一步就要加入抹茶粉、可可粉和蔓越梅干了。加入后翻抹均匀再装入裱花袋（蔓越莓干需要提前用朗姆酒稍泡软，然后用搅拌机搅碎，一定要搅得细一点才不会影响挤出来的花纹）。烤盘铺上垫子，挤出自己喜欢的花纹后，烤箱180℃预热，上下火，烤11分钟，然后再移至上层烤1分钟。

烹饪技巧：

1. 加蔓越梅干之前，一定要先把蔓越梅干打碎，不然很容易堵塞裱花嘴，影响曲奇的形状。

2. 刚出炉的曲奇不太酥，放凉后就会变酥了。

3. 曲奇的厚度和大小不一样，烤的时间多少会有出入，可以先调10分钟，然后根据需要来加减时间。

4. 如果想一次做多种口味，可以根据需要对材料进行加量。

4. 辫子面包

传说面包是古埃及人发明的，公元前2600年左右，有一个为主人用水和上面粉做饼的埃及奴隶，一天晚上，饼还没有烤好他就睡着了，炉子也灭了。夜里，生面饼开始发酵，膨大了，等到这个奴隶一觉醒来时，生面饼已经比昨晚大了一倍。他连忙把面饼塞回炉子里去，他想这样就不会有人知道他活还没干完就大大咧咧睡着了。饼烤好了，又松又软。也许是生面饼里的面粉、水或甜味剂暴露在空气里的野生酵母菌或细菌下，当它们经过了一段时间发酵后，酵母菌生长并传遍了整个面饼。这个埃及人继续用酵母菌实验，成了世界上第一代职业面包师。那么我们就以辫子面包为例，来学习一下面包的做法吧！

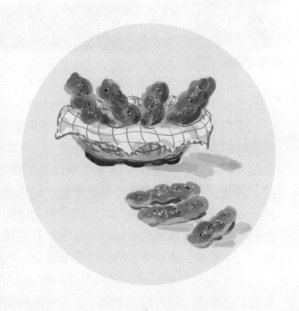

主料：面包粉260克，面粉60克。辅料：黄油30克，糖粉65克，食盐2克，酵母粉4克，全蛋液60克，纯牛奶150克，白芝麻少许。

牛奶、蛋液放入面包桶内；放入面粉，一角放糖、对角放盐，放入酵母粉；揉面15分钟，加入软化的黄油，再揉一遍；取出面团，拉出大片薄膜；收圆面团，放入大碗内，盖保鲜膜发酵；发酵至原来的2倍大时，取出面团，按压排气，分割为12等份并滚圆；盖保鲜膜松弛15分钟左右后，取一份面团按扁、擀开；翻面、压薄底边卷起来，接口处粘紧，搓一下，并依次擀卷完毕，搓长；取3份，交叉放好，编成辫子，编的时候要松紧一致，编完后捏紧两端；摆入烤盘，辫子之间要留出发酵、涨发的空间；盖保鲜膜醒发至原来的2倍大后，刷一层蛋液，撒白芝麻；放入预热好的烤箱中层，上火170℃，下火150℃，烘烤20～22分钟（表面上色后加盖锡纸）；面包出炉，凉到手心温度装入保鲜袋常温保存。

第四节　家宴布置

一、色彩的选择

根据寿宴、生日宴、节假日、家庭集会等选择不同色彩布置。

寿宴的主题颜色应该选择中国传统的吉祥色——红色和金色。红色和金色有着富贵吉祥的寓意。寿宴中的主人公是老人，所以应该选择更为厚重的枣红色，体现出老人的端庄、稳重。金色在中国文化中代表了财富，作为配色，能够突出喜庆、富贵的主题。因此，一般的寿宴我们都应该选取红色或金色作为主体色调。我们还可以在大门口铺设红地毯，突出隆重的气氛。当一种设计元素产生的时候，它将延续至整个寿宴中，它们之间虽然有客观的空间差异存在，但是观者一眼就能感觉到它们之间的联系，它们应是一个整体，而不是各部分的简单组合。

对于一般性生日宴，我们可以根据主人的身份或喜好设计一场不一样的主题生日宴会，主题颜色除红色和金色外，还可选择黑色、蓝色或粉色等色调，或突出浪漫，或突出沉稳庄重。

一般假日聚会的宴席设计，主体颜色应选择轻松活泼的颜色，避免庄重深沉的颜色。但是如遇具有特殊意义的节日聚会，主体颜色应符合节日的内涵意义，如春节就必须选择红色，以表达喜庆的气氛。

二、餐花设计

恰到好处的餐桌花艺设计，能营造出美好温馨的氛围，让用餐的人有愉悦的心情。餐桌花艺设计包括鲜花设计、食品雕塑、果蔬拼盘等类。

（一）鲜花设计的五个要素

1. 季节感和场景

首先要明确宴会的主题，根据具体时间、场所、人物、目的、食谱、食器来决定设计的内容。也可利用季节和庆典的特点做设计，比如圣诞节、元旦、端午节、母亲节、父亲节、情人节等，根据这些节日的特征来确定设计思路，决定桌布的色彩、器皿的颜色、鲜花和水果的品种等。

2. 道具

要想让餐桌高雅温馨，道具除了花、桌布、餐巾和餐具外，装饰品也是必不可少的，如盐罐、胡椒瓶、餐巾环、蜡烛、烛台、陶瓷娃娃等。随意摆放一些瓷器艺术品和水晶、丝带饰品，会让餐桌变得更富情趣。蜡烛的光线也可营造浪漫的氛围。

3. 花材

餐桌设计常用的花材有玫瑰、兰花、郁金香、茉莉等高雅的花卉。记住，餐桌上菜肴才是真正的主角，不能喧宾夺主让鲜花占了主要地位。所以花材不能太大，要选择色泽柔和、气味淡雅的品种。同时一定要有清洁感，不影响就餐人的食欲。

4. 配色

白色、米色、蓝色是常见的餐桌花基调。首先要统一餐桌整体为同一色系，然后在某一部分设定一个对比色作为视觉点。例如，利用夏天的季节感做设计时，主色调为海蓝色，加上对比色的黄色，演绎出阳光海岸的氛围。

5. 尺寸和造型

花艺一般装饰在餐桌的中央位置，不要超过桌子三分之一的面积，高度在25～30厘米之间。如果空间很大，可采用细高型花器。一般水平型花艺设计适合长条形餐桌，圆球形用于圆桌设计。

三、食品雕刻

1. 食品雕刻的作用

（1）美化菜肴，突出重点菜肴。

（2）装饰席面，增添情趣，烘托气氛。

（3）融入文化，点明主题。

（4）展示厨师的水平和接待档次。

（5）提高档次，增加效益。

2. 食品雕刻的类型和表现形式

（1）食品雕刻的类型。

食品雕刻有专供欣赏的展台，有欣赏兼作容器的，有既可欣赏又可食用的，根据雕刻原料和雕刻方法的不同来分类。

雕刻原料分类：可分类为果蔬雕、琼脂雕、巧克力雕、黄油雕、面塑、糖塑等。

雕刻的方法分类：食品雕刻可分为圆雕和浮雕两大类，圆雕有整雕和零雕整装之分。浮雕则分为凸雕、凹雕和镂空雕。

雕刻造型分类：雕刻造型可分为花鸟鱼虫类、祥兽人物类、景观器物类、瓜盅瓜灯和综合类雕刻，根据宴席主题不同，雕刻造型应用也不同。

（2）食品雕刻的表现形式。

整雕（又称圆雕），指用一块整体原料雕刻成一个完整独立的立体造型。从各个角度都可以观赏雕刻作品形象。难度最大，富于表现力，常用于小型看台和看盘的制作，如鲤鱼戏水、凤凰牡丹等。其特点具有整体性和独立性，立体感强，有较高欣赏价值。

组装雕刻（指一物体），是指用两块或两块以上原料分别雕刻成型，然后组合成一个完整物体的形象。组装雕刻艺术性较强，但有一定的难度。要求作者具有一定的艺术造型知识、刀工技巧和艺术审美能力。

零雕整装（又称群雕）。零雕整装适用于大型展台，它是用各种不同色的和同色的原料，雕刻成造型的各个部分，再集中组装粘接成一个完整的雕刻品，因为原料不受限制，色彩鲜艳壮观。如鹤鹿同寿、仙女散花等。

混合雕刻。混合雕刻即大型组装雕刻，它是指制作某一大型作品时，使用多种表现形式，最后组装完成。

浮雕，指在原料表面雕刻出向外突出或向内凹陷的图案，分凸雕和凹雕两种。凹雕和凸雕又称阴雕和阳雕，凹雕是在原料表面用凹陷的线条来表现图案，接近于绘画描线，这种雕法较简单，容易掌握，适用刻一些复杂的图案。凸雕是将图案的线条留在原料表面，刮或铲低空白处，显出层次，较难，适用于简单、规整的图案，适用于冬瓜盅和瓜灯制作。

镂空雕。镂空雕又称为透雕，是用漏透的方法使原料内部到外部具有空间和层次感，比浮雕难度大，适用于空心球、瓜灯、假山的制作。

四、水果拼盘

拼盘亦称冷盘、冷碟、冷盆、凉菜，是将宜于冷食的菜肴切配拼装而成的盘菜。它适用不同刀法将冷菜原料加工成各种形状，以排、推、迭、围、摆、覆等方法装盘，是便餐和筵席上以佐酒为主的头道菜。

1. 选料

从水果的色泽、形状、口味、营养价值、外观等多方面对水果进行选择。选择的几种水果组合在一起，搭配应协调。最重要的一点是水果本身应是成熟的、新鲜的、卫生的。同时注意制作拼盘的水果又不能太熟透，否则会影响加工和摆放。

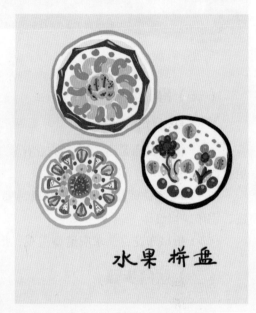

水果拼盘

2. 构思

制作水果拼盘的目的是使简单的个体水果通过形状、色彩等艺术性地结合为一个整体，以色彩和美观取胜，从而刺激食客的感官，增进其食欲。水果拼盘虽比不上冷拼和食品雕刻那样复杂，但也不能随便应付，制作前应充分考虑宴会的主题，并进一步为其命名。

3. 色彩搭配

大部分人将水果作为饭后食品，也就是人们在酒足饭饱之后才想到食用水果。这时大多数人已经没有食欲，这就为我们设计水果拼盘提出了一个难题：怎样的色、香、味、形、器才能重新将人们的食欲唤起？水果的色、香、味是我们所无法改变的，若改变了可能也失去了本身的意义，但我们可以根据想象将各种颜色的水果艺术地搭配成一个整体，通过艳丽的色彩来再次将人们的食欲唤起。水果颜色的搭配一般有"对比色"搭配、"相近色"搭配及"多色"搭配三种。红配绿、黑配白便是标准的对比色搭配；红、黄、橙可算是相近色搭配；红、绿、紫、黑、白可算是丰富的多色搭配。

4. 艺术造型与器皿选择

根据选定水果的色彩和形状来进一步确定其整盘的造型。整盘水果的造型要有器皿来辅助，不同的艺术造型要选择不同形状、规格的器皿，如长形的水果造型不能选择圆盘来盛放。另外，要考虑到盘边的水果花边装饰也应符合整体美并能衬托主体造型。

五、摆台

（一）准备工作

（1）洗净双手。

（2）检查台布是否干净，是否有皱纹、破洞、油迹、霉迹等，不符合要求应进行更换。

（3）准备餐具及各种玻璃器皿，要求各类器皿经消毒，无任何破损、污迹、水迹、手印、口红印等。

（4）折口布花，要求应造型美观，形象逼真，有艺术性。

（二）摆台步骤

1. 铺台布

将台布打开，台布下面转向自己一侧的边缘，用手指捏住，抖动手腕，抛出台布平铺餐桌上，要求做到动作熟练、干净利落、一次到位，铺好的台布要求做到十字折线居中，四角与桌腿成直线平行并与地面垂直，台布四边均匀下垂，以30厘米为宜，转盘摆在桌面中央，检查转盘是否旋转灵活。

2. 拿餐具

一律使用托盘，左手托托盘，右手拿餐具。拿酒杯、水杯时应握住杯下部，拿刀、叉勺时应拿柄部，落地后的餐具未经消毒不得使用。

（三）摆餐具

1. 骨碟定位

将骨碟放在托盘内或徒手用餐巾托住骨碟，从客人座位处开始顺时针方向依次用右手摆放骨碟，要求碟边距桌边1.5厘米，碟与碟之间距离相等，骨碟上放口布花。

2. 摆放口汤碗和小汤勺

在骨碟左上方1.5厘米处放口汤碗、小汤勺，小汤勺柄向左。

3. 摆筷架、筷子

在骨碟的右上方放筷架，筷子插进筷套，架在筷架上，要求筷子与骨碟的间距在3厘米，筷套离桌边1.5厘米。

4. 摆放玻璃器皿

在骨碟垂直上方2厘米处放酒杯（重要宴会需放葡萄酒杯、白酒杯、水杯，要求三杯成一线，与水平线呈30度角，杯肚之间距1.5厘米，在正、副主人杯具的前方各横向摆放一副公用筷和汤勺，需有骨碟依托）。

5. 摆放烟缸

在公用餐具的两侧各放一个烟缸，烟缸应有骨碟依托。

6. 转台

正中摆放花瓶或插花，以示摆台结束。

本章学习重点

1.食材的选择与营养搭配。

2.学会制作几道家常菜。

3.学会制作几道中式面点和西式面点。

4.学会布置家宴。

本章学习难点

1.菜品的营养搭配。

2.菜品烹饪。

3.面点制作。

4.家宴设计布置。

练习与思考

1.为什么菜品要进行营养搭配?

2.实操练习（烹、炒、煎、炸、凉、煮、炖各两道菜）。

3.实操练习（中点、西点各三道面点制作）。

4.实操练习（儿童、老年人生日宴布置、摆台）。

第五章　宠物认知

大千世界

万般色彩

心若激荡

心绪必将要有所释放

与可爱宠物的互动交往

美不可言

一、识别不同品种的狗

狗的品种多达上百种，但居家的宠物狗大致有以下几种：国内的主要是哈巴犬、沙皮犬、藏獒、北京犬、西施犬、松狮犬等；国外的主要是德国牧羊犬、贵妇犬、博美犬、吉娃娃犬等，每一种狗的习性和生活习惯都不一样，一定要向客户详细了解后针对性地学习喂养知识进行喂养。

哈巴犬　　　　　　　　　　　　沙皮犬

藏獒　　　　　　　　　　　　　北京犬

西施犬　　　　　　　　　　　　松狮犬

博美犬

贵妇犬

哈士奇犬

泰迪犬

柴犬

比特犬

拉布拉多犬

萨摩耶犬

柯基犬

吉娃娃犬

金毛犬

牧羊犬

二、社区养狗

狗也是需要户外活动的，城市人口密集，地形复杂，因此家政服务人员在带领宠物狗外出的时候，一定要遵守城市、社区养狗规定。否则，不但会触犯相关法律规定，还可能对他人造成不必要的伤害。

（一）遛狗

虽然狗是人类的好朋友，但是城市养狗还是有很多规范的，那么遛狗需要注意什么呢？

一定要给狗系上狗绳，这样也是对其他居民的安全负责任。

（1）要定期给狗狗做检查，做好防疫

工作。

（2）不要让狗狗单独出门，这样很容易发生危险，也容易发生事故。

（3）遛狗时要和行人保持一定的距离，防止意外发生。

（4）遛狗时也尽量不要和其他正在遛狗的人接触，因为狗与狗之间可能会发生争斗，尤其是大型犬，很容易误伤行人，或者伤害到彼此的主人。

（5）遛狗的时候，狗的粪便一定要处理好，不要让狗随地大小便，这样对于环境保护也是不利的。

（6）遛狗前后，记得给狗消毒，这样对于狗的卫生和个人的卫生都有帮助。

（二）遵守社区养狗规则

现今，几乎每个城市都制定了相关的"养犬管理条例"，对市民文明养犬作出了一系列规定，如《昆明市养犬管理条例》："为规范养犬行为，保障公民身体健康和人身安全，保护环境卫生，根据国家有关法律、法规，结合本市实际，制定本条例。"

遵守社区养狗规定，是每个市民的义务。若家政服务人员的服务内容包含宠物狗的养护，必须熟悉并遵守当地的"养犬管理条例"。

三、识别不同品种的猫

（一）猫的习性

猫的习性是活泼好玩、夜行性、嗜睡性、喜好洁净、胆小好奇、独居性、嫉妒心强、杂食性，但也与人一样有着不同的性格，而且每一户家庭猫的生活习惯和喂养习惯都不一样，家政服务人员一定要向客户详细了解猫的特点，针对各品种的猫认真学习喂养知识后再进行科学管养。

（二）猫的品种

伯曼猫

斯芬克猫

缅甸猫

阿比西尼亚猫

新加坡猫　　索马里猫　　土耳其梵猫　　美国短尾猫

中国狸花猫　　西伯利亚森林猫　　日本短尾猫　　巴厘猫

暹罗猫　　布偶猫　　苏格兰折耳猫　　英国短毛猫

波斯猫　　俄罗斯蓝猫　　美国短毛猫　　异国短毛猫

挪威森林猫　　孟买猫　　缅因猫　　埃及猫

土耳其安哥拉猫　　　襤褛猫　　　东奇尼猫　　　马恩岛猫

柯尼斯卷毛猫　　　奥西猫　　　沙特尔猫　　　德文卷猫

美国刚毛猫　　　呵叻猫　　　哈瓦那棕猫　　　重点色短毛猫

塞尔凯克卷毛猫　　　波米拉猫　　　拉邦猫　　　美国卷毛猫

东方猫　　　欧洲缅甸猫

（三）猫的常见病

猫常见的传染病有猫瘟热、白血病、狂犬病、传染性腹膜炎等，为了人类自己的健康，要和宠物保持一定的距离，勿太亲热。

猫的寄生虫有很多，如虱子、蛔虫、钩虫、弓形虫等，由此引发很多寄生虫病，其中弓形虫病是人畜共患的原虫病，如果孕妇感染此病，可能会导致胎儿畸形、疾病或死亡，甚至会使孕妇流产、死胎或患妊娠合并症。

人和猫共患的疾病主要有狂犬病、流行性出血热、弓形虫病、外寄生虫病。

四、观赏鱼的喂养

观赏鱼通常由三大品系组成，即温带淡水观赏鱼、热带淡水观赏鱼和热带海水观赏鱼。

温带淡水观赏鱼主要有红鲫鱼、中国金鱼、日本锦鲤；热带淡水观赏鱼有三大系列，一是灯类品种，二是神仙鱼，三是龙鱼；热带海水观赏鱼主要来自印度洋、太平洋中珊瑚礁水域，品种多，体彩各异，具有一种原始、古朴、神秘的自然美。

养金鱼是人们的平常喜好之一，但金鱼饲养难度大、存活率低及日常照料过程复杂，养金鱼的人逐渐减少。水族市场则以培育优质鱼种为主流，同时也使得贵族金鱼的价格居高不下。锦鲤在20世纪90年代初期成为金鱼明星，一条名贵锦鲤卖价千元，甚至上万元的都有。但近年，锦鲤和红龙的价格已回落到比较稳定的水平，一条体态、鳞色、姿态兼优的成年红龙售价也不会高过万元。

（一）鱼的日常管理

（1）现代养鱼一般都放入敞开的水族箱或鱼缸中，切记不要闷缸。

（2）准备给鱼换水时，要先将水存放一两天，称为"困水"，一方面作用是为了去除水中的氯气，另一个作用是使新水和旧水的温度尽量接近。不能一次换水过多，否则水质突然变化，金鱼会出现水质不适症，由于金鱼已适应了在原来的水质中生活，水质突然改变，金鱼会因无法适应而得病，甚至突发死亡。

（3）定期排污很重要。可利用吸管吸出箱底的积粪和垃圾，吸时动作一定要轻，避免把沉积物搅散。吸尽污垢后，再排掉三分之一的水，然后补给即可。

（4）鱼类对灯光照射比较敏感，黑暗中鱼儿比较安静，不易受惊。

（二）鱼的喂养

（1）鱼不宜喂得过饱，一般八成饱即可。食物的投放时间不固定，除清晨和晚上不宜投放外，其余时间都可以。

（2）投放活饵最好，干饵料也可，最好是浮性的、色彩艳丽的，易被鱼发现，投入后5～10分钟吃完正好。

（3）一般一两天不投鱼食，鱼也不会饿死。

本章学习重点

1.认识不同品种的狗、猫，并能识别。

2.掌握宠物饲养的基本常识。

本章学习难点

1.识别并记住每一个宠物的品名、特征。

2.学会饲养鱼类并会清洁、换洗鱼缸。

练习与思考

1.到宠物店及医院参观学习。

2.练习鱼缸换水。

行业标范

　　小张在王大姐家做家庭服务员已经十年了，王大姐每每说起小张都感慨万千，王大姐家家庭成员结构复杂，有老有小，但在这十年中，不知不觉小张已经成为王大姐家不可或缺的家人，从陌生到亲近，离不开小张的努力与真心付出。王大姐说，每天，当她和家人清晨醒来的时候，小张已经在厨房忙碌了，不断变换着菜谱做美味的营养早餐，等她们下班回家时，家里已经收拾打扫得干干净净，衣物也清洗熨烫完毕，回家后的一杯热茶让家人们疲惫全消。不一会儿，美味的饭菜又摆上桌，她们吃饭时，小张一直在旁边站立服务，直到她们用餐完毕小张才会开始吃，她们也曾经一再邀请她一起坐着吃，可小张总是笑盈盈地拒绝，并说这是她的工作时间。后来王大姐也掌握了她的职业坚守的信念，就让小张单独把菜留好，错开时间吃可以，但不愿意她吃大家吃剩下的，于是，小张更加感动，把王大姐她们当成一家人，照顾得无微不至。家人过生日时，小张还会特别地制造一些小浪漫，还用自己的收入买小礼物，平时也总是最后一个收拾完毕检查好安全隐患才睡下。她的付出也得到了认可，收入从原来的2000元一个月涨到了8000元，现在，家里谁都离不开她了，有人出更高的工资想挖走小张，小张摇摇头说，只要王大姐家还需要我，我会一直干下去。

第二篇

孕产护理与育婴

——以技助人

繁衍生息，孕育生命

承载家庭美好的未来与希望，母亲的伟大

演化为平凡日子的时候，不起眼的细小点滴

都能渗透出爱的光芒，让我们焕发心底的情愫

为孕产妇和新生儿，用心地做专业的陪护吧

第一章 孕产护理

第一节 孕育期的护理

备孕期照护： 准备怀孕前6个月（半年），建议双方戒烟、戒酒，生活规律。做一次健康体检，同时做一些生殖科的检查。准备怀孕前3个月服用叶酸，保持情绪稳定，放松心情，不用含有激素的化妆品，感冒生病了不乱服用药物，保障饮食营养。

怀孕早期： 饮食上要清淡易消化，少食多餐。可以多食一些新鲜的蔬菜水果，如菠菜、白菜、胡萝卜、生菜、香蕉、核桃、花生、腰果等，做到荤素搭配。客户呕吐严重时适量吃些甜食，可预防"烧心"。

怀孕中期： （4～7月）可以播放一些轻缓的音乐有助于胎教，孕中期也是胎儿生长发育旺盛时期，孕妇对营养需要比较全面，可以多食动物肝脏、蛋黄、豆制品、虾皮、海带、鱼等含钙、铁比较丰富的食物。保持每天喝500mL的牛奶。保证充足的睡眠，坚持每天户外晒太阳，动静结合。睡觉时候尽量采取左侧卧位，缓解子宫供血不足，有利于胎儿生长发育。

怀孕后期： （8～10月）孕晚期是胎儿和孕妇体重增长最迅速的时期，注意不要进食热量过高的食物和糖分过高的水果，以防并发妊娠糖尿病、高血压，孕晚期会引起下肢浮肿，睡觉的时候可以适当垫高下肢。注意要适量运动，散步是最好的运动。注意密切观察孕妇的身体状况，如果出现阴道出血、小腹疼痛、胎动过频或过少都要建议客户及时去医院检查。

第二节　月子护理

一、子宫恢复与恶露的观察

子宫：分娩后1小时子宫与脐平，产后6小时要注意观察子宫收缩情况和出血量。

恶露：一般产后3周恶露即可排净，如果超过3周恶露仍然淋漓不绝，即为"恶露不尽"。恶露的持续时间因人而异，平均约为21天，短者可为14天，长者可达6周。

恶露是子宫恢复的晴雨表，如有臭味说明有可能感染。

恶露的类别

类别	说明
血性恶露	产后第1周，颜色鲜红，含有大量的红色血液。
褐色或浆液恶露	1周以后到半个月，颜色呈浅红色，量少。
白色恶露	半个月以后到3周内，没有血液，排出一些脱落的白色渣状物，黏稠。持续两三周。

宫缩痛：生产完后腹部会发生像抽筋般的疼痛，特别是在给婴儿喂奶的时候，这是子宫在收缩引起的宫缩痛，一般这种疼痛持续4～7天就会自然消失。

二、会阴部的护理

顺产时候不管是自然撕裂伤还是医生切开的伤口，一般都可在4～7天就会愈合，生产完后要特别注意观察会阴部有无渗血、血肿、水肿，大小便后注意用清水冲洗会阴部，并用棉签蘸新洁尔阴消毒液擦拭会阴部。注意勤换卫生护垫。发生便秘时，叮嘱产妇不可用力。如果是会阴左切口，建议采取右侧卧位；如果是会阴右切口，建议采取左侧卧位。

三、乳房的护理

正常产妇产后半小时就可以哺乳，尽早母婴接触（接触时间不能少于30分钟），尽早开奶，实行母婴同室，出生第一天，让婴儿每半个小时就吸吮一次乳房，使之刺激分泌乳汁。哺乳前，家庭服务员应洗净双手，用温热毛巾协助产妇擦拭乳房，特别要注意擦拭乳晕、乳头部位。哺乳时要两侧乳房轮流排空。哺乳完后，挤一滴奶水均匀地抹在乳头上，可以有效防止乳头皲裂。

（一）乳汁淤积

可以适当局部热敷并用吸奶器将淤积的乳汁吸出，直至硬结消散为止。

（二）发生奶胀时候的处理

1. 热敷乳房

准备一盆水温为50~60℃的干净的热水，也可根据气温适当调节水温，露出胸部，大毛巾从乳房下2~3寸盖好，将温热毛巾覆盖两乳房，保持水温。最好两块毛巾交替使用，每1~2分钟更换一次热毛巾，如此敷8~10分钟即可。注意避免烫伤皮肤。

2. 将奶水挤出

利用吸奶器将奶水吸出，排空乳房。

3. 按摩乳房

（1）螺形按摩，从乳房基底部开始，向乳头方向以螺旋形状按摩整个乳房。
（2）环状按摩，利用双手托住整个乳房，由基底部向乳头来回方向按摩。
（3）按压按摩，双手拇指置于乳房之上，四指在乳房两侧，然后由基底部向乳头方向挤压，四侧都以这种方法来做。

四、剖宫产护理

家庭服务人员应叮嘱产妇术后去枕平卧6小时，禁食，头偏向一侧。一般1～2天下床活动，预防肠粘连，手术后5～7天拆线，完全恢复至少需要4～6周。术后6小时可以进食一些排气类的食物，如：萝卜汤、莲藕、丝瓜等。少食糖类、黄豆、速食、淀粉等会胀气的食物。排气后吃一些半流质食物，如：蛋汤、烂粥、面条等，拆线前禁食鱼类，7～10天后再食用催乳类的食物。以后根据产妇体质调整食物。术后少食多餐，及时练习排大小便，以防因伤口疼痛不敢用力而导致尿潴留和大便秘结。

五、产后常见症状的预防护理

（一）尿潴留

产妇拔除尿管后不管有无尿意都要帮助其试着自主排尿。不习惯床上小便的产妇，可以坐起或者慢慢下床小便，如果小便难解，可以用热水袋热敷小肚子或者温水冲洗外阴部分以诱导排尿。

（二）尿失禁

提醒产妇进行收缩肛门运动，每日30次左右；每天有意憋尿2次，每次10分钟。可以有效恢复。

（三）褥汗

在产后最初几天，产妇总是出汗较多，这种现象并非病态也不是身体虚弱的表现，一般几天以后会自行好转，不需要特殊处理，但要注意避免出汗后受凉。

（四）便秘

产妇在月子里卧床时间长、活动少，肠蠕动减弱；或摄入少渣高蛋白食物，少吃水果、蔬菜或粗纤维，或由于会阴伤口疼痛，不敢用力排便，都会造成大便秘结。协助产妇床上勤翻身，吃饭时候坐着吃。产后两天应下床活动。饮食应粗细搭配，荤素搭配。让产妇保持心情愉悦舒畅。

（五）会阴疼痛

用95%的酒精纱布湿敷，每日2次，每次20~30分钟，有利于消肿、减轻疼痛。如果会阴部伤口疼痛，局部红肿热痛，属于伤口感染征象，需要就医，遵医嘱治疗。

六、产妇起居护理

（一）室内空气要清新

空气不能混浊，每天要开窗通风，但是要避免受风受凉，以前老一辈人的"女人坐月子时候，产妇房间门窗紧闭，床头挂帘，产妇裹头扎腿"的做法是不科学的。如果室内空气混浊，卫生环境差，很容易使产妇和婴儿患上呼吸道感染，甚至产妇会中暑。每天开窗通风2次，每次15~20分钟。产妇房间内避免摆放鲜花和绿植，以免引起产妇和婴儿过敏。

（二）坐月子的产妇要不要刷牙？怎么刷？

坐月子的产妇要刷牙。

方法一：将牙刷用热水烫软后刷牙，少刷几下即可。

方法二：将牙膏挤在裹着干净纱布的食指上，像刷牙一样刷即可。

方法三：将牙刷用干净纱布包裹，挤上牙膏刷牙。

方法四：可用盐水或者陈皮水，每次进食后漱口。

（三）产妇坐月子期间能不能洗头？

能洗头，洗头水温调高一点，门窗紧闭，洗完头马上用多块大毛巾把头发擦干，最好不要用吹风机吹头发，避免受凉。

（四）坐月子的产妇能不能洗澡？

如果让你不洗澡多久你能接受？一天？两天？一个星期？一个月？

坐月子的产妇要洗澡！沐浴有清洁

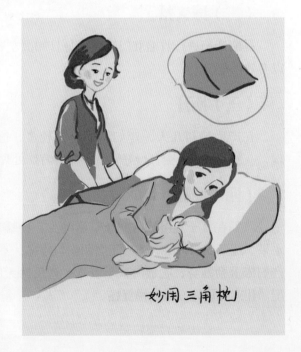

妙用三角枕

和增进舒适度的作用，促进血液循环，促进皮肤排泄，预防皮肤感染。产妇的沐浴方法有床上擦浴和淋浴两种，根据产妇的活动能力和体质情况选择恰当的沐浴方法。如果产妇体质较弱，难产、剖宫产手术后为了避免沾湿伤口，防止感染，可采用擦浴的方法；剖宫产的产妇在产后8～10天才可以淋浴；顺产和体质较好的产妇，分娩后第二天就可进行淋浴。准备好淋浴用品，调节好水温、室温，可以抬个小板凳坐着，最好能陪伴，如产妇不需要陪伴，叮嘱产妇进到浴室后不要锁门，淋浴时间最好控制在10分钟左右。淋浴结束擦干身体穿上衣服，头发用多块毛巾裹干以后再出浴室。水温以40℃为宜，擦洗手脚时可以将其直接放进水里洗，会阴部最后用流水轻轻冲洗一道。擦洗完毕，换上干净的衣裤。产妇的衣裤最好是宽松舒适全棉的，内衣裤坚持每天换洗。

七、月子中的注意事项

叮嘱产妇卧床静养，保持身心愉悦，保持房间空气清新，注意避寒保暖，恶露多者注意阴道卫生，如果恶露减少可以适当下床活动。加强营养，饮食宜清淡，忌生冷辛辣、油腻、不易消化的食物，可多食蔬菜。

气虚者，建议食材：牛肉、猪肚、黄鱼、熟地。

血热者，可食梨、橘子、西瓜等，水果宜温服。

血热、血瘀、肝郁化热者，加强饮料服食，如：藕汁、梨汁、橘子汁、西瓜汁等。

脾弱气虚者，寒冷季节可增加羊肉等温补食品。

肝肾阳虚者，可增加滋阴食物。如：甲鱼、龟肉等。

产妇不能走太多的路，勿搬重物。睡觉时候尽量侧卧，避免长时间的站立和久坐。产后10天左右，可以稍加用力用手掌在腹部做环形按摩。

八、产褥热的预防与护理

产褥热：产后24小时到10天内引发的38℃以上的高烧就是产褥热，也叫产后感染。产妇会感到发冷发热，类似感冒的症状。

产褥热的预防措施：

（1）保证产妇充足的休息睡眠。

（2）保证产妇月子期间补充充足的水分。

（3）保持伤口的干燥清洁。

（4）产妇产后不满50天不宜性生活。

（5）不能滥用抗生素。

九、乳腺炎的预防与护理

乳腺炎的表现：

早期，乳房胀满疼痛，哺乳时候更疼，乳汁分泌不顺畅，乳房肿块或有或无，乳房处皮肤微红或不红，食欲不好，甚至胸闷烦躁。

化脓期，局部乳房变硬，肿块增大，可能还会有高烧，发冷，全身没力气，大便干燥，脉象变快，同侧淋巴结肿大，有时还会出现乳房跳痛，乳房局部皮肤红肿透亮，可在4~5天就会形成脓肿。

溃后期，浅表的脓肿常可穿破皮肤，形成溃烂或乳汁从创口处溢出而形成乳漏，严重者可发生脓毒血症。

预防乳腺炎的措施及护理：预防乳腺炎关键在于防止乳头损伤，避免乳汁淤积，保持乳房清洁。到了妊娠后期，可以经常用温开水擦洗乳头、乳晕区，产后用橘核30克煎服，一般2~3剂，预防乳汁淤积，养成定时哺乳，每次哺乳都要排空两侧乳房。如果乳头已经皲裂或是破损，可以用麻油、蛋黄油外擦。如果疼痛过多，可以暂停哺乳，用吸奶器把乳汁吸出喂给婴儿，如果已经发展到急性乳腺炎，可以用青霉素、红霉素治疗，如果已经化脓则需要就医，进行切开排脓。

十、产褥期中暑的预防与护理

产褥期中暑：产妇如果大量出汗、四肢无力、口渴，衣服、被子都被汗水浸湿，夜间出汗更多。如果不及时处理，则体温上升、面色潮红、剧烈头痛、恶心、胸闷加重、脉搏细快、血压下降，严重者体温可达到40℃，出现昏迷、谵妄、抽搐，皮肤转为干燥，全身无汗。如未及时抢救治疗，后果不堪设想。

预防及护理：破除旧风俗习惯，居室要开窗通风换气，衣着要适宜。如果发生产褥中暑，要迅速降温。用1∶1的凉水和75%的酒精擦浴，额头、颈部、耳后、腋下、腹股沟、腘窝、肘弯、腋窝可以放置冰袋（冰袋要用纱布或是毛巾包住）。如果体温不停上升就要及时就医，抢救治疗。

第三节　产妇的饮食照护：月子餐

一、产妇在月子期间吃什么

坐月子以28天为一个周期，实际女性坐月子要满50天才能完全恢复。

第一周：排。排水、排毒、排恶露以及怀孕所囤积在体内的不好的物质。如何排呢？活血化瘀，恢复肠胃蠕动，促进新陈代谢。可以吃鸡蛋、小米粥、红糖（喝红糖水最好不要超过10天）、红枣、红小豆、鱼（富含铁、钙）、芝麻（可以通乳、催乳）、藕粉（富含蛋白质、铁、钙、磷）、豆浆，可以食用一些橙子、柚子、猕猴桃等开胃的水果。常用药材：当归、红枣、黄芪、党参。

产后1～2天应摄入牛奶、豆浆、藕粉、糖水鸡蛋、馄饨、小米粥等。

产后3～4天应摄入鲫鱼汤、猪蹄汤等一些催乳的汤类，但不要喝太多，避免乳房因乳汁过多淤胀。

第二周：调。调理体质，强筋健骨，滋养五脏。本周新妈妈为了满足日益增加吃奶量的宝宝，要加紧催乳啦！同时妈妈还处于排除恶露的阶段，要注意补气养血，滋阴补阳。多摄入一些营养丰富的食物。

可以食用一些帮助催奶的如花生、猪蹄、猪腰、木瓜、虾、蛤蜊、黄豆、红小豆、豆腐、核桃、燕麦、芝麻、鲫鱼汤、动物内脏、大枣、苹果、梨、香蕉等。常用药材：杜仲、牛膝、补骨子。

第三周：补。大补元气，恢复体力，改善体

质。可以食用一些补血食物：黑豆、紫米、红小豆、猪心、猪蹄、花生、番茄、苋菜、木耳、荠菜、鲫鱼汤、猪蹄汤、排骨汤等。常用药材：人参、十全（白芍、茯苓、当归、甘草、川芎、熟地、党参、黄芪、白术、肉桂）。

第四周：养。养颜美容，调理荷尔蒙，增强免疫力。饮食以"低热量，高维生素"为原则，增加水果、蔬菜的摄入量。可以食用一些健脾胃的食物，芝麻、牛奶、苹果、菠菜、胡萝卜、圆白菜、山药、南瓜、银耳、猪肚、草鱼等。常用药材：莲子、白木耳、山楂、薏苡仁、玫瑰花、四物（当归、川芎、熟地、白芍）。产后建议每天喝牛奶250mL，每天三餐三点。

二、月子餐食谱举例

（一）营养食谱

P1		第一周	
餐别 / 品项		**食物名称**	**中药材 & 调味**
早餐	主食	麻油面线	酱油、黑芝麻油
	小炒	白果珍菇炖蛋	酱油、味水
	时蔬	季节蔬菜	香油、麻油姜、味水
	汤品	麻油猪肝汤	枸杞、黑芝麻油、米酒、鸡粉、糖

续表

P1		第一周	
餐别 / 品项		**食物名称**	**中药材 & 调味**
午餐	主菜	酒糟焖鸡	红曲酱汁、胡椒粉、甜酒酿
	副菜	蹄筋炒珍菇	当归、蚝油、胡椒粉、糖
	时蔬	季节蔬菜	香油、麻油姜、味水
	汤品	黄芪鲜鱼汤	当归黄芪包、调料
晚餐	主菜	黄芪葱烧时鲜	当归、蚝油、酱油、醋、糖
	副菜	玉枣烩豆腐	红枣、味水、胡椒粉
	时蔬	季节蔬菜	香油、麻油姜、味水
	汤品	淮山芡实排骨	当归包、淮山、莲子、薏苡仁、芡实、调料
晚点	药膳	参芍玉米炖春鸡	药炖包、党参、白芍、调料

P1		第二周	
餐别 / 品项		**食物名称**	**中药材 & 调味**
早餐	主食	鱼片滑蛋粥	味水、胡椒粉
	小炒	香煎猪肝	米酒、黑卤酱汁
	时蔬	季节蔬菜	香油、麻油姜、味水
午餐	主菜	杜仲白酱海鲜	杜仲粉、白酱、起司酱、起司粉
	副菜	子姜红曲鸡片	红曲酱汁、胡椒粉
	时蔬	季节蔬菜	香油、麻油姜、味水
	汤品	归芪桂圆炖春鸡	黄芪、桂圆、当归、调料
晚餐	主菜	鲜菇丸子	黄精粉、甜酒酿、胡椒粉、鸡粉、蛋白
	副菜	百合炒鸡柳	蚝油、酱油、胡椒粉、糖
	时蔬	季节蔬菜	香油、麻油姜、味水
	汤品	山药鲜蚵汤	首乌、枸杞、调料
晚点	药膳	胡椒薏米子排	当归包、白胡椒籽、薏苡仁、调料

（二）作息食谱

第一周（产后1~7天）	
早餐空服	生化汤100mL（一杯分3次喝）
早餐	麻油猪肝、薏苡仁饭
10点	红豆汤
午餐空服	生化汤100mL（一杯分3次喝）
午餐	麻油猪肝、薏苡仁饭
3点	桂圆糯米粥
晚餐空服	生化汤100mL（一杯分3次喝）
晚餐	素炖品
晚上点心	红豆汤
禁忌食物	生冷辛辣食物、魔芋、白萝卜、咸菜、腌制食物、梅干、味噌汤、茶、啤酒、醋、红花油、猪油、牛油、咖啡
第二周（8~14天）	
早餐	麻油腰花、蔬菜、糯米粥、薏苡仁饭、杜仲粉5克
10点	红豆汤
午餐	麻油腰花、蔬菜、薏苡仁饭、杜仲粉5克
3点	油饭
晚餐	鱼汤、素炖品、杜仲粉5克
晚上点心	红豆汤
禁忌食物	生冷辛辣食物、魔芋、白萝卜、咸菜、腌制食物、梅干、味噌汤、茶、啤酒、果汁、咖啡
第三周（15~30天或40天）	
早餐	麻油鸡、糯米粥、薏苡仁饭、水果一份
10点	红豆汤
午餐	麻油鸡、蔬菜、水果一份
3点	花生猪蹄或素炖品
晚餐	鱼汤或素炖品、蔬菜、薏苡仁饭
晚上点心	油饭
禁忌食物	生冷辛辣食物、魔芋、白萝卜、咸菜、腌制食物、梅干、味噌汤

第四节　产后形体恢复

一、产后运动的目的

（1）减轻因生产造成的身体不适及功能失调。

（2）让盆腔内的器官恢复原来的位置。

二、产后形体恢复运动

（一）腹式呼吸运动

目的：收缩腹肌。

时间：顺产者产后第一天即可开始，剖宫产根据产妇伤口恢复情况来定。

动作要领：平躺、闭口，用鼻呼吸使腹部鼓起，慢慢吐气松弛腹部肌肉，重复5～10次。

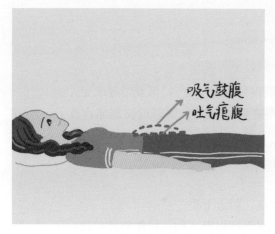

（二）头颈部运动

目的：收缩腹肌，使颈部、背部肌肉得到舒缓。

时间：顺产者产后第二天即可开始，剖宫产根据产妇伤口恢复情况来定。

动作要领：平躺，头举起，试着用下巴靠近胸部，保持身体其他部位不动，再慢慢回到原位，重复10次。

（三）会阴收缩运动

目的：收缩会阴部肌肉，促进血液循环、伤口愈合，减少疼痛，使膀胱恢复功能。

时间：顺产者产后第二天即可开始，剖宫产根据产妇伤口恢复情况来定。

动作要领：仰卧或侧卧吸气，紧缩阴道周围及肛门肌肉，闭气持续1~3秒后慢慢放松、吐气，重复5次。

（四）乳房运动

目的：使乳房恢复弹性，预防松弛下垂。

时间：顺产者产后第三天即可开始，剖宫产根据产妇伤口恢复情况来定。

动作要领：平躺，手平放两侧，将两手向前直举，双臂向左右伸直平放，上举至两掌相遇，再将双臂向后伸直平放，再伸回前胸回到原位，重复5~10次。

（五）腿部运动

目的：促进臀部及大腿肌肉收缩，使腿部恢复线条。

时间：顺产者产后第五天即可开始，剖宫产根据产妇伤口恢复情况来定。

动作要领：平躺，不用手帮忙举右腿，使腿与身体呈直角，慢慢将腿放下，左右交替同样动作，重复5~10次。

（六）臀部运动

目的：促进子宫及腹肌的收缩。

时间：顺产者产后第七天即可开始，剖宫产根据产妇伤口恢复情况来定。

动作要领：平躺，将左腿弯举，使脚跟碰到臀部，大腿靠近腹部伸直放下，左右交替同样动作，重复5~10次。

（七）阴道肌肉收缩运动

目的：使阴道肌肉收缩，预防子宫、膀胱、阴道下垂。

时间：顺产者产后第十四天即可开始，剖宫产根据产妇伤口恢复情况来定。

动作要领：平躺，双膝弯曲使小腿呈垂直，双脚打开与肩同宽，利用肩部及足部将臀部抬高呈一斜度，将两膝并拢数1、2、3后再将腿打开，臀部放下，重复10次。

（八）腹部肌肉收缩运动

目的：增强腹肌力量，减少腹部赘肉。

时间：顺产者产后第十四天即可开始，剖宫产根据产妇伤口恢复情况来定。

动作要领：双手交叉放胸前，膝盖弯曲，用腰及腹部力量，使身体抬高，肩部离开地面即可，反复数次，注意不可移动腿部。

温馨小贴士

产后运动的注意事项

1. 正常产妇一般在产后第二天开始，剖腹生产者一般在产后第五天开始，每1～2天增加一节，以伤口及个人情形选择适宜的运动，以不会引起伤口疼痛为原则。

2. 排空膀胱，穿宽松衣物。

3. 避免饭前饭后一小时内做。

4. 注意空气流通，补充水分。

5. 所有运动请配合深呼吸，缓慢进行增加耐力。

6. 每天早晚各做15分钟，持续2个月，次数由少渐多。

7. 若恶露增多，疼痛增加，须暂停，等恢复正常再开始。

8. 选择在硬板床上或榻榻米或是地板上做。

9. 穿着宽松弹性好的衣裤。

三、产后绑束腹带的护理

任何束腹带的使用都是要躺着，肌肉放松，让内脏归位。

一般的束腹带（粘的）：产妇仰躺在床上，用双手由小肚子往胸口方向拨几下内脏，让内脏归位，根据产妇能承受的松紧度由背后往前粘起或者扣起就行。

纱布带的绑法：产妇仰躺在床上，双腿屈膝，用双手由小肚子往胸口方向拨几下内脏，让内脏归位，用长度在8～12米，宽度在14～15米的单层纱布，从盆骨开始，到胸下方缠绕，需要产妇抬臀配合，一开始缠绕差不多2圈半就要在侧方打折，后面差不多每缠绕几圈就要在不同侧方打折，以免滑脱。缠到最后可以把布头用别针或者塞在之前缠绕过的下方。

本章学习重点

1.月子里对产妇护理的技能。

2.产妇的科学饮食标准。

3.产康护理的基础知识。

本章学习难点

1.产妇出现的各种问题的正确处理方法。

2.什么是科学的月子护理？

3.月子餐的制作和营养。

练习与思考

1.产妇常见的问题有哪些？

2.如何帮助产妇恢复形体？

3.模拟照料产妇。

4.学会制作月子餐。

第二章　新生儿的生理常识

瓜熟蒂落的时候

风

轻盈拂面

会带有淡淡的甜

新的生命

在新世界的怀抱中

期待着

期待着

我们将给新生儿什么样的美好与美妙

在于

我们将要做出的一切

第一节　婴儿的生长监测

一、婴儿分类

（一）根据胎龄分类

足月儿：胎龄满37周至42周（260～293天）的新生儿。

早产儿：胎龄在37足周（196～259天）以前的新生儿。

过期儿：胎龄超过42周（294天）以上的新生儿。

（二）根据体重分类

正常出生体重儿：出生体重为2500～4000克的新生儿。

低出生体重儿：出生时体重不足2500克。

极低出生体重儿：体重不足1500克。

超低出生体重儿或微小儿：体重不足1000克。

巨大儿：出生体重大于4000克的新生儿，包括正常和有疾病的。

足月小样儿：胎龄满37周，但体重不足2500克的新生儿。

二、生理发育监测

（一）体重的监测

体重是衡量生长发育和营养状况的指标，临床用药剂量的主要依据。

出生时的体重3kg

1～6个月体重（kg）=3+月龄×0.7

7～12个月体重（kg）=7+0.5×（月龄-6）

1岁以上体重（kg）=8+月龄×2

过重：肥胖症；

过轻（体重下降低于正常值15%）：营养不良。

（二）身高的监测

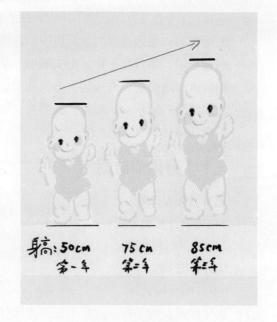

1~3岁宝宝测量身高，采取卧位。身高是指头顶的最高点到足底的垂直长度，是反应骨骼发育的重要指标之一。

出生时的身长：50厘米；

生后第一年：75厘米；

生后第二年：85厘米；

2~12岁身高（长）的估算公式：身高（长）（厘米）=70+7×年龄。

（三）头围的监测

用软尺自双眉上最突出处，经过枕后结节绕头一周的长度。（与脑发育有关）

出生时的头围：34厘米；

1岁时候的头围：约46厘米；

2岁时候的头围：约48厘米；

5岁时候的头围：约50厘米；

15岁时候的头围：50~58厘米（接近成人）。

头围过小：常提示脑发育不良；

头围过大：常提示脑积水、脑肿瘤。

（四）胸围的监测

胸围：用软尺从背部肩胛骨下方经过乳头绕一周的长度。

与肺和胸廓发育有关。

出生时的胸围：32厘米；

1岁时候的胸围：44厘米；

出生时头围>胸围；

1岁时头围≈胸围；

2岁后胸围>头围；

胸围过小：常见于佝偻病、营养不良。

（五）坐高的监测

头顶到坐骨结节的高度。

过矮（下降低于正常均值30%）：侏儒症、克丁病、营养不良。

（六）囟门的监测

后囟门：出生时已很小或已闭合，最迟约于生后2～4个月闭合。

前囟门：6个月后开始缩小，12～18个月时闭合。

测量前囟：前囟菱形两条对边中点连线的长度。

前囟早闭：脑发育不良、小头畸形、某些遗传性疾病。

前囟大、闭合晚：佝偻病、先天性甲低、脑积水等。

前囟饱满：脑积水、脑炎、脑膜炎、脑肿瘤等（可有先天畸形）。

前囟凹陷：脱水。

（七）牙齿的监测

正常乳牙：20颗。

4～10个月开始出。

2～2.5岁时候出齐。

恒牙：32颗。

6岁开始替换乳牙。

出牙推迟：佝偻病、营养不良、先天性的一些疾病。

三、神经发育监测

（一）视觉的监测

宝宝一出生就拥有视觉，但所看到的世界都很模糊。真正的视觉的成熟期要等到宝宝6～8个月后。

小儿视觉发育综合如下：

新生儿：能在20厘米处调节视力和两眼协调。

1～2个月：能在90度范围内移动。

3～4个月：能看见8毫米的物体，180度范围内移动。

6个月：能90度范围内转动。

9个月：能较长时间地看3～3.5米内的人物活动。

12个月：偏爱注视小物品。

2岁：可以区别垂直线与横线，目光跟随落地的物体。

4岁：能临摹几何图形。

5岁：区别斜线、垂线与水平线及各种颜色。

7岁：正确临摹形状相同转向不同的字，如6、9、p、d。

10岁：正确判断距离和速度，能接住从远处掷来的球。

（二）听觉的监测

早期听觉刺激是胎教的主要方法之一，20周胎儿对声音就有应答。

出生后3～7天：听觉敏锐度就有很大的提高。

出生2周：能感觉说话的节奏，把头转向有声音的方向。

出生1～3个月：能辨别各种音素。如"吧""啪"，对铃声有定向反应。

出生4个月：听悦耳的音乐时有微笑。

出生6个月：已能区别父亲和母亲的声音。

出生8个月：能区别肯定句与问句的语气，眼及头转向声源。

出生9个月：可以迅速直接地两眼看声源。

出生12个月：对声音的反应可以控制，听懂自己的名字。

出生1.5岁：能区别不同的声音。

出生2岁：能听懂简单的吩咐。

出生3岁：能更精细地区别声音。

出生4岁：听觉发育完善，正常儿童的听觉强度是0～20分贝。

提醒：父母要注意保护好宝宝的听觉，避免使用一些耳毒性的药物。如链霉素、卡那霉素、庆大霉素等。

（三）味觉的监测

一般宝宝出生后2天就有味觉能力。

1个月以内的婴儿能辨别香、甜、酸等不同的味道。

4个月时候宝宝就喜欢咸的味道。

4～5个月的宝宝对食物味道的微小改变已经很敏感。

6个月～1岁是宝宝味觉发展最灵敏的时期（辅食添加的最佳时期）。

（四）语言的监测

语言发展具有阶段性和顺序性，适宜的重复可以起到加强的作用，由浅入深，由外延到内涵，有助于宝宝语言的发展。

语言发展的一般阶段：

0～3个月——简单发音阶段。

4～8个月——连续音节阶段。

9～12个月——学话萌芽阶段。

12个月～18个月——正式开始学话、单词阶段。

18个月～2岁——简单句阶段，掌握最初步的言语阶段。

2～3岁——复合句子的发展，掌握最基本的言语阶段。

第二节　新生儿生理表现及其护理

一、生理性黄疸及护理要点

（一）主要表现

（1）生理性黄疸2～3天开始出现，程度较轻，呈浅黄色，局限于面部、颈部，巩膜也可黄染。4～5天到达高峰，7～8天开始消退，14天可以完全消失。

（2）早产儿生理性黄疸较足月儿多见，于出生后3～5天出现，而且程度较重，消退也慢，可延长到2～4周。

（二）护理要点

（1）补充足够的水分，及早开奶，增加母乳喂养量和喂养频率，注意排便和排尿。

（2）注意保暖，维持体温在36.5～37℃。

（3）可以每天直晒太阳20分钟，但要注意保护好眼睛，注意避风。

（4）密切观察黄疸程度、消退情况及大小便情况。若黄疸继续加重，黄染波及躯干及四肢，就要及时就医，采取相应的治疗措施。

二、"反射"行为及护理要点

健康婴儿往往有一些无意识的动作,即反射,新生儿的代表性反射运动有如下5种。

(一)吸吮反射

当嘴唇碰触到周围的东西时,头部便会往那个方向转动,嘟起嘴唇想吸吮它。这是不用手、只用嘴吸吮母乳的原始反射。当新生儿肚子饥饿时更容易产生这种反射动作，此时给他喝奶这种现象便会消失。

护理要点：禁止用手故意逗弄婴儿嘴唇及四周。

（二）莫罗反射

这是出现在床铺突然摇动或猛然在熟睡的婴儿枕边拍一下时的反射。还有婴儿本身动了头部或者咳嗽、打喷嚏时也会出现这种反射。此时，他会伸出两手做出拥抱状。

护理要点：遵循"四轻"原则，即走路轻、说话轻、操作轻、开关门轻，以免惊吓婴儿造成后期心理障碍。

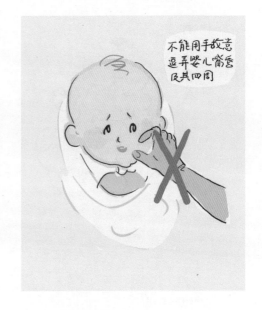

（三）抓握反射

抓握反射出现在手和脚，手和脚的抓握反射从外表看起来很相似，但脚的抓握反射比手的抓握反射较弱。

护理要点：洗净双手，使用食指或抓握棒给婴儿抓握，进行身体运动及脑部运动早教。

（四）回缩反射

这是婴儿的防御反射之一，当大人触摸或弄痛其脚底时，他便会弯曲其大腿及膝关节，企图逃避。

护理要点：不得用手或硬物故意去触碰或抓弄婴儿脚底。

（五）迈步运动反射

抱住婴儿上半身，使其脚底触碰到平坦地面时，他会前倾上半身，左右脚交互活动，如同做前进运动。

护理要点：不要因为婴儿的该反射行为误认为是步行能力表现而过早让婴儿脚步落地学习步行，否则容易造成脊椎及下肢损伤。

新生儿的反射运动只出现于其脑部未发达时，过了三四个月后，颈部稳定，反射现象会自然消失。

三、过敏红斑

多数发生在洗澡后，部分新生儿对光线、空气或者肥皂、毛巾、温度等的刺激都会出现红斑，多者可融合成一片。面部和躯干四肢都可以有，其中以躯干部较为多见，2~3小时会自然消失。但也有此起彼伏，约一周自愈，不需特殊治疗。

护理要点：只能用38~40℃温水为婴儿洗澡，擦洗时动作必须轻柔，不要添加任何洗护用品。

鼻尖的米粒疹会自行消失

四、米粒疹

米粒疹多见于新生儿的鼻尖，主要是皮脂腺分泌不畅，形成黄白色针尖大到米粒大的小点。可以高出于皮肤，但周围无红晕。

护理要点：不需要特殊治疗，不能挑破，不能挤压，会自然消失。

五、"马牙"

民间所称的"马牙"或称"板牙"，是新生儿口腔牙龈上方出现的呈浅黄白色的小珠，大小如芝麻。"马牙"并不影响吃奶。

护理要点：不需要特殊治疗，不能挑破，不能挤压，任其自然消失。

六、"螳螂嘴"

新生儿口腔两侧颊部各有一隆起的脂肪垫民间称为"螳螂嘴"，这是正常现象，不能随便挑破。

七、脱皮

婴儿出生2~3天后出现脱皮现象，尤以腕关节、踝关节等皱褶部以及躯干部。这属正常生理现象，不必特殊处理。若出生时就有鱼鳞状脱皮就不是正常生理现象。

护理要点：为婴儿洗澡时不要刻意将干皮用力搓洗掉，若不是敏感肤质的话可适量使用婴儿润肤产品。

八、鼻分泌物阻塞

新生儿鼻塞最常见的原因是分泌物阻塞而不是感冒所引起。

护理要点：尽量用湿布擦周围，保持环境清洁，以减少灰尘吸收。如发现有鼻分泌物阻塞时，可先用冷开水滴入，待积物硬块软化松动后，会随着打喷嚏而出来。严禁用火柴棍或牙签硬挑。若松动的污物已在鼻口，可在鼻孔上方略加挤压，再用纸巾擦，如还出不来，就可以用消毒的或清洁的棉签，沾点温水（以不滴水为度）把鼻污物轻轻卷出来。

九、油耳朵

正常新生儿的耳道会分泌一种黄色透明无臭的非脓性分泌物耵聍，俗称为"油耳朵"。

护理要点：不必刻意处理，会自然慢慢减少，若流出耳外及时清洁处理。

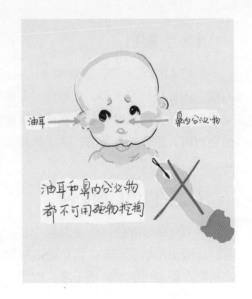

十、眼分泌

由于新生儿的鼻泪管狭窄，黏膜血管丰富，容易阻塞，因此脸腺分泌物又不易从鼻泪管经鼻道排出，就可出现眼分泌。这和眼结膜炎、泪囊炎不同。

护理要点：洗净双手，用两拇指指腹朝上按摩目内眦穴，即睛明穴，缓解眼分泌多的症状。

十一、乳房肿胀

不论男女新生儿都可能乳房胀痛，如红、痛、热、大小不一，有的可以大似胡桃，有的甚至还会有少许乳汁分泌。这主要是母体内分泌的影响所致，以后会自然消失，不需治疗。

护理要点：切勿手挤，以免细菌进入引起炎症。

十二、溢奶与吐奶

因为宝宝的胃还没有弯曲，如同一个直桶，如果躺着打嗝，就会把气体和奶一起溢出，产生溢奶现象。吐奶则是由于肠胃的逆蠕动，迫使食物从口、鼻中喷涌而出。溢奶、吐奶在新生儿期都是正常现象，大多数新生儿在出生头几个月基本上每天都会发生几次。护理要点如下：

（一）喂奶

当产妇哺乳完毕，家庭服务人员应当将宝宝抱起来，让宝宝靠在肩部，拍背使其打嗝，用枕头垫好头部，然后让宝宝右侧卧位入睡，半小时后再更换体位。竖抱拍嗝就是让宝宝在竖起来时，趁打嗝排出气体，以免溢奶。有时宝宝不马上打嗝，可以让宝宝坐在胸前，后背贴着胸前，双手扶着宝宝，让他坐着入睡，等他需要打嗝时就能排出气体，不会把奶溢出来。

（二）溢奶后的护理

（1）及时清理口腔及鼻腔中溢出的奶。如新生儿为仰睡，溢奶时可先将其侧过身，让溢出的奶流出来，以免呛入气管；新生儿嘴角或鼻腔有奶流出来时，应首先用干净的毛巾把溢出的奶擦拭干净，然后把新生儿轻轻抱起，竖抱拍背一会儿，待新生儿安静下来（熟睡）再放下。

（2）擦拭过奶的毛巾及被溢出奶弄湿的新生儿衣服、小被褥都要及时更换，清洗晾干备用。

（三）吐奶后的护理

（1）将婴儿以头低脚高抱姿轻拍，以免造成吐奶后乳汁的回流。

（2）用棉球或干毛巾将婴儿嘴巴里的余奶吸净。

（3）处理完后，让婴儿半坐卧（将头抬高30～45度）可避免再吐奶。

（4）等婴儿慢慢恢复过来以后，根据情况可以适当地喂些水。

十三、生理性体重下降

所有新生儿都会在出生前10天减轻体重，这是因为新生儿会排出大小便，皮肤蒸发水分，呼吸也失去水分，而新生儿的胃容量只有5～8mL，入不敷出。这种情况叫作"生理性失重"，俗称"掉水膘"。妈妈的母乳在头3天很黏稠，称为初乳，有促使胎粪排泄的作用；3～9天奶水特别清且稀，以清蛋白和乳糖为主，含大量水分，供宝宝清理肠道用；到第10天才看见白色的母乳，大概14天宝宝的体重才能回到出生时的水平。不过到满月就能增重600～1200克。这种生理性体重下降一般不超过出生体重的10%。在恢复了出生体重后就应该一天天长大，假使再有体重下降，就不是生理性的。

护理要点：认真测量观察婴儿体重指标变化，若在正常指标内不必过多担心，若下降过多就要引起注意，及时就医。

十四、下巴抖动

新生儿常常有下巴不自主地抖动的情况，可以不要担心，这是由于新生儿神经系统尚未发育完全，抑制功能较差而出现的生理性现象。但若是遇寒冷季节，则需要注意婴儿的下巴抖动是否为保暖不足的原因。若有伴随其他症状，则可能是病症之一，需要及时就医检查。

护理要点：根据季节变化，保障婴儿穿衣适度，排除病理现象，密切观察体温。

十五、打嗝

新生儿打嗝是极为常见的现象，由于新生儿的神经系统发育还不完全，因此，打嗝、放屁的次数都较成人的多。

护理要点：若婴儿持续地打嗝，喂一些温开水或奶液，可以有效止住打嗝。

🧑 十六、惊跳

新生儿常在入睡之后局部的肌肉会有抽动的现象，尤其手指或脚趾会轻轻地颤动或是受到轻微的刺激如强光、声音或震动等会表现双手向上张开，很快又收回，有时还会伴随"惊哭"反应。

护理要点：用手轻轻按住婴儿身体的任何一个部位，就可以使宝宝安静下来。注意：如果婴儿出现了两眼凝视、震颤，或不断眨眼，口部反复地做咀嚼、吸吮动作，呼吸不均匀，皮肤青紫、面部肌肉抽动等症状时应及时就医。

🧑 十七、啼哭

啼哭是新生儿语言表达的一种形式，这是正常现象，有利于肺部的扩张。但这种啼哭是有回声的，一般并不激烈。

护理要点：家庭服务人员最好学习"婴语"，观察、聆听哭声变化，若异乎寻常的单声的哭叫、尖叫、巨哭、持续啼哭、哭不出声等情况就不正常，应及时就医。

🧑 十八、尿酸结石

新生儿的小便中有时会带有橘黄色的粉末状物，吸附在尿布上或遗留在尿道口包皮上，这种粉末是因尿中含有较多的尿酸盐所致。多数出现于出生后的早期，不用特殊处理，几天后即消失。

护理要点：增加喂水和喂奶次数以稀释尿液，起到冲洗膀胱和尿道的作用，如发现尿液变红则要及时就医。

十九、女婴阴道流血

女性新生儿出生后几天发现阴道出血，好像来月经似的，这种现象就是女婴阴道流血。

护理要点：要注意保持宝宝外阴清洁，观察出血的量及颜色变化，女婴外阴出血是由于母体的雌激素残留在宝宝体内所致，几天后就会自然消失，若持续加重，就要引起重视，必要时就医。

二十、脱发

一些新生儿在生后数周会出现脱发现象，多数婴儿为隐蔽性脱发，头发绵细似线，少数表现为突然出现明显头发脱落，这均属于生理性脱发。多数小儿脱发数月后可复原，有时可持续数年，但最终均能长出正常的头发。

护理要点：区分正常生理性脱发与缺钙引起的脱发，后者多为后脑勺大面积或圈状枕秃，应送医院就诊后按医嘱正确补钙。

二十一、色素斑

色素斑常见于新生儿后背、骶尾部、臀部，为大片灰蓝色或青紫色胎生青痣，不高出皮肤，是皮肤深层色素细胞堆积而成，不影响健康，一般在出生后4~5年会自行消退。

护理要点：不需治疗及特殊护理。

二十二、大肚子

新生儿肚子大是因为腹肌发育不完善，腹壁比较松弛而受胃肠空盈的影响所造成的。有的家长常常把婴儿的腹部膨隆误认为是腹胀，其实它是正常现象。随着婴儿年月的增长和腹肌逐渐发育，腹部会渐渐平坦的。

护理要点：一般不需要特殊护理，但尽量不要让婴儿过多暴躁哭闹。

本章学习重点

1.掌握不同阶段婴儿成长的特点及标准，评测宝宝成长健康值。

2.婴儿视、听、味觉的发展规律。

3.新生儿生理表现及其护理要点。

本章学习难点

1.掌握不同阶段婴儿成长的特点及标准，评测宝宝成长健康值。

2.婴儿视、听、味觉的发展规律。

3.新生儿生理表现及其护理要点。

练习与思考

1.小儿视觉发育的特点是什么？

2.如何判断婴儿的听觉发育是否正常？

3.反射行为有哪些？护理要点是什么？

4.如何处理溢奶与吐奶？

第三章 新生儿的生活照护

除了专业与用心

只能有专业与用心

第一节　母乳喂养

一、母乳喂养的好处

母乳是宝宝成长发育中最健康、最理想也是最有价值的，是妈妈为宝宝量身定制的天然食物，含有宝宝所需的一切营养和抗体。母乳中富含脂肪、钙、磷、免疫球蛋白、双歧因子和寡糖等，除了给宝宝身体发育提供热量外，还可使宝宝的身体发育强健，有效预防疾病感染，抑制肠道病菌，并有助于宝宝消化，利于婴儿心理健康发展，增进亲子关系，家庭服务人员应鼓励产妇尽量母乳亲喂。

二、母乳喂养的姿势

1. 怀抱式哺乳

扶产妇坐好，身体略向前倾，服务人员协助产妇一手把婴儿夹在腋下，手掌托住婴儿的颈部，也可以在婴儿背部垫个枕头，另一只手呈"C"形托起乳房，此种方法较适合乳头较短的产妇。

2. 橄榄球抱式哺乳

将婴儿放在身体的一侧，胳膊肘弯曲，手掌伸开，托住婴儿的头。婴儿面对乳房，让婴儿的后背靠着产妇的前臂同时用下臂托着婴儿的背部，可以在腿上垫个枕头。开始哺喂后放松并将身体后倾。

3. 侧卧式哺乳

此法多数用于剖宫产的产妇。不提倡使用此方法，因为这样容易压着宝宝，并且和妈妈没有沟通，让产妇侧手臂横抱宝宝并托住头和肩部，宝宝的头部要高于胃部，宝宝的嘴巴与产妇的乳头应在水平位置，不要过高或者过低。用另一只手将拇指和四指分别放在乳房上下方，呈"C"形托起乳房。

4. 摇篮式哺乳

产妇坐在有靠背的椅子上，腰部可以垫个软枕，两脚踏在小脚蹬上，在膝盖上垫个软枕或哺乳枕，让婴儿的头部枕着妈妈的手臂，腹部内向，做到三贴，"腹贴腹，胸贴胸，嘴唇对乳头"，妈妈的手掌应托住婴儿的臀部，另一只手将拇指和四指分别放在乳房上下方，呈"C"形手或者"剪刀手"托起乳房，挤出一点乳汁刺激宝宝嘴唇，但宝宝张嘴想要吸吮的时候，立即将整个乳头和部分乳晕从侧面塞入宝宝嘴里开始哺乳。

5. 倚靠式哺乳

让产妇采取半躺式舒适体位，腰部可以垫个软枕，腿向上收拢屈曲，并在腿部放置哺乳枕，把婴儿的头部枕在妈妈一侧的手臂，腹部向内，做到三贴，"腹贴腹，胸贴胸，嘴唇对乳头"，妈妈的手掌应托住婴儿的臀部，另一只手将拇指和四指分别放在乳房上下方，呈"C"形手或者"剪刀手"托起乳房开始哺乳。

6. 双胞胎抱哺乳

家庭服务员协助产妇采取舒适的坐姿或半躺姿势，将婴儿放在身体的两侧，胳膊肘弯曲，手掌伸开，托住婴儿的头。婴儿面对乳房，让婴儿的后背靠着产妇的前臂同时用下臂托着婴儿的背部，可以在腿上垫个枕头。开始喂哺后放松并将身体后倾，若是剖宫产产妇，让产妇平躺或半躺，敞开胸部，露出双侧乳房，让婴儿爬在产妇身上进行喂哺。

7. "69"式

产妇和宝宝像数字6和9一样反向躺着，注意要点和侧卧式一样，只是方向改变，"69"式不太常用，主要适合乳房上方出现淤积时使用。

三、喂养的方法

（一）尽早开奶

出生后就可以立即开奶，有利于迅速分泌乳汁，母婴肌肤接触至少30分钟。

（二）按需哺乳

新生儿2~7天内每1~2小时喂1次，不能超过3小时。

（三）喂哺时间

第一个月一般是按需哺乳。

四、判断母乳充足的标准

（1）有咕噜的吞咽声音。

（2）妈妈有下奶的感觉，乳房变软。

（3）尿片每天6个左右，大便每天2~4次。

（4）身体每周增加150克左右，满月增加600克以上。

五、如何判断奶水不足

（1）喂奶时，婴儿含住乳头不放。

（2）一天吃奶10次以上，还有找食的感觉。

（3）体重不增，大小便量和次数少。

六、宝宝吃不完的母乳如何储存

（1）如果乳汁吸出后是要马上喂给宝宝吃的，那么必须使用消过毒的吸奶器吸奶。

（2）乳汁可以在冰箱中冷藏储存或者冷冻储存。将吸出的乳汁装入储奶袋或瓶里，标上年、月、日、时、分。同一时间段挤的奶放在同一储奶袋或瓶里，乳汁在冰箱中最多只能冷藏储存24小时（不要放置在冰箱门上），冷冻储存可达3个月。

（3）不要将解冻后的母乳再次冷冻，不要在冷冻保存的乳汁中加入新鲜乳汁。

（4）不要用微波炉解冻母乳或者直接加热母乳来喂哺宝宝，高温加热会破坏母乳里面的营养物质，要隔水加热冷冻过的母乳。

（5）不要将喂后剩下的母乳保存在用过的容器或者重新冷藏起来用于下一次的喂哺。

七、储存过的母乳如何加热

（1）加热或是解冻母乳，最好把装奶的容器泡在水里。

（2）不要用微波炉，否则会破坏乳汁中的营养成分，而且容易加热不均匀。

（3）可以提前把冷冻的母乳放在冷藏室中解冻，加热过的母乳如果没有吃完，要么妈妈喝，要么倒掉，不能留到下一顿。

温馨提示

母乳遵循先挤后吃、后挤先吃的原则，以保全母乳营养成分。

第二节　人工喂养

产妇由于各种原因造成的主观上不愿进行母乳喂养，或者客观上限制了母乳喂养而只好采用其他乳品和代乳品进行喂哺婴儿的一种方法。

一、常用的代乳品

鲜牛乳
牛乳制品
羊乳
代乳品

二、奶粉选择

根据婴幼儿的年龄段选择合适的配方奶粉。

如：0~6个月可选择第一阶段奶粉。

6~12个月可选择第二阶段奶粉。

12~36个月可选择第三阶段奶粉。

三、奶粉的分类

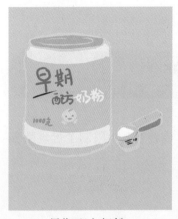

早期配方奶粉

普通婴幼儿配方奶粉

水解蛋白配方奶粉
（针对过敏）

不含乳糖婴幼儿配方奶粉

四、冲调配方奶的步骤

掌握三要点：清洁、正确、新鲜。

第一步：洗净双手，准备清洗消毒好的奶具。

第二步：加入温开水，水温宜40～60℃，记住一定要先倒入温开水，以不烫手为宜。

第三步：按比例用奶粉罐里带的勺量取奶粉，加入加好温开水的奶瓶中。

第四步：拧紧奶嘴，盖上瓶盖，轻轻旋动奶瓶使奶粉溶解，千万不要上下摇晃。

第五步：配制好后，先在手腕内侧滴一滴，注意奶嘴不要碰到手，确定适当的温度。如果需要把奶弄凉些，可以握住奶瓶，用瓶盖盖住奶嘴，在自来水下冲一冲。

五、人工喂养的要求

（一）人工喂养应定时喂哺

新生儿：2～3小时喂一次。

2个月后：3～4小时喂一次。

3个月后：约6～7次/天（两次喂奶之间要加喂一次水，可以少量多次喂哺）。

（二）喂哺时

奶嘴里要充满奶液防止婴儿吞咽过多的空气。将奶嘴与婴儿嘴平行，滴出两滴奶液湿润一下婴儿嘴唇和奶嘴外面，当婴儿想要张嘴吸吮的时候，迅速将奶嘴从婴儿嘴侧面放入，使奶液沿颊壁缓流而咽下，不至于冲击过大而引起呛咳。奶瓶要有一定的角度，大概与婴儿呈45度角喂哺。

（三）喂完后

婴儿竖起，轻拍背部，待其"打嗝"排出吞咽的空气。

（四）注意观察婴儿精神

观察睡眠、大小便情况，逐步摸索适合婴儿的喂养方式、喝奶次数和配奶比例。

（五）婴儿食具应定时消毒

煮沸消毒，并妥善保存，避免污染。

年龄	奶量（毫升）		每日喂奶次数	给水量（次／毫升）
	每日	每次		
0 ~ 15 天	200 ~ 250	30 ~ 60	7 ~ 8	25 ~ 50
15 ~ 30 天	360 ~ 420	60 ~ 90	6 ~ 7	30 ~ 60

六、混合喂养

由于各种原因导致妈妈母乳分泌不足，不能满足婴儿生长发育需要，造成婴儿体重增长缓慢时，则应在母乳喂养的基础上增加其他乳制品或配方奶，这种喂养方式称为混合喂养。

（1）补授法：每次先喂母乳，有多少吃多少，然后再添加配方奶。

（2）代授法：这一次完全喂母乳，而下一次则完全用配方奶来代替，母乳与配方奶交替喂哺。

七、喂养不足与喂养过度

（一）喂养不足

1. 喂养不足的原因

婴儿休息不好，常常哭闹，每次吃奶不能吸空奶瓶或乳房，没有得到充足的食物等。

2. 喂养过程中可能存在的问题

每日喂奶次数、喂养环境与喂养技术、奶嘴孔的大小与位置、每次喂完后是否拍背打嗝、母亲是否处于疲劳、心情是否愉快、婴儿是否有器质性病变等。

3. 喂养不足的程度与持续时间决定婴儿的症状

如便秘、入睡困难、烦躁不安、不停地哭闹、体重不增或增重不够。皮肤干皱，面容像"老人"。

（二）喂养过度

1. 喂养过度的原因

给婴儿喂养过量、过频。

2. 常见症状

溢奶、呕吐等。一般来说，婴儿消化器官发育不够完善，胃容量小，不能接受过量的食物。

（1）溢奶与呕吐：溢奶是指喂奶后不长时间内有少量的奶从婴儿嘴角流出。如果喂奶后有大量的奶吐出是呕吐，一般在出生后3个月内的婴儿最为多见。溢奶、吐奶是婴儿喂食中最常见的现象。

（2）预防溢奶的方法：每次喂完奶后让婴儿右侧卧位，采取头高脚底位。或竖立抱起，用空心掌轻拍其背部打嗝，帮助其排出吞咽下去的空气。

八、奶瓶的清洗消毒

（一）清洗

（1）喂完奶后，立即将奶瓶、奶嘴清洗干净，清洗时，先用热水刷洗，以冲掉残余油脂。

（2）用奶瓶刷洗奶瓶内部，完全洗掉奶垢，并仔细刷洗奶瓶颈部及螺纹面，如果要使用洗洁精，须选择用天然植物成分所制成的洗洁精。

（3）应注意奶嘴和奶嘴座必须拆开清洗，尤其注意奶嘴吸孔处有无奶垢沉积，可用细针来清洁奶嘴的细孔。

（二）消毒

所有的喂奶用具在使用前都要消毒，即使是新的也要消毒。如果奶瓶在24小时之内没有使用就要重新进行消毒，消毒好的奶具应用夹子夹取。

1. 煮沸消毒法

（1）准备一个不锈钢煮锅或茶壶，里面装满冷水，水的深度要能完全覆盖所有已经清洗过的喂奶用具。

（2）让奶瓶、奶盖装满水，这样就不会向上浮起。轻轻摇晃水中的物品，直至见不到气泡为止。

（3）如果是玻璃奶瓶要与冷水一起放入煮沸，等水沸后5分钟再放入奶嘴、瓶盖等塑料制品（注意奶嘴要用纱布包裹放入）。盖上锅盖再煮沸5分钟即可。若用塑料奶瓶，则等水烧开后再将奶嘴、瓶盖一起放入消毒。消毒好的奶具放至水稍凉后用夹子取出放凉，并将奶嘴、奶盖套回到奶瓶上备用。

2. 蒸汽消毒法

目前，市面上有多种功能、品牌的电动蒸汽消毒锅，只需遵照使用说明书操作就完全可以达到消毒喂奶用具的目的。但使用蒸汽消毒法时，仍需要先清洗干净每样东西。

> 润物细无声
> 对新新嫩嫩的婴幼儿
> 每个人都要知道
> 应该做什么和怎么做

第三节　婴幼儿生活照护

一、给婴儿穿脱衣服

（一）穿汗衫

（1）把婴儿放在一个平台上，确保尿布是干净的，如有必要应更换。穿汗衫时先把衣服弄成一个圈并用两拇指在衣服的颈部拉撑一下。

（2）把衣服套过婴儿的头，同时要把婴儿的头稍微抬起。把衣袖口弄宽并轻轻地把婴儿的手臂穿过去，另一侧也这样穿。

（3）把汗衫往下拉，当你这样做的时候，要密切观察着婴儿。

（二）穿连衣裤

（1）连衣裤平铺在床垫上或平坦的操作台上，解开扣子或带子，把婴儿放在提前准备好的连衣裤上。

（2）卷起衣袖，撑开袖口，然后拉起婴儿的手，轻轻地套进去，同样的方法穿对侧。

（3）把裤腿卷成圈状，育护师的手从中穿过抓住婴儿的脚轻轻地拉出去，然后扣上所有的扣子。

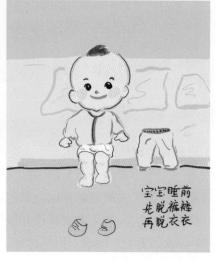

（三）脱衣服

（1）解开扣子或带子，手从内伸进裤腿里，轻轻地握住婴儿的脚踝，慢慢地拉出来。

（2）手伸进袖子，轻轻地抓住婴儿的肘部，用另一只手慢慢地把袖子脱下来。

二、婴儿大小便的处理

（一）大便

1. 胎便

胎便是新生儿出生12小时至3天内排出的深绿色或墨绿色粪便，黏稠无臭味。如果母乳供应充足，2~3天后即可转为普通婴儿粪便。

2. 母乳喂养的婴儿大便

母乳喂养的婴儿大便呈黄色或金黄色糊状，带有一点酸味但不臭，有时还带有奶块。每日排便2~4次。如果大便稍稀并微带绿色，仍属正常。也有的婴儿大便次数较多，每日4~5次，甚至7~8次，但精神好，能吃，体重不断增加，也是正常现象。

3. 人工喂养的婴儿大便

牛奶或羊奶喂养的婴儿，大便呈淡黄色或土灰色，均匀硬膏状，常混有奶瓣及蛋白凝块，较母乳喂养的婴儿大便干稠，略有臭味，每日排便1～2次。

4. 混合喂养的婴儿大便

当母乳不足添加牛奶及淀粉类食物时，大便呈黄色或淡褐色，质软，有臭味，每日1～3次。

（二）小便

新生儿在出生过程中或出生后会立即排尿1次，90%的新生儿在出生后24小时内排尿，有的可延至36小时排尿。如果新生儿超过48小时仍无尿，需找到原因。出生几天的新生儿因吃得少，每日排尿仅3～6次，出生6～10天后因吃奶量增加，每日排尿次数可达10次以上。新生儿的尿液呈淡黄色且透明，但有时会排出红褐色的尿液，这是尿液中尿酸盐结晶所致，2～3天后会消失。

（三）大小便后的清洁处理

新生儿不懂得控制大小便，屁股经常会沾上大便，清洗时不仅要注意是否洗干净，还要注意不要用力过重而伤到孩子。

1. 男婴的清洁

（1）让婴儿平躺在床上或操作台上，解开纸尿裤，男婴常常在此时开始撒尿，因此，解开纸尿裤后仍将纸尿裤的前半片停留在阴茎处几秒钟，等他尿完。

（2）用左手抓住婴儿的两只脚踝向上拉起，一只手指置于其两踝之间，再用右手翻开纸尿裤，用相对干净的纸尿裤内面擦去肛门周围残余的粪便，若还有粪便没擦干净，用婴儿专用湿纸巾或抽纸擦干净残余粪便。把所有脏的纸巾丢到纸尿裤上，将纸尿裤前后对折裹紧再丢弃，以防苍蝇蚊虫及发出臭味。

（3）先擦洗肚皮，直至脐部，再清洁大腿根部和外生殖器的皮肤皱褶，由里到外、由前往后的顺序擦拭冲洗，最后再擦拭冲洗睾丸及阴茎下面。注意清洁阴茎时，要顺着离心性方向擦拭，不要把包皮往上推。

2.女婴的清洁

（1）解开纸尿裤，擦去肛门周围残余的粪便，用湿纸巾或温热毛巾及流水擦拭冲洗小肚子各处，直至脐部

（2）用一块干净的湿巾或温热毛巾及流水擦拭、冲洗婴儿大腿根部所有皮肤皱褶，由上而下、由内到外擦拭冲洗。

（3）抬起婴儿的双腿，并把一只手指置于女婴双踝之间。接下来清洁其外阴部，注意一定要由前往后擦洗，防止肛门处的细菌进入阴道和尿道。用干净的湿巾清洁肛门，然后清洁屁股及大腿，向里洗至肛门处。

（4）擦干双手，用纸巾或棉的干净毛巾擦干婴儿屁股。在空气中暴露晾干直至没有水分。再用十指或用棉签轻轻地由前往后薄薄的抹上一层护臀膏即可。

（四）婴儿便秘

人工喂养的婴儿容易发生便秘。造成的原因：主要是饮水过少；食物中蛋白质、脂肪含量过高。预防的方法：

1.增加婴儿的饮水量，在两顿喂奶之间补充水分。

2.每天进行适当的围着肚脐顺时针的腹部按摩，建立科学的喂养规律，培养定时排便的习惯。

3.可以进行物理排便，将肥皂削成铅笔头一样粗，长1寸左右，蘸水后轻轻塞入肛门，1～2分钟后，肥皂头与大便一同排出，也可以让婴儿腹趴着按摩刺激尾骨尖端下。

（五）腹泻

腹泻是一种急性胃肠功能紊乱，表现为大便次数增多、排稀便和电解质紊乱。

1.母乳喂养的婴儿

母乳喂养的婴儿，腹泻时不必停止喂奶，只需适当减少喂奶量，缩短喂奶时间，并延长喂奶间隔。产妇应少食脂肪类食物，同时每次喂奶前可喝一大杯温开水，稀释母乳，有利于减少婴儿腹泻症状。

2.人工喂养或混合喂养的婴儿

（1）对于人工喂养或混合喂养的婴儿，在腹泻时，无论病情轻重，都不应添加新的辅助食品。病情较重时，还应暂时停止喂牛奶等主食。

（2）禁食时间一般为6～8小时为宜，最长不能超过12小时。

（3）禁食期间，可用胡萝卜汤、苹果泥、米汤等来喂婴儿，以补充无机盐及维生素，这些食物易于消化，能减轻肠胃的负担。

（4）可以口服补盐液，按其说明书配成液体，根据婴儿的腹泻情况分多次予以口服。注意补充足够的水分，一般婴儿都可以安全度过腹泻期。

3. 腹泻饮食禁忌

（1）不吃生冷刺激性的食物。

（2）不吃导致腹胀、腹泻的食物。

（3）不吃高糖的食物。

（4）不吃高脂肪的食物。

（5）不吃粗纤维较多的食物。

三、背抱新生儿

（一）怎样正确抱起新生儿

当抱起新生儿时，一定要注意保护好婴儿的头颈部。抱起时要把手伸过婴儿的颈部，托起婴儿的头部。把另一只手放入婴儿的背部和臀部下面。安全地支持着婴儿的下半身。抱的时候一定要做到轻柔。

一定要用手护住婴儿的颈部

三个月内的宝宝最好不要采取背的方法，这个时候脊柱还没有发育好，而背部软，容易造成损伤。最好是采取横抱或者放在婴儿车平躺的方式带宝宝出门。如果要背也是要采取横背的方式挎在前面。这个时候要选择硬一点的背巾，可以有效保护宝宝的头部和腰部不会后仰，可以有效地帮助宝宝的脊柱得到良好的发育，更大程度上不再损害脊柱。

（二）怎样安全放下新生儿

当要放下婴儿时，也必须要做到把婴儿的头托住。如果不这样，婴儿的头就会猛地往后并可能给婴儿一种要跌下来的感觉。放下时，先慢慢放臀部，抽出扶住背臀部的手，协助托住头部的手再慢慢地放下头部。

（三）怎样抱新生儿最好

最好竖抱。可以让宝宝背靠着大人胸部，或者背部朝外，要用另一只手托着宝宝的头部，以免头向后仰。宝宝喜欢竖抱，这样他可以看到躺着看不到的房间四周的东西。此外，每天都要让宝宝练习 2～3 次俯卧抬头，可用铃铛在头前方摇动，用一手扶起宝宝的额部，让他看到铃铛，以练习颈部的肌肉，这样到满月时，宝宝就能自己抬起脸部，下巴离床，看到铃铛等其他物品了。宝宝先发展颈部，以能支持头的重量，之后才发展脊椎和身体的其他肌肉，所以先开始托住头比托住后背更重要。

四、照料婴儿睡眠

（一）宝宝睡眠昼夜颠倒怎么办

宝宝有时候昼夜颠倒，如果到了下午喂奶时间宝宝还在睡，可以用一条凉毛巾给宝宝轻轻擦脸，让他醒来，给他喂奶，然后抱起来到处走动。如果在晚上宝宝能睡大觉就不要叫醒他。经过几天，就会把宝宝昼夜颠倒的睡眠习惯改过来。

（二）冬季在睡眠方面应注意什么

冬天不要让宝宝着凉，可以给他准备睡袋。这时应特别注意不要在宝宝的嘴边垫塑料布，因为宝宝睡着时如果有风，就会把塑料布吹动。宝宝的口鼻处潮湿，容易让塑料布黏住，这样会引起窒息。如果用小毛巾就不会有这种危险了。

（三）怎样调整宝宝的睡眠时间

新生儿的作息不规律，服务人员可观察宝宝连续睡觉的时间是否固定，最好做一个记录，如果比较固定就可以每天把宝宝的睡觉时间向后或者向前推5～10分钟，逐渐把睡觉的时间安排在晚上就可形成规律，使大人和宝宝晚上都能得到休息。大概坚持40～50天就能做到。

（四）怎样防止宝宝睡偏头

婴儿头 1～2个月有不对称的颈反射，这是正常现象。为防止宝宝把头睡偏，可以把宝宝的枕头放到床尾，换一个方向睡，此外，应观察宝宝的四肢是否有不对称的姿势。注意在竖抱宝宝时，他的头是否一直偏向右侧，肢体可以随意活动，如果是，就应当去儿科就诊，看看是否患先天斜颈，以尽早矫正。

（五）新生儿睡眠的最佳姿势

新生儿出生时保持着胎内姿势，四肢仍屈曲，为使在产道咽进的羊水和黏液流出，出生24小时以内要采取头低右侧卧位，在颈下垫小毛巾，并定时改换另一侧卧位。否则，由于新生儿颅骨较软，长期睡向一侧，头颅可能变形；喂完奶后采取右侧卧位可减少呕吐；新生儿时期不用高枕头，以免影响呼吸及形成驼背，侧卧时注意不要把耳轮压向前边。

（六）怎样让新生儿睡眠更好

新生儿每天除了啼哭、摄食外，其余的时间几乎都处于睡眠状态，一般要睡20小时左右。

（1）新生儿睡眠时，室内要保持安静，温度湿度要合适。

（2）最好让其单独睡一张小床，这样既可以减少交叉感染机会，又有利于培养婴儿的正常生活规律和良好的习惯，即使睡在妈妈身边，也尽量不和母亲同盖一床被子，以免一不小心妈妈会挤压到婴儿。

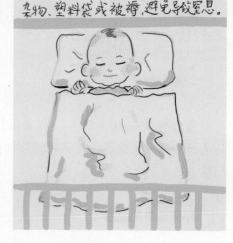

（3）被褥不宜盖过厚、过重或蒙在婴儿的脸上。由于新生儿自己不能翻身，如果经常睡一个方向，会引起头颅变形，睡成扁头或铲刀头，因此，一般每4个小时左右给新生儿调换一次卧位。

（4）给新生儿喂水、喂奶、换尿布等，最好在同一个时间内进行，以免干扰其睡眠。新生儿啼哭可促进肺部发育，因此不要一听到婴儿哭声就抱起来喂奶或放在怀里、摇篮里让其入睡，这样会养成不良的习惯。

（七）宝宝睡觉时身体抖动是怎么回事

宝宝睡觉有时候会突然全身抖动几下，然后又安静下来。这是因为宝宝在入睡时先经过浅睡期，即快速动眼期，会有眼睑闪动和不同程度的躯体活动，呼吸不平稳，这是正常现象。在此期间身体各种感觉仍然存在，如果有声音或者将宝宝抱着转移到床上，宝宝就会马上醒来、大声啼哭，而且睡意就被驱散了。因此，在此时不必做任何处理，要安静地等到宝宝进入深睡期，宝宝所有知觉完全丧失，呼吸平稳、眼皮不动时，再把宝宝轻轻放在床上就不会哭醒了。不要把东西压在宝宝胸前，以避免妨碍其呼吸。

（八）宝宝睡觉时是否应绑住双手

不能捆住宝宝的双手，让手自由活动，因为捆绑会限制手的活动，影响上肢肌肉的发育。如果怕宝宝伤着自己，等他睡着后，用婴儿的指甲刀小心地把他的指甲剪短就可以了。白天也不要捆绑，更不要戴手套来限制手指的活动。在第一个月内服务人员每天都要用手抓握着教具放进宝宝的手心，让他学习握物，促进手技能的发展。

五、给婴幼儿洗澡

（一）准备工作

1. 时间选择

一般在上午10点或者下午4点左右，喂奶前或喂奶后1~1.5小时进行。

2. 室温调节

室温保持在26~28℃，如果温度不够，应先开空调或其他取暖设备将房间加热并关闭门窗。

3. 洗澡物品准备

澡盆、面盆、沐浴液、大浴巾2块、小毛巾4块、干净内衣、尿布、包被、75%的酒精、消毒棉签、护臀膏、抚触油、小凳子、婴儿专用湿纸巾等。

4. 水温

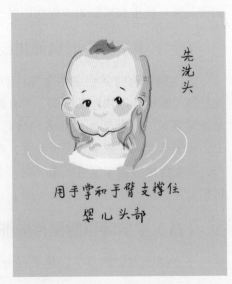

先洗头

用手掌和手臂支撑住婴儿头部

水温保持在38~40℃，可用水温计调控或用手肘内侧测试水温（感到不烫、暖和即可）。

（二）洗头部

将新生儿的双腿夹在腋下，用手臂托其背部，手掌托住头颈部，先洗眼睛、鼻子、嘴巴、耳朵，洗完后用拇指和中指分别从后面压住新生儿的两耳廓，用另一块小毛巾将新生儿的头发蘸湿，取适量浴液于掌心并在洗澡水内过一下，打出泡沫后给新生儿洗发，用指腹轻揉片刻，用清水将泡沫洗净后立即用毛巾把新生儿头部水分擦干，预防着凉感冒。

（三）洗身体

洗完头后，脱去新生儿身上的衣物和纸尿裤，用前臂垫于新生儿颈后部，拇指握住新生儿肩臂，其余四指插在腋下，另一手握住其大腿根部，先将新生儿双脚轻轻放入水中，告诉宝宝要下水洗澡，再逐渐让水浸没新生儿的臀部和腹部，呈半坐位（若浴盆内放置浴网，可直接将新生儿放在网上）。由上到下洗颈部、前胸、腋下、手心、腹部、左右上肢、背部、左右下肢、外阴、腹股沟、臀部，尤其要注意清洗皮肤皱褶处。洗后，双手托住头颈部和臀部将新生儿抱出浴盆，放在干浴巾上迅速擦干身上水分（切勿用力擦拭）。

（四）洗澡后的处理

（1）用75%的酒精棉签由里到外彻底擦拭脐部，保持脐部干燥清洁。

（2）在双手上涂抹润肤油，开始为新生儿做抚触。

（3）彻底擦干皮肤皱褶处水分，由前往后向臀部抹少量护臀膏，穿好衣服，垫好尿布。

（五）注意事项

（1）倒水时应先放冷水，后放热水，以免烫伤新生儿，水深以10厘米为宜。

（2）避免一手抱孩子，一手做其他事情，以免发生危险。

（3）洗澡时间不宜过长，以10分钟为宜。

（4）洗澡时，母婴护理师（月嫂）、家庭服务人员及产妇应保持微笑，并和新生儿交谈，增加情感交流。

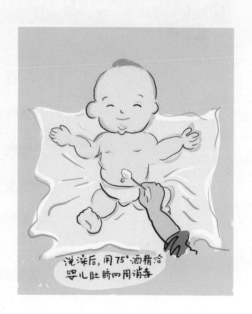

（5）洗澡时，应注意观察新生儿是否有异常情况发生，早发现问题早处理。

（6）千万要注意宝宝的耳朵不要进水，如果进水要用专用棉签擦干。

（7）冬季可每天洗一次或2~3天洗一次；夏季每天洗1~2次为宜。

（8）如果新生儿每天都洗澡，不必每次都使用沐浴液、洗发水，每周使用2~3次。`

（9）尽量不用爽身粉，如用时只能少许，然后轻轻擦拭，防止粉尘飞扬。

父母是孩子第一任老师

其实

我们也是

第四节　教育实施

一、婴儿发育规律口诀

一睡二哭三抬头

四撑五抓六翻身

七爬八坐九扶站

一岁娃娃会说话

二岁跑、三岁独脚跳

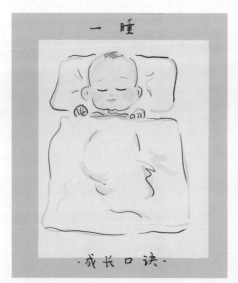

一 睡

·成长口诀·

二 哭

·成长口诀·

三 抬头

·成长口诀·

四 撑

·成长口诀·

五 抓

·成长口诀·

六 翻身

·成长口诀·

七爬

·成长口诀·

八 坐

·成长口诀·

九扶站

·成长口诀·

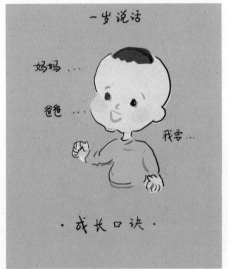

一岁说话

妈妈…
爸爸…
我要…

·成长口诀·

二岁跑

·成长口诀·

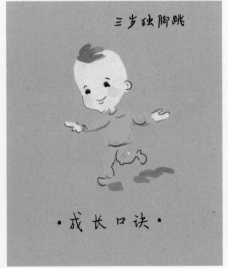

三岁独脚跳

·成长口诀·

当然，每个婴儿都有个体差异，只要发育规律时间出入不大都属正常，不要盲目横向对比。（口诀中数字为月份参照）

👤 二、帮助婴儿学步

（一）让宝宝适当练习迈步

宝宝3～4个月后，如果他喜欢迈步，可以扶着他的腋下让他迈几步。如果能坚持，就会使下肢发达，会早1个月走路。不过多让他趴着练习抬头更为有利。此时应当让宝宝练习翻身、拉坐、俯卧、抬头等动作，这些比站起来迈步更加重要。

（二）培养10～11个月的宝宝自己走路

减少或尽量不用学步车练习走路，因为在学步车里四周有倚靠，宝宝不能练习自己站稳。就算他在车子里走得很好，因为还未练习站立平衡，一离开学步车就寸步难行。10～11个月的重点是学会自己站稳，只有能完全站稳才有可能学走。让宝宝扶着家具迈步或者推着放玩具的小车学走直线至独立站稳。只要宝宝自己能站稳，就有可能独自走路了，站立平衡保持得越好宝宝就越少摔倒。

（三）培训宝宝站立平衡能力

1岁左右的重点是学站稳。让宝宝双手扶着墙学走。在他扶着站立时，把皮球或小车放到宝宝身边，他会一手扶着墙蹲下，一手捡玩具，然后自己站起来。以后再把大球滚到宝宝身边，他一手拿不稳，要双手去拿，然后宝宝会用身体靠着墙站起来。再把玩具放到离宝宝略微远一点儿的地方，必须让他自己站起来，而且四周无靠，多练习几次宝宝就能自己站起。最后可以同宝宝玩"不倒翁"游戏，张开双手在宝宝的前后，开始先告诉他，让他心里有准备，再推他的身体，如果他不倒，就称赞他是"不倒翁"，让他高兴。等他玩熟了就可趁宝宝不备，轻轻推他一下，如果他要倒，赶紧用手去扶着，玩几次后宝宝就会有所防备，自己就站稳了，这时再同宝宝玩左右推的游戏，一边玩一边说"我是不倒翁"，看宝宝是否站稳。等宝宝完全站稳后不到1个月就会自己走了，经过很多次锻炼站稳的宝宝会走后就会较少摔倒。

三、帮助婴儿学语言

（一）怎样刺激宝宝发声

家庭服务师或育婴师可用不同的夸张的口型发出"咦""啊""哦""呜""唉"等音。如果宝宝能发出任何声音，都可以用手机录上，平时放给宝宝听。这样他就会很高兴地再发出不同的声音，以后就会自己发出声音来自娱。

教宝宝说话，可拉长字音强化。

（二）怎样教宝宝发音

可经常同宝宝说话，故意把其中某一个音拉长，口型夸张，让宝宝学习。2~3个月的宝宝已经能自己发音自娱，每当他自己发音时，大人要用声音回应，宝宝就会再次发音，好像同人说话一样。这种发音游戏既能帮助宝宝练习发音，又能让宝宝学习用声音与人对话，引起与人对话的兴趣，对以后的语言发展十分有利。

（三）怎样让宝宝学习语言

可一方面响应宝宝的发音，另一方面教他做身体语言，让他学会用表情动作来表达自己的意愿。其实人的语言中，非声音的语言也同样重要，看表情就知道同意还是不同意。有时不好说出来的话，用表情或者手势就能表达了。7~10个月是身体语言表达的最佳时期，在宝宝还未学会开口叫人时就能用手势了。

（四）怎样诱导宝宝学习身体语言

宝宝会做怪相就是学会了一种身体语言。鼓励他用身体去表达，例如学点头、摇头，学伸腿、跺脚以及跟着音乐做动作。如果他喜欢做怪相，问他"眼睛呢？"同他一起眨眼；问

"鼻子呢？"同他一起耸鼻；问"嘴巴呢？"同他一起张嘴。让他先学会模仿，然后同他一起抓挠、一起鼓掌、一起拱手"谢谢"，最后再学"再见"。

（五）9～10个月的宝宝不专心学说话怎么办

9～10个月的宝宝可以教他做动作，例如拱手表示"谢谢"，招手表示"来"，摆手表示"再见"，握握手表示"你好"等。让宝宝知道竖起食指表示"1"，可以表示自己1岁，或者要到1件东西。在这1～2个月内，宝宝可以学会有意义地称呼大人了，因此可以用照片让他学会叫爸爸或者妈妈。看口型学发音是4～6个月宝宝的功课，如同给3年级孩子讲1年级的功课，那样她不会专心听的。

（六）怎样让10～11个月的宝宝早说话

应当先让宝宝学习做手势。10个月的宝宝已经能做许多手势了，会和人招手表示"再见"，会谢谢、握手等。10个月的宝宝还会伸出食指表示自己1岁啦，会竖起食指表示要1块饼干、1根香蕉。每一种动作都需要育护师做示范，宝宝不可能自己制造一种别人能懂的动作。身体语言包括表情是声音之外的语言，在与人沟通时很有用，一辈子都用得着。宝宝学会了就能察言观色，了解别人的想法。此外10～11个月有些宝宝能称呼一个亲人，会用一个音表示一句话，进入单词句时期。如果加上身体语言，就能与人沟通。

四、各月龄阶段婴儿玩具的选择及使用意义

（一）怎样选择玩具

1.0～1个月的宝宝给他看黑白图及室内外的景物

让他听胎教时的音乐、听妈妈唱歌、听大人说话；给宝宝做抚触，使他能接受多种刺激，促进神经细胞和细胞间的突触急剧增长，使大脑发育。

1～2个月的宝宝应该给买一个哑铃形的花铃棒，这也是最必需的玩具。此外可在墙上挂一图一物的大幅彩图，在家里放几个可爱而又滑稽的拟人玩具作为逗笑之用。

2. 新生儿的玩具有个适龄问题

未满月的宝宝可以买有手柄的摇铃，让他听见铃声，等到他表示喜欢（出现笑容）时，把手柄放到他手中，他会握紧。健身架要等到3个月后才能用，那时他能伸手拍打架子吊的东西，然后练习够取吊起来的玩具。5~6个月可用猴子拉钟学认猴子；10个月才会前后摇手、打响拨浪鼓。

3. 2~3个月可以让宝宝看有鲜艳色彩的玩具

听柔和声音的花铃棒，并可以放在宝宝的手里帮他摇着玩。在他俯卧撑起来时，让他看到会动的玩具，会使他撑得更高。2~3个月的活动重点在于感官发育，凡是有利于视觉、听觉、触觉和嗅觉的游戏都很重要。此外在同宝宝玩玩具时要不断同他说话，引诱他发音，也要用玩具锻炼他俯卧抬头。用每种玩具展开游戏时，都要符合宝宝该月龄发育的需要。

4. 3~4个月可以让宝宝照镜子

让宝宝快乐，逐渐认识镜中的妈妈，到1岁后认识镜中的自己。大人多同宝宝玩，可以用玩具，也可以用家庭的废旧包装盒和用品，经常同他做游戏，宝宝就会喜欢游戏时所用的玩具了。

5. 4~5个月的宝宝买几个形象的玩具

如小白兔、小花猫、苹果、香蕉等，让宝宝逐个认识它们的名称。5个月认识1个，6个月认识2~3个，7个月不但认识这几个玩具，也要能认识家里的用品、食物及其他玩具。也可用认物用的图片或者一图一物的认物用书让宝宝学认。另外，为了学匍行还要买不倒翁，等会爬时就需要买皮球和惯性车以做诱导之用。

6. 6~7个月的宝宝可以抓握

所以要准备一些手能握住的玩具，例如方形的积木、乒乓球大小的小球、小动物、小娃娃等。7个月后宝宝要学爬，除了地垫外还要有不倒翁、惯性车、大小皮球和拉球以帮助爬行。今后几个月宝宝需要认物，所以一些形象的玩具如水果、蔬菜、动物等都可以有帮助。此外还需要一些认物用的一图一物的卡片或者认物图书，为宝宝睡前讲故事。

7. 7 ~ 8个月的宝宝知道找玩具玩了

让他玩能动用食指的玩具，就是带有按键、转盘、用手指转动的叶片、三键琴等玩具，家里的电视遥控器也会让宝宝喜欢。7 ~ 8个月的宝宝应该学爬，皮球、惯性车、会响和发亮的滚球等都是爬行时的好玩具。此外宝宝应该学会认物，一图一物的认物书、形象玩具（小动物、水果、蔬菜等）让宝宝认识物名的玩具都很有用。

8. 8 ~ 9个月的宝宝

可以用一些家庭的废品自制玩具，既实用又不浪费，例如用50厘米×40厘米×30厘米的包装箱，在四面贴上大幅的一图一物的图画，让8 ~ 9个月的宝宝扶着学站，又可以练习认物；让宝宝在箱子周围爬来爬去找到大人所说的东西，还可以推着学走，以后还可以装玩具用。有些包装用的塑料小碗可以放在水里和玩沙时用，也可以在过家家时作小餐具。尽量一物多用，不必样样都买现成的。

9. 9 ~ 10个月的宝宝能听懂故事

给他买有图的简单故事书，如《婴儿世界》就不错，先让他用手指自己认识事物，慢慢再教他认识1 ~ 2种新的物品，再让他听声指物。表扬他的成绩，让他感到自豪，以后就会很有信心再多认新的物品。不必忙于讲整个故事，每次只看一页，让他弄懂，反复让他指已经学会的，再练习一两个新的。天天积累，逐渐让他把这本书完全弄懂。另外，可以买套塔，塔心要上下一样粗的，让宝宝自己把有洞的环套进塔心的棍子上。这时宝宝还不能分清大小，随意套上就会很高兴。有些套塔的塔心上小下大，如果宝宝拿了一个小的环卡在塔上，其他环就套不进去，就会让宝宝生气，所以购买时一定要注意。家里的空瓶子、空盒子，一些包装塑料盒子、漂亮的包装纸等都是宝宝的好玩具，不必样样都要买。不要在宝宝面前接听手机和说话，躲到另一间房间就不会引起他的兴趣，也不要在宝宝面前操作电脑。

10. 10 ~ 11个月的宝宝可以做拉绳取环的游戏

把绳放在宝宝面前，把彩环放在远端，看宝宝是否能拉绳取到彩环。有些宝宝会自己爬过去取，如果看到牵着绳就能轻松地拿到，以后宝宝就学会了。还可以把游戏延伸，例如把玩具放在毛巾的远端，看宝宝是否拉毛巾能拿到；又如把小玩具放在一本杂志的远端，看宝宝是否能把书转一个角度就能拿到；把玩具放在被子的远端，看宝宝怎样拿到。可以学认红色，拿几个红色的玩具让宝宝学认。学认颜色要特别耐心，因为宝宝要用3个月才能完全学会。可以让他一边慢慢玩，一边学认。宝宝开始只认给他说的那一个，不肯再接受第二个，因为宝宝以为红色如同名字只能指一种东西。将几个红色的东西放在一起，经过多次反复才能理解颜色是共性概念。用不同的方法练习，让他指出一个、让他捡出几个、让他弄成一堆等，最后让他从彩图中指出哪里有红色。必须经过多种方法，有耐心就能让宝宝学会。

11.11 ~ 12个月的宝宝可以玩哪些玩具

玩套塔或者套碗，上下一般粗的木制套塔，只要宝宝能把圈套进棍子就算对，不可能让宝宝按着大小顺序套上。另外可以让宝宝放珠子入瓶，珠子直径2厘米，瓶口直径2.5厘米，让宝宝逐个放进去。比较难的就是放硬币入存钱盒，可以用硬纸自制圆片代替硬币，放入有窄缝的存钱盒内。宝宝还可以玩大钥匙和大锁，让宝宝把钥匙插入锁洞，自己打开大锁。可以开始用大蜡笔乱画，也可以搭积木了，这些都能锻炼手眼协调。1岁左右的宝宝需要拖拉玩具学走。

（二）使用婴儿玩具的意义

（1）利于婴儿大动作和精细动作的发育。
（2）利于婴儿大脑的发育。
（3）利于开发婴儿的潜能。
（4）利于培养婴幼儿的思维能力和言语情感表达能力。
（5）利于培养婴幼儿的注意力和行动力。

五、婴儿情绪管理

（一）怎样分辨宝宝的哭声

在宝宝啼哭时，如果看到他的小嘴在动，有吸吮的动作就是饿了，马上抱起来喂奶就会好了；如果看见宝宝扭动身体，很可能是撒尿了；如果宝宝有向下使劲的动作，或者身体挺直，面红，可能是拉便便了。细心的妈妈和专业的家庭服务人员经过1~2周的观察就可以看出宝宝发出的信号。第二周可开始给宝宝把大小便，满月前宝宝就可意识把便了。每当大人能猜对宝宝发出的信号，宝宝很快得到满足，就会强化他发出信号，使大人和宝宝之间更加默契，就会感到宝宝越来越好带了。

（二）宝宝哭闹时应该及时照料

在宝宝幼小时，啼哭表示有所需要，应该及时得到照料，使宝宝的需要得到满足，从而有安全感，对大人产生信任。越小的婴儿，情感越需要及早给以关照，在宝宝无后顾之忧后，才有可能产生好奇和探究，对新鲜事物发生兴趣。宝宝7~8个月后，抑制中枢开始发育，大人就可以用"不许""不能拿""不能吃"等约束宝宝的行为，也可以用表情来制止。

（三）怎样安抚哭闹的宝宝

许多宝宝会在下午5~7点时，即在父母下班时表现兴奋，可能因为父母下班时喜欢逗引宝宝，有过1~2次让宝宝高兴的经历，宝宝就会用哭来提示，要求父母再逗他玩。可以试着抱他起来，给他唱歌、逗他笑、抱他到处看看。2~3个月的宝宝还需要练习俯卧，自己把头撑起来。可把父母下班后的时间作为宝宝的最好的游戏时间，以增进亲子感情，形成良好的情感交流时间。

4~5个月的宝宝在父母回家之后会特别兴奋，很希望有人同他玩耍。在他每天大哭之前1~2分钟，父母就来同他做比较兴奋的游戏，例如举高高、坐飞机、抱着他跳舞等，让他高兴，就能把注意力转到兴奋的活动上而不会哭了。以后都应当保证在父母下班后让宝宝有一段同父母游戏的快乐时光。

6~7个月，可以让宝宝看一点小广告之类经常重复的节目，不超过1~2分钟，有利于宝宝发音学讲话。此外，打开播放器，一边听音乐，大人一边抱着宝宝跳舞，也能安抚啼哭的宝宝。

在6~7个月之前要尽可能在第一时间满足宝宝的需要，使宝宝对大人产生信任和安全感。

宝宝在8个月后就有抑制能力了，这个中枢在额叶形成期间，越用就越发达，自我抑制能力越好，不用就会慢慢消退。如果不注意培养承受力，这种抑制能力消退后就惯坏了宝宝，以后很难教育。当他故意做错事时，大人要故意做出马上板脸的表情，对他冷淡，不抱也不哄，但是不能离开，可以拿起书报来看。对他冷淡本身就是惩罚，他会害怕，不但不敢哭反而会爬过来亲近你，这时再告诉他错在哪里。

如果又抱又哄，下次她就更会故意再做错事来吸引照护者的关爱，就会养成刁蛮不讲理、爱发脾气的坏习惯。

本章学习重点

1.掌握母乳喂养的几种姿势，协助产妇喂乳。

2.如何存储母乳。

3.人工喂养的代乳品选择和冲泡及其喂乳方法。

4.婴儿的生活照料（洗澡、托抱、睡眠、排便等）。

5.婴儿的早期教育方法。

本章学习难点

1.掌握婴儿发育规律，并根据规律判别健康状况，从而选择正确的护理方法。

2.婴儿早期教育的重要性及其不同阶段的教育措施。

练习与思考

1.婴儿发育的口诀是什么？

2.模拟婴儿的生活照料。

3.模拟婴儿的早教，如何训练视觉、听觉？

4.婴儿哪些现象属于正常生理现象？

第四章 新生儿健康护理

身体的健康基石

要从新生儿的健康护理开始

将风险避之门外

科学管理

就是一道道坚实的屏障

第一节　新生儿常见疾病的预防与护理

新生儿处于一个特殊的生理阶段，会发生一些常见疾病。母婴护理师（月嫂）要了解常见疾病的特点，做好预防和护理工作。湿疹的预防与护理湿疹病因复杂，常为内外因相互作用结果。内因是婴幼儿本身的皮肤角质层非常薄，对各种刺激因素比较敏感。外因如生活环境、气候变化、食物等均可导致湿疹的发生。一般湿疹的皮损为多形性，以红斑、丘疹、丘疱疹为主。湿疹的病程较长，时轻时重，容易复发。

一、日常防范

（一）注意"三个避免"

首先，避免接触化纤衣物。新生儿的衣物一定要选择纯棉制品，柔软、舒适、无刺激性，以避免因为对化纤衣物过敏而引起湿疹。其次，避免环境过热。周围环境过热可能造成新生儿出汗，汗液的刺激以及温度高的环境易发生湿疹，也可使已发生的湿疹加重。最后，避免环境过湿。周围环境过湿可能造成新生儿湿疹发生或者加重。

婴儿用品应选纯棉

（二）饮食原则

由于湿疹发病多见于人工喂养的新生儿，牛奶中含有的异性蛋白可以造成新生儿过敏，导致湿疹的发生，因此一定要宣传和努力促成母乳喂养成功。母婴护理师（月嫂）应指导哺乳产妇不要进食刺激性食物，以避免刺激物通过乳汁进入新生儿体内，增加湿疹发生的概率。

（三）洗浴注意事项

已患有湿疹的新生儿，特别是渗出液体较多的湿疹时，不要过多清洗患处。浴用水应该以温水为宜，不要用过热的水洗浴。给患有湿疹的新生儿洗浴时，不要使用肥皂，避免刺激使湿疹加重。

（四）预防感染

由于湿疹发生后局部发痒，新生儿会用手搔抓，容易造成感染，因此要及时给其剪指甲，以免抓破皮肤造成感染。

（五）其他生活细节

（1）对于患湿疹的新生儿不要自作主张乱用药物涂擦，特别是含有激素的药膏，以免产生不良反应。

（2）给宝宝换新食物的时候，第一次都要只喂一种，少量喂食，观察24小时后没有不良反应，再继续喂食。

（3）宝宝每次接受一种新食物，可能出现少量湿疹，这是婴儿出现的一种应激反应，随生长发育会自然好转。严重的过敏情况，需去医院诊治。对于营养不良或腹泻的新生儿，一般无全身症状，如感染向下蔓延，会引起食管炎，可出现呕吐，严重的会影响食欲。抵抗力差时可蔓延到胃肠，引起霉菌性腹泻，重者可发生肠道溃疡及穿孔；向下呼吸道蔓延可引起霉菌性肺炎。这些情况虽较少见，但需提高警惕。

二、预防病从口入

（一）注意观察口腔

如果新生儿突然不吃奶，或者吃奶时突然大哭、打冷战，就要仔细检查一下宝宝的口腔。鹅口疮呈白色凝乳状附在口腔黏膜上，特别要将鹅口疮与新生儿吃奶后残留的奶液区分开来。

区分特点：新生儿口腔中残留奶液一经喝水就消失了，不再留有白色凝乳状物。而鹅口疮喝水后仍可见白色凝乳状物，而且用棉签擦拭后仍可见露出的粗糙潮红的黏膜。

（二）母乳喂养前清洗乳头

由于母乳喂养时，新生儿需要含吮母亲的乳头，如果母亲的乳头不清洁，就有可能使新生儿口腔受到感染。因此，母乳喂养前一定要清洗乳头。

（三）人工喂养需要清洁消毒奶具

新生儿的奶具使用后一定要清洗干净，不要留有残留物，以避免滋生细菌，污染奶具，进而感染到新生儿的口腔，造成鹅口疮。每次给新生儿喂奶后，都要煮沸消毒奶具，或者使用奶具消毒锅进行消毒。

（四）口疮的治疗

将医生开的专用药物涂擦在口腔内黏膜上。应在喂奶后使用，以免吃奶时将药物冲掉。按医嘱用药，直到白色斑点消失后再用1～2天。同时每次喂奶后用煮沸消毒奶具，母亲喂奶前要清洗乳头，防止重复感染。

三、脐炎的预防与护理

发生脐炎时，脐带周围皮肤红肿或者发硬，脓性分泌物增多，伴有臭味。新生儿轻者可以没有全身症状，重者新生儿可以伴有发烧、食欲不佳、精神状态不好等症状。如未能及时治疗，还可能致病菌进入血液引起败血症，甚至危及生命，预防与护理方法如下。

（1）脐带结扎后的脐带残端一般需要经过3～10天才能脱落。应保持脐带部位的干燥和清洁，避免沾染尿液或者洗澡水弄湿脐部。

（2）脐带尚未脱落时渗出分泌物或血液需清洁干净。每天洗澡后擦干身体，一手将脐带轻轻提起，一手使用蘸有75%酒精的消毒棉棒清洁脐部，从脐带根部从内向外呈螺旋状向四周擦拭。清洁后应该使局部晾干。

（3）特别注意清洁已经呈干痂状的脐带底部，防止该部位存有脓性分泌物，未擦干净可能引起感染。

（4）脐带脱落后，脐轮潮湿或有渗出液时，继续使用75%酒精的消毒棉棒清洁脐部，从脐带根部从内向外呈螺旋状向四周擦拭。

（5）一旦出现脐炎的症状，应该及时到医院就诊。

四、呼吸道感染的预防与护理

新生儿发生呼吸道感染时，吃奶不好，精神不好。较重的表现为呼吸急促、口周发青、呼吸浅表、口吐白沫。如有较重症状时应该及时提醒产妇带孩子到医院就诊。新生儿呼吸道感染的原因有两种，一是出生后不久发病，大多是宫内感染或产道感染。二是出生后一周以上或更后发病，大多是出生后与呼吸道感染的人接触传染所致。

（一）新生儿呼吸道感染的预防

预防新生儿呼吸道感染应该从分娩前开始，孕妇要避免呼吸道感染。孩子出生后应该注意卧室的通风换气，新生儿和产妇的房间不宜过多人同时进入，特别是患有呼吸道感染的人要注意与新生儿和产妇的隔离。

（二）新生儿呼吸道感染的护理

轻微的呼吸道感染仅仅表现在轻的流涕、鼻塞。新生儿身体状况良好、食欲好，可以正常哺乳，但是注意新生儿在鼻塞的情况下容易发生呛奶，因此要在喂奶前注意清理新生儿鼻道的分泌物，喂奶也应该掌握少食多餐的原则。新生儿呼吸道感染，严重时会变为新生儿肺炎，临床表现大多不典型，不像大孩子呼吸道感染时表现出典型的较重咳嗽和发烧，而是低烧或者不烧，甚至体温低于正常。因此应对呼吸道感染的不典型症状有所了解，以免延误病情。

五、尿布疹的预防与护理

尿布疹也就是平日所说的红臀，表现在臀部皮肤发红或者出现小红疹，严重时表皮肿胀、破损和渗出。新生儿皮肤娇嫩，如果大小便后没能及时更换尿布，尿便的刺激、未冲洗干净洗衣粉的尿布刺激、尿布透气差都有可能引起尿布疹。

尿布疹，俗称"红臀"

（一）尿布疹的预防

新生儿大小便后及时更换尿布，提倡使用纸尿裤。如果使用尿布，要选择吸水性强的纯棉制品，换洗后要用开水烫洗，要冲洗干净，并在阳光下晒干。

（二）尿布疹的护理

1. 大便后处理

先用湿纸巾轻轻地将臀部的粪便擦拭干净，如果大便较多，就用清洁的温水清洗干净，然后涂擦护臀霜或鞣酸软膏。如果大便很少，只用湿纸巾擦拭即可。

2. 小便后处理

一般小便后不需每次清洗臀部，避免破坏臀部表面的天然保护膜。

3. 如发生轻度臀红则应多暴露（室温在 26 ~ 28℃）

2 ~ 3次/天，30分钟每次，以使局部保持干燥，每次暴露后涂擦鞣酸软膏。

六、腹胀的护理

新生儿发生腹胀时腹部充满气体，双腿上提，尖声哭喊。一般两周时开始，到3个月大时才结束。大多在同一时间出现，以下午至晚上10点最为常见。

（一）新生儿腹胀产生的原因

（1）哭闹过度。新生儿哭闹时吸入太多空气而引起腹胀。

（2）喂奶方法不当。人工喂养时奶汁没有完全充满奶嘴，使新生儿吃进很多空气。

（3）奶嘴不合适。奶嘴上的孔眼过大，奶水流速过快，让新生儿吃得太急，吞下去太多空气。

（4）吃进去的奶水在消化道内发酵而产生气体。

（5）新生儿腹肌发育及神经控制能力未成熟，缺乏弹性组织，易使空气存留肠内，发生腹胀并出现疼痛，无法自行排气。

（二）新生儿腹胀护理方法

（1）指导产妇在喂奶后竖着抱起新生儿，正确拍。

（2）喂奶后半小时，用抚触油搓热双手，顺时针轻摸其腹部，促进排气。

（3）用消毒棉签蘸凡士林，轻轻扩大肛门，协助排气。

七、腹泻的护理

新生儿腹泻是婴幼儿期的一种急性胃肠道功能紊乱，以腹泻、呕吐为主的综合征，夏秋季节发病率最高。新生儿腹泻时的大便非常稀，看起来全是水，大便的颜色是绿色或褐色，很可能会从尿布里渗出来，腹泻严重时要及时就医，防止脱水。

（一）新生儿腹泻类型

1. 生理性腹泻

母乳喂养的新生儿，每天大便可多达7～8次，甚至10～12次，大便通常较稀薄、色黄，如果宝宝精神好、吃奶好、体重增长正常就不必担心。

2. 喂养不当型腹泻

给新生儿喂食的奶粉过浓、奶粉不适合、奶液过凉、奶液变质时都会引起腹泻。会出现大便含泡沫，带有酸味或腐烂味，有时混有消化不良的颗粒物及黏液。常伴有呕吐、哭闹。

3. 过敏型腹泻

2%～7%的新生儿会对奶粉蛋白质过敏。使用牛奶或奶粉喂养后有难治性非感染性腹泻超过两周，大便中混有黏液和血丝，伴随皮肤湿疹等症状。

4. 感冒着凉

在新生儿患感冒或着凉时常伴有腹泻症状。

5. 病毒或细菌感染性腹泻

大便呈黄色、稀水样或蛋花汤样，量多，无脓血，应考虑轮状病毒感染；若大便含黏液脓血，应考虑细菌性肠炎。

（二）新生儿腹泻护理方法

（1）母乳喂养的产妇，母婴护理师要注意调整其饮食结构，避免摄入寒凉食物，新生儿易发生寒凉泻，出现绿色、水样大便；避免偏食淀粉或食用过多糖类，易导致新生儿大便呈深棕色、水样并带有泡沫；避免食用过多的蛋白质，易导致新生儿大便有奶瓣、特别臭；避免食用过多的脂肪，易导致新生儿腹泻时大便中脂肪球多。

（2）母乳喂养的新生儿可继续坚持哺喂，不要禁食；人工喂养的新生儿要适当调稀奶水，减轻其胃肠负担，待好转后逐渐恢复正常浓度。

（3）更换奶粉品牌时注意进度不要过快，可先用两种奶粉混合喂养，从少量添加让新生儿逐渐适应，直到完全转换为新的奶粉。

（4）注意气候变化，及时给新生儿增减衣服，尤其注意腹部的保暖。每次大便后，都要用温水清洗宝宝的肛门及周围，涂抹护臀霜，勤换尿布。及时处理粪便并洗手消毒，以免重复感染。

（5）水泻便达10余次时应及时就医。

八、发热的护理

新生儿体温超过37℃时应视为发热，并伴随面红、烦躁、呼吸急促、吃奶时口鼻出气热、手脚发烫等症状。发热的原因有很多，除感染因素外，环境过热、脱水等均可引起发热。发热严重者或由感染引起的发热应迅速带到医院就诊，不可自用药。

婴儿发烧

（一）体温不超过38.5℃时不要随便服药，应采用物理降温

（1）打开包被，解开衣服以散热。

（2）调整室温在22～24℃，适当通风散热。

（3）温水擦浴：部位以新生儿的前额为主，颈部、腋下、大腿根部等血管集中处为轴，不宜采用酒精。注意要用湿毛巾擦拭这些部位，不可用力擦拭，防止损伤新生儿娇嫩的皮肤。

（4）温水浴：水温比体温低2℃左右，时间以15分钟左右为宜，或根据体温延长时间，浴后擦干全身。

（5）给新生儿适当补充温开水。

（6）患儿出汗后，及时换下汗湿衣服，保持皮肤清洁，避免捂汗。

（二）采用物理或药物降温时注意事项

在采用物理或药物给宝宝降温时，每隔20～30分钟应量一次体温，同时注意宝宝呼吸、脉搏及皮肤颜色的变化。如发现孩子精神萎靡、面色苍白或有呕吐、腹泻等其他症状，应立即就诊，以防病情恶化。

第二节 新生儿的疫苗接种

一、卡介苗

新生儿接种的第一种疫苗就是卡介苗，可以增强宝宝对于结核病的抵抗力，预防严重结核病和结核性脑膜炎的发生。宝宝在出生后就要及时接种卡介苗。

一般在新生儿出生后24小时内进行接种。在新生儿满3个月时，还要进行复查（做结核菌素实验），了解卡介苗接种后是否有效。

护理要点：在此期间给新生儿洗澡时，应避免将洗澡水弄湿注射部位的皮肤，保持局部清洁，避免其他细菌感染。密切观察新生儿的皮肤、耳下、耳后、脖后淋巴结是否肿大。

二、乙型肝炎疫苗

乙型肝炎疫苗全程接种共3针，按照0、1、6个月程序，即接种第1针疫苗后，满月注射第2针疫苗，第6个月注射第3针疫苗。新生儿接种乙型肝炎疫苗越早越好，要求在出生后24小时内接种。

护理要点：在此期间给新生儿洗澡时，应避免将洗澡水弄湿注射部位的皮肤，保持局部清洁，避免其他细菌感染。注射部位可能有红肿、疼痛、发热等反应；少数伴有轻度发烧、不安、食欲减退，这些症状大多在2～3天内自然消失。

第三节 婴儿保健

一、婴儿抚触操

新生儿抚触操是抚触者用手对新生儿有序的、有手法的科学抚摸，让大量温和的良性刺激通过皮肤传达到中枢神经，产生积极的生理效应。母婴护理师（月嫂）应科学地护理新生儿，适当地为其做抚触护理。

（一）操前准备

（1）时间选择：喂奶后1小时，洗澡后最好。

（2）室温调节：室温保持在26~28℃，如果达不到，应先开空调或其他取暖设备将房间加温，不要有对流空气。

（3）选择一个柔软平坦的台子或床。

（4）为新生儿脱去衣裤和尿布。

（5）清洗双手，摘除手表、戒指等饰物，涂抹润肤油，双手对掌摩擦均匀，双手保持温热不凉为佳。

（二）抚触操步骤

1. 前额

将双手的大拇指放在新生儿双眉中心，其余的四指放在新生儿头的两侧，拇指从眉心向太阳穴的方向进行按摩。

2. 下颌

双手的拇指放在新生儿下颌正中央，其余四指置于新生儿的双脸颊，双手拇指向外上方按摩至双耳下方。

3. 头侧

双手四指分别从头两侧滑向耳部,在耳上、耳后、耳下略做停留。

4. 头部

左右手交替动作,用手的前指腹部位从头部前发际滑向后脑直至耳后,注意囟门不要用力压。

5. 胸部

双手放在新生儿胸前左右肋部,右手滑向左上,按摩至新生儿左肩部,此后换左手按摩至右肩部。注意操作时手要避开乳房部位。

6. 腹部

将右手放在新生儿腹部右下方,沿顺时针方向做圆弧形滑动,左手紧跟右手从右下腹部沿弧形按摩。

7. 上肢

双手握住新生儿一只胳膊,沿上臂向手腕的方向边挤压边按摩,再滑到手掌、手指,做完一只手臂换另一只手臂。

8. 下肢

双手握住新生儿的一条腿,抬起,沿大腿根部向下滑动,边挤压边按摩,再做脚掌、脚趾,做完一条腿换另一条腿。

9. 背部

双手平行放在新生儿背部,沿脊柱两侧用双手向外侧滑触,从上至下依次进行,然后用手沿脊柱从上向下轻抚新生儿背部。

10. 臀部

双手掌放在新生儿臀部两侧，做弧形滑动。

11. 抚触后处理

穿好纸尿裤和衣服。

（三）抚触操注意事项

（1）选择适当时间进行抚触，最好是在洗完澡后或睡前，饭后1小时以后是抚触好时机，可避免吐奶。

（2）室温以28℃左右为宜，做抚触时室内不要有穿堂风。

（3）抚触不是按摩，只是触摸肌肤，所以不可太用力，特别是抚触背部时，避免损伤脊柱。

（4）每个动作重复4遍，抚触全部动作应在10分钟之内完成，每天做1～2次即可。

（5）一旦新生儿哭闹，不愿意继续，应立即停止抚触。

（6）如果新生儿患病或身体不适，应暂停抚触。

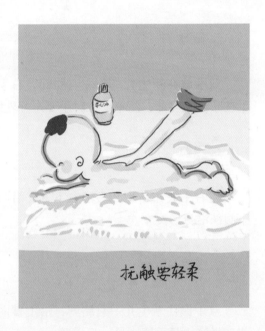

抚触要轻柔

（7）抚触时居室宜保持安静、光线自然，可与新生儿用语言交流或为新生儿播放优美的音乐。

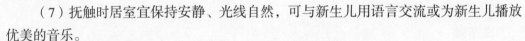

二、婴儿被动体操

婴儿被动体操用于20天～6个月的婴儿，根据月龄和体质，循序渐进，每天可做1～2次，每次不超过15分钟。避免在新生儿过饥或过饱的状态下进行，应选择喂奶后1小时左右进行最佳。少穿些衣服，所着衣服要宽松、质地柔软，使宝宝全身肌肉放松。操作时动作要轻柔而有节律，可配上舒缓优美的音乐。

（一）操前准备

（1）居室温度以22～24℃为宜，室内不要有穿堂风。

（2）母婴护理师（月嫂）剪短指甲并使之光滑，摘掉手上饰物，以免划伤新生儿。

（3）母婴护理师（月嫂）洗净双手，保持双手温暖，脱掉新生儿多余衣服，只穿贴身的内衣即可。

（二）被动体操步骤

1.准备活动

按摩全身。先握住新生儿双肩，从肩向下挤捏至胸部；再自胸部到腹部进行按摩，手法呈环形；最后握住新生儿大腿根部，从大腿根部向下挤捏至脚踝。

2.扩胸运动

握住新生儿的双手，使双臂屈曲于胸前，然后双臂打开，平伸于身体两侧。

3.伸展运动

握住新生儿的双手，上举至头两侧，然后双臂慢慢放下至身体两侧。

4.屈腿运动

握住新生儿的小腿，双腿膝关节上抬，并屈曲成90度，然后双腿慢慢伸直并拢。

5.抬腿运动

握住新生儿的双小腿，双腿伸直举至与身体呈90度，然后慢慢放下双腿。

6.转手腕

一只手握住新生儿的前臂，另一只手握住新生儿的手掌，沿顺时针慢慢转动手掌，再沿逆时针缓慢转动，然后换手。

7. 转脚腕

一只手握住新生儿的一侧小腿，另一只手握住新生儿的脚掌，沿顺时针缓缓转动，再沿逆时针缓缓转动，然后换另一只脚。

8. 翻身运动

一手扶住新生儿腹部，另一手扶住新生儿肩背部，同时稍用力推肩，新生儿即可翻身，把双臂屈曲前伸呈俯卧，做抬头训练30秒～1分钟，然后转身呈仰卧位。

9. 整理活动

按摩全身。先握住新生儿双肩，从肩向下挤捏至腕部；再自胸部到腹部进行按摩，手法呈环形；最后握住新生儿大腿根部，从大腿根部向下挤捏至脚踝部。

（三）做操后的护理

母婴护理师（月嫂）指导产妇在温暖的环境中替新生儿换上干净尿布，穿上做操时脱下的衣服。及时给宝宝喝适量温开水，补充体液。

做操全程新生儿不哭闹，无吐奶发生，表情欢娱。一旦新生儿哭闹，不愿意继续，应立即停止。

三、婴儿游泳

（一）婴儿游泳的好处

（1）刺激新生儿神经系统，促进宝宝视觉、听觉、触觉和平衡觉的综合信息传递，使其尽快适应"内""外"环境的变化。

（2）促进宝宝胃和肠道的蠕动，增强其食欲和消化功能，促进宝宝生长发育。

（3）增强宝宝的循环和呼吸功能，调节血液循环速度，增强心肌收缩力；通过水对胸廓的压力，促进新生儿胸部的发育，增加肺活量，提高肺功能。

（4）婴儿在水中自主进行的全身运动，可增强其骨骼、肌肉的灵活性和柔韧性。

（5）水的轻柔爱抚，还能使宝宝感到身心舒适，有利于提高其睡眠质量。

（二）婴儿游泳操作步骤

（1）每次游泳前必须检查泳缸、颈圈是否有漏气现象，充气度是否合适，以确保安全。

（2）给新生儿脱衣服。婴儿躯体裸露后，在脐部粘上常规护脐贴，并做好游泳前的准备（按摩）。

（3）将颈圈套在婴儿的脖子上，仔细检查婴儿的双耳和下颚是否露于颈圈上、纽带是否已扣紧。

（4）用水温表测量水温，适合新生儿游泳的水温夏季为38～39℃、冬季为39～40℃。

（5）将婴儿放入泳缸内，让婴儿自行游动10分钟左右，注意观察其脸色及全身皮肤肤色的变化，严格进行一对一（护理员对婴儿）的全程监护。

（6）新生儿游泳完毕立即用浴巾将其全身擦干，尤其注意眼、耳、鼻等处的护理；脐部进行常规碘伏、乙醇消毒。

（三）哪些新生儿不适合游泳

（1）有宫外窒息史，Apgar≤8分，NBNA≤36分的新生儿。

（2）有并发症，或需要特殊治疗的新生儿。

（3）胎龄小于34周的早产儿，或出生体重小于2000克的新生儿。

（4）皮肤破损或有感染的新生儿。

（5）有感染、感冒、发烧、拉肚子、脚易抽筋、身体异常者、免疫系统有问题、呼吸道感染（具传染性）的新生儿。

（6）注射防疫针24小时以内的新生儿。

（7）湿疹局部有感染或非常严重的新生儿。

（四）注意事项

新生儿只要出生4小时后，无明显禁忌者，均可进行游泳。一般需要注意以下几点。

1. 水质

新生儿游泳时的用水一般采用符合卫生标准的自来水。

2. 水深

新生儿游泳的水深为30～40厘米，泳池内

宝宝游泳时，要一对一监护。

的水位达到泳池的三分之二以上。参照新生儿出生时平均身高为50厘米，游泳池的高度以56厘米为宜。

3. 水温

水温要求在38～40℃之间。

4. 室温

室温应保持在28～30℃之间。

5. 肚脐

游泳前要对新生儿的肚脐进行护理后再贴上防水肚脐贴，以免被感染。

6. 游泳时间

选择适当的时间让新生儿游泳，勿在其生病、饥饿、哭闹或进食后1小时内游泳。游泳时长为10～15分钟。

7. 专用游泳颈圈

新生儿游泳专用颈圈是根据新生儿生理特点设计的，经过科学指导且规范化的保护装置，可以避免其发生呛水。

8. 专业人员陪伴

新生儿游泳时需要专业人员一对一陪伴，随时对其害怕或是喜欢给予安抚或回应。

第四节 意外伤害的防范与紧急处理

一、烫伤的防范与紧急处理

烫伤为新生儿常见的一种意外伤害，可分三度：Ⅰ度表现为皮肤红、肿、痛，但无水泡出现；Ⅱ度表现为局部红、肿、痛，有明显水泡；Ⅲ度表现为皮肤发焦或苍白干燥，可无痛感，深度可达皮下组织、肌肉和骨骼。

发生婴儿烫伤的紧急处理方法：

首先，不要急于脱去新生儿衣裤，应该立即用凉水冲洗烫伤处，时间长短以烫伤情况确定，轻微烫伤用凉水冲的时间短，烫伤重则用凉水冲的时间长，然后，仔细察看烫伤情况再小心轻柔地脱下衣裤。严重的要剪开衣裤，粘连处不可勉强除去，切不可弄破水泡，用干净纱布覆盖伤处，切记勿自行涂抹任何东西，及时将新生儿送往医院治疗。

二、呛奶的防范与紧急处理

呛奶是新生儿常见的生理现象，与新生儿消化道结构及生理特点有关。哺乳时，乳汁容易发生反流引起吐奶，奶汁呛入气管就会造成呛奶。呛奶后新生儿表现出呼吸道不通畅、憋气、面色红紫、哭不出声，需紧急处理，立即拨打急救电话或送往医院。

发生呛奶的紧急处理方法：

（1）呛奶发生后不能等待，应进行紧急处理。此时应立即将新生儿面朝下俯卧于产妇或母婴护理师（月嫂）腿上，产妇或母婴护理师（月嫂）取坐位；新生儿的体位要保持头低脚高位、呼吸道要保持平直顺畅，以利于呛入的乳汁流出。然后用一手抱新生儿，另一手空心掌叩击新生儿背部，以促使新生儿将呛入的乳汁咳出。

（2）紧急处理应该等待新生儿哭出声来，憋气情况明显缓解才暂告一段落。

（3）如果呛奶情况严重，以上处理无效，则应该一边处理，一边拨打急救电话或安排车辆送医院，但即使送医院，也一定同时继续上述紧急处理操作。绝不能坐等去医院处理，延误最佳抢救时机。

（4）呛奶也可因疾病引起，因此，如果症状严重，应该提醒产妇及时带宝宝到医院检查，避免延误病情。

三、婴儿窒息的防范及紧急处理

窒息防范与紧急处理新生儿窒息是指新生儿在出生后血液循环气体交换发生障碍，导致新生儿血氧供应不足，造成大脑损伤，甚至不可逆转性的脑损伤。窒息发生危及新生儿的生命，因此要严加防范。

（一）尽量避免采用卧位哺乳

有些产妇感觉卧位比较舒适，但是这种喂奶姿势增加了发生意外伤害的概率。新生儿尚不能自主翻身，自身的力量尚不能躲避危险，当卧位进行母乳喂养时，产妇与新生儿距离近，新生儿正在哺乳，口含着母亲的乳头，如果疲倦的母亲不小心睡着了，乳房堵住了新生儿的呼吸道，就可能发生新生儿窒息。

（二）尽量避免新生儿趴睡，防范窒息

很多人认为新生儿趴睡好，但是，趴睡的情况下绝不能离人，新生儿的双手支撑力还不能使他躲避危险。新生儿趴睡时一旦堵住了口鼻，自己又无力挣脱，就有可能发生窒息。因此不提倡新生儿单独趴睡。

（三）新生儿口鼻周围避免软性物品，防范窒息

新生儿口鼻周围如果有棉被、毛巾、塑料袋等软性物品会紧紧贴住口鼻而发生窒息，因此一定要防止软性物品堵住口鼻，防范意外窒息的发生。

（四）发生窒息的紧急处理方法

如果在家中发生窒息，则应该按照窒息的紧急处理原则：一边紧急进行家庭处理，一边联系医院急救车急救。紧急家庭处理原则：清理呼吸道的分泌物供氧刺激呼吸，可以采取弹足底的方法或口对口的人工呼吸。

温馨小贴士

预防窒息的关键是提高警惕，重在防范。应该提醒产妇，按照上述原则进行母乳喂养，给新生儿正确的睡姿，特别小心的保持新生儿呼吸道的通畅。

本章学习重点

1.新生儿常见疾病预防。
2.新生儿保健。
3.意外伤害的紧急处理。

本章学习难点

1.正确识别疾病与正常生理现象的区别，做出正确反应。
2.学会婴儿抚触。
3.怎样让婴儿进行游泳锻炼。
4.生活中会有哪些意外？如何防范？

练习与思考

1.新生儿容易产生哪些疾病？
2.你能想到的意外有哪些？如何防范？
3.实操婴儿抚触操。

行业标范

范例一：

李姐今年48岁，是云南某月嫂公司的资深月嫂，踏入月嫂行业已经有8年。

之前李姐在上海做了几年钟点工，为了能抽空照顾老人，她2008年回到昆明做了月嫂，前前后后带过30多个刚出生的婴儿。工资从曾经的每月一千多到现在的上万，李姐算是见证了月嫂行业的蓬勃发展。

李姐新接了一笔业务。在医院与雇主夫妇见面后，李姐抱上刚出生的婴儿小楠，坐车前往雇主家。李姐用一个小本子来记录小楠的吃奶、大小便和睡觉的时间，以更好地调整他的生活规律。

每次洗完澡后，李姐都要给小楠做健身操，小楠的母亲拿着玩偶在一旁学习。对于月嫂来说，新生儿护理不只是喂奶洗澡，还包括抚触、做操、常见病观察与护理、培养宝宝生活习惯和作息时间等内容。李姐的新生儿护理百宝箱里装着紫草油、爽身粉、碘伏、棉签、安抚奶嘴、温度计、尿不湿等物品。

除了照顾小楠，李姐还教小楠妈妈做产后形体恢复操，其实，作为一名合格的月嫂，除了新生儿护理服务，还要负责产妇的健身、营养搭配、通乳、心理指导等。

到了晚上，小楠有点吵夜，睁着眼睛玩了几个小时还不睡觉，李姐有点疲惫。带过许多孩子，有的孩子带着很轻松，而有的孩子则不太好带。但李姐哄小楠睡觉后，还坚持看书，学习育儿百科，她说学无止境，现在生活水平在逐渐提高，育儿的方法也越来越科学、丰富，自己不能落后了，每一个孩子都是家庭的宝贝，在照护的时候一定要当成自己的孩子，投入了爱，那么所有的苦都是甜的。

范例二：

小徐大学毕业便选择了到家政公司工作，从事母婴照护工作一年，她勤学好问，平时没事就反复练习，第一次接单，是剖宫产的湖北产妇远嫁云南，家住昆明，身边没有一个亲人，产妇产后难免有点难过，心情低落。

从开始接触产妇，小徐便开始细心地跟宝妈交谈，得知她内心很多烦恼的事，导致乳汁不足，小徐便每天从沟通开始为产妇疏导，坚持每天进行乳腺疏通和引导，没到半个月宝妈便能全母乳喂养，前半个月每天都要给宝妈做擦浴和会阴的冲洗、伤口的护理。小徐跟宝妈、宝爸也是差不多年龄段的人，所以每天大家在一起都能谈笑风生，像亲人一样相处，加上小徐每天会跟宝宝做一些潜能发育的开发和运动，更加使宝妈全家加深对小徐的信赖。

本来此单是定 26 天的，后来到了下户时间，公司派了一名育婴师，因为技能相差得太大，宝爸接受不了，小徐才回家住了一宿，次日早晨便被宝爸邀请回去，做到了下一位预约客户生宝宝才走的，在对这个客户服务的两个月，由于宝妈月子里身体都得到了合理的调理，虽然是剖宫产但恢复得很好，宝宝的各方面发育都很达标，小徐得到了客户的高度评价和认可。

深秋新雨后

夕阳余晖

洒满大地

金黄树叶

承载着生命的美好

淡淡而清凉的风

催促着麦浪

尽情翻腾

美

悄悄地住入了

我们的心田

第三篇

居家养老护理

——以技福人

最美不过夕阳红

温馨又从容

夕阳是晚开的花

夕阳是陈年的酒

夕阳是迟到的爱

夕阳是未了的情

有多少情爱

化作一片夕阳红

——歌曲《夕阳红》

随着我国人口进入老龄化时代，居家养老护理逐渐成为人们日益重视的问题，家政服务人员在人们居家生活中起到了越来越重要的积极作用。

家庭成员、子女和家政养老护理员怎样通过学习、培训，对老年人进行适宜、专业的护理，本篇的内容为大家提供了实用的借鉴范本，规范、实用的从居家养老对正常老人的日常照料和对失智、失能老人的护理两个方面详细阐述家政居家养老护理通用的知识与技能。

小常识

老年期是人生的最后一个阶段，世界卫生组织确定，老年人的年龄界限是65岁。在我国，60周岁以上的公民就界定为老年人。由于身体状况、生活环境、性格秉性以及思想文化的不同，老年人与老年人差异是非常大的。如何做好老年人居家照护，是当前各个家庭必须直接面对的问题。

第一章　认识老年人的身心

养老护理小贴士

衰老是老年人无法回避的现实，上了年纪，衰老会在身体的各个部位凸显出来，无论是身体外部还是身体内部都会有明显的变化。充分了解老年人的身体变化，是做好日常照料护理的第一步。

第一节　老年人身体的五大变化

一、外表变化

进入老年期以后，老年人面部的变化是最为明显的：出现老年斑，头发逐渐变少变白，脱发现象明显，男性比女性更为突出，尤其是皮肤的变化较为醒目，松弛干燥，水分不足，失去弹性。另外，牙齿的疼痛、松动、脱落也明显地表现出来。背部逐渐变驼，富贵肉突起，腰腹部代谢减慢，容易变形。

二、大脑变化

由于脑供血减弱，老年人容易出现眩晕、脑平衡失调、脑细胞减少，认知功能明显退化，时常出现"糊涂"的情况，人也变得健忘、行动反应、感觉知觉越来越显得迟钝了。

三、五官变化

眼：眼睛时常干涩，晶状体变黄，眼睛调节聚光的能力下降，出现远视、散光，近处的东西看不清楚。瞳孔的调节能力变差，颜色辨别力减弱，视力减退。

口：味蕾、唾液减少、食欲减退、经常口干、牙齿脱落、咀嚼和吞咽能力下降。

耳：耳内传导功能变差，听觉灵敏度下降，时常会出现"耳背"的情况。

鼻：嗅觉退化，但鼻子容易过敏，时常出现打喷嚏的情况，应当尽量避免花粉等的刺激。

喉：声带变厚，嗓音嘶哑，口齿不清。

四、脏器变化

呼吸系统：肺部肌肉张力减小，肺活量降低，咳嗽反射变差，分泌物不易从肺内排出，咳痰的难度增加，容易发生肺部感染，患感冒、气管炎、肺炎等疾病。

内分泌系统：由于脏器功能萎缩，对相关刺激反应速度明显变慢、反应程度降低，容易患糖尿病、内分泌失调相关病症，出现更年期综合征、心理失调等状况。

血液循环系统：由于心肌弹性减退，血量输出减少。容易发生心悸、血管硬化，出现动脉硬化，导致高血压、冠心病等心血管疾病。

消化系统：吞咽适度变差，容易产生呛咳。胃肠的蠕动能力变弱，出现食欲减退，使得老年人容易发生营养缺乏状况。结肠动力及排便力量下降，加上直肠的敏感性降低（感觉不到要大便），使老年人更容易发生便秘。

泌尿系统：由于膀胱肌肉萎缩，膀胱容量减少，致使小便次数增加。男性前列腺会增大，如果压迫尿道就会引起排尿困难，夜尿增多。女性盆底肌肉松弛，容易发生尿失禁情况。

五、骨骼变化

关节：老年人普遍存在关节老化的现象，由于软骨磨损，常有骨性关节炎病症发生，肌肉的质量和力量都会衰减，使得老年人行动力变差。

骨骼：骨量减少，骨质疏松，增加骨折的风险。

手：肌肉力量减少，抓握和提举的能力减退。

腿脚：肌肉力量逐渐减弱，神经支配能力降低，平衡和支持能力下降明显，使得老年人在运动时协调性、灵敏性等方面出现困难，容易发生跌倒的情况。

第二节　老年疾病的特征和老年人的心理变化

小常识

老年人疾病：老年病是指在老年期所患的与衰老有关的疾病，大多数老人常常患有多种疾病。因此，对老年人的照料和健康管理，不能只针对单一的症状来处理，头痛医头、脚痛医脚是不行的，必须关注老人身心的整体情况。需要引起注意的是老年人的康复能力大都不好，有些病可能久治不愈，并且很多是无法根治的慢性疾病，同时也要注意对老年人的心理健康引导服务，让老年人正视老年病，不要患得患失，过于焦虑。

一、老年疾病的特征

老年人疾病特征一：难察觉
老年人在发病时不容易察觉，用心观察老年人的身体状况非常重要。

不易觉察

高风险

老年人疾病特征二：风险高
老年人出现病况时，常呈现高风险的情形。

老年人疾病特征三：症状多
老年人生病容易引发综合并发症，并且同一种疾病在不同的老人身上症状会有所不同，情况比较复杂，要求护理人员要仔细地观察，精心护理。

头也痛
手又麻
腰也酸
心还慌
腿又软
症状多

服药杂

老年人疾病特征四：服药杂
为了治疗多种疾病，许多老年人往往会同时服用多种药物。

老年人疾病特征五：难痊愈
老年人一旦生病，病程往往比较长，身体恢复慢，并且难以完全治愈。

难痊愈

二、老年人的心理变化

（一）失衡感

老年人的社会地位、社会角色发生转变，不平衡产生的失衡感不仅表现在工资、级别、待遇等方面发生的变化，由于闲暇时间的增多，会有相当的精力用于对社会的过度关注，因而出现对社会情况与自身现况一些问题的计较与攀比，加上一些人对自己的另眼看待，明显的就加重这种不平衡心理。我们要引导老年人关注新的事物，以客观多元的视角看待问题，提升老年人老年期的自我认同感和被

失衡感

需要感，逐渐地消除不平衡的心理状态。

（二）衰弱感

随着身体健康状况的逐年下降，老年人的智力、记忆力和心理承受能力也在下降。很多人会担心疾病的到来，对自己的健康表现出信心下降，同时也会考虑很多关于生病后的现实问题，有时会比较悲观地看待问题。面对实情，我们应该增加老年人对家庭生活事务的参与度，多采纳老年人的意见，多让他们力所能及地完成有一定难度的事务，愉快地让他们帮助家庭解决一些实际问题。让他们切身地感受老有所乐、老有所用。

（三）脱离感

随着老年人社会活动的减少，行动范围逐渐变小，接收到的信息明显也减少，再加上感觉、知觉功能的减退，视觉、听觉等方面反应越来越显迟钝，很多老年人会将自己封闭起来，对外界持一种冷漠的态度，这些都会让老人感到自己与社会、家庭日渐疏远、隔离。多鼓励老年人参加一些活动和聚会是改变这一现状的关键。增加与老年人的交流沟通，让老年人保持好的心情，愿意积极参与社交。

（四）孤独感

由于生活范围的缩小，身体状况欠佳使得老年人交往活动明显减少，而社会上新接触的人又多为陌生人，职业差异大，共同语言少，因而很难与周围环境和周围人群自然融合，容易感到孤独，产生一种被抛弃、被冷落的感觉。如果出现丧偶情况，会使老年人感到更加孤独无助。多陪护、多与老人讲讲话、多让老人参与老年人间的互动活动是避免老年人孤独的最好做法。

忌讳死亡

（五）讳忌死亡

老年人对即将到来的死亡容易充满未知的恐惧，容易患得患失、紧张焦虑，忌讳与死相关的话题及事件，容易悲观消极，特别身边有熟悉的同龄人去世，更会加重这种悲观感。所以，陪护中对老人的这些情绪变化要关注和重视，要引导老年人乐观积极的生活态度和生活方式，多将老年人注意力转移到现实生活的积极事务当中。

第三节　识别老年人的生活能力

在帮扶照料老年人前，我们应该对老年人处理日常生活事务实际能力的基本情况有个相对全面的了解，这样可以增强我们照料护理老年人的实效。

那就让我们先对老年人的能力状况做一个简单的评估吧。

一、老年人能力评估重要四指标

总体参考评估指标

主要指标	具体指标	评定等级	分值
日常生活活动能力	采买能力、家务劳动能力、进食服药、个人卫生、形象管理、大小便控制、平地行走、上下楼梯、自我照料、财务管理	A	3
		B	2
		C	1
精神意识状态	行为自控、精神状况、情绪管理	A	3
		B	2
		C	1
感觉、知觉与沟通能力	认知能力、五感能力（视、听、嗅、味、触）、沟通交流能力	A	3
		B	2
		C	1

续表

主要指标	具体指标	评定等级	分值
社会参与度	工作能力、时间/空间定向能力、人物定向识别能力、社会交往能力	A	3
		B	2
		C	1

二、老年人细分参考评估指标

（1）日常生活活动能力评估

1. 能一个人采买基本的生活用品吗？	a	3	能独立完成所有购物需求。
	b	2	只能独立购买日常生活用品。
	c	1	每一次购物都需要有人陪。
2. 能自己一个人做简单的家务吗？	a	3	能单独处理家务。
	b	2	能做简单的家务。
	c	1	所有家务都需要别人协助才能完成。
3. 能打电话联络他人吗？	a	3	能独立使用电话，含查电话簿、拨号等。
	b	2	仅能打熟悉的电话号码。
	c	1	仅能接电话，但不能拨电话。
4. 能自己一个人煮饭做菜吗？	a	3	饭菜全能做。
	b	2	如果别人把食材都准备好了能做一顿饭。
	c	1	只能热热已经做好的饭菜。
5. 能管理自己的财务吗？	a	3	完全可以管理自己的经济财务。
	b	2	能进行日常购买，还能到银行处理自己财务。
	c	1	能进行日常购买，但不能到银行处理自己财务。
6. 自己能按医嘱服药吗？	a	3	能在正确的时间自己正确服药。
	b	2	如果有人帮助准备好药物，自己能服药。
	c	1	已经准备好药物，自己能服，但有时会不准时。
7. 对个人形象卫生关注并能独立处理吗？	a	3	能独立完成。
	b	2	需部分帮助。
	c	1	不关注也不能独立处理。
8. 能独立上下楼梯（台阶）吗？	a	3	能自己独立上下楼，自如地上下台阶。
	b	2	借助拐杖能上下台阶，借助轮椅可以自己乘坐电梯上下楼。
	c	1	每一次都需要有人陪伴才能外出。

9. 有大小便失禁的现象吗？	a	3	无失禁情况。
	b	2	偶尔失控（每周不超过 1 次），或需要他人提示。
	c	1	需完全协助（完全做）。
10. 平地行走需要帮助吗？	a	3	无失禁情况。
	b	2	偶尔失控（每周不超过 1 次）。
	c	1	需完全协助（完全做）。
分数			

（2）精神意识状态评估

1. 行为自控	a	3	对于攻击行为能有效控制。
	b	2	在他人劝说下能控制攻击行为。
	c	1	无法自控攻击行为。
2. 精神状况	a	3	精神状况良好、无抑郁、亢奋、焦虑等反应。
	b	2	精神状况一般、偶尔出现抑郁、亢奋、焦虑等反应。
	c	1	精神状况不佳、容易出现抑郁、亢奋、焦虑等反应。
3. 情绪管理	a	3	能对自我的各种情绪进行管理和控制。
	b	2	在他人的劝导下，能有效管理自己的情绪。
	c	1	无法管理自我情绪，容易发生喜、怒、哀、乐等过激现象。
分数			

（3）感觉、知觉与沟通能力评估

1. 认知能力	a	3	能够正确说出自己居住的家庭地址(省、市、区、街道名称、楼层)、今天的年、月、日、季节、自己的出生日期、能复述三个不同类别的词语、进行 100 以内加减法运算，分清左右，能按照指令做出动作，对一句话能正确理解和复述，能画出钟和多边图案。从记忆、表达、计算、逻辑、空间定向等各项指标均为正常。
	b	2	针对以上认知测评中的问题有一项或两项不清楚或不知道，认知水平正确率在 50% 左右。
	c	1	针对以上认知测评中的问题有两项或多项不清楚或不知道，认知水平正确率在 50% 以下 。
2. 视觉	a	3	视觉能力、视觉注意力、视觉记忆力、图形区辨能力、视觉想想力均正常，能正确分辨空间距离，辨识物品、颜色、大小，识别熟人、生人。
	b	2	视力下降，偶尔会磕碰桌椅以及其他人，空间感、平衡感稍差，不能准确目测手与物体间的距离，能分辨物体的颜色和大小及上下左右位置，能分辨生人。

	c	1	走路常常踉跄，会磕碰桌椅以及其他人，拿东西时偶尔会拿不到或是超出所要达到的距离，不能目测手与物体间的距离，不能分辨物体的颜色和大小及上下左右位置，不能分辨生人。
3. 听觉	a	3	听觉辨识能力、听觉联想能力、听觉记忆能力、听觉理解能力、听觉编序能力、听觉混合能力正常，例如能识别亲人声音、能判断事情好坏、能从音乐中产生情绪联想等。
	b	2	在听觉测试中有两项到三项不清楚或不知道，听力下降。
	c	1	对听到的声音刺激源不能够进行识别、分辨、重组，尤其对逻辑问题特别困难，容易忽略测试者指令与要求，选择性逃避自己的弱项。
4. 嗅觉	a	3	对香气、臭味、异杂味能准确识别，并能带动记忆产生联想，能准确说出玫瑰花、百合花花香、肉香等。
	b	2	对较明显的香气、臭味基本能识别，能识别是花香、肉香、腐臭味等。
	c	1	对香气、臭味、异杂味不能准确识别，甚至失觉。
5. 味觉	a	3	对咸、甜、酸、苦、辣几种基本味觉都较敏感，有喜好的食物，很快能作出味道判断。
	b	2	部分基本味觉散失或不敏感（一到两项），饮食欲降低。
	c	1	大部分基本味觉散失或不敏感（两项以上）。
6. 皮肤觉	a	3	对触觉、温度觉、疼痛觉敏感，能准确描述身体感受。
	b	2	对触觉、温度觉、疼痛觉不太敏感，部分感受需要提示，但疼痛觉依然强烈。
	c	1	对触觉、温度觉、疼痛觉不敏感，不能准确描述身体感受。
7. 沟通能力	a	3	能倾听并能清楚的表达自己的想法，语言清晰准确、易于理解，语言与肢体、面部表情和谐，能对别人的语言做出正确的回应，有主动沟通意愿。
	b	2	能倾听并能表达自己的想法，语言表达缓慢，词汇储积能力下降，语言与肢体、面部表情和谐，能对别人的语言做出正确的回应，主动沟通意愿下降。
	c	1	不能清楚的表达自己的想法，有语言障碍，须频繁重复或简化口头表达，不能对别人的表达做出正确的回应。
分数			

（4）社会参与度能力评估

	a	3	原来熟练的脑力工作或体力技巧性工作可照常进行。
1. 工作能力	b	2	原来熟练的脑力工作或体力技巧性工作明显不如以往，部分遗忘。
	c	1	对熟练工作只有一些片段保留，技能全部遗忘。

2.时间/空间定向能力	a	3	时间观念清楚，可单独出远门，能很快掌握新环境方位。
	b	2	时间观念有些下降，有时相差几天，可单独往于近街，知道住的地方和方位，但不知回家线路等。
	c	1	时间观念较差，不知年、月、日，只知上午下午，只能在附近和左邻右舍走动，不知道住的地方和方位。
3.人物定向识别能力	a	3	知道周围人们的关系，知道各种亲戚称谓的含义，可分辨陌生人大至年龄和身份，可用适当称呼。
	b	2	只能称呼家中人或只能照样称呼，不会分辨陌生人的大至年龄，不能称呼陌生人。
	c	1	只认识常同住的亲人，可称呼子女和孙子女，可分辨熟人和生人。
4.社会交往能力	a	3	参与社会，在社会环境中有一定的适应能力，待人接物恰当。
	b	2	能适应单纯环境，主动接触人，初次很难让人发现智力问题，不能理解隐喻话语，谈话中有很多不适当词语。
	c	1	勉强可与人交往，谈吐内容不清楚，表情不恰当，语言不恰当。
分数			

温馨提示

　　所有的打分，以老人最近一个月的综合情况为参考，55～70分属于正常，30～55分属于"需要协助"，部分不在此列项中的情况均计0分，30分及以下属于失智或失能。因为失智或严重抑郁的老人虽然有能力做，但可能需要人提醒、协助才能完成，则应该算作"需要协助"。

第四节　照料老年人的基本要领及技巧

一、照料老年人五须知

　　照料老年人关键是心中时时刻刻要把老年人放在心上，要努力做到以下五个须知。

1. 尊重老人的生活习惯、生活规律

2. 体察老人的心理感受

3. 善于与老人沟通，取得老人的配合

4. 尊重老人独特的个性

5. 有足够的耐心，温柔地善待老人

二、照料前的准备

（一）心理准备

充分认识照护老人生活的难度，困难多、要求高、风险大。

（二）技能准备

要学习专业的护理技能，给予精准专业的照料，不给客户增添心理负担和压力。

（三）沟通准备

学习沟通技巧，知道老人的喜好，把话说到老人的心坎里，培养个人的亲和力，语气、表情、态度、姿势都要讲究，与被服务老人建立良好的照护关系。

三、提供舒适服务

（1）帮扶要平稳：照护人与被帮扶老人体形差异较大的时候，如果用力姿势不当，会造成危险或产生事故。在移动老人时，不要心急，要慢慢试着用力。

（2）借助工具和设备：在照护时可以借助工具和设备，如移位腰带、握把手、安全扶手等，可以减少力气损耗而造成帮扶不稳发生意外。

（3）善于向他人求助：护理人员要善于向他人求助，如乘坐轮椅外出，难免要上下楼梯，这时应该主动向周围的人求助，避免发生危险。

本章学习重点

1.老年人的身心变化的特点有哪些？

2.老年人的疾病风险有哪些？

3.如何评估老年人的生活能力？

4.照料老年人五须知。

5.照料老年人的技巧。

本章学习难点

1.老年人的疾病风险及预防。

2.老年的心理变化对健康的危害。

3.老年人生活能力评估表的使用及正确判断。

4.如何从心理、生理、行动上照料好老年人？

练习与思考

1.老年的身体特征及心理会发生哪些变化？

2.照料老人五须知是指什么？

3.实操练习陪护老人。

4.练习量表的使用及评估。

第二章 照料卧床老人的动作要点和技巧

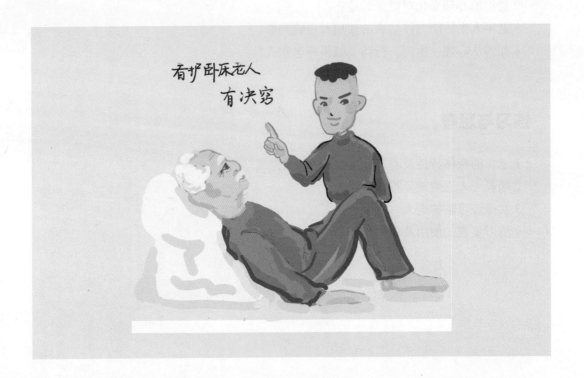

看护卧床老人
有诀窍

第一节 翻身的要点和技巧

我们照料老人，经常会遇到替他们翻身、改变姿势的情况。特别是照料长期卧床的失能老人，为了避免褥疮的发生，定时对老人进行翻身照料是非常必要的。

需要提醒的是：对于身体机能基本健全的老人，我们应该尽可能鼓励老人自己翻身。

一、帮老人翻身的主要技巧

记住"**两起两抬**"："两起"分别是双膝立起、双臂举起；"两抬"分别是抬起头、抬起肩。

小诀窍

运用辅助软垫

（1）R型翻身垫：可以在老人翻身的时候起支撑辅助作用，老人感觉舒适，也能预防褥疮的产生。

（2）翻身床单：可以克服现有技术中的传统给老人翻身的方法，因照料人员力量不够或用力不均匀，导致老人皮肤损伤、长期卧床的老人其排泄物容易将床单弄脏的缺点，减少了病人的不适、减轻了照料人员的体力消耗，还能保持床单的清洁。

二、帮老人翻身的动作要领

（一）远离支点，可以节省力气

将老人的膝盖抬高，拉长了支点和用力点的距离，将老人身体往前拉起，比较省力。

（二）翻身的动作分解

1. 帮助健康老人翻身

第一步：双膝立起。

护理人员应该站在要翻身过来的一侧，亲切的发声提示老人（边说边用手协助老人）。

（1）将两膝盖互相贴紧，两脚后跟尽量贴近臀部。

（2）两只手臂伸直，平放在身体的两侧。

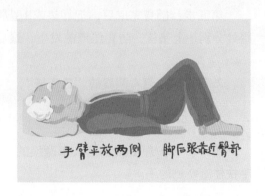

第二步：双臂尽量向上举起。

老人将膝盖立起来以后，请老人将两只手臂高高地举起，双手十指交叉，这样可以提高重心，让身体更容易侧转。

第三步：抬起头和肩膀。

请老人抬起头和肩膀，把背拱起来，使老人的身体与床的接触面积变到最小。

第四步：手臂侧倒过来。

协助老人将两只手臂往要翻身的方向缓缓倒过来，下半身自然就会跟着侧转过来，从而完成翻身过程。

第五步：翻身完成后，把靠垫或R型翻身垫放在腰部作为支撑。在老人的手臂和脚踝处分别垫上垫枕，防止压疮的发生，最后帮老人盖好被子。

2. 帮助偏瘫老人翻身的"三三法"

第一种：翻向瘫痪的一侧

第一步：护理员站在老人未瘫痪的一侧，让老人把双手放在肚子上，用健康侧的手扶住瘫痪侧的手。

第二步：从没有瘫痪的一侧向瘫痪的一侧，分别将膝盖立起。

护理人员要亲切地提醒老人，请老人把没有瘫痪一侧的膝盖立起来，然后，护理员用一只手伸进老人瘫痪一侧的膝盖下方，另一只手扶住这只脚的脚底。紧接着，护理员将伸入老人膝盖下方的手把老人膝盖轻轻抬起来，另一只手扶着脚底，把脚轻轻往臀部推进，这样一来，瘫痪侧的膝盖也立了起来。

第三步：把膝盖和肩膀往瘫痪一侧扳过来。

护理员要站在老人的腰边，手扶在老人的膝盖上翻过来以后，身体如果躺不稳，慢慢往自己这边扳过来，把靠垫或R型翻身垫放在腰部作为支撑。

第四步：完成翻身后，把靠垫或R型翻身垫放在老人腰部作为支撑。在老人的手臂和脚踝处也分别垫上垫枕，防止压疮的发生，最后帮老人盖好被子。

用垫子撑住腰

第二种：翻向没有瘫痪的一侧

第一步：把双手放在肚子上。

护理人员站在老人未瘫痪的一侧，协助将老人把双手平放在自己的肚子上，用健康一侧的手扶住瘫痪一侧的手。

第二步：由瘫痪的一侧向没有瘫痪的一侧的顺序立起膝盖。

护理人员要先帮忙把瘫痪一侧的膝盖立起来，手伸进老人瘫痪一侧的膝盖下面，另一只手扶住这只脚的脚底，把膝盖慢慢抬高。没有瘫痪一侧的膝盖应该尽量让老人自己立起来。

宽 窄

未瘫痪的一侧

双手放在肚子上

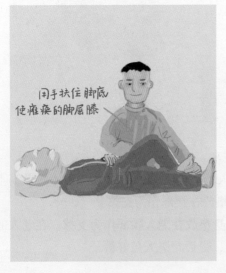

用手扶住脚底
使瘫痪的脚屈膝

爷爷，您试着自己弓起没瘫痪这边。

第三步：把膝盖和肩膀往非瘫痪一侧扳过来，完成翻身动作。

护理人员站在老人的腰旁，发出准备翻身服务的提示语言，护理人员应该留意翻身动作的每一步骤，将手扶在瘫痪侧的膝盖上，慢慢往自己一侧扳动，然后要扶着老人的肩部利用腿部侧翻的扭转力也向自己这一侧扳过完成翻身。

第四步：完成翻身后，把靠垫或R型翻身垫放在老人腰部，作为支撑。在老人的手臂和脚踝处也分别垫上垫枕，防止压疮的发生，最后帮老人盖好被子。

第三种：下半身瘫痪的翻身

第一步：双腿交叉。

即使是下半身瘫痪的人，只要有效利用自己上半身的力量，一样可以在护理人员的协助下，尽快地自己完成翻身动作，若要翻身向哪一侧，就将另一条腿交叉放在翻身方向那条腿的上方。比如向右翻身，那么就要将左脚放在右脚上。

要特别注意的是：

半身瘫痪的人，无法自己把脚交叉重叠，需要护理人员帮老人完成这个动作。注意不要把两条腿的上下位置放反了。

第二步：高举双臂。

双手十指交叉紧扣一起，双臂向上拉直，朝翻身的相反方向稍微偏斜。然后请老人抬起头、双臂向翻身的方向倒下。

第三步：完成翻身动作。

腰部翻过来后，就算完成翻身动作了。这时护理人员可以轻轻收回自己的手。

第四步：垫枕防止压疮。

完成翻身后，把靠垫或R型翻身垫放在老人腰部，作为支撑。在老人的手臂和脚踝处也分别垫上垫枕，防止压疮的发生，最后帮老人盖好被子。

第二节　从卧床移动到轮椅上的照料

当老人可以在床椅之间移动后，生活空间就能因此扩展开来，日常生活也会变得更有延伸性。

一、将老人从床上移动到轮椅

1. 移动能够弯腰的老人

第一步：将轮椅推到床边。

将轮椅放在老人健康侧，靠近床边，与床边成30～45度角，方便转移乘坐。让老人稍微坐出床沿，手扶安全护栏或床边坐稳。

第二步：弯腰向前，让腰部自然拱起。

第三步：让腰部往横向位置移动。

腰部自然拱起后，身体慢慢向轮椅靠近，当身体转到与轮椅同方向时，臀部移坐到椅面上。

2. 移动难以站立的老人

第一步：借助照辅工具移动老人。

方便移动转位使用的照辅工具，用其环绕腰部，作为护理人员施力的腰带。从床铺位移到轮椅的过程中，老人身体会呈现不稳定的姿势，甚至伴随跌倒的危险。利用移动腰带等辅助工具，能够协助老人移动转位的过程更安全。将轮椅推到床边，与床沿边形成30～45度角，检查轮椅轮子、刹车等功能是否良好，收起脚踏板，固定轮椅刹车，告诉老人要转移到轮椅上了。

温馨小贴士

温馨提示：转动时，如果只是大幅度上扭转上半身，会造成老人重心不稳定导致危险，而且力量会压到护理人员的腰部，容易造成腰伤。

第二步：护理人员手环抱腰部帮老人家站起来。

老人抱着护理人员的脖子，护理人员环抱老人的腰稍微向后仰，把老人慢慢抱起来。

老人双手扶住护理员的脖子

护理员搀扶老人腰部

重心要稳

第三步：以脚为轴心回转身体，臀部在椅面上慢慢坐下。

让老人身体顺势向前弯，保持平稳，以跨出的一只脚为轴心，慢慢转向轮椅方向，这时照料者不要扭转老人的腰部，应该配合老人转身，让老人的臀部朝着椅面的方向一点一点转身，直到可以完全落座。

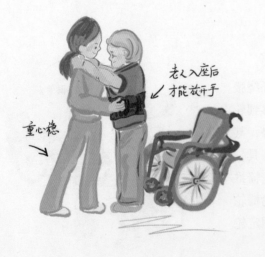

重心稳

老人入座后才能放开手

用腰带辅助移位

二、老人行动照料要点与技巧

（一）照料老人坐起的要点和技巧

对于上了年纪的老人来讲，如果能自主行走就可以增加他们活动的空间，帮助老人扩大视野，有助于老人身心的愉悦，提高生活的质量。要恢复老人的正常行走，能够坐起来是关键的第一步。

第一步：先把两膝立起来。

首先，提示让老人知道要起身了，然后，帮他把两条腿立起来。手贴在老人两腿膝盖后方，慢慢把膝盖托高，不可直接用手抓握。

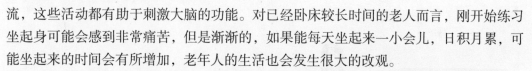

身体如果能够坐起来，就能看书、看电视，也可以看到其他人的脸，与人面对面地说话交流，这些活动都有助于刺激大脑的功能。对已经卧床较长时间的老人而言，刚开始练习坐起身可能会感到非常痛苦，但是渐渐的，如果能每天坐起来一小会儿，日积月累，可能坐起来的时间会有所增加，老年人的生活也会发生很大的改观。

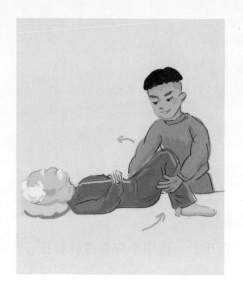

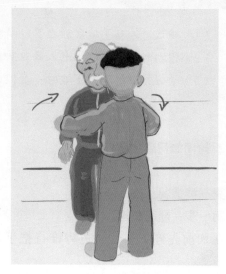

第二步：将臀部移到床边。

让老人轻抬起两腿移到床边，让老人的臀部贴近护理人员。

第三步：侧转身体。

护理人员要一手环抱老人肩膀，一手环抱膝盖下方，将老人的身体往床边扳过来。

第四步：坐起上半身、放下下半身。

第五步：完成坐起身的动作。

以臀部为支点，让老人慢慢坐起上半身的同时，要让老人的肩膀和两腿有支撑，照料者放开扶住膝盖的手，让老人把两腿放到床下，以保持坐姿稳定。

（二）照料老人坐轮椅的要点和技巧

1. 轮椅的基本使用要点

（1）上坡时，护理人员身体前倾保持平衡，踏稳每一步，以维持推的速度和安全。

（2）为了让老人安心，下坡时护理人员应身体保持后倾，倒退下坡。

（3）上小台阶时，护理人员用脚踩压轮椅后方横杆，使轮椅前轮跨上阶梯，再将后轮推上阶梯边缘。

（3）下小台阶时，护理人员背向台阶下方，将后轮先滑下阶梯后，再将前轮滑下。

特别注意

（1）确认老人双手确实放在了轮椅扶手上。

（2）移动时，务必确认老人的双脚放在了脚踏板上。

（3）紧握推行把手，下坡时，要同时握住刹车以保证安全。

2. 轮椅如何越坎推行

第一种情况：往上越坎

第一步：翘起前轮。

在坎前先停下来，一边将推行把手向下压，一边用单脚踩踏倾斜杆，让前轮翘起。

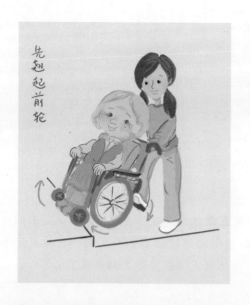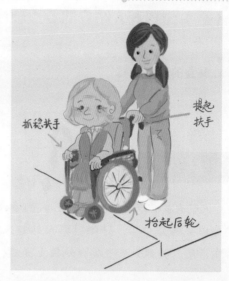

第二步：抬起后轮。

前轮越过坎以后，继续向前推，直到后轮碰触坎之前停止。然后将推行把手抬高再推一把，好让后轮沿着坎往前转动。

第二种情况：往下越坎

第一步：向后倒退走。

在下坎之前将轮椅掉转方向，握好推行把手，让后轮沿着坎转动而下。

第二步：翘起前轮往下走。

后轮过坎以后，护理人员单脚踩踏倾斜杆，让前轮翘起，向后倒退过坎之后才放下前轮。

（三）照料老人站立的要点和技巧

1.站立的动作分解

知识驿站

人们大都以为站立起身时，人的身体是直线往上提起。实际上人在站起来的时候是以头部为中心，仔细观察人站起来的整个动作过程我们会发现：它其实是个曲线活动，头部如果直挺挺地往上提起，身体就无法从座位上站起来了。

第一步：向下弯腰低头，采取弯腰前倾的姿势，就可以自然将重心往前移动。

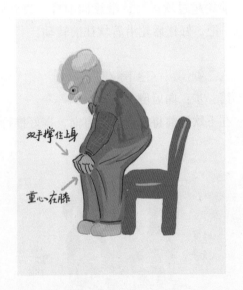

第二步：把重心往前移动后，身体深深向前倾，手仍然贴在膝盖上，稍加用力，腰部自然提起来。

第三步：伸直双膝。

觉得站稳时，再慢慢伸直双膝。

第四步：直起上半身。

腰部提起，重心自然转移到两脚，在膝盖伸直的同时，上半身也挺起来，人一边平衡身体，一边缓缓把头抬起来，就可以站直了。

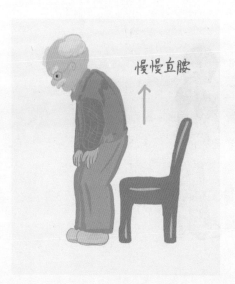

2. 协助老人从椅子上站起（1）

第一步：请老人抓住你的手。

请老人将双脚稍微向后收，护理人员一只脚向前跨出，然后让老人抓紧自己的手臂。

第二步：手臂下拉。

从坐姿站起时，身体重心必须由臀部移到脚底。协助重心顺利转移的要领，不是直接去拉老人的手臂，而是先让他用自己手臂往下拉。

第三步：完成站立起身的动作。

站起来后，护理人员不要立刻把手放开，应确定老人站稳以后才能慢慢放手。

3. 协助老人从椅子上站起（2）

第一步：膝盖贴着膝盖，护理人员用自己的膝盖贴着老人的膝盖，作为站立起身的动作支点。

第二步：站在老人前面，请老人环抱护理人员的脖子，两膝盖并拢以双手交叉于护理人员的脖子后再微微屈膝，护理人员把自己的两膝盖贴住老人的膝盖以让对方借力。

第三步：护理员身体后仰起身站直。

护理人员要将自己的膝盖对着老人的膝盖顶紧，将自己的身体往后仰，此时老人的身体就会自然被顺势拉向前，同时，护理人员用手扶好老人的腰，另一条腿稍稍后退作为支撑协助老人站好，最后，请老人将腿站直。

（四）照料老人步行的基本要领

步行能有效降低老年人心血管疾病、高血压、糖尿病、结肠癌及心理疾病的发生率，同时振奋精神，调节情绪，增强心脏活力，增加肺活量等，增强老年人的自信心、注意力和自我控制能力，改善新陈代谢。

照料老人步行的动作要领：

第一步：面对面站立，支撑老人双臂，护理人员和老人面对面站立，请老人伸出自己的双手，护理人员用自己的双手将老人支撑好。

第二步：提示老人跨出自己的脚步。

护理人员要提示老人把重心放在哪一只脚，另一只脚则稍微向后收。如此一来，向后收的一只脚也会在护理人员的动作引导下，自然向前跨出。

第三步：重复第一步和第二步。

老人向前跨出一只脚的同时，护理人员把自己相反侧的一只脚向后退，和老人一起走路。

本章学习重点

1.给老人翻身的技巧。

2.给偏瘫老人翻身的要点。

3.轮椅的正确使用方法及照料要领。

4.如何鼓励老人自主行动。

5.照料老人站立的要点。

本章学习难点

1.老人身体健康不同情况下的护理技巧。

2.在护理过程中的沟通。

3.在照料过程中对老年人的心理活动及情绪反应作出的回应。

4.轮椅使用的正确方法。

练习与思考

1.什么是"两起两抬"？

2.偏瘫老人的翻身"三三法则"指什么？

3.模拟两种将老人从床上移动到轮椅的方法。

4.模拟帮助偏瘫老人翻身时的沟通。

第三章　护理老年人常用的紧急救助知识

第一节　认识救助指标

一、识别老人生命体征状态

　　生命体征是标志生命存在状态和生命质量的重要标识，是评估人身体状况的重要指标。在日常的生活中我们主要关注"生命体征"的五大方面：血压、脉搏、意识、体温、呼吸。

　　养老护理人员在日常工作时，遇到老人急病或发生意外情况，一定要从五大"生命体征"来做出紧急救助基本情况的判断。

二、基本做法

首先，要同老人形成有效交流，要多询问，情况紧急时要大声呼唤老人，确定老人有无意识、呼吸、心跳等生命体征，其次，要根据紧急的情况，及时呼叫救护车或联络医生。

（一）血压

使用血压仪检测老人的血压情况。成年人的正常血压值是：收缩压90～139毫米汞柱（mmHg），舒张压60～89毫米汞柱（mmHg）。老年人多数的血压都会偏高，应当与老年人平时的血压状况作比较，以确定是否正常。

（二）意识

观察能否自主交流，呼叫是否有回应，四肢是否能活动。老人的眼睛是否能够自由开闭，看两侧瞳孔是否对称，是否等大等圆，对光反射是否灵敏，利用光线照射瞳孔是否能自动放大和缩小，瞳孔是否有分散的情况。

（三）体温

用温度计测量老人的体温。正常情况下，成人的体温是37℃左右。老年人的体温一般偏低，应对照参考老人平时的体温情况。体温的测量有三种方法：

测试部位	正常温度	测试时间
舌下	36.3~37.2℃（37.0℃）	3分钟
直肠	36.5~37.7℃（37.5℃）	3分钟
腋下	36~37℃（36.5℃）	5分钟

测量不同位置的体温应使用不同的体温计：测量直肠位置的体温计盛水银一端呈圆柱形；测量舌下和腋下的体温计盛水银一端呈细长形。

（四）脉搏

现代电子血压仪在测血压的时候能同时监测脉搏心跳，人的心跳正常值大约是

60～90次/分。护理人员也可以将自己的食指、中指、无名指并拢在老人的手腕上进行监测，时间30秒。

（五）呼吸

观察老人的胸部、腹部的起伏情况，确认老人呼吸的情况。人正常的呼吸值大约是每分钟16～20次。需要特别注意的是，呼吸系统功能衰竭的时候，呼吸的次数会增加，呼吸变得浅而急促。如果呼吸较为细弱，没有明显的胸廓起伏，可以使用棉花放在鼻孔位置，看棉花是否有被吹动的情况。

知识驿站

如果老人生命体征异常或者是没有任何反应，护理人员应该立刻拨打120叫救护车，同时通知老人家属。

基本紧急救助目的：

1. 维持生命。

2. 防止伤势恶化。

3. 促进恢复。

基本紧急救助注意事项：

1. 救助者的责任。

2. 救助者的自我保护。

第二节　老年护理紧急情况救助方法

一、噎住的紧急救助

老年人由于器官功能的衰退，时常会出现吞咽障碍、咳嗽、咀嚼功能减退，在大口吞咽食物时容易发生噎食情况，一旦异物不慎滑入气道，引起剧烈呛咳，处理不当便会导致窒息。这时，护理人员如能及时进行现场急救，病人很快可以转危为安。否则，老人由于长时间窒息缺氧会造成严重后果，甚至死亡。噎食有一个特殊的症状和体征：

病人表情十分痛苦，一旦发生立即不能咳嗽、呼吸、说话，面容非常窘迫、恐惧，常用自己的手捏住喉咙，以示难过和求救。

救助方法：

第一种：海姆利克急救法。

护理人员站到（或跪坐）老人背后，用双臂环抱老人的腰部，一手握拳，拇指关节突出点顶住老人上腹部，相当于剑突与脐之间腹中线部位，另一手握紧前一只手拳，然后做4~6次连续快速向上的冲击。每次冲击要干脆、利索。如果无效，可重复冲击4~6次。这样冲击腹部时，可使老人横隔抬高，胸腔内压力骤然升高，从而迫使气道内形成一股向上的强大气流，把异物从气道内顶出体外。

第二种：拍背法。

护理人员站立在老人的侧后位，一只手放置于老人胸部以作围扶，另一手掌根部对准老人两肩膀之间区域，用力给予连续4~6次急促拍击。拍击时应注意老人头部需保持在胸部水平或低于胸部水平。

见到异物掉到嘴里，应立刻打开老人嘴巴，用专用夹或手指缠上纱布等柔软物把异物掏挖出来，注意手指不要挖进喉咙深处，如无法取出则要及时就医。

二、呼吸、心跳骤停的紧急救助

老年人出现比较危险紧急的情况，如呼吸、心跳突然停止；颈动脉、股动脉无搏动，胸廓无起伏以及瞳孔散大；对光线刺激无反应等情况，养老护理人员应及时采取急救措施。

（一）心跳骤停的急救方法

胸外心脏按压的方法：将老人平卧在床面或地板上，如果床是软的应加垫木板。护理人员一只手掌根部放于老人胸骨中下三分之一处，另一手重叠压在上面，两臂伸直，依靠护理人员身体重力向患者脊柱方向作垂直而有节律的按压。按压用力须适度，略带冲击性；使胸骨下陷5～6厘米后随即放松，使胸骨复原，以利心脏舒张。按压次数成人每分钟100～120次，直至心跳恢复。按压时必须用手掌根部加压于胸骨中下段，垂直向下按压；不应将手掌平放，不应压心前区；按压与放松时间应大致相等。心脏按压时应同时施行有效的人工呼吸。

（二）人工呼吸急救方法

迅速解开老人的衣服，清除口内分泌物、假牙等，舌后缩时用舌钳将舌拉出。将老人放平仰卧位，头尽量后仰。立即进行口对口人工呼吸。

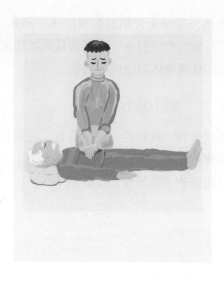

具体方法：老人仰卧，护理人员一手托起老人的下颌，使其头部后仰，以解除舌后坠所致的呼吸道梗阻，保持呼吸道通畅；另一手捏紧老人鼻孔，以防吹入的气体从鼻逸出。然后护理人员深吸一口气，对准老人的口用力吹气，直至胸部略有膨起。之后，护理人员把头稍侧转，并立即放松捏鼻孔的手，靠老人胸部正压自行呼气，如此反复进行。成人每分钟吹气12～16次，吹气时间宜短，约占一次呼吸时间的三分之一。吹气后仍无反应，则需检查呼吸道是否通畅，吹气是否得当。如果老人牙关紧闭，护理人员可改用口对鼻吹气。其方法与口对口人工呼吸基本相同。

重要技巧

口对口人工呼吸要领：

（1）保持气道通畅。

（2）用按于前额一手的拇指与食指捏住老人鼻翼下端。

（3）用自己的嘴唇包住老人微张的嘴。

（4）一次吹气完毕后，放松捏鼻的手，观察老人胸部有无起伏。

（5）仰头抬颏手法要正确，仰头抬颏用力不能过大，用力过大有可能引起老人伤情加重。

三、烫伤的紧急救助

烫伤，是由无火焰的高温液体（沸水、热油），高温固体（烧热的金属）或高温蒸气等所致的组织损伤。常见的低热烫伤又可称为低温烫伤，是因为皮肤长时间接触高于体温的低热物体而造成的烫伤。

（一）烫伤程度区分

Ⅰ度烫伤（红斑性，皮肤变红，并有火辣辣的刺痛感）。

Ⅱ度烫伤（水泡性，患处产生水泡）。

Ⅲ度烫伤（坏死性，皮肤剥落）。

（二）老年人烫伤的因素

1. 生理因素

老年人因神经系统生理的老化、皮肤组织老化而导致痛温觉减退，一旦感觉皮肤疼痛或者有烧灼感时，往往已经造成皮肤烫伤了。

2. 主观原因

（1）老年人行动不畅或者视力衰退，日常生活中不小心碰倒热水瓶、热水杯等很容易被烫伤。

（2）由于感官退化，洗澡的时候，热水温度过高造成烫伤。

（3）老年人生病时更倾向于中医治疗，中医拔罐、针灸、艾灸等理疗手段，理疗器温度过高或者操作技术不当都会造成烫伤。

3. 病理因素

患有糖尿病、脉管炎、心血管疾病的老人周围神经病变，痛觉减退，沐浴或者泡脚的时候很容易出现烫伤的问题。

4. 环境因素

老年人黑色素细胞不断减少，对有害射线的抵抗力低，在烈日下暴晒很容易烫伤。

（三）烫伤后应急处理

面对烫伤时常用"冷却治疗"，但是不恰当的"冷却治疗"会造成老人的二次伤害。"冷却处理"时应遵循以下原则：

（1）"冷却处理"在烫伤后应立即进行。因为烫伤之后5分钟内烫伤的余热还在继续损伤皮肤，超过5分钟才浸泡到冷水里，只能起到止疼作用。

（2）若烫伤部位不是手或足，不能将伤处浸泡在水中进行"冷却"处理，应将受伤部位用毛巾包好，再往毛巾上浇冷水。

（3）"冷却治疗"浸泡时间越早，水温越低，效果越好，但水温不得低于5℃，以免冻伤。

（4）若伤处水泡已破，不可浸泡，以防感染。可用无菌手帕或者干净的纱布包裹伤处，冷敷患处周围，并立即就医。

（四）烫伤的预防与护理

老年人需掌握烤灯、热湿敷、热水坐浴等，日常生活中正确的使用方法，不仅要认真阅读说明书，同时要观察老年人使用的方法是否正确与安全，必要时由家人进行协助，尤其老人患有感觉缺失的后遗症时，更要提醒家人及他人的关注，指导老年人正确使用生活设施。防止意外的发生：

（1）洗澡时，先开冷水，再开热水；结束时，先关热水，后关冷水。

（2）热水瓶放在固定位置或者房间的角落等不易碰倒的地方。

（3）房间内若需要使用蚊香时，将蚊香专用器放在安全的地方。

（4）使用电器时，反复告知注意事项，并定期检查电器是否完好。

（五）饮食方面

喝汤或者喝水时，提前给老人放凉，必要时向老人说明，引起注意。

（六）遮阳措施

外出时，给老人做好遮阳措施，如遮阳帽或遮阳伞，更不要在太阳直射的地方长期停留。

（七）医学设备

使用医学设备时如温疗仪或者烤灯时，不要随意调节仪器。有任何变化情况，立刻通知医生或者护士。

四、中暑的紧急救助

中暑是由高温环境引起的体温调节中枢功能障碍、汗腺功能衰竭和（或）水、电解质丢失过量所致疾病。

（一）中暑分类

1.热射病

热射病是因高温引起体温调节中枢功能障碍、热平衡失调使体内热蓄积，临床上以高热、无汗、昏迷为主要症状。

2. 热痉挛

热痉挛是由于失水、失盐引起肌肉痉挛。

3. 热衰竭

主要因为周围循环不足，引起虚脱或短暂晕厥。

（二）中暑级别及急救处理

级别	症状说明	急救措施
先兆中暑	患者在高温环境中劳动一定时间后，出现头昏头痛、口渴、多汗、全身疲乏、心悸、注意力不集中、动作不协调等症状，体温正常或略有升高。	立即将病人移至阴凉通风处（脱离现场）以增加辐射散热。给予清凉含盐饮料；可选服仁丹、十滴水、开胸顺气丸、藿香正气液等，用风油精涂擦太阳穴、合谷等穴位。
轻症中暑	除有先兆中暑症状外，出现面色潮红、大量出汗、脉搏快速等表现，体温升高至38.5℃以上。	体温高者给予冷敷或酒精擦浴。必要时可静脉滴注射含5%葡萄糖生理盐1000～2000mL。
重症中暑	包括：（1）热射病；（2）热痉挛；（3）热衰竭。	热痉挛：在补足体液情况下，仍有四肢肌肉抽搐和痉挛性疼痛，可缓慢静脉注射10%葡萄糖酸钙10mL+维生素C 0.5g。热衰竭：滴注含5%葡萄糖生理盐水2000～3000mL血压维持在12kPa以上。热射病：病死率可达30%。可采取措施：物理降温；药物降温，纳洛酮治疗；对症治疗。

（三）急救措施牢记"五字诀"

一移，将中暑老人抬到阴凉且空气流通的地方。阴凉、空气流通的地方可以缓解中暑症状，同时大家不要围在一起。

二敷，给老人降温。可用冷水毛巾敷头部，或将冰袋、冰块置于头部、腋窝、大腿根部等处。冰袋不能放置于枕后、心前区、脚底、腹部以及阴囊、耳廓等皮肤太薄的地方，并且用凉水擦拭老人身体，使其温度下降，直至老人身体温度在37～38℃。

三促，将老人置于4℃水中，并按摩四肢皮肤，使皮肤血管扩张，加速血液循环，促进散热。待肛门温度降至38℃，可停止降温。

四浸，将老年人躯体呈45度浸在18℃左右井水中，以浸没乳头为度。水温不能过低，因老年人体弱者和心血管病患者，水温过低是不能耐受的。

五擦，四个人同时用毛巾擦浸在水中的患者身体四周，把皮肤擦红，一般擦15～30分钟，即可把体温降至37～38℃，大脑未受严重损害者多能迅速清醒。

如果无条件紧急救助则要及时就医。可以将老人送到附近医院就医，或者拨打120急救电话。

五、外伤的紧急救助

外伤指的是人体受到外力作用而发生的组织撕裂或损害。老年人因主观因素和客观因素等原因，随时有可能受伤。根据有无伤口，可分为开放性和闭合性两大类。

闭合性外伤：由钝力造成，无皮肤、体表黏膜破裂，常见的有挫伤和扭伤。

开放性外伤：多数由锐器和火器所造成，少数可由钝力造成，常有皮肤、体表黏膜破裂。

（一）就医前对外伤老人五大急救步骤

（1）止血
（2）消毒
（3）包扎
（4）固定
（5）搬运

（二）三种有效止血方法

1. 一般止血法

一般止血法（加压包扎止血法）：针对小的创口出血。需用生理盐水冲洗消毒患部，然后覆盖多层消毒纱布用绷带扎紧包扎。注意：如果患部有较多毛发，在处理时应剃去毛发。

2.橡皮止血带止血

适用于四肢大动脉、中动脉、小动脉。

3.指压止血法

只适用于头面颈部及四肢的动脉出血急救，注意压迫时间不能过长。

六、骨折的紧急救助

因钙的流失导致骨质疏松，老年人非常容易骨折，骨折会影响到伤处附近的软组织，导致疼痛、肿胀、瘀斑、出血，断骨还会伤及周围的血管、神经、内脏及肌肉，使患肢部分或全部失去功能。骨折严重时可产生畸形，如缩短、旋转、成角等。

（一）急救要点

用双手稳定、承托受伤部位，限制骨折处的活动，并放置软垫，用绷带、夹板或树枝、木板等妥善固定伤肢。如上肢受伤，则将伤肢固定于躯干；如下肢受伤，则将伤肢固定于另一下肢。

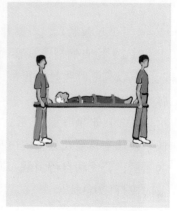

用夹板、绷带固定

（二）急救搬运脊椎损伤患者应注意事项

（1）用木板、门板或担架搬运。

（2）先使伤员两下肢伸直，两上肢伸直放在身旁，木板或担架放在伤员一侧。

2~3人扶伤员躯干，使其成轴线平直托起整体移动至板上。注意不要使躯干扭曲，禁止搂抱或一人抬头，另一人抬足的方法。因这些方法将增加脊椎的弯曲，加重椎骨和脊髓的损伤。

（三）老人骨折后的护理

骨折后一到两周，骨折部位瘀血肿胀，经络不通，气血阻滞，此期需注意活血化瘀，行气消滞。患者骨折部位疼痛，食欲及胃肠功能均有所降低。因此，饮食应以清淡开胃、易消化、易吸收的食物为主。如果含的脂肪较多则不易消化吸收，易诱发大便干燥。骨折后2~4周，患者从生理及精神上对骨折后的境况有所适应，骨折所引起的疼痛有所缓解，瘀血肿胀大部分消失，食欲及肠胃功能均有所恢复。饮食上应由清淡转为适当的高营养，以满足骨痂生长的需要。护理的时候一定要注意卧床休息，平时也要注意老人的床上翻身运动。

七、晕厥的紧急救助

晕厥是大脑暂时性的缺血、缺氧等引发的短暂的意识丧失。药物反应和脑缺氧、心律失常等都可能引起晕厥。晕厥发作时表现为突发性的肌肉无力以及肌张力丧失，血压急剧下降、呼吸微弱、直立困难以及瞳孔散大、对光反射不敏感甚至消失，还会伴有大小便失禁、意识丧失等。具有一定的致残和致死的危险。

（一）症状识别

（1）呼喊老人，观察并拍打患者肩部，看其是否可被外来刺激所唤醒。

（2）检查病情，观察面色、嘴唇是否苍白，身体是否有外伤、出血、胸部是否有起伏，以判断呼吸是否正常，触摸患者颈动脉、脉搏是否正常。

（3）如果呼吸正常，脉搏缓慢或增快，在几十秒至几分钟内可自行苏醒，考虑为晕厥，若无法自行清醒，则视为昏迷，要及时拨打120急救。

（二）救助方法

（1）立刻保护老人，防止摔伤。

（2）将老人平放，头偏向一侧。若口腔中有异物或假牙者，应立即取出。并解开病人衣领、裤带，女性应松开内衣，使其呼吸顺畅。

（3）抬高下肢20~30度，促进下肢静脉血液回流心脏，帮助大脑正常供血。

（4）拨打120急救电话，避免挪动老人，等待医生到来。

（5）若老人恢复知觉，不要立即起立，防止再次晕厥。

（6）对心源性晕厥（一般有心脏病史），首先，判断有无呼吸心跳骤停，如果有应立即进行心肺复苏直至医生到来。

八、跌倒的紧急救助

（一）老年人跌倒的危害

跌倒伤害是导致我国老年人死亡的主要原因之一，在65岁以上的老年人中居首位。老年人多伴有各种慢性病，除了摔、绊等意外，中风等严重疾病也会引发跌倒。老人因骨质疏松摔倒后导致骨折的情况也很常见，如果帮扶动作不恰当，不但会救人无益，反而会加重损伤。因此，无论是自救还是帮助他人，更应进一步掌握跌倒后的救助知识。

（二）老年人跌倒后的救助方法

（1）老人摔倒在地，通常分为两种情况。一种是老人意识不清，呼之不应。此时，应立即拨打急救电话，如有外伤、出血，立即止血包扎；有呕吐，将头偏向一侧，并清理口、鼻腔呕吐物，保证呼吸通畅；有抽搐，移至平整软地面或身体下垫软物，防止碰、擦伤，必要时牙间臼齿处垫较硬物，防止舌被咬伤，不要硬搬抽搐肢体，以防肌肉、骨骼损伤；如呼吸、心跳停止，应立即进行胸外心脏按压、口对口人工呼吸等急救措施。

（2）如果老人意识清楚，首先，应询问老人跌倒情况及对跌倒过程是否有记忆，如其不能记起跌倒过程，可能为晕厥或脑血管意外，应立即护送老年人到医院诊治或拨打急救电话。其次，可询问老人是否有剧烈头痛或观察其是否有口角歪斜、言语不利、手脚无力等提示脑卒中的情况，如有这些症状，不要搬动老人身体或扶起老人，应立即拨打急救电话。随意搬动老人，会加重脑出血或脑缺血，致使病情加重。

（3）查看有无肢体疼痛、畸形、关节异常、肢体位置异常等提示骨折情形；查询有无腰、背部疼痛，双腿活动或感觉异常及大小便失禁等提示腰椎损害情形，如无相关专业知识，不要随意搬动。如老年人试图自行站起，可协助老人缓慢起立，坐、卧休息并观察，确认无碍后方可离开；如需搬动，保证平稳，尽量平卧休息。

（4）老年人跌倒是可预防可控制的。增强防跌倒意识，加强防跌倒知识和技能学习；坚持参加规律的体育锻炼，以增强肌肉力量、柔韧性、平衡能力、步态稳定性和灵活性，从而减少跌倒的发生；熟悉生活环境；调整生活方式；衣服要舒适，尽量穿合身宽松的衣服；有视听及其他感知障碍的老年人应佩戴视力补偿设施、助听器及其他补偿设施；联合用药，防止骨质疏松。

（5）为预防老年人跌倒，减少伤害，家庭关怀对老人尤为重要，家庭环境的改善和家庭成员的良好护理可以很有效地减少老年人跌倒的发生。老年人的家居环境应坚持无障碍观念，合理安排室内家具的高度和位置；居室内地面设计应防滑，保持地面平整、干燥，过道应安装扶手；卫生间也要安装扶手，地板上应放置防滑橡胶垫，厕所也最好使用坐厕；老年人对于照明度的要求比年轻人要高2~3倍，因此室内光线要充足；此外，要为老人挑选适宜的衣物和合适的防滑用具。

（三）跌倒伤情严重的处理方法

第一种情况：如果跌得较重，不要急于挪动身体，先看看哪个地方痛。应先将其置于硬木板上，仰卧位。一时找不到硬木板时，可先就地平躺。如果腰后部疼痛怀疑有腰椎骨折，应在该处用枕或卷折好的毛巾垫好，使脊柱避免屈曲压迫脊髓。如果怀疑有股骨颈骨折，应用木板固定骨折部位。木板长度相当于腋下到足跟处，在腋下及木板端，包好衬垫物，在胸廓部及骨盆部做环形包扎。其他部位骨折，可用两条木板夹住骨折部位，固定时除了固定骨折的上、下端外，还要固定上、下两个关节。

第二种情况：如果跌倒出现有创口的情况，应用洁净毛巾、布单把创口包好，再用夹板固定。头颅损伤伴有耳鼻出血者，不要用纱布、棉花、手帕去堵塞，否则可导致颅内血压升高，引起继发感染。

第三种情况：出现内外出血。

1. 内出血的基本救助

不能轻易搬动老年人，应立即呼叫医务人员处理，或者请示家属拨打"120"，送医院抢救。

2. 外出血的基本救助

（1）指压止血法。

（2）加压包扎止血法。头部或臀部着地，出现头痛、呕吐时，是颅内出血的征兆，不可轻视。

注意事项

如遇老年人伤口处有不能移去的异物时，可在异物四周用纱布或其他布类卷成卷，环形将异物固定，然后再加压包扎，注意不要将异物拔出，避免造成更大的出血。

九、紧急病况的急救

（一）心绞痛

高血压病人发生心绞痛，多因情绪波动、劳累或过度饱餐，症状为胸前区阵发性疼痛、胸闷，可放射于颈部、左肩部、左上肢至无名指，重者有面色苍白、出冷汗等症状。这时家人要马上让其安静休息，并在舌下含硝酸甘油1片，同时给予氧气吸入，一般3～5分钟症状可逐步缓解，若尚不能缓解，需立即备车迅速送医院急救，以防耽误病情。

（二）急性心肌梗死

该症状起病急，常发生剧烈的心绞痛、面色苍白、出冷汗、烦躁不安、乏力，甚至昏厥，症状和后果比心绞痛严重得多。应强制休息，饮食和大小便都不要起床，避免加深心脏的负担，可先服安定、止痛、强心、止喘药等，同时拨打120急救电话，告知医务人员病情，立即开通绿色通道。切忌乘公共汽车或扶病人步行去医院，以防心肌梗死的范围扩大，甚至发生心跳骤停，危及生命。

假如病人突然心悸气短，呈端坐呼吸状态，口唇发绀，伴咯粉红色泡沫样痰等症状，应考虑并发急性左心衰竭。此时家人必须让病人绝对卧床，摇高床头，呈坐位或半坐卧位，双下肢下垂，减少回心血量，减轻心脏负荷，给予面罩吸氧，湿化瓶内滴入几滴酒精，降低肺泡表面张力，减轻肺水肿，同时拨打120急救电话。

（三）脑出血

（1）如果病人晕倒在厕所、浴室等狭小场所，尽快转移到宽敞之处。具体做法因地制宜，只要别晃动头部，保持头部水平位搬运都可以，以免堵住呼吸道造成窒息。

（2）让患者安静卧床，尽量减少搬动，呼叫急救车。如果情况不严重，也可以待病情较为稳定后立即送医院急救。

（3）病人舌根后坠易阻塞呼吸道引起窒息。因而在救护车到来之前，家人要立即采取措施保证呼吸道通畅。松解患者的衣领，取下义齿（如果有的话），取侧卧位头往后仰偏向一侧，便于口腔分泌物自行流出，并及时清除口腔呕吐物。一旦窒息，尽快掏净口腔异物，保持呼吸道通畅。

本章学习重点

1.老年人容易出现哪些紧急情况？
2.生命体征的正常范围。
3.老年护理中各种情况的紧急救助。

本章学习难点

1.急性心梗、脑梗。
2.意外跌倒的防范及处理。
3.老年人容易发生哪些意外？如何预防意外的发生？

练习与思考

1.练习海姆利克急救法。
2.练习人工呼吸急救。
3.如何救助中暑老人？
4.发现老人脑出血怎么处理？

第四章　照料失智、失能老人的食和住

　　"失智"老人是指在清醒的意识状态下，大脑功能发生障碍，出现记忆、思考、空间辨别能力、理解计算能力、语言表达及判断能力的减退或缺失，影响工作和生活的老年人。

　　丧失生活自理能力的老人称为"失能老人"。按照国际通行的日常生活活动通行标准能力量表分析，"吃饭、穿衣、上下床、上厕所、室内走动、洗澡"等6项指标，一到两项做不了的定义为"轻度失能"，三到四项做不了的定义为"中度失能"，五到六项做不了的定义为"重度失能"，这些都统称为失能老人。

第一节　失智、失能老人饮食照料

我们都知道，饮食和营养息息相关，一旦饮食出现问题，老人就会出现营养不良的状况，对于失智、失能老人的饮食照料，显得格外重要。失智、失能老人由于自身身体原因，比正常老人更容易出现身体虚弱的情况，由于自控能力的问题，增加了跌倒、感染和其他危害身体健康的风险，同时存在继发行为和精神症状突发的可能性，因此，在日常生活照护中，护理人员必须加强老人的饮食和营养管理。

健康的身体需要有充足的营养供给，所以护理人员要在老人的饮食上给予特别的照顾，老年人的消化系统功能减弱，咀嚼、吞咽、消化、吸收有不同程度的改变。对于失智、失能老人来讲，出现的饮食障碍问题会更多，他们的饮食习惯也会发生改变，所以合理的营养供给是促进老人健康和疾病好转的重要措施。

一、失智、失能对老人饮食能力的影响

失智对老人饮食能力的影响

阶段	表现	可能出现的情况
早期	忘记吃饭的时间	记忆力下降
	忘记之前已经吃过饭，吃过还想吃	记忆力下降； 识别饥渴的能力下降； 心理因素
	食欲不振，不想吃东西	身体因素（如感冒、发烧、便秘、口腔问题等）； 嗅觉、味觉减弱； 识别饥渴的能力下降； 药物影响； 抑郁
中期	早期的表现有可能发生在中期	同上
	不知道吃多少食物是合适的	记忆、判断、注意力等认知功能下降
	不知道什么食物可以吃，什么食物不能吃（有些老人还会去吃不是食物的东西）	
	很容易分心，不能专注地吃饭	

续表

阶段	表现	可能出现的情况
中期	辨认食物和饮料的时候发生困难。某些老人不能分辨嘴里含着的东西	认知能力，尤其是感知能力的衰退
	无法识别餐具和食物	
	无法正常使用餐具，比如拿不稳筷子，使用小勺有困难，经常把饭食洒在衣服上或餐桌上等	失用症； 感知能力衰退； 身体运动能力衰退
	无法准确表达饥饿、口渴等	识别饥渴的能力下降； 语言和交流能力衰退
	某些老人出现吞咽困难	常见于神经系统疾病、脑卒中老人
	拒绝吃东西	情绪不佳、抑郁； 身体因素（如感冒、发烧、便秘、口腔问题等）； 食物不合口味； 其他心理及行为障碍
晚期	失去使用餐具及自我进食的能力	认知能力和身体功能全面衰退； 进入临终状态，身体功能衰退
	食物含在嘴里久久不能下咽	
	吞咽困难，容易误吸	
	拒绝吃东西	

二、照护目标

（1）科学、专业地为失智、失能老人提供合理的饮食，努力改善老人的营养状况，避免并发症发生。

（2）引导老人把用餐变成愉悦和享受的活动，促进老人的身心健康，提高老人的生活品质。

三、老人饮食的"五少五多"

（一）五少

（1）少吃盐：以每日少于6克为宜，高血压、冠心病老人以每日少于5克为宜。

（2）少吃糖：老人因胰岛素分泌本来就少，糖类食物可被直接吸收入血液，使血糖迅速升高，所以甜品数量不宜多，并且吃甜食应掌握好时间，宜在两餐之间摄入。

（3）少吃动物脂肪及含胆固醇高的食物：如猪油、牛油、奶油等过多摄入可致高血脂、动脉粥样硬化。

（4）少吃多餐：每餐只吃七八分饱，中间可加少量点心。

（5）少吃油炸、煎、腌、冻等难消化的食物。

（二）五多

1. 多饮水

老年人易失水，所以不能等到有口渴情况才饮水，应时常提醒老年人适时、适量的饮水，可每两小时饮水约150～200mL，24小时进水总量1500～2000mL，水分的摄入可以灵活多样，温开水、豆浆、牛奶、汤、水果、茶等。护理人员需要了解老人的喜好，为老人选择其喜欢的饮品。

2. 多食优质蛋白、富含维生素的食物

富含优质蛋白质的食物：如瘦肉、牛奶、蛋、鱼等动物性食品以及各种大豆制品等；富含维生素C的食物：如新鲜蔬菜和水果；富含维生素A的食物：如虾皮、蛋黄、动物肝脏、蔬菜水果及坚果等；富含维生素D的食物：如富含脂肪的海鱼、动物肝脏、蛋黄、奶油、奶酪等；富含维生素K的食物有酸奶酪、蛋黄、大豆油、鱼肝油以及海藻等。

3. 多食含钙、磷、铁微量元素的食物

含钙较多的食物：如牛奶、排骨、海带、豆类；含铁较多的食物：如瘦肉、猪血、鱼类；含锌较多的食物：如花生、核桃、苹果等。

4. 多食健脑防早衰食物

如花生、芝麻、核桃、红薯、胡萝卜、黑木耳、白木耳、蛋、奶、豆、葡萄、麦片、茶叶等。

5. 多食具有降脂功能的黑色食物

如墨鱼、甲鱼、鲭鱼、乌鸡、黑米、黑豆、黑芝麻、黑木耳、香菇、紫菜、芥菜等。

四、老人科学饮食

（一）老人科学饮食"十要"

（1）色香味要全；

（2）饮食要清淡；

（3）食品要多样；

（4）蛋白要优质；

（5）蔬菜要新鲜；

（6）水果要适量；

（7）饭菜要松软；

（8）食物要温热；

（9）喝水要充足；

（10）食量要控制。

（二）合理控制饮食总热能

（1）老年人的全天热量应供给约3000千卡。蛋白质、脂肪、碳水化合物比例适当，三者的热能比分别是10%～5%、20%～5%、60%～70%。

进食量：主食"粗细搭配"老年人每餐进食谷类200克左右；每日由蛋白质供给的热量，应占总热量的10%～15%；脂肪宜"少"每日用烹调油20克左右，而且以植物油为主。多吃新鲜瓜果、绿叶蔬菜，每天不少于300克。

（2）少食多餐，进食主食时间：一般早餐时间为上午6～7时，午餐时间为中午11～12时，晚餐时间为下午5～7时。进食主食间隙可适当增加水果、点心等摄入。

五、为老人准备适合的餐具

（1）护理人员要根据老人使用餐具的能力，为失智、失能老人准备好容易持握、便于使用的餐具。比如，已经握不稳筷子的老人就可以改用勺子，勺柄宜粗和长，利于抓握。

（2）失智、失能老人往往存在视觉障碍。为老人选用的碗和盘子的颜色，要和餐桌桌面和食物的颜色有明显的区分，纯白色的碗和盘子就是不错的选择，老人可以比较容易分辨出哪儿是食物，哪儿是装食物的容器，哪儿是餐桌的桌面，可以提高其对食物的注意力；碗尽量使用平口碗，便于舀取食物。

（3）失智、失能老人没有办法很好的掌握好餐具时，护理人员还可以提供一些不需要使用餐具，可以直接用手抓的食物（比如红薯、玉米、花卷、包子、猪排等），帮助老人更好地进食。

六、照料老人饮食"九要"注意事项

1. 能力发挥要鼓励

病情较重的失智、失能老人会遇到更多的饮食障碍，他们可能会把饭菜汤水弄到自己的衣服、餐桌或地板上，夹菜的手不稳当，吃饭的速度也会比正常人慢，不再讲究餐桌礼仪。在老人出现这些问题的时候，护理人员不要心存抱怨或责备。即便老人吃饭有困难，护理人员也应该鼓励他们最大限度地发挥自身的能力。

2. 给予帮助要恰当

失智、失能老人不能像正常人一样自如地完成吃饭活动。正因如此，他们更需要护理人员的细致入微的照护。护理人员要善于肯定、鼓励老人在进食的时候所付出的努力，同时在老人需要的时候及时提供有力帮助。老人不会自己挑选食物，护理人员可以依次为老人夹菜，吃完一样再给一样。有些失智、失能老人到了中晚期，自己不能舀取食物，就需要我们护理人员帮助喂食。护理人员要有耐心，喂食动作要轻柔，切忌因为动作生硬而弄痛老人，每一口的喂食量要少，要等老人慢慢咀嚼，吞咽后，检查口腔内没有残留，再喂第二口。

3. 食物准备要用心

为失智、失能老人准备的食物要更加的用心、细心，饮食要做得软、细一些，更加符合老人咀嚼和吞咽能力。针对老人的具体情况可在做好的食物中加入淀粉或藕粉，制成黏稠度较高的糊状食物。不要给失智、失能老人吃坚果、爆米花这类容易卡住的食物。吃鱼时，要先剔除鱼肉的骨刺。

4. 食物温度要把关

有些失智、失能老人无法判断食物的温度。因此，护理人员要为老人把好关，给老人的食物不能太烫或者太凉，一般38～40℃为宜。

5. 水分摄入要科学

失智、失能老人会丧失饥渴感。护理人员要创造条件，适时恰当的给老人摄入足够的水分。需要注意的是，饭后不要马上喂水，会冲淡胃液，影响食物消化；清晨及午睡起床后先饮一杯温开水，及时补充体内水分，预防便秘，降低血液黏稠度；白天饮水量应占总全天饮水量的四分之三；夜间需控制饮水，以免夜尿增多，影响睡眠。

6. 食物总量要控制

有些失智老人可能不记得自己已经用过餐，容易导致过度饮食。这时，护理人员可以采用少吃多餐的方法，控制老人的食物摄入总量，并监督老人的进食。有些时候，护理人员还可以采取转移老人注意力或明确告知的方式来避免老人的过度饮食；如果老人每次进食量偏少，护理人员可以采用正餐和茶点相结合的方式，保证老人获得充足的饮食摄入。

7. 功能维持要保留

只要失智、失能老人没有因为患其他疾病而必须进流食，那么，护理人员每天为老人准备的食物里需要包括可供咀嚼的食品，尽可能地维持老人的口腔和牙齿的功能。

8. 吃饭时机要灵活

如果老人坚决拒绝进食，护理人员不能强迫老人马上进食。要耐心地稍等一会儿再继续尝试，或者转移老人注意，先带老人去做些老人喜欢的事情，然后回来吃饭。如果老人还是拒绝进食，护理人员需要耐心询问或认真观察老人是否有其他身体不适等原因，并及时处理。

9. 汇报工作要做好

如果老人在进行饮食照护的过程中表现出明显的能力或行为改变，护理人员在护理任务结束后，需要及时以书面或口头形式告知家属老人的改变，自己当时的处理方法及效果，以取得理解和更好的协助，把老人照护得更好。

七、老人进食照护方法

（一）卧床老人进食照护

1. 照护前准备

（1）物品准备：根据需要，准备床上支具（靠垫、枕头、床具支架、床上小桌等）；餐具（碗、筷子、勺子、吸管）；食物（主食、汤）；清洁用具（餐巾、擦手毛巾、漱口杯、纸巾）。

（2）护理员准备：服装整洁，洗净双手戴好围裙。询问老年人进食前是否需要大小便，根据需要协助排便，协助老人洗净双手。

（3）老人准备：视老人身体情况取合适体位及姿势，仰卧者应抬高床头30～50度，呈坐位或半坐位。

2. 照护流程

向老人解释—协助老人坐起—协助老人洗手—床上摆放小餐桌—颈下、胸前围餐巾—介绍食物种类—合理摆放食物，摆放在老人易取到的位置—协助就餐。

3. 餐后护理

（1）个人卫生：擦干净口角周围残存食物，取下餐巾，协助老人漱口、洗手。

（2）体位：就餐后不要立即躺下，应保持坐位或半卧位安静休息30分钟，避免剧烈活动，防止食物返流，确定老人无不适后才可离开。

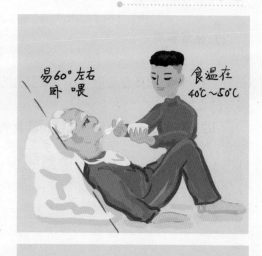

（3）记录：记录老人每餐进食量，进食时间，以及24小时总摄入量。

（4）环境整理：撤去餐具、餐桌，清洁床单，使用流动水清洗餐具，消毒后放回原处备用。

（5）听取反馈：饭后可与老人简单交流，鼓励老人分享进食体验，认真听取老人对饭菜的意见，并加以改进。

（6）如果老人无法自己进食，需要协助喂食时应注意：

①固态与液态食物交替进食。

②食物和水温度适宜，防止口腔、食道黏膜损伤。

③喂食速度适中，喂食以汤匙的三分之一食物为宜。

④喂食过程中，嘱咐老人细嚼慢咽，在口中有食物时不说话，确保每一口食物或汤水吞咽下去才可以继续喂第二口。

（二）视力障碍老人进食照护

1. 准备物品

餐具（碗、筷子、汤勺、吸管）、清洁用具（餐巾、擦手毛巾），防滑餐巾垫。

2. 喂食方法

（1）向老人解释—协助老人取半坐位或坐位—协助老人洗手—手边放清洁、湿小毛巾。

（2）将防滑的大餐巾平铺在餐桌上—颈下、胸前围围巾。

（3）先给老人喝适量温水—为老人讲明食物名称和放置位置—帮助老人用手触摸以便确认。

（4）先吃固体食物，在吃流质饮食—餐后协助老人洗手漱口—整理用物。

3. 注意事项

（1）餐具选择容易取放；不要使用玻璃类，食物应去骨、切细、煮软，不宜选择圆形的食物。

（2）热汤、茶水等易引起烫伤的食物要提醒注意，晾凉以后再端给老人。

（三）留置胃管老人进食照护

1. 适应对象

（1）不能由口进食的老人（昏迷、吞咽困难、口腔疾患及口腔手术或术后不能张口的）。

（2）拒绝进食的老人。

2. 常用饮食

（1）流质饮食：牛奶、豆浆、米汤、果汁、稀藕粉、肉汤、菜汁、混合奶等。

（2）要素饮食：药店购买（氨基酸、葡萄糖、脂肪酸、无机盐、电解质及微量元素）。

3. 注意事项

（1）喂食前，让老人呈坐位或半坐卧位，防止食物返流。

（2）喂食前必须检查食物的温度是否合适，以防烫伤，以38～40℃为宜。

（3）每次打开胃管接头时，应反折胃管，防止气体由胃管进入胃内引起胀气。

（4）每次打流食前需要确认胃管是否有脱出情况，可查看胃管标签刻度，一般为45～55厘米，如有脱出，则不能进食。

（5）喂食前一定确认胃管已经通在胃里，同时查看胃管是否通畅。确认胃管在胃内的三种方法：

①抽取胃液法，这是确定胃管是否在胃内最可靠的方法。

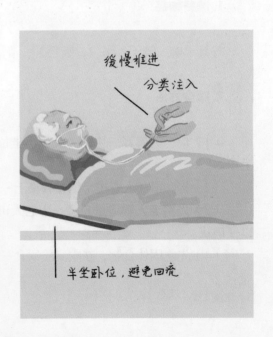

②听气过水声法，即将听诊器置于老人胃部区域，快速经胃管向胃内注入10mL的空气，听到气过水声，说明胃管在胃内。

③将胃管末端置于盛水的治疗碗内，无气泡逸出。

（6）给老人每次打流食前要回抽胃液，如胃内食物残留过多，要减少进食或停止进食。

（7）进食前需要向胃管内注入少量温开水，湿润管壁，防止食物凝集，进食后，也需要向胃管内注入温开水，冲洗胃管，防止食物残留胃管，引起变质。

（8）打食时，捏住胃管与推注产品的连接处，防止压力过大而脱离。

（9）打流食时不能过猛过快，缓慢推进，在病人适应的情况下打进。每次注入量约250～400mL。牛奶和果汁应分开注入，防止食物凝结。

（10）进食完后，老人不要立即躺下，应该呈坐位或半坐位安静休息，防止食物返流。

（11）留置胃管老人，应每天进行2次口腔护理，防止细菌滋生，产生异味。

（12）每次喂食结束和开始前一定要清洁进食管，保障进食管内无残留食物。

（13）使用储食筒。

①每次使用前在清洗干净的活塞边缘涂上食用油便于操作。

②储食筒，活塞均可耐高温120℃，可水中煮沸消毒，请勿将产品中间的推杆拔出助推器，推杆拔出储食筒将无法使用。

③煮沸消毒时水量应足够，避免储食筒因长时间接触温度较高的锅底或锅沿面导致变形。

第二节　正常老人及失智、失能老人的居住照料

一、老年人的常态居住环境

（一）影响老年人居家休息环境的因素

1. 温度

维持一个适宜的室内温度，不仅使老年人感到舒适、安定，而且有利于机体进行

新陈代谢，预防疾病。室内温度以18~20℃为宜，夏天可相对高些（22~24℃），以缩小室内外温差。室温过低，老人易着凉、感冒；室温过高，易使老人疲惫、精神不振。需要指出的是，对患慢性呼吸系统疾病的老年人，室温过高，易使老人感到闷热，呼吸不畅，加重呼吸困难。清凉的室温，流通的空气，会使老人易于进行气体交换，提高血氧浓度，改善呼吸。

2. 湿度

通俗讲是指空气中水分的含量。空气湿度大，人体的蒸发作用弱，抑制出汗，使人感到潮湿、气闷，心功能不全的老人会感到憋气。由于皮肤、呼吸水分蒸发减少，排尿量增加，加重肾脏负担。而空气过于干燥，人体会蒸发大量水分，引起皮肤干燥、口干、咽喉痛等不适。患有呼吸系统疾病的老人，干燥的空气使呼吸道黏膜干燥，痰不易咳出，增加肺部感染的机会，而加重病情。家庭室内最佳湿度应该是50%~60%。适宜的湿度，会使人感到清爽、舒适。近年来，空气加湿器进入很多家庭，这是一个好方法。土法增加湿度也行之有效，如地上洒水、暖气上放水槽或放湿毛巾等。建议有老年人的家庭准备一个温湿度计，以科学掌握温湿度。

3. 空气流通

患肺心病、呼吸衰竭的病人，需将床放在空气流通的房间中央，可是老人感到呼吸省力。同样，新鲜的空气对老年病人尤为重要。晨起，开窗通风，可排出室内废气，让新鲜空气补充进来。一般居室开窗20~30分钟，室内空气即可更新一遍。对身体较弱的老人，通风时可暂到其他房间，避开冷空气的刺激，这样，既可保持室内空气新鲜，又不至于受凉感冒。

4. 噪音

研究表明噪音在50~60分贝时，一般人就会有吵闹感，家庭中噪音的产生大都为大声喧哗、音响音量过大所致，一般老年人喜静，对有心脏病的老年人，安静则是一种治疗方法，在家庭中创造一个宁静、幽雅的环境，有利于老年人休养。

5. 采光

老年人居住的房间，最好是采光比较好的居室，室内阳光照射对老年人显得尤为重要。日光照射，红外线被皮肤吸收，深部组织受到温热作用，血管扩张，血流加快，改善皮肤组织的营养状况，给人以舒适感，阳光中的紫外线还有消毒、杀菌作用。

（二）老年人居室的要求

简洁实用，冬暖夏凉，通风采光良好。在室内设置的要求包括地板、灯光、噪音、床具、室内陈设、室内装饰等6个方面。

1. 地面的要求

地面不宜太光滑，要有一定的摩擦系数，因老年人步履稳定性差了，防止滑倒。最好是选用防滑木地板或地毯，其性质与软硬度均适宜于老年人。

2. 灯光的要求

灯光要高度适中，如光线不足或照明度差，易引起疲劳，进而精神不振，反之，如光线过强也会刺激眼睛，使眼肌紧张而产生疲劳。除照明灯外，应有壁灯及天花板上的装饰灯，以提高室内亮度，但光线一定要柔和，才对老人有益。

3. 防止噪音

从室内来说，主要是防止门窗、用具所产生的噪音。门窗的开关既灵便又无缝隙，开启时不会随风摆动，需经常检修。加装窗帘有阻挡和吸收噪音的效果。室内用具应选多孔的木质纤维家具，也具有吸收室内噪音之效果。桌、椅、床、凳子的腿上钉一层橡皮，移动时无噪音产生。

4. 床的要求

床架不宜太高，上下床要方便，床的高度应在膝盖以下，与小腿长相等，过高过低都会使老人感到不便，增加摔倒的概率。并且也不宜太低，以免影响通风，使被褥易发潮。床垫的软硬要适宜，老年人应选用硬床，以睡在床上床垫不下陷为好，睡席梦思床并无多大益处。床的位置应选最适合的地方，既能接受阳光照射又不能紧靠门窗，以免熟睡后受凉。

5. 居室陈设要求

原则上以简单为宜。除必需的床、桌、椅、茶具外，不必放置过多的家具。更不宜放与老年人无关的物品，如家庭日用品、各种炊具，尤其是家电、铁器、玻璃器皿、童车及玩具，以防老人因疏忽而发生意外。卫生间与老年人卧室宜近邻布置。卫生间地面应平整，以方便轮椅使用者，地面应选用防滑材料。卫生间入口的有效宽度不应小于1米。宜采用推拉门或外开门，并设透光窗及从外部可开启的装置。浴盆、坐便器旁应安装扶手。卫生洁具的选用和安装位置应便于老年人使用。设置适合坐姿的洗面台，并在侧面安装横向扶手。

6. 卧室装饰

老人卧室的装饰，主要是色调与墙面。在色调上，窗帘、被罩、床单及陈设品以绿、蓝等冷色为宜，可使室内有宽敞、幽静感，有助于安定情绪。当然，要适合老人性格和喜好，不可勉强，对乐观外向型老人，可选用棕色、棕黄色为宜；墙上字画，要适合老人心理与向往。画以松、竹、梅、兰为好，字的内容应是乐观、进取、恬淡之类。

二、失智、失能老人的居住照料

（一）居室设备要求

照料一位失能的老人，对于任何一个家庭来说，都意味着巨大的身心压力。所幸，随着社会发展，很多家庭已有条件为失能老人装上或购买方便日常生活的设施设备。针对不同类型的失能老人，家庭居室中的一些设备也不尽相同。

1. 床

在普通的家庭，如果家有长期卧床不能起的老人，床的两侧必须要有床挡，且平时应处于拉起来的状态，以防止老人在睡梦中翻身滚下床来，造成不必要的意外损伤。此外，现在还有很多多功能床，可以实现在床上沐浴、洗头等复合性功能，同时具有保护老人安全的设计，以及一些智能设置。这些能够方便老人起居的床，都是可以根据条件进行备置的。

2. 门窗

对失智老人来说，对外开启的门窗均存在可以翻越出去的隐患。因此，国外养老设施中，会对门窗设计采取一定安全措施。

在美国很多家有失智老人的大门口，还有一个叫"记忆箱"的设计，就是把老人年轻时候的照片或者是有代表性的纪念品都贴在那里，一是老人根据此处可以认清自己的门，二是用这种形式可以唤起老人内心的一些回忆和思考。

3. 扶手

如果家里有行动不便的老人，我们应该在家里配备移动扶手，老人在家里行动，可利用移动扶手，可起到防摔的作用。

其次，还应该在门口、卫生间等靠墙但没有东西的地方，安装固定扶手。这样老人就可以抓握固定扶手进行移动。

4. 导向墙

如果家里有智力障碍的老人，就可以在家里的墙上画上标识图或写上标识文字。如果老人在家里一旦忘记了卫生间或厨房等的方向，就可以通过辨认标识来确定要去房间的方向和位置。

5. 卫生间坐便器

如果家里有腿脚不便或腿脚无力的老人，应该在卫生间的坐便器两侧安装马桶扶手。这样老人大便完后，就可以扶手为支点慢慢顺利站起身来，同时可以起到防止摔倒的作用。

6. 淋浴用具

为了方便失能老人沐浴，我们可以购置失能老人淋浴照护床、升降式浴缸、坐式淋浴椅、可调节浴缸扶手、防滑浴缸边椅。

淋浴照护床：平常可以躺在床上，到了洗澡的时候，把床升上去，人就被下面铺的垫子托着，然后床板撤走，床再下降，就到了床板下面的浴缸里，不用下床就能洗到澡。

升降式浴缸：其绝妙之处就在于边框可以升降，降下去之后浴缸内的坐垫和地面之间的落差就只有一个膝盖的高度。老人可以先坐在坐垫上，再把脚挪进浴缸。在浴缸内坐稳后，浴缸的边框再次升起，照样可以舒舒服服地泡澡了。

坐式淋浴椅：专为老龄人或行动不便者设计的坐式淋浴椅，坐在座椅上就可以轻松洗澡，还可以避免浴缸内水压危害，也适合心脏病患者使用。还有壁挂式淋浴座椅，可以安装在墙上，不用了可以向上翻起，不占用空间。

可调节浴缸扶手：家里要是已经有了普通浴缸，不方便置换，可以考虑这种可调节浴缸扶手，扶手可升降，高低随你设置，适合不同身高，直接卡在浴缸上无需任何装修。

防滑浴缸边椅：专为行动不便的人群而设计的防滑浴缸边椅，有着贴合浴缸的宽大椅面，老人可以坐在椅子上沐浴，也可以借由椅面轻松挪出浴缸区域。旁边的扶手能借力支撑。

（二）晨晚间护理

能使老人身体舒适、心情愉快、精神松弛，有利疾病的康复。

1. 床上运动

早晨醒来，首先，不急于起床，在床上静卧十几分钟，进行必要的床上运动；伸展四肢；以双手互相揉搓，活动指关节；然后，进行"干洗脸"动作20~30次。这些动作使老年人适应从睡眠到觉醒过程的生理变化，使身体有一个相对过渡的阶段，不致因突然起床头晕而摔倒，也可使呼吸、心跳的频率逐步改变，避免心脏病的复发。

2. 卫生间运动

刷牙、漱口、洗脸、梳头对老年人也是一项十分有益的运动。刷牙过程中活动上肢，舒展身体。漱口后应进行咳嗽运动，把呼吸道的痰咳出。无痰时的咳嗽动作本身也有利于肺泡的扩张，减少肺部感染的机会。洗脸时可顺手按摩面部，增加面部的血液循环。梳头一方面可以增加头皮的血液循环，改善头皮营养，防止脱发；另一方面梳头同时也锻炼了上肢的抬举动作。用钝的木梳，每天早晚梳头100次，双手交替进行，对老年人健康十分有益。

3. 户外运动

适当进行户外锻炼，散步、慢跑、做操和练习各种拳等，是老年人增强自身素质，提高抵抗力的手段。晨间运动也为一天的生活、工作奠定了基础。

4. 晚间洗漱

除重复晨间卫生间的一套活动以外，有条件的老年人在睡前洗个盆浴，能使全身的血管扩张，肌肉松弛，头部血液供应相对减少，利于入睡。对大多数身体不便或无盆浴条件的老年人，用温热水泡泡脚，对促进健康和睡眠也是十分有益的。有老年人家庭应备一个泡脚桶，装一桶温热水，水至膝盖，临睡前泡上15～20分钟，可用双手搓下肢，使血管扩张、肌肉放松、周身血液循环加速，能解除疲劳。温热、松弛的感觉，能促进休息与睡眠。

三、失智、失能老人的排泄照料

（一）排尿

一般成年人白天排尿3～5次，夜间0～1次，在正常情况下每次尿量约200～400mL，24小时尿量约1000～2000mL，平均1500mL左右，尿量可反应老人的肾脏功能。正常新鲜的尿液呈淡黄色或深黄色，清澈透明，放置后可出现微量絮状沉淀物，并产生氨臭味。

1. 认识老人尿液及排尿

（1）老人排尿多少也受天气温度及老人饮水情况影响。老人饮水少，天气炎热，大量流汗身体水分由毛孔，呼吸等流失过多，尿液会浓缩，呈少量而颜色深。

（2）尿液的颜色受某些食物和药物的影响，如进食大量的胡萝卜或服用核黄素，尿液的原色呈深黄色。如果出现尿液呈红色，洗肉水样、浓茶色，酱油色、乳糜色等可提示老人伴有其他疾病，应及时就医。

（3）老人新鲜尿液若出现氨臭味提示可能出现泌尿道的感染；若出现烂苹果味，可提示发生糖尿病酮症酸中毒症状，应及时就医。

（4）在正常情况下，排尿受意识控制，无痛苦，无障碍。但是很多因素会导致老人排尿异常。如老人在过度焦虑和过度紧张的情形下，会出现尿频、尿急，有时也会抑制排尿出现尿潴留；排尿的姿势、时间是否充裕及环境的改变也会影响排尿。老人由于疾病原因，神经系统的损伤和病变会使排尿反射的神经传导和排尿的意识控制发生障碍，出现尿失禁；肾脏的病变会使尿液的生成发生障碍，出现少尿或无尿；泌尿系统的肿瘤、结石或狭窄也可导致排尿障碍，出现尿潴留。老年男性因前列腺肥大压迫尿道，可出现排尿困难。

2. 老人排尿异常的照护

（1）尿潴留老人的照护

①给老人心理护理安慰，消除其焦虑和紧张情绪。

②提供隐蔽的排尿环境，尽量卫生间进行，如果由于老人没法转移至卫生间时，应关闭门窗，屏风遮挡，请无关人员回避。适当调整活动和护理时间，使老人安心排尿。

③调整老人的体位和姿势，酌情协助卧床老人取适当体位，如扶卧床老人略抬高上身或坐起，尽可能使老人以习惯的姿势排尿。

④可利用条件反射如听流水声或用温水冲洗会阴诱导老人排尿。

⑤采用热敷、按摩的方式放松肌肉，促进排尿。如果老人病情允许，可用手按压膀胱协助排尿。切记不可强力按压，以防膀胱破裂。

⑥要指导老人养成良好习惯，定时定量饮水，定时排尿。

⑦经上述处理仍不能解除尿潴留时，应及时就医，采用导尿术。

（2）尿失禁老人的照护

①注意保持皮肤清洁干燥。床上铺一次性床单，也可使用尿垫或一次性纸尿裤。经常用温水清洗会阴部皮肤，勤换衣裤、床单、尿垫。根据皮肤情况，定时按摩受压部位，防止压疮的发生。

②需绝对卧床的老人，必要时应用接尿装置引流尿液。女性患者可用女式尿壶紧贴外阴部接取尿液；男性患者可用尿壶接尿，也可用阴茎套连接集尿袋，接取尿液，每天要定时取下阴茎套和尿壶，清洗会阴部。

（二）排便

一般成人每天排便1~3次，每天排便超过3次或每周排便少于3次，可认为排便异常，如腹泻、便秘。正常老人每天排便量约100~300克，排便受进食影响，进食低纤维、高蛋白质等精细食物时，大便量会减少并且细腻；进食大量蔬菜、水果等粗粮时，大便会较多。正常老人大便呈黄褐色或棕黄色的软便。

1. 认识老人排便

老人的生理、心理、社会文化、饮食活动、病理等因素都会影响老人的排便。

（1）老年人随着年龄的增加，腹壁肌肉张力的下降，胃肠蠕动减慢，肛门括约肌松弛等会导致排便功能的异常。

（2）老人由于排便习惯的改变，有些卧床老人还没有习惯在床上排便时，或丧失排便的隐私环境，老人会压抑排便的需要出现便秘现象。

（3）老人由于摄食量过少、食物中缺乏纤维或水分不足时，无法产生足够的粪便和液化食糜，导致粪便变硬，排便减少而发生便秘。

（4）有些老人由于长期卧床，缺乏活动，胃肠蠕动功能减弱，老人也会出现排便困难。

2. 排便异常的照护

（1）便秘的照护

①为老人提供单独隐私的排便环境，并给予充裕的排便时间，最好协助老人上卫生间排便，如无法下床时，房间应拉上窗帘或用屏风遮挡，消除紧张的情绪，保持心情舒畅。

②老年人卫生间应使用马桶或坐便器，采用坐姿进行排便，利用重力作用使腹内压增高促进排便，如果老人无法下床时，可抬高床头使用便盆。

③老人排便困难时，护理人员可以将自己双手捂热以后，从右向左顺时针方向按摩老人腹部，使肠内容物向下移动，促进排便。

④对有些有便意，但大便干结，无法排便的老人可以适当使用通便剂，如开塞露、甘油栓等，软化粪便，润滑肠壁，刺激肠蠕动促进排便。

⑤护理人员要帮助老人建立正常的排便习惯，最理想的排便时间是进食后，最好是在早餐后，由于进食后可刺激肠胃蠕动引起排便反射，每天固定在同一时间进行排便，养成排便习惯。

⑥多食用可促进排便的食物，如蔬菜、水果粗粮的高纤维食物。每日液体饮水量不低于1500~2000mL，提倡餐前饮少量温水可促进肠蠕动，刺激排便反射。并可适量食用油脂类食物。

⑦鼓励老人适当运动，如散步、做操、打拳等，卧床老人也可在床上活动，如桥式运动、卷腹运动等增强腹肌和盆底肌的运动，增加肠蠕动和肌张力，促进排便。

⑧经上述处理仍不能解除便秘时，应及时就医，行灌肠术。

（2）大便失禁老人的照护

①护理人员应尊重和理解老人，给予心理安慰和支持，不抱怨和责备，帮助老人建立信心。切不可采用"少吃少排"原则，充分保证老人每日足够的摄入量。

②要做好皮肤的护理，可在床上垫上一次性护理垫，老人每次排便后应用温水洗净老人肛门周围及臀部皮肤，保持皮肤清洁干燥。并在老人肛门周围涂搽软膏，保护皮肤，防止破损感染。

③护理人员应掌握老人排便的规律，定时协助老人排便或给予便盆，促使老人按时自己排便。也可教老人进行肛门括约肌及盆底部肌肉的收缩锻炼，让老人试做排便动作，先慢慢收缩肌肉，然后再慢慢放松，每次10秒左右，连续10次，每次锻炼20～30分钟，以老人感觉不疲乏为宜，每天可做数次。帮助老人重建控制排便的能力。

④保持床褥、衣服清洁，室内空气清新，及时更换污湿的衣裤被单，定时开窗通风，除去不良气味。

四、为卧床老人更换床单

定期更换床单有助于保持老人清洁，使老人感觉舒适，心情愉悦，并有助于预防压疮等并发症的发生。

1. 注意事项

（1）若老人被服被污染时，应及时更换，防止污渍污染皮肤，更换床单时，要选择在老人没有进餐或排便后进行，至少一周更换一次。

（2）换床单时应酌情关闭门窗，按季节调节室内的温度，注意保暖，防止吹风受凉。

2. 操作流程

（1）更换床单

①护理人员首先向老人说明更换床单的方法、注意事项，并取得老人的同意和配合。

②护理人员站在床的一侧，一手托起老人的头部，将枕头平移向床的对侧，协助老人翻身侧卧于床的对侧，背向护理人员，盖好被子，必要时对侧安装床栏，或让家属配合扶住老人。从床头至床尾松开近侧的床单，将床单向上卷起至老人身下。

③取清洁的床单，纵向中线对齐床的中线，展开近侧床单平整地铺于床褥上，余下的一半塞于老人的身下，将床头床尾多余的床单反折于床褥下。

④将枕头移至近侧，协助老人翻转身体，侧卧于清洁的大床单上，面向护理人员，盖好被子。必要时近侧安装床栏，或让家属配合扶住老人。

⑤护理人员转到床的另一侧，松开床单，取下污染床单，拉平老人身下的清洁床单，平整地铺于床面上，再将床头床尾多余的床单反折于床褥下。协助老人平卧于床的中央。

（2）更换被套

①解开污染被套尾端带子或拉开拉链，打开被套开口，一手拉住被套边缘，一手在污被套内将棉胎向中线对折，再呈"S"形折好，取出棉胎放于床旁椅上，被套仍覆盖在老人身上。

②取清洁的被套平铺在污染的被套上，被套中线对准床的中线，打开清洁被套尾端开口，一手抓住棉胎被头将棉胎装入清洁的被套内，在被套内将棉胎展开和被套平齐。

③从床头至床尾方向翻卷撤出污染被套。

（3）更换枕套

①护理人员一手托起老人头部，另一手撤出枕头，将枕芯从枕套中撤出。

②取清洁枕套反转内面朝外，伸进枕套内撑开揪住两内角，抓住枕芯两角，反转枕套套好。

③护理人员一手托起老人头部，另一手将枕头拉至老人头下适宜位置。

五、失智、失能老人的睡眠照料

（一）改善老人睡眠的方法

（1）睡前用热水为老人泡脚或敷脚。脚部血脉畅通，有利于大脑神经放松，促进睡眠。

（2）睡前帮助老人活动半小时，促进脚部和全身血脉畅通，有利于大脑神经放松，促进睡眠。

（3）按摩老人足底和头部穴位。促进足部和头部血脉畅通，有利于脑部神经放松，促进睡眠。

（4）晚饭吃点萝卜或喝点萝卜汁，有安神、促进睡眠的效果。

（二）帮助老人养成良好的生活习惯

1. 坚持早睡早起的好习惯

睡眠时间顺应生物钟的变化。如果在傍晚的时间就睡觉了，那么在凌晨醒过来并不属于失眠，因为这个时候身体已经休息了七八个小时，已经获得了足够的休息，并不属于睡眠质量不好的情况。

2. 生物钟最好能够和自然周期相同步

研究发现，太阳光是影响生物钟最主要的因素之一，所以说想要调节老人的生物钟，最好能够从光线的亮度以及强弱着手。可以每天多带老人到户外进行运动，例如在夕阳中散步，这样能够令身体感受到阳光，能够有效地推迟身体出现疲惫、困倦的时间；早上在晨光中散步，则能够令身体受到刺激而苏醒。

3. 进行适当的体育锻炼

科学的运动能够令老人的大脑产生一种镇静的物质，也就是我们常说的内啡肽，这种物质会令身体感觉到更加的舒适。所以说，适当的体育锻炼能够令失眠者更好的入睡，并且也更加容易进入深度睡眠。不过也需要注意的是，运动一定要科学，千万不能够令身体过度疲惫。特别是失智、失能老人的运动，更要根据老人的状况来安排。

4. 睡觉之前放一段舒缓的音乐给老人听

可以令身体放松，尽快进入睡眠状态，这样能够令心情变得舒缓，更加容易进入深度睡眠。

（三）用食疗方法改善老人睡眠

中医养生专家认为，老年人睡眠不好主要是虚症所导致的，所以应该使用清补的方法令身体恢复健康。日常生活中应该喝一些小米粥或者是蜂蜜水、牛奶，这些都能够很好的令身体更好的进入睡眠状态。具体的食疗方法如下：

1. 小米粥

每天晚上睡觉之前服用一碗小米粥，能够令老年人更好的入睡。因为小米之中淀粉的含量非常丰富，服用之后会令身体产生饱腹感，能够很好地促进胰岛素的分泌，属于一种促进睡眠的食物。

2. 热牛奶

专家告诉我们，睡前喝一杯热牛奶，相当于服用安眠药，具有很好的催眠作用。想要令热牛奶发挥最好的效果，那么应该在睡觉之前的一个小时服用效果更好。牛奶之中含有丰富的左旋色氨酸以及类似吗啡的物质，这些都能够起到安神以及令身体产生困倦感觉的效果。所以说，牛奶具有很好的催眠作用，适合在睡觉之前饮用。

六、预防失智老人走失

失智老人走失让许多人感到揪心，虽然我们不能帮助有失智老人的家庭解决什么实质问题，但是愿意收集一些宝贵经验，总结一些失智老人防走失的方法。

（一）找专人照顾老人

当然，这个需要经济条件好一些的家庭，自己家里可以有专人不用出去工作，只负责的家里照顾老人，或者是更专业一些，请职业护工来帮忙。人力来解决老人走失的问题总是更人性化一点，可以有针对性地解决很多问题。

（二）给老人的口袋里放上写着住址和家人联系方式的小纸条

这种最常见，是大多数有失智老人家庭都会采用的方法，成本低廉，而且暂时看来效果还不错，基本会有警察或者好心人把老人送回来。如果是缝在老人衣服外面效果更好，大家比较容易看到。

（三）给老人佩戴定位产品

很多人对这种形式存在误解，认为价格昂贵，其实不然。很多老人佩戴一种颐养宝的服务终端，家属可以为老人设定安全范围，一旦老人离开指定范围，家属就会收到短信提示。最主要的是，可以给老人定位，知道老人24小时内的行动轨迹，及时找到老人。

（四）多给老人照近照、让老人背记电话号码

这两种可以说是防患于未然，对于失

智症比较轻微的老人还是有一定的效果，给老人多拍近照，也比较方便寻人。一旦老人走失，可以把老人的近照送给电视台这样的有效媒体，或者在微博上发图寻人等。

小 结

失智症是老年期产生的一种器质性脑症候群，主要为老年期发生智能逐渐衰退而引起社交及职业活动的障碍。原因不明，可能与基因遗传有关。其特征为中枢脑组织发生退化现象而形成脑萎缩。此外，一些社会、心理、环境的因素，如退休、失业、老伴及儿女离去等，也可促使老年失智症的发生。

失智症的主要症状：首先，认知能力减退、记忆力变差、健忘、判断力及计算能力退步，且对时间及地点的方向感混乱。

其次，精神症状：严重的可出现疑心、幻想、不安、被害妄想或被迫妄想等情形。

再次，行为问题：日常生活能力退化，原本会做的事情可能渐渐不会做了。

对失智症老人，在日常生活的照护方式上，应根据病情发展、健康状态、残存能力来进行支援与照顾。在进行日常活动的支援、照顾时，必须确实掌握失智症的病情发展或身体的健康状态，了解老人"会做什么、不会做什么"，然后再根据状况支援老人。

失能老人的日常生活需要他人协助或完全依赖他人，其中也就包括清洗会阴、更换纸尿裤、人工取便等十分隐私的护理，有些老人比较排斥自己的隐私部位暴露在外人面前，甚至会为了拒绝清洗会阴而打骂护理人员。此时，我们不应该为了尊重老人所谓的隐私，选择不给老人进行这些隐私部位的护理。在护理过程中，我们要考虑到老人的想法和感受，掌握恰当的方法，警言慎行，做到有所为有所不为。

注意事项：如果支援或照顾过度，反而会减弱老人残存的机能。另外，能够自立生活是支撑人类自尊心的要素，这在维持失智失能老人健康的心灵状态上是很重要的。

行业标范

范例一：大学生做养老 骗父母是做管理的

24岁的王红梅是中华女子学院的毕业生。在养老驿站做养老护理员，也是她的第一份工作。她给老人洗脚、按摩，安排"小饭桌"照顾老人吃饭，陪老人读书看报，给老人跑腿买东西，都是些零七碎八的杂活，"每个老人的要求都有不同，就拿给老人做饭来说，有的老人有糖尿病，他的饭菜就要特别注意，调料里不能有糖；有的老人血脂高，医生嘱咐他们忌食重口味的食物，必须给他们做得清淡一些；还有的老人牙口不好了，馒头和米饭都要蒸得松软，但有的老人就嫌太软了没嚼头……"同样一个菜，常常要分成好几次来炒，蒸米饭也要分成几锅分别蒸……做一顿午饭，工作千头万绪，忙得不可开交。

当初选择这个专业的时候，她以为是在家政公司里做管理，没有想过会真的到老人身边。王红梅告诉记者，父母打电话逼问她到底做什么工作？害怕父母心疼，每次王红梅都会告诉父母，自己在公司做管理。

很潮的老奶奶原来这么可爱！

"是很累人的工作，但老人们很可爱啊！"小姑娘做着伺候老人的脏活累活，却一直乐在其中。她说，有一位关奶奶已经68岁了，退休前是个校长，她很潮，特别喜欢接触新鲜事物。关奶奶爱唱歌，而且唱得很好，但总是自娱自乐，缺乏参与感和成就感，王红梅就教关奶奶使用一种叫全民K歌的手机软件，关奶奶一下就上瘾了，"每天都在里边发表自己唱的歌曲，看自己唱歌获得勋章，当唱歌获得高评价时，关奶奶就拿着手机给我们展示，笑得像孩子一样！"小王说，关奶奶还拍了很多照片，她把照片做成电子影集，颇为自豪地向她炫耀自己的作品。那时候，这个独自在京辛苦打拼的小姑娘就好像有了奶奶的关爱，沉浸在一个小家的温暖当中。

"老人的生活态度为我们树立了榜样！"

关奶奶的老伴很早就去世了。儿子在北京安家落户之后，把母亲也接来同住。但老人坚持不跟儿子一家住在一起，而是要求在另外一个社区的房子里独住，甚至自己提出住到养老院去。"关奶奶的想法就是，我有我自己的晚年生活，跟儿子、媳妇生活在一起，难免互相影响，而且婆媳之间也多或少地会产生摩擦和矛盾，也会让儿子夹在中间左右为难。"王红梅说，在处理家庭关系上，老人想得非常周到，她一方面和儿子分开住，一方面又担心街坊邻居会误会儿子、儿媳，认为他们不孝，所以隔三差五地也到儿子那边住几天，以免邻居们说闲话。这种生活态度也让她很受启发。

王红梅说："在养老机构工作，接触的老年人更多的还是养儿防老的老思想，特别抗拒到外面住养老院，或者跟儿女分开住，能有关奶奶这种超前意识的算是少数。她的做法两全其美，也让我常常思考，等我将来老了，对于晚年生活会是一种什么样的态度，关奶奶的做法给我树立了一个榜样。"

范例二：倾听老人的唠叨也是一种服务

寿清惠今年50岁，也在做养老照护服务。公司附近的王奶奶常叫养老护理员上门帮她搞卫生，寿大姐进门一看，茶几上一片狼藉，刚想伸手整理，却立即被老人阻止。"不要动这个，你就帮我把沙发擦干净就好了！"寿大姐只好按老人的要求帮她擦拭沙发。就是一个不大的双人沙发，几下就擦干净了。但老人却嫌不够干净，要求她再擦一遍。如此反复，来来回回地擦了快两个小时。

"我想老人不是真的让我们来搞卫生，她是太寂寞了，想找人聊聊天。"寿大姐干活的时候，老人就站在一边看着她，嘴里絮絮叨叨地说着同一件事，无限循环。寿大姐已经可以把这个故事从头到尾地背诵了。寿大姐说，她做了这么多年的养老工作，这样的老人她见过太多了，也就特别理解。"独住的老年人寂寞孤独，需要倾诉，这时候你就要顺着她，千万不要跟她起冲突，她说没擦干净，那我就再擦一遍；她说的那个故事，我听了不下几十遍，但仍然表现出很感兴趣的样子，附和着老人，让她觉得自己是被认同的。"

对待"老小孩"只能忍下委屈

寿大姐把王奶奶这样的老人称为"老小孩"，有些老人要求驿站提供上门送餐服务。她曾经服务过老两口，送餐上门后，老人很贴心地告诉她，说两个老人饭量小，他们送两份饭太多了，吃不完也浪费，嘱咐她下次送饭只送一份足够了。第二天寿大姐就送来了一份饭。没想到老人好像忘了自己昨天说过的话，非常生气地责怪她，收了两份饭菜的钱居然只送一份过来，让他们老两口饿肚子，还赚了他们的黑心钱。后来，这件事还又被添油加醋之后告到老人的儿子那里。寿大姐觉得委屈极了，好在老人的儿子对于这样的事情早就习以为常，并没有责怪寿大姐，还专门打电话过来安慰她。寿大姐说，她们做养老护理的，这样的委屈事几乎是每天都能遇到的。

养老护理员培训时学过老年心理的课程，寿大姐知道这是正常的心理变化，甚至可能由于疾病引起，每次都默默地忍下委屈。

"以顺为孝，道理上是共通的！"

寿大姐曾在石景山服务一位退休老人。老人生活条件优越，但却异常节俭。"我在老人家服务，上厕所只能用一格卫生纸，我只好自己带着卫生纸上户。搞卫生只能投洗一次毛巾，洗得多了就是浪费水，擦不干净又会被责怪不认真……"但寿大姐给予了理解："中国有句老话叫'以顺为孝'，我们虽然不是老人的儿女，但在照顾老人上，这个道理是共通的。"

本章学习重点

1.失智、失能各阶段会出现的现象。

2.老年人科学饮食的五少五多。

3.老年人的饮食要求和标准。

4.老人饮食照护流程。

5.失智失能老人的居住照料。

本章学习难点

1.失智失能老人的起居照料方法。

2.对失智失能老人正确的喂食方法。

3.根据老人身体健康状况进行膳食结构设计。

练习与思考

1.练习为有吞咽能力失智失能老人喂食及为插胃管的失能老人喂食。

2.设计一位高血压、脑梗偏瘫的膳食食谱。

3.练习为失能老人换床上用品。

4.练习失智失能老人的排尿、排便护理。

家政服务

通用培训教程

董颖蓉　褚达鸥　编著

（下）

云南出版集团

YNKJ 云南科技出版社

·昆明·

图书在版编目（CIP）数据

家政服务通用培训教程：上、下册 / 董颖蓉, 褚达鸥编著. -- 昆明：云南科技出版社, 2021.8
ISBN 978-7-5587-3707-7

Ⅰ. ①家… Ⅱ. ①董… ②褚… Ⅲ. ①家政服务—职业教育—教材 Ⅳ. ①TS976.7

中国版本图书馆CIP数据核字(2021)第163571号

家政服务通用培训教程

JIAZHENG FUWU TONGYONG PEIXUN JIAOCHENG

董颖蓉　褚达鸥　编著

责任编辑：李凌雁　杨梦月
封面设计：长策文化
责任校对：张舒园
责任印制：蒋丽芬

书　　号：ISBN 978-7-5587-3707-7
印　　刷：云南金伦云印实业股份有限公司
开　　本：787mm×1092mm　1/16
印　　张：38.75
字　　数：900千字
版　　次：2021年8月第1版
印　　次：2021年8月第1次印刷
定　　价：198.00元（上、下册）

出版发行：云南出版集团　云南科技出版社
地　　址：昆明市环城西路609号
电　　话：0871-64190973

《家政服务通用培训教程》
编审委员会

编著	董颖蓉	褚达鸥	
编委	蔡利松	栾顺喜	杨红波
	王　航	张　凯	邵靖雯
	汪德群	黄粤蓉	李树鹏
	陈苏燕	李红英	李芸莹
	李开芬	谢　青	王立滨
	王　玲	冉顶平	

特别鸣谢：云南子渊教育集团

中国国家开放大学

云南省旅游学院

云南新子路职业培训学校

昆明市妇女联合会

昆明市巾帼家政产业联盟

昆明善品兆福金管家家政公司

云南新子路职业培训学校

 昆明善品兆福家政服务有限公司

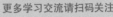

如果风

能掀起波澜

那么

有什么命运不能改变

投入学习吧

奇迹一定会发生

《家政服务通用培训教程》

序

　　也许在很多人眼里，家政服务就是一个打扫卫生之类的"粗活"。实际上，随着社会分工的不断优化，家政服务面临着新的机遇和挑战：越来越多的人到城里居住，人们的工作愈加繁忙，住房档次越来越高，家具种类越来越多……由此，家政行业对家政服务员如何高效打扫房间、收纳物品、保养家具的专业性要求，以及对客服务能力、职业道德和审美素养等方面的要求也与日俱增。优秀的家政服务人员还可以晋升为职业管家，步入更高端的服务业。因此，家政服务业具有更加广阔的发展空间，对于如何培养新时代的家政服务员，也随之成为应情、应势之需。

　　如今我们欣喜地看到，云南新子路职业培训学校校长、昆明善品兆福家政服务有限公司总经理董颖蓉女士，带领她的团队，将长期从事家政服务、农村劳动力就业技能培训这两个领域的一些成功经验，经过不断地实践、研究和反馈固化下来，形成了一套简单有效的培训方式和操作标准，以技服人，以技助人，以技福人。家政服务公司的运营，使得他们对客户的需求有着深入了解，客户也对他们提供的服务比较满意；同时不断进取的职业培训历程，使得学校链接了最接地气的供给端，把农村劳动力和其他从事家政服务的人员进行针对性培训后输送到千家万户，为城市忙碌的人们提高生活质量，提供了可靠而有效的保障。

本书的面世，为有志于在家政服务及物业服务领域发展，需要在家政服务业内实现提升的人员、甚至是有兴趣做好家人照护的人提供了一个综合学习的平台。本书具有一定的科学性和实用性，是一本专业的实战书籍。希望这本书能够为新型城镇化建设、乡村振兴、家庭和谐以及现代服务业的发展起到积极的促进作用。

云南旅游职业学院酒店管理学院院长、教授

杨红波

《家政服务通用培训教程》
前 言

　　随着生活品质的日益提高，请家政服务人员帮助料理家务已经成为人们日常生活的一个重要事项。由于家政服务入职门槛低，许多没有经过专业培训的从业人员混杂其间，给聘用和提供家政服务的各方带来了巨大的困扰。

　　如何提升从事家政服务人员的专业水平？如何让需要家政服务的家庭能享受到优质满意的服务？如何在家政服务领域建立实在的优质服务行业标准理念？云南子渊教育产业集团组织编写了《家政服务通用培训教程》，为促进家政服务的"职业化专业发展"提供了具体可操作的实用基础范本。

　　本教程务实地从生活的真实视角，严谨地分析家政服务需求，综合国内外经验，结合家政服务的现状和对未来发展的需要，科学梳理家政服务关键内容，尝试制订服务实用标准和服务内容的范围、要求、步骤与流程，期盼建立家政服务专业技术职业规范实操示范。特别是关注照应文化层次低、偏僻落后地区的从业者学习方便，将家政服务在规范叙述的前提下尽可能细化，并配以流程图，最大限度地做到简单易懂，突出实践性和操作性，有利于家政服务人员在实际工作中专业的实施。

在新的时代，现代家政服务人员已不再是简单传统意义上的保姆和保洁员，而是从事一项或多项复杂、综合、高水平的专业服务工作技能人才，所以对家政服务人员、家庭服务师的培训已成为家政服务的一个基本要求，也是家政服务行业提高服务质量、服务技能的必由之路。本教程立足专业为本，易学为要，在教与学融合融通上下功夫，编写力图呈现"理念新""技术专""易学练"三大特点，使《家政服务通用培训教程》成为家政服务职业技术培训的好帮手，也是从事家政服务人员进行专业技术学习的好助手。

本教程在编写过程中得到了中国国家开放大学、云南旅游职业学院、云南省公共保洁与家政行业协会、昆明市妇女联合会、昆明市巾帼家政产业联盟等的大力支持与协助，在此一并表示衷心的感谢！

昆明市盘龙区教育科研中心

褚达鸥

2021年1月22日

董颖蓉，云南予渊教育产业集团总裁，天津师范大学教育心理学硕士，国家二级心理咨询师。云南省教育学会中小学综合实践活动专业委员会常务理事，云南省公共保洁与家政协会常务副会长，昆明市妇女联合会巾帼家政产业联盟副理事长，中央电视台"庆祝建国70周年——中国品牌献礼系列活动"特约嘉宾，云南省家政行业2018年年度风云人物，云南省家政行业2019年特殊贡献人。曾编著《房客服务与管理》《房客管理发展趋势》《酒店人力资源管理》，参编《农民工进城务工引导性培训》等书。

褚达鸥，高级教师，昆明市优秀教师，盘龙区人民政府督学，云南省教育学会中小学综合实践活动专业委员会常务理事，联合国教科文组织中国可持续发展教育云南省工作委员会专家，中国科学技术发展基金会、教育部国家级"优秀科学教师提名奖"获得者，云南师范大学"国培计划"——云南省农村骨干教师培训学科培训专家。云南妇女儿童发展中心《学习能力与学习技术训练手册》主编，云南省昆明市、玉溪市、曲靖市中考复习《名师点拨中考语文》主编，参编中小学教师现行教材《课程教学指南丛书·初中语文》，参编云南省教育科学院《义务教育课程标准实验教材初中学习指导丛书》语文分册。

杨红波，云南旅游职业学院酒店管理学院院长、教授。国际金钥匙学院荣誉董事，全国旅游行指委酒店专委会委员，云南省婚庆行业协会副会长，云南省饭店行业协会副秘书长，历届国家级职业技能大赛评委，云南省旅游服务专家组成员，云南省餐饮职业教育教学指导委员会主任委员。美国饭店注册高级职业经理人（CHA）、高级教育督导(CHE)、高级培训师(CHT)。拥有十多年高星级饭店一线管理及旅游职业教育经验，曾赴奥地利、瑞士进修酒店与旅游管理，并在多家五星级酒店挂职锻炼。

王航，高级教师，云南省骨干教师，云南省美术家协会会员，云南美术馆公共教育负责人。曾任教于昆明市书林一小、昆明市滇池度假区实验学校。在从教生涯中，践行"教育就是尊重和点亮生命的过程"的教育教学理念，并以美术创作传播公共教育正能量，代表画作有《弟子规新解》《三字经新解》，参与编写《抗战时期的云南美术》一书。

目 录

细雨朦胧　润物无声

你心里

从事家政事业的小芽

开始生长了吗?

第四篇

家政服务礼仪

不学礼无以立

礼貌之举

源于心田

发自修养内涵

是开启人心扉

让人心心相连的金钥匙

篇绪：家政服务礼仪的重要性

礼仪的概念：在本书中，我们强调的是家政服务人员的礼仪实施要求和标准，因此，我们从博大的中国礼文化中提取了四个部分来加以详解，即：言、形、举、止。再明确一点那就是"言"即"礼言"，也就是如何用礼貌规范用语进行沟通；"形"即"礼仪"，是指的仪容仪表、姿态；"举"即"礼节"，是行为的标准和尺度；"止"即"礼宾、礼法"，即交往接待中的规格规范，也含禁忌。

中华民族素有礼仪之邦的美誉，在个人修养、仪容仪态、待人接物等方面都有着悠久的历史积淀，在人际交往中，以一定的、约定俗成的程序方式来表现的律己敬人的过程，涉及礼仪、礼节、礼宾、沟通、禁忌等内容。从个人修养的角度来看，礼仪可以说是一个人内在修养和素质的外在表现。但要谨记礼重于心而仪显于形，所以从业者要从心修炼，提升道德修养意识，那么所有有仪的展现都会呈现美好而自然的状态而有别于专业礼仪小姐礼仪先生。

家政服务业的很多岗位都是与人打交道的工作，在礼仪方面就更要注意。不同的场合、不同的服务对象对家政服务员的要求都会不同。在从事家政工作时，需要注意各种细节，首先要注意自身的仪容仪表，同时保持良好的工作以及生活上的礼仪。家政服务员掌握规范的礼仪、礼节，不仅是塑造自身良好形象的重要手段，而且是塑造其所在家政企业单位乃至整个家政行业良好形象的重要途径。

研究学习家政服务礼仪，有助于提高家政服务人员的个人修养和素质；有助于更好地对服务对象表示尊重；有助于进一步提高服务水平与服务质量；有助于塑造并维护家政企业单位的整体形象；有助于使家政企业创造出更好的经济效益和社会效益。

一、塑造企业与个人的良好形象

"形象"是一个人的外观、形体在社交中或在对方心目中形成的综合化、系统化的印象，也称"首轮效应"，是影响交往能否融洽、交往能否成功的重要因素。出于自尊的原因，人人都希望在公众面前有一个良好的形象，以受到别人的信任和尊重，使人际关系和谐、融洽。所以要非常重视为自己塑造一个良好的社会形象。

家政服务礼仪是塑造家政服务人员良好形象的重要的手段。在服务工作中，言谈讲究礼仪，可以变得文明；举止讲究礼仪，可以变得高雅；穿着讲究礼仪，可以变得大方；行为讲究礼仪，可以变得美好。

同时，一个家政企业通过培养员工的服务礼仪，可以在公众心目中塑造出良好的企业形象，使自身在激烈的市场竞争中，取得公众的信任，得到社会的认可，产生良好的社会效益和经济效益。

二、协调服务关系

家政服务礼仪在其各个原则的支配下所表现出的尊重、道德、平等、守信的精神和种种周全的礼仪形式，必然会赢得服务对象的好感和信任，使对方心理需求得到满足，可以使个人与个人、集体与集体、个人与集体之间建立起相互理解、信任、关心、友爱、互助的良好气氛和融洽、稳定的社会关系。

在家政服务过程中，由于人与人的密切接触和不同的价值观、生活习惯不同，必然不断产生矛盾，甚至通过诉诸法律等方式解决。但是，有些矛盾如果通过周到的服务、良好的礼仪、真诚的态度，包容谦让。那么，不但矛盾会合理解决，双方不伤和气，取得一个"双赢"的结果，而且还会成为更加亲密的合作伙伴。这比起通过打官司双方反目、影响信誉的效果要更合算。所以，在服务行为中解决矛盾，要多采用适宜的服务礼仪。

三、服务礼仪提升家政从业人员素质

家政服务礼仪是一种美好的行为方式，它可以净化人的心灵，陶冶人的情操，提高人的品位。家政服务人员讲究服务礼仪能使自己提高修养，提升服务品质；是全体社会成员的精神需求和物质需求；是国家民族兴旺发达，文明进步的标志；是全体社会成员具备良好的精神状态、道德水平、文化教养的反映；是良好社会风尚的有力说明。

家政服务礼仪会通过示范、带动等形式去影响服务对象的不良行为和习惯，倡导人们按照礼仪的规范要求去协调人际关系，维护健康、正常的社会生活。遵守家政服务礼仪原则的人，客观上起着榜样的作用，无声地影响着顾客，甚至是教育着周围的人们。

良好的服务礼仪对促进社会主义精神文明建设和物质文明建设有着不可估量的作用。它进一步体现了服务礼仪的实用性、具体性和可操作性，是家政行业取得经济效益和社会效益的立身之本。

四、真正的礼仪重心而兼形

在实施礼仪交往的过程中，每一个从业人员要记住的是，只有真心、真情、真礼、真品质才能打动人。礼仪展现过程中，礼强调的是内在的真，而仪强调的是外在的形。如果光注重形而忘了心，这样的礼仪是不完整的，也是感动不了人的。因此，我们要注重修心，真正理解对一个人有礼有节的真正内涵，那么外的仪、形才会变得让人发自内心的愉悦、舒心。学习中华传统文化，有助于我们提升礼仪素养，让我们德、行兼备。

第一章 家政服务员的仪表仪容

适当淡妆

第一节 着 装

个人的服饰，不仅展示其外表形象，而且能表现其精神风貌。任何服务单位就不可能不重视其服务人员的服饰问题。家政服务人员的服饰礼仪，是指他们在其服务工作之中所穿戴使用的正装、便装、饰品、用品等的选择与使用。服饰得体与否，与个人形象、企业形象均有极大关系。因此，家政服务人员必须对个人服饰予以足够的重视。必须在个人服饰上遵守服务礼仪规范的要求。总体原则：款式简洁、长短适度、饰物(领带、丝巾等)简单、干净挺括、色彩简单。

一、服装色彩与色彩搭配

在选择衣服的时候，色彩这一元素往往首当其冲，直接吸引我们的眼球，引导我们的心理色彩。世界五彩缤纷，不同性格的个人会对不同的色彩有不同的感觉，但有些颜色给人的感觉会有一定的共性，比如说白色会让人觉得纯净；黑色会让人觉得神秘高贵；绿色会让人觉得有生命力；蓝色会让人觉得洁净宽广；红色会让人觉得热情；粉色会让人觉得温馨；等等。因此，服饰要取得良好的效果，必须充分发挥面料的性能和特色，使面料特点与服装造型、配饰、风格完美结合，相得益彰。

（一）了解色彩原理

1.原色、间色和复色

原色：红、黄、蓝这三种颜色被称为三原色，这三种颜色是任何其他色彩都不能调配出来的颜色。

间色：两个原色相调和会产生出间色。例如：红色与黄色调和可产生橙色，红色与蓝色调和可产生紫色，黄色与蓝色调和可产生绿色，橙色、紫色、绿色就是间色。

复色：一种原色与一种或两种间色相调和，或两种间色相调和产生的颜色就是复色。例如，黄色与橙色调和时可产生橙黄色，橙色与绿色调

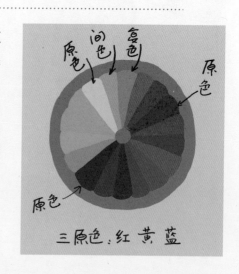

三原色：红黄蓝

和可产生棕(黄灰)色，橙黄色、棕(黄灰)色就叫复色。

2. 色相、纯度和明度

色彩分为无彩色系和有彩色系两大类。无彩色系是指白色、黑色和由白色及黑色调和形成的各种深浅不同的灰色。有彩色系(简称彩色系)是指红、橙、黄、绿、青、蓝、紫等颜色。

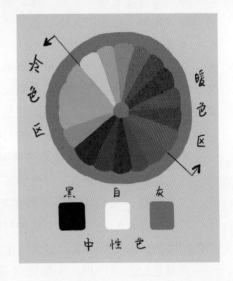

彩色系的颜色具有三个基本属性：色相、纯度、明度。

色相：色彩的色相是色彩的最大特征，是指能够比较确切地表示某种颜色色别的名称、色彩的成分越多，色彩的色相越不鲜明。

纯度：色彩的纯度是指色彩的纯净程度。它表示颜色中所含的有色成分的比例，比例越大，色彩越纯，比例越小，色彩的纯度也越低。

明度：色彩的明度是指色彩的明亮纯度。各种有色物体由于它们反射光量的区别而产生了颜色的明暗强弱。色彩的明度有两种情况：一是同一色相的不同明度；二是各种颜色的不同明度。

3. 色彩的膨胀与收缩、前进与后退

当一个人穿着相同款式、相同材料、不同色彩的两套服装，即使在同一环境中，也会给人不同的感觉。例如，一个人在同一环境中，穿着红色服装时，感觉离我们较近，体积大，而穿蓝色服装时，感觉离我们较远。当一个人穿着高纯度的服装时，比穿着低纯度服装给人的感觉较近，而且体积也比穿低纯度的服装大。在色彩的比较中给人以实际距离的色彩叫前进色，给人以比实际距离远的色彩叫后退色；给人感觉比实际体积大的色彩叫膨胀色，给人感觉比实际体积小的色彩叫收缩色。为什么会引起以上感觉呢？原因是各种不同波长的光，通过晶状体，聚焦点不完全在一个平面上，致使视网膜上的影像的清晰度有所差别。

4. 主色调与点缀色

服装色彩的主色调是指在服装多个配色中占据主要面积的颜色；点缀色是指在色彩组合中占据面积较小，视觉效果比较醒目的颜色。主色调和点缀色形成对比，主次分明，富有变化，产生一种韵律美。

色彩的地位是按其所占的面积大小来决定的，色彩占据的面积越大，在配色中的地位越重要，起主导作用；占据的面积越小，在配色中的地位越次要，起到陪衬、点缀的作用。在配色过程中，无论用几种颜色来组合，首先要考虑的是用什么颜色作主色调。如果各种颜色面积平均分配，服装色彩之间互相排斥，就会显得凌乱，尤其是用补色或对比色时，色彩的无序状态就更加明显，主色调就不存在了。

点缀色是相对主体色而言的，一般情况下，它比较鲜艳饱和，有画龙点睛的效果。在进行服装配色时，如果色调非常艳丽、明亮，可以考虑采用点缀色，如一套红色套装可以黑色组作点缀。如果色调比较沉闷，色彩形象不很鲜明时，可用点缀色来调整套服装的色度，如一套蓝灰色的服装，可用白色或黑色作点缀，也可以通过亮丽的服饰品画龙点睛，从而达到美化服装的目的。

点缀色无论多么鲜艳或是多么灰浊，只要它不超过一定的面积，是不会改变服装的主体色彩形象的。例如，白色套装，局部用黑色来点缀。但是，如果在套装上又是绣花，又是镶拼，又是印字，点缀的东西达到一定程度以后，白色的主体地位就会被动摇，当然，服装配色有时出于某种目的，并不一定要分清主体色与点缀色。有时，各种颜色相混杂，通过空间混合也会产生良好的色彩效果。

点缀色也经常出现在服饰配件设计及面料花色设计中，例如，黑色的皮包常使用亮泽的金属扣作点缀，暗暗的花底色上则出现艳丽色彩的点缀。

（二）服装色彩搭配

1. 同色

同色是指服装上下基本是同一个颜色或者是同一色系，这样的搭配不容易出什么问题，特别是无彩色系，还显得高级，比如一身黑、一身白、一身灰。彩色系就因人而异，并且更讲究配饰及色相、纯度、明度，如红色、绿色、蓝色、黄色等。

2. 撞色

撞色搭配是指两个对比色进行搭配，即在配色时运用冷暖、深浅、明暗两种特性相反的色彩进行组合的方法，比如黑配白、红配绿、黄配紫、橙配蓝，这种色彩搭配视觉冲击力强，艺术效果显著，但在着装上对人的选择要求较高，一般对肤色、气质、体型、个性都要考虑。

3. 配色

配色是指两个颜色中都会有共同的色彩元素出现，那这样就会形成合理配色，比如说红色和蓝色都带有黄色的成分；一个颜色的上面有另一个颜色的部分存在；一个颜色的构成中有另一个色的参与。比如黑色是所有色彩的混合，所以适配每一种颜色，特别是金色、银色、红色、蓝色、绿色、紫色都漂亮。这样一来，我们就可以知道，亮度高的红配亮度高的黑、浅灰色配粉红、深灰配砖红、绿色配咖色、黄色，等等。当然，在搭配中，一定要记住前面所讲的色彩原理，关注色度、明度、纯度、膨胀与收缩效果、色彩调和原理等，最好用色布在身上进行肤色比对分析，再结合着衣者的身材、个性、职业特点来进行设计搭配。

总之，无论采用哪一种方式，切记：从头到脚，包含头发、发饰、表带、腰带、衣裤、裙装、鞋子、袜子、饰品等不能超过三个颜色，我们常说：一个颜色是正规军、两个颜色是游击队、三个颜色以上是开杂货铺，同时还要注意配饰质地的一致性。

二、工作服的穿着礼仪

家政服务虽然属于服务业，但与其他服务行业相比，各岗位着装却有更多的要求，如其他服务行业需要穿正装、制服，或者特制的工作服。家政服务从业者在工作时的穿着分得更细，根据家政服务岗位的不同，其服饰也是有所不同的，如家庭管家就需要穿正装西服，住家保姆穿便装加围裙，而育婴师、养老护理员、油烟管道清洗、工程维修则应穿特制的工作服，保洁人员穿公司统一定制的工作服。总之，家政服务人员的服饰应与服务的工种类型相适应。

（一）工作服礼仪

对于家政服务人员来说，在工作岗位上提倡穿工作服。工作服是为全体服务人员统一制作的，在款式、面料、色彩上完全相同。在工作岗位上，家政服务人员按规定必须穿着得体的工作服。

根据服务礼仪规定，家政服务人员的工作服必须具备四个基本要素，即：正式、角色、实用与规范。

1.正式

家政服务人员的工作服，必须给人以专业的感觉，这样，才可以使服务对象有被重视感。

2.角色

服务人员的工作服必须庄重、大方，与服务人员的角色相当，不可过于暴露和花哨。

3. 实用

服务人员的工作服是在工作岗位上穿着的，因此一定要实用，不可中看不中用。

4. 规范

服务人员的工作服在款式、面料、色彩、搭配等方面都要符合一定的规范，从而可以被服务对象所认可。

（二）工作服的穿着标准

家政服务人员的工作服除了穿着大小合身，还需注意以下几点：

1. 外观整洁

服务人员在穿着工作服的时候，要注意保持穿戴整齐干净，不穿外观不够整洁的工作服。

（1）清洁：要确保工作服上没有污渍、没有异味，确保领口与袖口干净。

（2）挺括：家政服务人员在穿着工作服前，如果衣服起了褶皱，就要进行熨烫；在暂时将其脱下时，应认真把它悬挂起来。要做到上衣平整、裤线笔挺。

（3）无损：工作服不可以出现破损的现象。

2. 穿着得当

家政服务人员在穿着工作服时，要讲究文明，穿着得当。

（1）文明。穿着工作服时，不要过多地暴露身体的某些部位。胸部、腹部、腋下、大腿四大不准外露的禁区。在服务工作中，脚趾与脚跟，也是不应裸露的。在穿着工作服的时候，不可出现卷裤的行为，也不可外露内衣。

（2）规范。家政服务人员在工作岗位上，一定要按规定穿着工作服，不可根据个人的喜好随意更换成其他服饰。例如，工号或标志牌要佩戴在左胸的正上方。

（3）协调。家政服务人员在穿着工作服的时候，一定要考虑与工作服搭配的服饰的协调和清洁。例如，皮鞋或布鞋颜色以素色或黑色为主，式样以端庄大方、平跟鞋为主。

三、西装制服的穿着与搭配标准

穿着西装制服，往往会显得服务人员精神十足、温文尔雅。因此，穿着西装制服要注重穿着的礼仪。

（一）西装制服的穿着标准

1. 要熨烫平整

西装制服的最大特点就是线条流畅，造型优美。因此，在穿着西装制服时，除要定期对西装进行干洗外，还要在每次正式穿着前，对其进行认真的烫平，使西装显得平整而挺括，线条笔直。

2. 要注意纽扣的作用

西服分为一颗纽、二颗纽、三颗纽和双排扣西服，在正式场合，西装制服的扣子一颗纽的站立时扣好，坐下时解开；二颗纽的站立时应该扣上第二粒，坐下时可以解开；三颗纽的无论站立还是坐下，扣西装的第二粒，第一粒和第三粒不扣；双排扣西服更显正规，全部都要扣上。

（二）西装制服的搭配标准

在穿着西装制服时，一定要注意西装制服与衬衫、内衣、领带及鞋袜的搭配。

1. 与衬衫配套

穿西装制服的时候，衬衫是个重点。应该穿着单色衬衫，对于服务行业人员来说，衬衫的颜色最好是白色的，具体要注意以下几点：衬衫的领口与袖口应保持洁净；衬衫的领子挺括、平整，软领是不适宜配西装的；衬衫的下摆要塞在裤子里，着短袖衬衫时，一般

1 粒扣：
立时扣，坐时解
2 粒扣：
立时扣2，坐时解
3 粒扣：
立、坐均扣2

也应将下摆塞在裤内；衬衫的袖长应比上衣袖子长出一些，这样可以避免西装袖口受到过多的磨损，而且用白色衬衫衬托西装的美观，显得更干净，利落，有生气，同时，袖口必须扣上，不可卷起；若不系领带，衬衫的领口应敞开。

2. 与领带配套

领带被称为西装的灵魂，在正式场合，穿西装制服必须系领带。与制服相配的领带可选用单色，一般选用暗红色，图案多为斜条图案。领带卡主要起固定领带的作用，并不应突出其装饰的功能。

领带的领结要饱满，与衬衫的领口吻合，领带的长度以系好后大箭头垂直到皮带扣处为标准。

3. 与鞋袜配套

穿西装制服一定要穿皮鞋，不能穿旅游鞋、轻便鞋、凉鞋或雨鞋。男性应该穿黑色皮鞋，袜子应该选择深色的，不能穿白色袜子和色彩鲜艳的花袜子，切忌穿半透明的尼龙或涤纶丝袜，这样显得庄重大方，鞋跟不要超过3厘米；女性应该穿中跟通勤皮鞋，这样显得职业和精神，但鞋跟一般不要超过4厘米，穿着袜子袜口不能露在衣裙之外，穿长筒袜只能穿肉色或浅灰色，忌穿有网状花口的长筒袜和黑色袜子。无论男女，皮鞋要上油擦亮，袜子要经常洗换，有脚汗的人要注意自己鞋袜的干净，以免产生异味，令人厌恶。

四、便装的穿着规范

在工作时间一般不提倡穿便装，但住家服务人员（保姆、家庭服务员）会以便装搭配围裙的方式穿着，本文中所讲的便装主要有夹克、衬衫、毛衣、T衫、直身裤、运动装等（但不包含牛仔裤、牛仔衣）。

（一）便装的穿着标准

家政服务人员在选择便装时并不是没有任何顾忌可以随便选择的。一般来说，穿着便装应注意以下几个原则：

1. 协调原则

不管什么人，不管穿什么样的服装，一定要讲究协调的原则。家政服务人员在穿着便装的时候一定要考虑自身的条件，根据自身的条件去选择合适的服饰。这样，才可以显示出自身条件的优越性，掩盖自身的不足。在考虑与自身条件相协调时要考虑三个方面的原因：一是年龄，二是体形，三是性别。

2. 职业化原则

在穿着便装的时候，一定要考虑自己的职业，保持专业的风格。切勿赶时髦或暴露肢体，另外，穿着便装应力求风格完美一致。不要让自己同时所穿的多件便装风格上相差太大。

3. 整洁性原则

在任何情况下，服务人员的着装都要力求整洁，避免肮脏或邋遢。这主要体现在整齐、完好、干净、卫生四个方面。

（二）便装的搭配标准

一般来说，便装的搭配要遵循下面几个原则：

1. 协调原则

在搭配不同的服饰时，一定要注意服饰的质地、款式、色彩等方面的协调一致。只有质地、款式、色彩协调一致的服饰穿在身上，才会显示出穿着者的审美观和修养。

2. 色彩原则

在服装的三大要素中，色彩对他人的刺激最快速、最强烈、最深刻，所以被称为"服装之第一可视物"，故应引起高度重视。不论是整体运用还是局部运用，服装的色彩往往都是几种颜色一起搭配使用的。在穿着服饰的时候，要认真学习上节课当中讲到的色彩应用原理。

3. 惯例原则

不同的服装，有不同的搭配和约定俗成的穿法。对便装进行组合搭配时要注意搭配的惯例。不可随心所欲地进行搭配。例如，穿休闲裤时最好配皮鞋或运动鞋，而不要穿布鞋或凉鞋。

（三）便装穿着禁忌

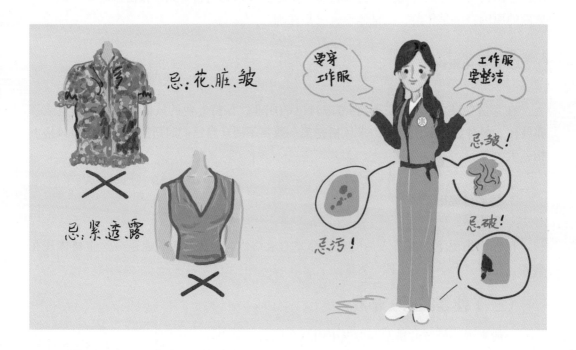

1. 忌肮脏

在任何情况下，服饰肮脏不堪都是不允许的。特别是居家服务人员更要高度重视，具体而言，既不应令其存在异物，又不应令其存在异味。

2. 忌残破褶皱

服饰一旦出现残破，即应及时对其修补或更换。若其出现过多的褶皱，也应及时更换或熨烫平整之后再穿。

3. 忌过分裸露

家政服务人员的着装不应过分暴露自己的身体。不露胸、不露肩、不露背、不露腰、不露腿"五不露"，是对家政服务人员居家服务着装的基本要求。此外，内衣不外露，也不应被疏忽。

4. 忌过分透视

家政服务人员在正式场合的着装，不允许过于单薄透明。任何时候，都不允许家政服务人员的内衣透视在外，甚至令人一目了然。

5. 忌过分短小

在任何正规场合，背心、短裤、超短裙、露脐装等过分短小的服装，都不适合穿着。

6. 忌过分紧身

选择过分紧身的服装，意在显示着装者的身材，家政服务人员上班时这样穿着是不太合适的。

五、不同体型的穿衣搭配

（一）消瘦型身材

这类身材的朋友们在搭配的时候上身应避免黑色或者竖条纹的衣服，这样会让你看上去更消瘦，可以改穿白色或者淡色系的衣服，横条纹有扩张的作用也是不错的选择。下身可以搭配宽松的裤子。避免紧身的裤装让原本就细小的腿部显得更细小。

（二）倒三角型身材

倒三角型身材就是肩宽要比臀部和腿部宽，就像倒立的三角形。这类身材的朋友们在搭配衣服的时候上装可以选择"U"形领或者"V"形领的上衣，避免横条纹及领口部较复杂的装饰花边或蓬松的蕾丝边，它会让你的上身显得更宽。下身可以选择"A"字裙或者花苞裙，会凸显出小巧的臀部，"铅笔"裤不太适合这种类型的身材。

（三）苹果型身材

苹果型身材就是大量的脂肪都累积在腹部，胳膊和腿没有太多的脂肪，看起来就像一个苹果。这类朋友在穿衣服的时候要注意遮挡腹部的赘肉，凸显胳膊和腿部的优点。可以选择带有褶皱的上衣或者不规则的格子衬衫，避免单调的收腰的衣服，有层次的衣服造型会减少腹部赘肉的视觉感。下装可以搭配高腰的休闲裤，中腰裤、裙更容易显出腰部赘肉，要避免购买误区，注意比较胖的朋友挑选衣服的时候尽量选择深色系。

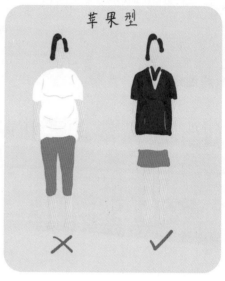

（四）梨形身材

梨形身材就是上身小下身比较大，跟个梨一样，全身的脂肪主要就堆积在下身特别是臀部和大腿，这类朋友在搭配衣服的时候要注意掩盖下身的赘肉凸显上身的优点。上衣可以选择收腰宽松类的上衣，避免紧身的衣服，会让上身显得更小，看着不协调。下身可以配喇叭裤和阔脚裤，不宜穿紧身裤或七分裤。

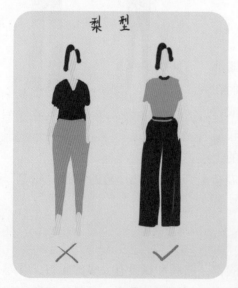

（五）沙漏型身材

沙漏型身材的上半身和下半身比较胖，中间的腰部比较纤细，这类朋友就应该注意凸显腰部的优点，对上下半身加以遮盖掩饰。这类身材的朋友应该少选择高领或者圆领的衣服。高腰连衣裙和紧身连衣裙是不错的选择，既可以遮住臀部和腿部的赘肉又可以凸显出腰部的纤细。沙漏型身材是很不错的身材，避免身材走样，平时应多注意饮食和运动。

（六）矩形身材

矩形身材的肩膀和臀部比较宽，腰部没有太多的赘肉，属于中等身材，这类身材虽然可以穿一些宽松的衣服但是不能凸显出身材的特点和曲线。不要选择双排扣的毛呢大衣和运动衣，应选择V领的上衣或者左右衣襟交叠式系带上衣。下身可以选择A字裙和圆摆裙，可以显出丰满的臀部。紧身的连衣裙也是不错的选择，再配上一条腰带可以显出你的腰身。避免紧身裤。

第二节　妆　容

一、面部的修饰

社会交往中，人的形象是不可忽视的，而人的形象又是通过人的全方位体现出来的，因此自然不能忽视包括五官在内的整个脸部的修饰。在人际交往中，个人仪容之中最为他人所注意的地方，通常首推其容貌。服务人员在服务时，必须首先重视面部仪容的修饰。人的脸部的修饰整体以整洁、卫生、简约、端庄为重。

（一）眼部的修饰

眼睛的清洁很重要，早上起床第一件事就是洗脸，此时就要注意眼睛的清洁。服务人员的眼睛应该是生动而富有活力的，炯炯有神，需要保持清洁。注意眼部的清洁，还包括用眼卫生，预防眼部疾患；一旦患有眼病，要认真及时的治疗，绝不可直接与顾客接触。

目前，社会上修眉纹眉比较流行，尤其是女性，修饰眉毛的很普遍，眉的修饰也成了一种文明意识和热门行业，服务人员的眉毛应以自然美为主。眉毛较粗或者眉毛的形状生得不太理想的女性，可以适当地对其眉毛进行修剪美化，以达到对其脸型的修饰改善作用。精致的眉毛能使人的脸部显得平衡、清晰、整洁，但若修饰过当，则会收到弄巧成拙的结果。

（二）口部的修饰

口部的修饰范围包括口腔和口的周围。口部修饰重中之重是注意口腔卫生，坚持经常刷牙，避免牙齿污染和口腔产生异味。从卫生保健的角度讲，每天刷牙三次，每次饭后三分钟内进行，每次刷三分钟，即"三个三"标准。服务人员在工作时可能做不到每日刷牙三次，但可以在饭后用清水或漱口水仔细漱口，以防食物残渣遗留于口腔牙缝，有碍观瞻而且容易产生异味。保持口腔清洁是个人卫生方面的一种美德，也是自尊及尊重人的有修养的表现。

服务人员即将进入服务场合前应禁食容易产生异味的食物。如葱、姜、蒜。除此之外，生韭菜、鲜蒜薹、虾酱、腐乳也是容易产生令人难以忍受其异味的食物，所以在工作中应避免食用，不能我行我素。吸烟、喝酒也能产生浓烈的气味，社交和集体活动之前应尽量避免。必要时，可口含茶叶、口香糖、口香液以祛除气味。咀嚼口香糖是一种现代社会行为，似乎是很文明、很"前卫"的习惯，平时倒也没有什么不妥。但在社交活动中，嚼口香糖是一种缺乏修养的表现，给人以轻佻、满不在乎、傲慢的不良印象，服务人员应注意这一点。

男性服务人员应每天坚持剃胡须。使用剃须刀，剃须泡沫太麻烦，又占用时间，可以购买一把电动剃须刀，迅速处理一下，虽没有刮胡刀处理得干净，但也比较光洁，显得自己精明强干，有阳刚之气。"胡子拉碴"是不修边幅的代名词，以这样的形象去服务别人，只能落得个印象不佳的结果。

嘴唇的护养也要列入口部修饰的范畴，要注意适当呵护自己的嘴唇，特别干燥时可涂抹润唇膏，防止嘴唇干裂、暴皮或生疮，还要避免唇边残留分泌物和其他异物，与别人交谈时不能放任唾沫横飞。

（三）鼻部的修饰

鼻子是面部的制高点，既突出又位于脸部的正中央，自然是别人目光的聚焦点，所以鼻部修饰也不可轻视。鼻子的修饰重在保养，鼻子及其周围若是长疮、暴皮、生出黑头，连片的青春痘甚至出现酒糟鼻，会严重影响美观。鼻子是面部的敏感区，保养时不能乱挤、乱挖、乱抠。擤鼻涕，清理鼻垢应当到僻静处，回避他人，不应当众擤鼻涕，也不要当众抠挖鼻孔，乱抹乱弹鼻垢。一块干净的手帕对清理眼睛和鼻子至关重要，要养成随身携带干净手帕的好习惯。清理鼻垢宜用纸巾或手帕背开人后进行，防止出现不雅的声音。同时，要注意及时修剪鼻毛。

（四）耳部和颈部的修饰

修饰耳部主要是保持耳部的清洁，及时清除耳垢和修剪耳毛。耳朵里沟回很多，容易藏污纳垢，应注意耳朵的清洁。及时清除耳垢，不要当众进行，可避开人多的地方，一是不雅观，再一个是保证安全，以防伤及耳膜。若有耳毛生长到耳朵外面，要及时修剪。颈部是人体最易显年龄的部位，服务人员平常要注意对颈部的护理，保持颈部皮肤的清洁，并加强颈部的运动与营养按摩，这样才会使颈部光洁动人，给人留下好的印象。服务人员只有以整洁、卫生、简约、端庄的状态面对服务对象，其服务才有可能取得客户的认可。

 # 二、化妆

育婴师、月嫂要定期进行皮肤护理及保养，每天涂抹护肤用品，特别是手霜，以保障皮肤的光滑细腻，防止刺激婴儿皮肤。除育婴师、月嫂外，其他女性家政服务人员工作时必须要化淡妆，这既是尊敬顾客的需要，也是展示自己精神面貌的需要，同时还要要求服务人员要化妆但又不可任其自便。只能"淡妆上岗"，而不应当浓妆艳抹。掌握一定的化妆技巧是服务人员工作的必备技能。

（一）原则

1.淡雅

"淡妆上岗"是对服务人员化妆时所做的基本规范之一。淡雅是要求服务人员在工作时一般都应当化自然妆，要自然大方，朴实无华，素净雅致。做到了这一点，其化妆才与自己特定的身份相称，才会为他人所认可。

2. 简洁

服务人员的岗位化妆，应当是一种简妆。也就是说，要求服务员在上班时化妆，并非是要其盛妆而出，应以简单精神为本。在一般情况下，服务人员化妆时修饰的重点主要是眉毛、嘴唇、面颊和眼部。

3. 适度

从根本上讲，服务人员的工作妆，必须适合自己本职工作的实际需要。要根据自己具体的工作性质，来决定化不化妆和应该如何化妆。例如家庭服务员、保姆、月嫂等对气味有特殊要求的工作岗位上，服务人员通常不宜使用芳香类的化妆品，如香水、香粉、香脂等。

4. 庄重

若是注意在化妆时对本人进行正确的角色定位的话，服务人员就一定会了解社会各界所希望看到的服务员的化妆应以庄重为主要特征。一些社会上正在流行的化妆方式，诸如金粉妆、日晒妆、印花妆、颓废妆、鬼魅妆、舞台妆、宴会妆等，不宜为家政服务人员在上班时所采用。否则，就会使人觉得轻浮随便，甚至是不务正业。

5. 避短

服务人员化妆，也有着美化自身形象的目的。要在化妆时美化自身形象，既要扬长，适当地展示自己的优点；更要避短，认真地掩饰自己的短处，并弥补自己的不足。不过服务人员必须清醒地认识到：化妆时扬长避短，重在避短，而不在于扬长。避短是为了不使自己见笑于人，因而十分必要，而过度扬长，则有自我显示之嫌。

（二）化妆步骤

（1）清洁：洗脸的方式方法。

（2）护肤：紧肤水、精华液或肌底液、乳液、面霜、隔离霜、防晒霜。

（3）打底：粉底液。

（4）彩妆：腮红、眼影、眉笔、眼线、口红。

（5）定妆：粉饼、散粉。

三、发部的修饰

当一个人为他人所注视时，他的头发往往也最被关注。一位资深的形象设计专家曾经指出："在一个人身上，正常情况下最引人注意的地方，往往首先是他对自己头发所进行的修饰。"就共性而言，服务人员的发部修饰应关注以下四点：

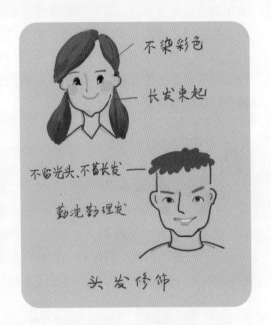

头发修饰

第一，整洁。服务人员的头发不能有怪味。对任何人而言，其头发在人际交往中能否确保整洁，都会直接影响到他人对自己的评价。头发若长时间不剪、不洗，不仅外观不洁，而且还会产生异味，自然会给人以不干净、不整洁的感觉。

第二，无异物。无异物具体指的是发屑。服务人员为确保自己发部的整洁，维护个人形象，对自己的头发要每周至少清洗三次，每月至少修剪一次，每天至少梳理一次。

第三，不染彩色发。服务者不可以把头发染得五颜六色，这与服务者的身份是不相符的。

第四，长短适当。在工作岗位上，一般来讲，对男性头发最基本的要求是：不能光头，长度一般不长于七厘米，前不过眉、后不过领、左右不过耳。女性若是长发应将长头发盘起来，或是束起来，或是编起来，或是置于工作帽内，不可以披头散发。

四、手部的修饰

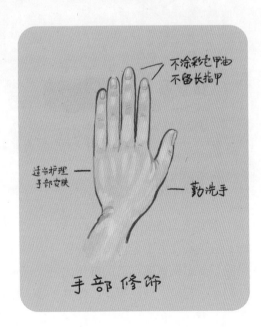

手部修饰

服务人员的手部在某些时候处于显眼之处，当与别人握手、交换名片、递送文件时，一双保养良好、干干净净的手会给人一种美感。手部修饰应当干净、雅观，指甲以不超过手指顶端为宜，女性服务人员在工作场合不要涂彩色指甲油。

服务人员在工作中手使用得较多，比较容易受到细菌的污染，许多传染性的疾病就是通过手传播的，所以平时要注意手的保洁与清洗。服务人员在上岗之前一定要清洗双手，每次外出归来也要洗手，在接触精密物品之前要洗手，吃东西之前要洗手，上过卫生间之后要洗手，下班之前要洗手，要多洗手，以确保手部无污痕，确保双手干干净净，应采用正确的七步洗手法进行手部清洁。

服务人员在工作中用手较多，手容易受伤，因此平常要注意加强对手的护理。手的保养要注意三个方面：一是手部皮肤的保养滋润；二是手掌、手指的柔软灵活；三是指甲的保护与修饰。

五、腿脚部的修饰

人们常常有"远看头，近看脚"观察他人的习惯。在人际交往中，除了要慎重地对待下肢服饰的选择与搭配外，注重其修饰也是重要的一环。按照工作性质，服务人员在对自己的下肢进行修饰时，需要注意的问题主要有两点：

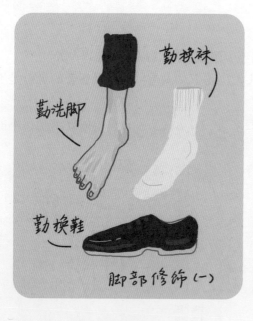

脚部修饰（一）

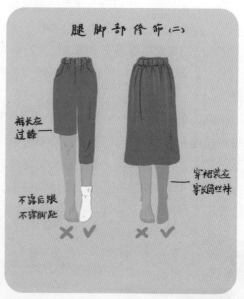

腿脚部修饰（二）

（一）下肢的清洁

服务人员在进行个人保洁时，一定不能忽视对下肢的清洁。服务人员在清洁下肢时，应特别注意三个细节问题：一是勤于洗脚；二是勤换袜子；三是勤换鞋子。服务人员除了要定期更换自己的鞋子之外，还必须注意其保洁问题。在穿鞋前，务必要细心清洁鞋面、鞋跟、鞋底等处，使其干净、整洁。

（二）下肢的遮掩

考虑到文明和礼貌等方面的因素，服务人员在工作时，需要借自己的服装和鞋袜适当地对自己的下肢进行必要的遮掩。

一般来讲，服务人员在选择服装与鞋袜时应认真做到以下几点：

1. 不要光腿

女服务员若穿短裤，必须选择长于膝盖的七分裤，穿裙子必须穿长筒丝袜。男性服务人员则必须着长裤。

2. 不要光脚

根据常规，家庭服务人员在工作之时，通常不允许赤脚穿拖鞋，一定要穿上袜子。提出这一要求，既是为了美观，也是为了在整体上塑造服务人员的形象。

3. 不要露趾

家政服务人员在穿着工作服时，选择鞋子不仅要注意其式样、尺寸，还须特别注意，自己在穿上鞋子之后，不宜让脚趾露在外面。不论是否穿有袜子，此要点皆应予以重视。

4. 不要露脚后跟

除居家家政服务人员外，其他服务人员在工作岗位上暴露自己的脚后跟，会有过于散漫之嫌。因此，通常不应当穿着无后跟的鞋子，或脚后跟裸露在外的鞋子。

第三节　个人卫生

一、着装卫生

衣着整洁是家政服务员着装的基本要求，爱清洁，这不但包括把家庭里里外外收拾得干干净净，也要求家政服务员把自己打扮得清清爽爽。

家政服务员的着装最基本的要求是清洁、整齐。无论春、夏、秋、冬。无论内衣、外衣、鞋、袜、帽都要经常换洗，要时常注意衣服的领口、袖口的卫生。尤其是夏天，衣物、袜子要每天换洗。

遇到节日或雇主家来客，更应换上清洁、美观的衣服。

不光脚穿鞋。更不能光着脚在雇主家中来回走动，这样既不礼貌也不雅观。

根据工作需要，可以穿戴相应的保护用品。例如做清扫工作时，应穿保护服或戴上围裙和工作帽、套袖等。不要穿着有污染的衣服去厨房操作或进卧室抱小孩子。下厨工作最好戴上工作帽和围裙，以维护食品卫生。

二、身体卫生

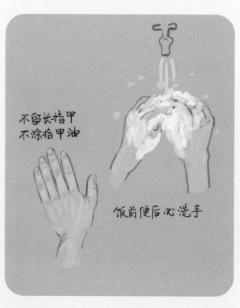

（一）手部卫生

饭前、便后洗手。为了健康，做饭前必须洗手，洗手时一定要用肥皂或香皂。必要时用刷子蘸肥皂水或消毒液。将手彻底洗刷，按照腕部、手掌、手背、指甲、指甲缝等顺序进行刷洗。家政服务员不宜留长指甲和涂指甲油。每周至少剪一次指甲。

（二）头部卫生

家政服务员由于工作的特殊性决定，必须保持头发清洁卫生：

每周应清洗2～3次，且梳理整齐；不宜留长发，每个月应修剪头发1次，头发过长不但会影响工作，而且会显得不精神，头发脱落也会给客户带来不满意感，女性需要留长发时要盘好编好，做饭时最好戴上帽子，以防止头发或头皮屑掉到饭菜里面。

（三）口腔卫生

每天早、晚坚持刷牙，可以保持口腔清洁卫生、无异味，从而可以保证每天都能以良好的卫生状态、清新的面貌、良好的精神状态面对雇主和每天的工作。

（四）躯体卫生

常洗澡保持身体卫生是每个人都应做到的，每周至少应洗澡2次。夏季如条件允许，每天洗一次澡，如条件有限，也要每天擦澡。

睡前洗脚，每天在睡觉前一定要用温水洗脚，以防止脚汗或脚臭。每周修剪一次脚趾甲。

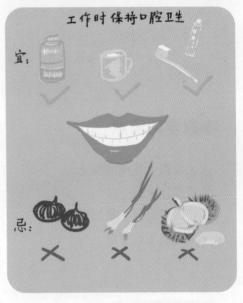

（五）经期卫生

月经期间，经常更换卫生巾或卫生纸，换下的卫生纸、巾要用袋子或干净的纸包好放入垃圾桶，不能随便就扔入垃圾桶中。每天冲洗1～2次，但不能洗冷水澡或用冷水擦洗。

不参加重体力劳动，不游泳，不赛跑。

注意冷暖，预防疾病。夏季衣着要合体，保持清爽；春、秋、冬季要注意保暖。

忌食生、冷、辛辣食品，以免刺激血管导致血管扩张，引起大量出血。

多食蔬菜、水果，以帮助消化，保持大便通畅。

案例分析

行业标范

王阿姨是一个来自四川，从事了八年月嫂工作的资深服务员，业务技能精湛，而且深深了解客户的精神需求，每天都洗澡，穿得干干净净，非常注重个人卫生。有一天她休息，正好是个冷天，朋友便约她去吃火锅以解馋，她本来也是非常喜欢吃火锅的，但是火锅里、调料里都免不了要放大蒜，而且口味极重，又麻又辣。她想到第二天还要去工作，怕浓重的口味到时候还散不完，影响到产妇和婴儿，就忍住了火锅的诱惑，跟朋友约定等这单下了后她再回请朋友们吃家乡火锅，于是，和朋友相约去吃了清淡的食品。很多人在面对美食诱惑时，主要想到的是自己而不是客户，那首先会想的是自己的休息日，所有的一切都可以自由选择，而忽略服务品质细节和礼由心生的持续性，放弃自我管理，变得不自律，王阿姨这种因服务意识及礼仪意识极强而有较高自律性的行为值得我们学习。

本章学习重点

1.家政服务礼仪的概念。
2.仪指什么?
3.什么样的仪才是服务标准。
4.个人卫生的要求。

本章学习难点

1.礼的内涵。
2.什么样的礼才是真礼。
3.服务人员要具备什么样的礼仪素养。
4.礼仪对家政行业的影响。

练习与思考

1.服务人员要具备什么样的礼仪素养?

2.仪的概念是什么?

3.个人卫生要注意什么?

4.简述至少四种色彩搭配。

5.实操：化淡妆。

第二章　家政服务员的礼节标准

　　礼仪和礼节，均表达着服务人员对服务对象的尊重。然而两者也有着一定的区别：仪是相对静止的，是服务人员在与服务对象接触之前就要准备好的；而礼节侧重于在与服务对象接触时，所表现出来的行为动作规范标准。

　　家政服务从业人员与其他服务行业一样，均须与不同的顾客接触。一个家政服务员拥有规范的礼节，同样会获得顾客的尊重，让顾客享受愉悦的服务，这对于塑造家政良好的行业形象亦是不可或缺的部分。

第一节　仪态标准

仪态，泛指人们的身体所呈现出来的各种姿势，即身体的具体造型。服务人员在自己的工作岗位上，务必要高度重视体态语言的正确运用。

在工作之中，服务人员不仅不能对关于个人形象的仪态美疏忽大意，而且还应当对其有较高的、较为规范的要求。这是由服务工作的自身性质所决定的。

一、站姿——站如松

站立是人们生活中一种最基本的举止。常言说"站如松"，就是说站立应像松树那样端正挺拔。站姿是静止的造型形象，显现的是静态美。

站姿又是训练其他优美体态的基础，是发展不同姿态美的起始点。因此，服务人员练好站姿有着特别重要的意义。服务岗位中的几种站姿如下：

（一）规范站姿

服务岗位中的站姿最常见的是规范站姿。规范站姿的基本要求是头正、肩平、臂垂、躯挺和腿并。

头正：两眼平视前方，嘴微闭，收颌梗颈，表情自然，稍带微笑。

肩平：两肩平正，微微放松，稍向后下沉。

臂垂：两肩平整，两臂自然下垂，中指对准裤缝。

躯挺：胸部挺起，腹部往里收，腰部正直，臀部向内向上收紧。

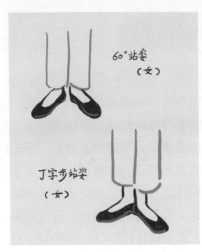

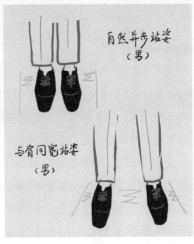

腿并：女性两腿立直、贴紧，脚跟靠拢，两脚脚跟夹角成60度。男性则两脚自然并拢。这种规范的礼仪站姿，同部队战士的立正是有区别的。礼仪的站姿较立正多了些自然、亲近和柔美。

（二）叉手站姿

即两手在腹前交叉，右手搭在左手上直立。这种站姿，男性可以两脚分开，距离不超过20厘米。女性可以用小丁字步，即一脚稍微向前，脚跟靠在另一脚内侧。

这种站姿端正中略有自由，郑重中略有放松。在站立中身体重心还可以在两脚间转换，以减轻疲劳，这是一种常用的接待站姿。

（三）背手站姿

即双手在身后交叉，右手贴在左手外面，左手贴在两臀中间。两脚可分可并。分开时，不超过肩宽，脚尖展开，两脚夹角成60度挺胸立腰，收颌收腹，双目平视。

这种站姿优美中略带威严，易产生距离感。如果两脚改为并立，则突出了尊重的意味。

（四）背垂手站姿

即一手背在后面，贴在臀部，另一手自然下垂，手自然弯曲中指对准裤缝，两脚可以并拢也可以分开，也可以成小丁字步。

这种站姿，男士多用，显得大方自然、洒脱。以上几种站姿密切地联系着岗位工作，在日常生活中适当运用，会给人们挺拔俊美庄重大方、舒展优雅、精力充沛的感觉。

要掌握上述这些站姿，必须经过严格的训练，长期坚持，形成习惯。在站立中一定要防止探脖、塌腰、耸肩，双手不要放在衣兜里腿脚不要不自主地抖动，身体不要靠在门上，两眼不要左顾右盼，以免给人留下不良印象。

二、走姿——行如风

协调稳健、轻松敏捷的行姿会给人以动态之美，表现朝气蓬勃、积极向上的精神状态，行姿的基本要求是"行如风"。起步时，上身略向前倾，身体重心落于前脚掌上。行走时，双肩平稳，目光平视，下颌微收，面带微笑，手臂伸直放松，手指自然弯曲。摆动时，以肩关节为轴，上臂带动前臂，前后自然摆动，摆幅以30～35度为宜。步幅适当，一般应该是前脚的脚前跟与后脚的脚后跟相距一脚长。如女士穿着裙装，步幅则是脚长的三分之二，跨出的步子应是全脚掌着地，膝和脚腕不僵直，行走足迹在一条直线上。行步速度，一般男士是108～110步/分钟，女士则是118～120步/分钟。行走时，男士不要左右晃肩。女士髋部不要左右摆动，着高跟鞋时应注意保持身体平衡，以免摔跤。男女两人同行，女士步幅较小，男士步幅较大，男士应适当调整步幅，尽量与女士同步行走。行走时，不要左顾右盼，左摇右摆，大甩手，也不要弯腰驼背、歪肩晃膀，步履蹒跚，不要双腿过于弯曲，走路不成直线，更不要走"内八字"或"外八字"。

行走是以文雅、端庄的站姿为基础的。正确的走姿基本要领是：步履自然、稳健，抬头挺胸，双肩放松，提臀收腹，重心稍向前倾，两臂自然摆动，目光平视，面带微笑。决定行姿是否标准的因素主要有以下七个方面。

（一）步位标准

步位，即脚落在地面的位置。男性工作人员两脚跟可保持在适当间隔的两条平行直线上，脚尖可以稍微外展；女性工作人员两脚跟要前后踏在同一条直线上，脚尖略外展，也就是所谓的"男走平行线，女走一条线"。

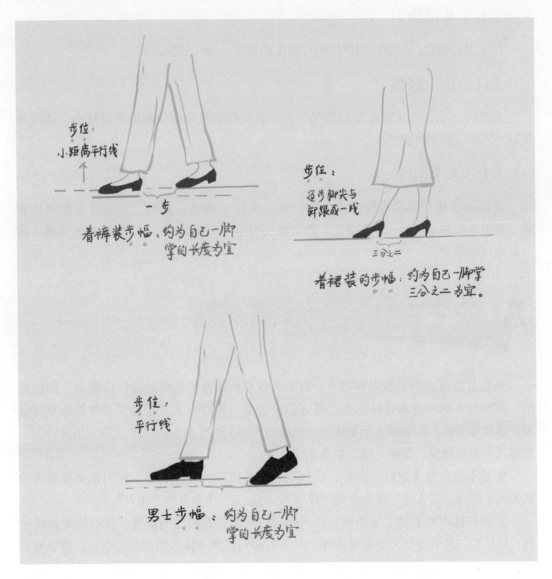

（二）步幅适中

步幅是指行走时两脚之间的距离。步幅的大小也要与服装和鞋子的穿着相适应。

（三）步态优美

走路时膝盖和脚腕都要富于弹性，两臂自然轻松地前后摆动，男性应具有阳刚之美，展现其矫健、稳重、挺拔的特点；女性应显得温婉动人，体现其轻盈、妩媚、秀美的特质。

（四）步高合适

行走时脚不要抬得过高，否则会缺乏稳健感；也不能抬得过低，脚后跟在地上拖着走会显得懒散、无精神。

（五）步速均匀

在一定的场合，一般应当保持相对稳定的速度，避免忽快忽慢。

（六）步声轻微

走路时，在保持正常走姿的情况下，尽量使鞋子与地面接触的声音减小，同时尽量减小衣物之间的摩擦声。

（七）身体协调

走路时身体各部位应保持动作的和谐。头正、肩平、躯挺，走动时要脚跟先着地，膝盖在脚部落地时一定要伸直，腰部要成为重心移动的轴线，双臂在身体两侧一前一后地自然摆动。

三、坐姿——坐如钟

坐是日常仪态的主要内容之一。符合礼仪规范的坐姿能传达出自信豁达、积极热情、尊重他人的信息和良好风范。得体的坐姿是一种静态美。坐姿是一种静态身体造型，这种姿势在人们的社交活动中往往给人带来深刻的印象，古人所说的"坐如钟"，意思是坐着要稳重，像钟一样，姿势端正优美。

坐姿不仅包括坐的静态姿势，也包括入座和离座的动态姿势，它们是坐姿不可分割的两个部分。"入座"作为坐的"序幕"，"起座"作为坐的"尾声"。

坐姿的基本要求是"坐如钟"。入座时，应以轻盈和缓的步履，从容地走到座位前，然后用三步转身法轻而稳地落座，并将右脚与左脚并排自然放。坐定后，身体重心垂直向下，腰部挺起，上体保持正直，头部保持稳，两眼平视，下巴微收，双手自然地放在膝头或者座椅的扶手上。男士的基本坐姿是上体挺直，下颌微收，双目平视，两腿分开，与肩同宽，两脚平行，两手分别放在双膝或两手相叠后放在左腿或右腿上。

女士的基本坐姿是两腿并拢，两脚同时向左放或向右放（膝盖朝向谈话对象方），两手相叠后放在左腿或右腿上，也可以两腿并拢，两脚交叉，置于一侧。

女士入座时，若穿着裙装，应用手由后向前将裙摆微拢一下，不要等坐下后，再重新站起来整理衣裙。女士就座时，不可翘腿，更不可将双腿叉开。男士可以交叠双腿，一般是右腿架在左腿上，但腿脚不能不停地晃动。

男士和女士在就座时，双手不要叉腰或交叉在胸前，不要摆弄手中的杯子或将手中的东西不停地晃动，不要不时地拉衣服，整理头发或抠鼻子、掏耳朵等。

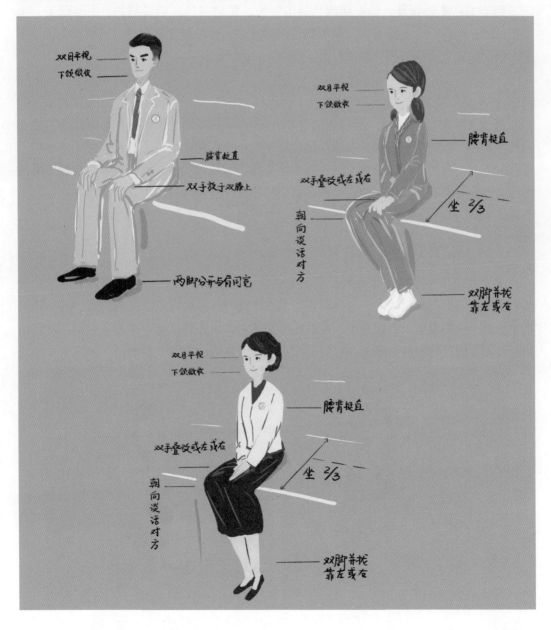

四、得体的蹲姿

　　蹲的姿势，又称为蹲姿。下蹲是由站立姿势变化而来的相对静止的体态，是由站立转变为两腿弯曲、身体高度下降的姿势。服务人员在工作时难免会在众人面前捡起掉在地上的东西或完成其他操作，这就需要采用正确的蹲姿。

（一）蹲姿的基本要求

　　蹲姿的基本要领是：站在所取物品的旁边，稍稍屈膝，抬头挺胸，不要低头，也不要弓腰，两脚合力支撑身体，掌握好身体的重心，慢慢地把腰部降低，臀部向下，下的时候要保持上身的挺拔，神情自然。

（二）高低式

　　其主要要求是下蹲时，捡右侧的东西，应左脚在前，右脚靠后。左脚完全着地右脚脚跟提起，右膝低于左膝，右腿左侧可靠于左小腿内侧，形成左膝高右膝低的姿势。臀部向下，上身微前倾，基本上用左腿支撑身体。采用此式时，女性应并紧双腿，男性则可适度分开。若捡身体左侧的东西，则姿势相反。这种双膝以上靠紧的蹲姿在造型上也是优美的。

（三）交叉式

　　交叉式蹲姿主要适用于女性，尤其是适合身穿短裙的女性在公共场合采用。它虽然造型优美但操作难度较大。这种蹲姿要求在下蹲时，右脚在前，左脚居后；右小腿垂直于地面，全脚着地。右腿在上、左腿在下交叉重叠。左膝从后下方伸向右侧，左脚跟抬起脚尖着地。两腿前后靠紧，合力支撑身体。上身微向前倾，臀部向下。

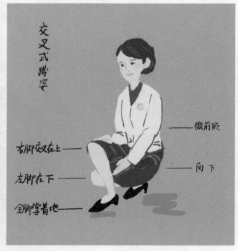

（四）半蹲式

半蹲式蹲姿多为人们在行进之中临时采用。它的基本特征，是身体半立半蹲。其主要要求是在蹲下之时，上身稍微下弯，但不宜与下肢构成直角或者锐角。臀部务必向下。双膝可微微弯曲，其角度可根据实际需要有所变化，但一般应为钝角。身体的重心应当被放在一条腿上，而双腿之间却不宜过度地分开。

（五）半跪式

半跪式蹲姿又叫作单蹲姿。它与半蹲式蹲姿一样，也属于一种非正式的蹲姿，多适用于下蹲的时间较长，它的基本特征，是双腿一蹲一跪。其主要要求是下蹲以后，改用一腿单膝点地，以其脚尖着地，而令臀部坐在脚跟上。另外一条腿应当全脚着地，小腿垂直于地面。双膝必须同时向外，双腿则宜尽力靠拢。

提示

无论采用哪种蹲姿，女士都要注意将两腿靠紧，臀部向下，使头、胸、膝关节不在同一个角度上，以塑造典雅优美的蹲姿。

第二节　体态语言

一、鞠躬礼

鞠躬的意思是弯身行礼，是表示对他人敬重的一种郑重的社交礼节。那么在行鞠躬礼的时候，我们应该注意鞠躬礼仪的哪些基本要点呢？下面和大家一起，学习鞠躬礼仪的基本要点。

（一）鞠躬礼的基本动作规范

行鞠躬礼时，男士双手自然下垂，贴放于身体两侧裤线处，女士的双手下垂搭放在腹前。然后上身前倾弯腰，下弯的幅度可根据施礼对象和场合决定鞠躬的度数。行鞠躬礼时务必注意，绝不能够把手插在衣袋里，那是极为失礼的行为。

 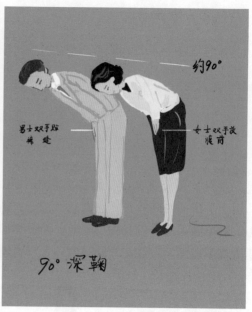

1. 三鞠躬

（1）行礼之前应当先脱帽，摘下围巾，身体肃立，目视受礼者。

（2）男士的双手自然下垂，贴放于身体两侧裤线处；女士的双手下垂搭放在腹前。

（3）身体上部向前下弯约60度，然后恢复原样，如此三次。

2. 深鞠躬

其基本动作同于三鞠躬，区别就在于深鞠躬一般只要鞠躬一次即可，但要求弯腰幅度一定要达到90度，以示敬意。

3. 社交、商务鞠躬礼

（1）行礼时，立正站好，保持身体端正。

（2）面向受礼者，距离为2米远。

（3）以腰部为轴，整个身体向前倾15度以上（一般是30度，具体视行礼者对受礼者的尊敬程度而定），同时问候"您好""早上好""欢迎光临"等。

（4）朋友初次见面、同志之间、宾主之间、下级对上级及晚辈对长辈等，都可以不同程度地鞠躬行礼表达对对方的尊敬。

（二）行鞠躬礼的注意事项

1. 行使鞠躬礼的场合

鞠躬礼既可以应用在庄严肃穆或喜庆欢乐的仪式中，也可以应用于一般的社交场合；既可应用于社会，也可应用于家庭。如下级向上级，学生向老师，晚辈向长辈行鞠躬礼表示敬意。

2. 鞠躬礼的行礼者和受礼者要互相注目，不得斜视和环视

行礼者在距受礼者2米左右进行；行礼时，以腰部为轴，头、肩、上身顺势向前倾约30～60度，90度用的场合和对象在国内来说不是常用礼。当然，具体的前倾幅度还可视行礼者对受礼者的尊重程度而定。

鞠躬时，双手应在上身前倾时自然下垂放两侧，也可两手交叉相握放在体前，面带微笑，目光下垂，嘴里还可附带问候语，如"你好""早上好"等。施礼后恢复立正姿势。

通常，受礼者应以与行礼者的上身前倾幅度大致相同的鞠躬还礼。但是，上级或长者还礼时，可以欠身点头或在欠身点头的同时伸出右手答之，不必以鞠躬还礼。

鞠躬低于30度时，目光应该向下看，表示一种谦恭的态度。不可以一面鞠躬一面翻起眼看对方，这样做姿态既不雅观，也不礼貌。

鞠躬礼毕起身时，双目还应该有礼貌地注视对方。如果视线转移到别处，即使行了鞠躬礼，也不会让人感到是诚心诚意。鞠躬时，嘴里不能吃东西或叼着香烟，

行鞠躬时如戴有手套，须先摘下手套，用立正姿势，双目注视受礼者，身体上部前倾约15度左右，而后恢复原来的姿势。

二、手势礼

手势是人们在交往中不可缺少的最有表现力的一种"体态语言"，它是一种"动态美"，做得得体适度，会在交际中起到锦上添花的作用。适当地运用手势，可以增强感情的表达。与人谈话时，手势不宜过多，动作不宜过大，要给人一种优雅、含蓄而彬彬有礼的感觉。

手势的规范标准是：五指伸直并拢，腕关节伸直，手与前臂形成直线。在做动作时，肘关节弯曲130度左右为宜，掌心向斜上方，手掌与地面成45度角。

（一）运用手势要则

在谈话时运用手势，是一种自然的流露，服务人员要养成好的习惯，使之自然、得体、文明、礼貌。

1. 手势要优雅自然

谈话除非需要用手势来加强语气、指示对象、模拟物状外，一般不要用无意义的手势。要注意适度的手势是上界不过头，下界不过腰，左右范围应在胸前不超过肩宽10厘米。动作表现要慢些，手势曲线宜"软"不宜"硬"，显得亲切自然。这样的手势辅助说话，如行云流水，既有亲切感，也加重了语气。有的人一说起话来手就胡乱挥动，无节制地使用各种手势，这就会给人装腔作势的感觉。另外，在交际过程中，注意不要有习惯性的"小动作"，如低头看手机，玩手机，玩弄小物件、摸头发、弄衣角等。

2. 手势要符合礼仪

说话时，伸出手的食指向对方指指点点，这表示的是对对方的轻视，如果把手指指向某人的脸，就带有侮辱对方的意思了。另外在和长辈、上级谈话时，手背在身后或插在口袋里，也是不符合礼仪要求的。即使是同辈朋友，不分场合地拍拍打打、摸摸人家的头顶或脸颊也是令人反感的。

3. 做手势要尊重各国各地民族习惯

手势语是极为丰富多彩的，各个民族都有一些独特的手势语，或者同一种手势可以表示不同的意思，同一个意思可用不同的手势表示。因此，遇到不同国度的客户，最好少用一些较为特殊的手势来表达自己的意思，如要使用就要符合当地民族的习惯。

（二）服务行业的几种常用手势

服务行业的手势，在服务过程中有着重要的作用，它可以加重语气，增强感染力。大方、恰当的手势可以给人以肯定、明确的印象和优美文雅的美感。

1. 规范的手势

规范的手势应当是手掌自然伸直，掌心向内向上，手指并拢，拇指自然稍稍分开，手腕伸直，使手与小臂成一直线，肘关节自然弯曲，大小臂的弯曲以130～140度为宜，在做手势时，要讲究柔美、流畅，做到欲上先下、欲左先右，避免僵硬死板、缺乏韵味，同时配合眼神、表情和其他姿态，使手势更显协调大方。

2. 横摆式

在表示"请进""请"时常用横摆式。做法是五指并拢，手掌自然伸直，手心向上，肘微弯曲，腕低于肘。开始做手势应从腹部之前抬起，以肘为轴轻缓地向一旁摆出，到腰部并与身体正面成45度时停止。头部和上身微向伸出手的一侧倾斜，另一手下垂或背在背后，目视客人，面带微笑，表现出对客人的尊重。

3. 前摆式

如果右手拿着东西或扶着门时，这时要向客人做向右"请"的手势时，可以用前摆式，五指并拢，手掌伸直，由身体一侧由下向上抬起，以肩关节为轴，手臂稍曲到腰的高度，再由身前右方摆去，摆到距身体15厘米，并不超过躯干的位置时停止。目视来宾，面带笑容，也可双手前摆。

4. 双臂横摆式

当来宾较多时，表示"请"时，可以动作大些，采用双臂横摆式。两臂从身体两侧向前上方抬起，两肘微曲向两侧摆出。指向前进方向一侧的手臂应抬高一些，伸直一些，另手稍低一些、曲一些。也可以双臂向一个方向摆出。

5. 斜摆式

请客人落座时，手势应摆向座位的地方。伸手要先从身体的一侧抬起，到高于腰部后，再向下摆去，使大小臂成斜线。

6. 直臂式

需要给宾客指方向时，采用直臂式，手指并拢，掌伸直，屈肘从身前抬起，向需指示的方向摆去，摆到肩的高度时停止，肘关节基本伸直。注意指引方向，不可用一手指指出，显得不礼貌。

（三）服务中的忌用手势

在正确掌握了以上常用的手势之后，还应防止在服务过程中滥用以下几种错误的手势。

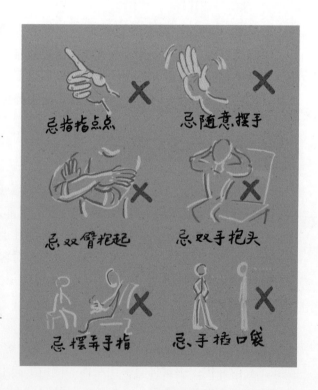

1. 指指点点

不允许服务人员随意用手指对着别人指指点点，与人谈话时尤其不要这样做，用手指指点点对方的面部，特别是指着对方的鼻尖，更是对对方的不敬。

2. 随意摆

在接待服务对象时，不要随意向对方摆手，摆手的一般含义是拒绝别人，有时还有极不耐烦之意。

3. 双臂抱起

双臂抱起，然后端在自己身前，这一姿势，往往暗含拒绝之意。家政服务人员若在服务对象面前有如此表现，自然会令人不快。

4. 双手抱头

当家政服务人员与人交流时这样做，会给人以目中无人的感觉。

5. 摆弄手指

反复摆弄自己的手指会给人以烦躁、无聊的感觉。

6. 手插口袋

工作中如果把一只手或双手插在自己的口袋里，会给人以忙里偷闲，工作并未竭尽全力之感。

7. 摇首弄姿

在工作岗位上整理自己的服饰，或梳妆打扮是不尊重别人的表现，也会给人留下自由散漫的印象。

三、握手

（一）握手的方式

握手是表达社交意愿的方式，既然是一种礼仪，就有着固定的标准，当客人到来，当你被介绍与人相识时，当老朋友相遇时，当你祝贺别人或感谢别人时，当与别人告辞时，都应行握手礼。握手时，两人相距约一步，上身稍向前倾，伸出右手，四指并拢，拇指张开，两人的手掌与地面垂直相握，上下轻轻摇动，一般以两三秒为宜。这是一种纯礼节性的握手，称为平等式。握手时的姿态不同，可以表达出不同的含义。

身体微微前倾

脚向前一步

四指并拢拇指张开

相距约一步

1. 控制式

握手时掌心向下，显得傲慢，暗示想取得主动或支配地位。

2. "乞讨"式

握手时掌心向上，表示谦卑和恭敬。

3. "手套"式

双手紧紧握住对方的手，并用力稍大，时间稍长。往往表示热烈的欢迎深切的感谢，或有求于人、肯定契约的意义，这往往是在与被握者的关系十分密切时使用，或用于下级对上级、晚辈对长辈的握手，但初次见面一般不用，若代表企业与对方谈话，一定不能用这种方式。

4. "死鱼"式

握手时漫不经心，过于软弱无力，时间过短，给人一种十分冷漠、很不情愿的感觉。

5. "虎钳"式

握手时用力过猛，时间过长，摇动幅度过大，使人感到粗鲁，不文明。

6. 抓指尖式

握手时仅轻轻触一下对方指尖，给人以很勉强、很冰冷的感觉。有些女士用这种方式表示保持一定的距离。

（二）握手的要求

1. 握手要讲究先后顺序

握手的顺序是根据握手双方的年龄、社会地位、职务、性别等条件来决定的。伸手握手的基本原则是：长者优先、上级优先、主人优先、女士优先，如对方不伸手，千万不能拉住强握。

2. 握手要注意力度

不可用力过猛或有气无力，如果是故友重逢或与嘉宾相见时，握手时间可稍长，并可稍加用力，以表示亲热。

3. 握手不能戴手套

要先把手套摘掉再与他人握手，握手时要站起身。女士或地位较高的人不起立或戴手套握手，被认为是可以的。不可用左手握手，如果右手确实不方便握手，应向对方说明情况，请求谅解。不可交叉握手，多人同时握手时，要待别人握完后再伸出手。

4. 握手时要注意深浅规则

第一次见面时只能握到对方手指指根关节处，力道不能过重也不能过轻，感觉能抓稳对方的手，比较熟悉时可与对方手掌"虎口"相交进行深握，力道比浅握重一些，不晃动或上下轻轻摇动不超过三下。

第三节　面部表情

广大家政服务人员所要注意的是自己在工作中的表情神态如何。在服务对象看来，这往往与对待自己的态度直接相关。表情礼主要探讨的是目光和笑容两方面的问题。其总的要求是要理解表情，把握表情，在交往场合努力使自己的表情热情、友好、轻松、自然。

一、目光

眼睛是心灵之窗，它能如实地反映出人的喜怒哀乐。有的人在与陌生人交往时，不知把目光看哪里合适，不敢对视或者要不就死盯住对方，这都是不礼貌的。良好的交际目光应是坦然、亲切和蔼、有神的。做到这一点的要领是：放松精神，把自己的目光放松一些，不要聚焦在对方脸上的某个部位，而是好像在用自己的目光笼罩在对面的整个人。

在工作岗位上服务于人时，服务人员应当多加注视对方，否则就是怠慢对方，目空一切。只有在展示、介绍商品或服务项目时，方可稍有例外。家政服务人员在学习、训练目光时，主要应当注意注视他人的部位、注视他人的角度以及在为多人服务时加以兼顾的问题。

（一）礼节注视区

在注视客户时，所注视的对方的具体部位，往往与双方相距的远近及双方的关系有关。依照服务礼的规定，在与人交流时，可以注视对方身体的部位分为三级注视区。

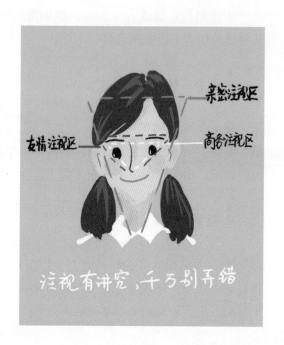

1. 商务注视区

主要是在双眼中间鼻梁至鼻尖呈三角区部位，如果有必要看对方的双眼时，注视时间不要超过10秒便要移至三角区部位。这样，对方既感觉受到关注，但又不会因被盯住眼睛而感到不自在。

2. 友情注视区

这时三角区部位可呈三面扩大至下颚部分，左右可至脸颊，这样的注视方式需建立在双方较为熟悉的情况下，这样更显得自然随意，容易与谈话对象拉近距离。

3. 亲密注视区

这时注视范围可由发际至颈部，通常情况下，这样的注视关系是亲人或爱人关系，在工作关系中切记慎用。

家政服务人员是一个特殊的岗位，与客户的关系介于商务与友谊之间，正确掌握注视范围是良好素养的表现，不要因不知而让人产生不必要的误会，特别是颈部以下忌眼神游动，更不要上下扫视打量，这会让人非常不舒服，也是不礼貌、缺乏修养的表现。同时，如果我们需要全面观察服务对象，那要在对方走近自己2～3米时就要进行整体观察，以保持视角的平视，切忌上下打量的近距离观察。

（二）注视的角度

服务人员在注视服务对象时，所采用的具体的角度是否得当往往十分重要。既方便于服务工作，又不至于引起服务对象误解。

1. 正视

即在注视他人时，与之正面相向，同时还须将上身正面朝向对方。即使服务对象处于自己身体的一侧，在需要正视对方时，也要同时将面部与上身转向对方正视别人，是一种基本礼节，主要表示重视对方。斜着眼睛、扭过头去注视他人，或者偷偷注视别人，都难以表达此种含义。

2. 平视

即在注视他人时，身体与其处于相似的高度。平视与正视，一般并不矛盾。因为在正视他人时，往往要求同时平视对方。在服务工作之中平视服务对象，可以说是一种常规要求。这样去做，可以表现出双方地位的平等与本人的不卑不亢。如果谈话对象是小朋友的话，要蹲下身体，与小朋友保持同等的高度，这样才会有亲和力，让小朋友接受、喜爱。

3. 仰视与俯视

仰视是指在注视他人时，本人所处的具体位置较对方为低，而需要抬头向上仰望对方。反之，若自己注视他人时所处的具体位置较对方为高，而需要低头向下俯看对方，则称为俯视。在仰视他人时，可给予对方重视信任之感，故此家政服务人员在必要时可以这么做；俯视他人则往往带有自高自大之意，或是对对方不尊重，服务礼仪规定服务人员站立或就座之处不得高于服务对象，主要就是为了防止造成俯视对方的客观事实。

（三）注视多个服务对象

家政服务人员在工作岗位上为多人进行服务时，通常还有必要巧妙地运用自己的目光，对每一位服务对象予以兼顾。具体的做法就是要给予每一位服务对象以适当的注视，使其不会产生被疏忽、被冷落之感。

当多名服务对象结伴而来时，服务人员在进行服务时，既要对先提出服务要求的对象多加注视，又不可对其他次要的服务对象不看一眼。当对方与自己性别相同时，服务人员更要切记这一点。当多名服务对象互不相识时，服务人员在为其进行服务时，既要按照先来后到的习惯顺序，对先到之人多加注视，又要同时以略带歉意、安慰的目光去环视一下等候在身旁的其他人士。这样做的好处在于既表现出了自己的善解人意与一视同仁，又可以让对方感到宽慰，稍安毋躁。

二、微笑

"微笑是通往世界的通行证"，微笑是人际交往活动中最富有吸引力、最有价值的面部表情。只要你不吝惜微笑，往往就能够拥有好人缘，微笑表现着自己友善、谦恭、渴望友谊的美好的感情因素，是向他人发出理解、宽容、信任的信号。

微笑是可以通过训练养成的。人们微笑时，首先表现在口角的两端要平均地向上翘起。在练习时，为使双颊肌肉向上抬，用牙咬住训练棒（可用筷子代替）口里可念着普通话的"一"字音。露出8颗牙；另外，笑的关键在于善用眼睛来笑。如果一个人的嘴上翘时，眼神仍是冷冰冰的，就会给人以虚假的感觉。眼睛的笑容的训练方法是：取厚纸一张，遮住眼睛下边部位，对着镜子，想着高兴的事情，心存善念，使笑肌抬升收缩，嘴巴两端做出微笑的口型。专注友好的看向前方，这时你的双眼就会十分自然地呈现出微笑的表情了。

需要强调的是，微笑是发自内心的对人友好的一种情感，一个心地善良、乐于助人、对生活充满着热爱的人，才能在服务过程中完美地掌握这种最能打动人的服务手段。

三、禁忌

（1）别人说话时眼神飘移、注意力不集中；

（2）目光上下扫射性看人、翻白眼儿，给人刻薄、势利之感；

（3）盯着对方的眼睛或敏感区域不移动；

（3）扁嘴，嘴角向下，容易给人不屑的感觉；

（4）努嘴、咂嘴或嘴角不自然抽动也是不耐烦、不尊重人的表情；

（5）微笑时皮笑肉不笑或假笑不如不笑；

仪态传递了你的身体语言，在信息传递中，仪态的身体语言占到了55%，你是怎么说的占38%，你说了什么只占了7%。

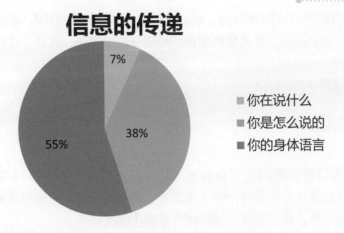

信息的传递

- 7% ■ 你在说什么
- 38% ■ 你是怎么说的
- 55% ■ 你的身体语言

第四节　气质风度

如果说仪表、仪态、仪容是一个人的外在形象的重要组成部分，那么修养、气质、风度则是一个人内在品质和素养的外显，如果一个人的内在气质、风度、修养良好的话，内外结合才会是一个人综合素养的具体表现。

气质是一个人与生俱来的内在血质特征的外在表现，如胆汁质的人会表现得豪迈大方、热情开朗；抑郁质的人会显得细腻敏感；黏液质的人会显得谨慎稳重；多血质的人会显得活泼可爱；等等。当然，随着年龄的增长和阅历的增加，人们多半显示出了复合型血质特征，但主流的气质是一直存在的。因此，服务人员既要根据客户的气质特征调整自己适合对方的气质特征，也要展现自己独特的个人魅力。就具体表现而言，可从以下几方面先练习家政从业人员该有的职业气质与风度。

一、精神饱满

要随时给自己鼓劲，提高自我职业形象认知能力，保持笑容，让自己显得阳光活力，不要呈现出疲累、病态之感，衣着面容干净清爽，否则会让客户有不良的感受。

二、动静得宜

作为家政服务人员，不要聒噪不已，但也不能一声不吭，不能畏首畏尾，但也不能大大咧咧，说该说的，问该问的，动能动的。家政服务八不问：家庭财产、收支情况、履历出身、宗教信仰、私人情感婚姻、经历、政治观念、客户工作内容。

三、不卑不亢

家政服务人员要展现出独立自信的人格特征，落落大方，不用过度讨好服务对象，也不能冷冰冰地认为做好分内的工作即可，要既能满足客户被尊重的需求，又要有专业人员的职业素养，尊重专业，适时提出合理化建议。

四、不与人争执

学习相关知识，特别是家政服务心理学的学习及运用，明白人性的需求与发展变化，提高个人思维意识境界，改变心态，调控好情绪，学会包容及承受委屈，以豁达的心怀去服务客户，那么阳光随之将充满胸怀，快乐随之即到，真正实现快乐工作。

五、热情周到

所谓热情服务，是指服务人员出于对自己从事的职业有肯定的认识，对客户的心理有深切的理解，因而富有同情心，发自内心地满腔热情地向客户提供的良好服务。

服务中多表现为精神饱满、热情友好、动作迅速、满面春风。

所谓周到服务，是指在服务内容和项目上想得细致入微，处处方便客户、体贴客户，千方百计帮助客户排忧解难，这些服务是实质性的，客户能直接享受到的。周到服务体现在不但能做好共性规范服务，还能做好个性服务。

个性服务有别于一般意义上的规范服务，它要求有超常的、更为主动、周到的服务。所谓超常服务，就是用超出常规的方式满足宾客偶然的、个别的、特殊的需求，例如掌握服务对象的饮食、居住、喜好、消费习惯等。

六、谦恭礼让

一个好的家政服务人员必然会成为一个生活指导师，包括衣、食、住、行，更要知道思维习惯的可逆特征。因此，被表扬时不要自高自大，有理时不能得寸进尺，应保持谦虚低调、尊重他人、尊重一切存在，心存善良，与人方便，时时关照回应他人的付出，懂得感恩，这样，良好的职业素养气质自然修炼而成。

温馨小贴士

行业标范

小鄂是一个帅气腼腆的男孩儿，在昆明善品兆福家政公司从事保洁工作，工作非常认真努力，只要他服务过的客户，第二次都会点名要他服务。他话不多，每次跟人说话的时候都容易脸红，但是他却长着一双会说话的眼睛，非常灵动，每次管理人员或客户与他沟通交流的时候，他都端正站立，身体微微前倾，用微笑的眼神看着对方，真诚而有力量。听到相关工作安排时不时点头示意，表示听懂了，接单后的任务结果也确实表现了他对工作任务的理解和认真。小鄂通过眼神和体态的配合来传递他想表达的语言、热诚和真心，他用心、周到、细致的服务和态度让客户和同事们都非常喜欢他，这双会笑的眼睛和亲切可爱的表情让他有了独特的魅力，成为家政小网红，再加上认真努力的工作和专业的水平，让他成为服务标兵，在很多省级大赛上也频频拿奖。虽然小鄂的话不多，但是他同样赢得了大家的喜爱和尊重。

本章学习重点

1. 礼节是指什么？
2. "礼节"中的"礼数"。
3. 仪态标准。
4. 肢体表情和面部表情的表达。
5. 掌握气质和风度的训练方法。

本章学习难点

1.仪态训练中各个数据卡点。

2.通过肢体及面部表情传递语言所想表达的信息。

3.气质和风度的含义。

4.如何练就好的气质和职业风度。

练习与思考

1.什么是礼节？

2.简述礼节的重要性。

3.实操练习仪态标准。

4.实操练习面部表情。

第三章 家政服务员应知礼宾次序

礼宾，即待人接物的规格、流程、标准及要求。

家政服务从业者不仅要面对服务对象（客户），以一定的礼仪规范与客户进行沟通交流，而且也常与客户有关联的人群接触，如亲戚、朋友、商业伙伴等。在家政服务中，保姆、家庭服务员、管家是特别需要掌握礼宾的。当雇主不在或需要家庭服务人员协助接待这些人时，家庭服务人员就要具备承担接待任务的能力。这时，保姆、家庭服务师、家庭管家往往就在某种程度上代表着雇主的形象及接待水平。

当雇主无暇接待亲朋好友时，我们往往承担了接待任务，并且代表了雇主的形象。

第一节　家政必备礼宾次序

一、礼宾三原则：平衡、对等、惯例

　　在中国漫长的礼仪文化长河中，礼宾自然形成了一些约定俗成的规则和惯例，如座位分上座下座等。一般来讲，如果是左右位次，则右边为长为尊，左边为小为次。相对于左中右位次来说，可以认为中者为尊，右者为次尊，左边再次之。如果是前后次序，通常前者为尊、为长，后者次之。其次，根据具体情况选择不同的排位次方式。在公务场合，一般是以宾客的职务作为位次排列的主要根据。而长者为先、女士优先的原则在公务场合，往往服从于职务高者为先的原则。日常生活中则以右为尊、尊者为先、女士优先作常见礼宾次序。

二、家庭用餐礼宾

　　在没有准备的情况下，如果雇主要留客人在家用餐，应先将雇主请到另屋，询问饭菜特点、人数、丰盛程度及注意事项等，以便进行准备工作。

　　用餐时，应在桌旁站立服务，如受到雇主邀请，要在适当之处入座，入座时，最好从座椅的左侧入座，并主动向周围人致意。此外还要注意，在他人面前就座，要背对着自己的座椅入座，不要入座时背对着别人。坐下后，可适当调整一下体位，整理一下衣服以使自己坐得舒适。

　　桌上如有箸架，应将筷子放在

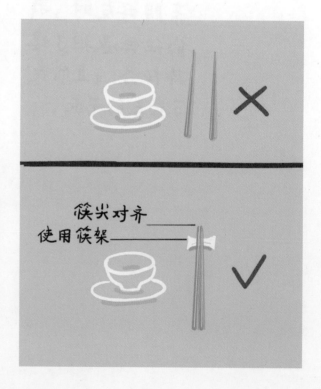

箸架上，若没有箸架，则可放在小盘上。用筷子无法夹起的菜可用勺去帮助，不可用手帮忙。自己盘内所盛的菜、饭要尽量吃净，碗里的饭没有吃完时，不要再去添新饭。别人为你添饭后，要双手去接碗。另外，要双手去接别人斟满的酒，不喝酒时，不要将酒杯倒置。

　　用餐时不要影响他人或邻桌，交谈应轻声。用餐后，离座时应注意先有表示，如向身边在座的人说"请您慢用"，然后轻缓起身注意不要拖泥带水、弄响座椅或弄掉椅垫等，再从左离开座位，因为左出是一种礼节。离座应注意先后，如与客人离座，自己应快步前行，招呼客人和主人离座。

三、餐桌礼宾

（一）入、离席礼宾

1. 主尊原则

右高左低、中座为尊、面门为上、特殊原则。
两桌：横排，以右为尊。

两桌：竖排，以远为上。

多桌：面门定位、以右为尊、以远为上。

2. 入席礼宾

（1）应等长者坐定后，方可入座。从左边入座。

（2）席上如有女士，应等女士坐定后，方可入座。如女士座位在隔邻，应招呼女士。

（3）坐姿要端正，与餐桌的距离保持得宜。

（4）在饭店用餐，应由服务生领台入座。

3. 离席礼宾

（1）用餐后，须等男、女主人离席后，其他宾客方可离席。

（2）离席时，应帮助隔座长者或女士拖拉座椅。

（3）离席时应主动和主人打招呼，说明情况。

（二）用餐礼仪

（1）进餐时，先请客人、长者动筷子。夹菜就近，吃菜、喝汤不要出声音。

（2）进餐时打嗝、打喷嚏时，要用纸巾捂住口鼻，并说声"真不好意思""对不起""请原谅"等礼貌用语。

（3）如给客人夹菜或准备添菜，要使用公筷。

（4）吃到鱼刺、骨头等食物，慢慢用手放到自己的碟子里，或用纸巾包好。

（5）要适时和左边的人聊几句风趣的话，调和气氛。

（6）最好不在餐桌上剔牙，如有需要，用纸巾或手挡住。

（7）明确此次进餐的主题及任务。

勺子：尽量不要单用勺子取菜，用勺子取菜时，不要过满，在原处停留片刻。

盘子：盘子用来盛放食物，一般保持原位，不要堆放在一起。

筷子的使用：摆放在碗右边，下面的筷子固定，头尾整齐，只动上面的筷子，筷头合起，筷尖对准，用筷尖取食物。

筷子使用禁忌

1：三长两短　　　7：泪箸遗珠
2：仙人指路　　　8：颠倒乾坤
3：品箸留声　　　9：定海神针
4：击盏敲盅　　　10：当众上香
5：执箸巡城　　　11：交叉十字
6：迷箸刨坟　　　12：落地惊神

（三）做客时需要注意的礼仪

（1）不吸烟；

（2）进嘴的东西不要吐出来；

（3）让菜不抢菜；

（4）助酒不劝酒；

（5）餐桌上不要整理服饰；

（6）吃东西不要发出声音；

（7）遵守时间；

（8）注意适度的交际。

（四）敬酒礼宾

（1）主人敬主宾；

（2）陪客敬主宾；

（3）主宾回敬；

（4）陪客互敬。

记住：做客绝不能喧宾夺主乱敬酒，那样很不礼貌，也是很不尊重主人的。

四、文明递接物品

家政服务员在手持物品或递接他人物品时，应该做到文雅礼貌，有以下几点需要注意。

（1）稳妥手持物品时，应根据物品的形状、重量以及是否是易碎品，采取不同的手势。既可以双手，也可以只用一只手，尽量轻拿轻放，以确保物品的安全，同时也要防止伤人或伤己。

（2）自然手持物品时，可依据本人的能力与实际需要，采取拿、捏、夹、提、握、抓、扛等不同的姿势。为保持自然美，持物的手势应避免夸张、小题大做。

（3）如果有很多物品，在需要手持时，应当把手放在应该放的位置，既方便又美观，这就是持物到位的含义。例如，杯子应当握其杯耳、箱子应当拎其提手、炒锅应当持其手柄。

（4）卫生持物时，卫生问题不容忽视。为人取拿食品时，千万不能直接下手。敬茶、斟酒、送汤、上菜时，不能将手指搭在杯、碗、碟、盘边沿，更不能无意之间使手指浸泡在其中。

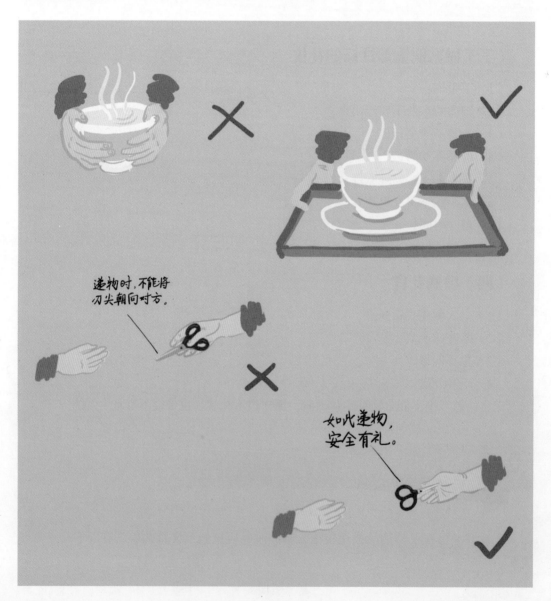

（5）家政服务员在递物于人时，最好双手并用。若不便使用双手，则应用右手。用左手递物，通常被看作失礼的表现。

（6）主动上前，递于手中，假如双方距离过远，递物者应该主动走近接物者。假如自己坐着的话，在递物时还应尽量起身站立。递给他人的物品，最好直接交到对方手中。若非万不得已，不要将所递的物品放在别处。

（7）尖、刃内向，方便接拿。递物于人时，应为对方留出便于接取物品的地方，不要让其感到接物无从下手。将带尖、带刃或其他易于伤人的物品递于他人时，应当使尖、刃朝向自己，或是朝向他处，切勿直指对方。将带有文字的物品递交他人时，还须使之正面面对对方。

（8）表情与时机恰当，递接物品时，不要只顾注视物品，而应目视对方。当对方递过物品时，再用手前去接取，不能急不可待地直接从对方手中抢取物品。

第二节　迎来送往的礼宾规则

一、介绍

介绍是日常接待工作中必不可少的环节，是业务活动中相互了解的基本方式。通过介绍，可以缩短人们之间的距离，以便双方更好地交往、更多地了解和更深入地合作。

（一）介绍的类型

根据介绍的场合、对象的不同，介绍可以分为不同的类型。按照介绍的场合不同，可把介绍分为正式介绍和非正式介绍。按照被介绍者的人数的不同，可分为集体介绍和个人介绍。按照介绍者所处的角度不同，可分为自我介绍、他人介绍和介绍他人。

（二）介绍的规则

正式场合的介绍应严格遵守介绍的顺序：先贵宾，后一般客人；先长者，后年轻者；先女士，后男士；先客人，后主人。被介绍者一般应起立或欠身致意，为他人介绍时，首先提及者是受到尊重的一方，按照这个规则介绍时，应先把年轻者介绍给年长者，把职位低者介绍给职位高者，把男士介绍给女士。

同级、同龄、同性人之间的介绍，不必拘泥于规则，要以轻松、自然、愉快为宗旨，介绍的内容要把握分寸，实事求是。对基本情况客观陈述，并尽量突出被介绍人的特点、专长，注意找出介绍者与被介绍者的共同特点，以便双方进一步交往。介绍时要注意不要言过其实，过分渲染、夸张。

介绍时语言应简练、口齿清楚。需要让对方了解的可重点介绍，其他的情况不必面面俱到。被介绍者应表示出对对方的友好和尊重，表现结识对方的高兴和热情，介绍完后通常两人要握手，互致问候，表示友好、热情。

二、接待客人

接待客人是家政服务人员经常会遇到的一件事情。把宾客接待好了，不仅客人高兴，雇主也显得体面，同时还显示了自己的教养，否则会使人感到缺乏现代服务意识。因此，家政服务员要懂得待客的基本礼仪和一般程序，掌握待客之道的学问和艺术、

（一）做好准备工作

1.布置好接待环境

待客一般在客厅进行，因此要把客厅各个部分打扫得干干净净，收拾得整整齐齐，擦拭得明明亮亮，尤其是主客交谈时用的椅子或沙发、茶几等，有条件的家庭还可摆些花卉或盆景等，使客厅显得生机盎然，营造一个美观、温馨的接待环境。因为这是家庭的对外窗口，体现着家庭的情趣与爱好。由于家中难免有临时来客，因而家庭内部最好随时保持整洁状态；如果室内来不及整理，可做些解释。

2.准备好接待物品

最好备有衣架与干净的拖鞋，以方便客人进屋后放衣服与换鞋。招待客人的茶具、茶叶及烟灰缸也应备好，另可根据雇主的要求准备些水果、小吃等。如果要宴请来客，要做好相关的准备工作，事先了解清楚时间、人数、费用标准等。

3. 注意自己的服饰和仪表

家政服务人员在接待来客时，要整理好自己的服饰和仪表，做好充分的思想准备，给客人一种温雅有礼的感觉。另外，室内温度要适宜，可根据季节的不同进行调节。为保持空气清新，可事先进行开窗换气。

（二）接待客人时，要热情、礼貌、大方

听到门铃响，要迅速答应。先问清来人姓名，然后开门迎客，并以亲切的态度轻轻致意。先礼貌地向客人问好，如"您好""赵阿姨，欢迎您""请进"等，然后引导雇主与客人见面。如客人需更衣换拖鞋，应主动协助。客人手中如提有重物(不是礼物)，应主动帮助放好；若是礼物，则不要主动上前迎接。假如是不认识的人(或事先没有准备)，可先问清对方姓名，然后通知雇主，再请客人进室与雇主见面。

人进屋后，要说接待语"请"，并用相应的手势把客人让到座位入座。如果是夏天，应把客人让到凉爽的座位上，如果是冬天，则把客人让到温暖的座位上。客人入座后，送上茶水(夏天可征求客人用哪一种饮料)，为客人倒茶时不能倒满，以七分满为宜。送茶时最好用托盘或双手送上，先宾后主，并轻声说"请用茶"，注意茶杯应放在安全的位置，而不能对着人，并留心主动为客人续茶。续茶时，应将茶杯盖合上后离开茶桌，以免弄湿客人衣服。在招待过程中可根据雇主的意思，送上水果或小吃等。

如果家中有小孩，要让孩子向客人问好。如果客人带有小孩应主动打招呼，并送上糖果、玩具，可让其与雇主家的小孩一起玩耍。在雇主一家和客人谈话期间，尽量不要在室内走动或干零活，照顾好小孩，不要让他们吵闹。如果得到宾主同意，也可带小孩到室外玩，期间应注意安全。

假如收到客人礼物，要先把礼物放到上座的地方，然后再放到别的房间；如果在门厅时就收到礼物，在室内寒暄时要再一次地致谢礼。假如客人主动与你聊天，尽量让客人多说，自己洗耳恭听，并注意观察客人的心理，找客人感兴趣的话题和事物交谈，避开客人不愿涉及的事物。

（三）好礼貌送客"迎三步，送七步"是最基本的礼仪

当客人提出告辞时，家政服务员要等客人离座后，再随同主人相送。应主动帮助客人取下衣服，同时用最合适的语言送别，如"您慢走""希望您下次再来"等。如果客人带的物品较多、较重，应帮客人提到电梯口或汽车旁再告别，同时挥手致意，不要着急返回。客人走后，要对家中进行清洁、整理，例如客人用过的茶具，每次用完后要立即清洁干净备用。

温馨小贴士

小贴士：家庭服务人员还要学会根据场合、接待的档次，在雇主要求下，安排不同位置、不同含义的鲜花；不同等级的茶品、酒水、餐标；不同距离的迎送，以彰显接待的规格。

第三节　服务禁忌

在服务中，无论我们的工作做得多么细致、专业，但是服务到客户的心里形成认同感则需要家政服务人员具有底线思维，有所为有所不为，要知敬畏、知高低，所以我们要清楚地知道哪些是不可以做的：

（1）每次服务之前，必须要将双手清洁消毒，服务中忌挠头、挠痒、挖鼻、掏耳、剔牙、甩鼻涕、搓揉眼部分泌物；

（2）禁止使用客户洗漱及化妆用品，包括喷洒客户香水；

（3）在征得客户同意之前，最好使用本人专用碗筷；

（4）禁止在客户不在家时试穿客户衣物及使用客户用品；

（5）未经客户允许，不得随意翻动柜子、抽屉里的物品；

（6）遛狗时一定要及时收拾宠物粪便及脏物；

（7）工作中与雇主进餐时禁止喝酒；

（8）使用普通话，不用方言、俚语及不文明用语；

（9）不可大声喧哗，禁止与客户争吵；

（10）禁止随意打听客户隐私；

（11）工作期间，不得做私人活计，比如打毛线、绣鞋纳底等，除非是雇主要求的；

（12）在喂食小孩和老人时，用手背探察温度，不得用嘴去吹或尝；

（13）在工作中需要按专业要求收纳整理时，要提前跟雇主沟通，征得雇主的同意后方可开始实施。

行业标范

张女士是一位挑剔的客户，她们家换了很多保姆，她都不怎么满意，直到小孟去了以后，她才心满意足。她说："小孟非常的机灵，每当家里边儿有接待的时候，小孟都会主动去征询她的意见，了解将要接待的客人的基本情况，如人数、口味、年龄、健康状况和接待标准、规格，然后精心准备。如果是老年人来了，她会在沙发上再加多几个柔软的垫子，让老人进来以后坐着舒服，并且会主动与客人沟通，根据来人的喜好冲泡不同的饮品：生津清热的生普洱、温和养胃的熟普洱、香甜的红茶、香气浓郁的乌龙茶、咖啡、花果茶、生榨果汁，等等。做菜时，她也总是换着花样，每周都列出不同的营养菜谱满足家人的需求，并且备菜精准，从不浪费，到用餐吃饭的时候，她总是把别人照顾好了，自己才开始吃。在别人结束之前，她又已经做好了服务的准备，帮助客人撤离餐桌，然后快速地收拾好卫生，忙完了就又赶过来再来帮着雇主看哪里还需要帮忙，人非常的勤快，也很会说话，来家里做客的人都赞不绝口。"张女士觉得太值了，她对家政公司说，就认定小孟了，准备要加高工资并且长期雇用。

用心把客户当家人，客户也会把你当家人。

本章学习重点

1.礼宾中的次序安排。

2.餐桌礼宾。

3.迎来送往的礼宾规则。

4.礼法中的禁忌。

本章学习难点

1.掌握礼宾原则和其灵活性。

2.餐宴礼宾的要求。

3.在接待服务中的礼宾标准。

4.为什么家庭服务中的禁忌更多。

练习与思考

1.怎么理解礼宾三原则？

2.简述礼宾在生活中的运用。

3.简述餐桌礼宾。

4.在家庭服务中有哪些禁忌？

5.模拟练习迎来送往的礼宾要求。

第四章　做一个会说话的家政服务员

　　礼貌用语及有效沟通是服务礼仪的重要组成部分，服务人员掌握语言礼仪规范对于改善和提高服务质量具有重要意义。古人云："好话一句三冬暖，恶语伤人六月寒。"现实生活告诉我们，礼貌用语是文明社会中人际交往所必需的，尤其对从事服务工作的人员能否做好服务工作具有重要的影响。服务人员的语言礼仪规范，要求服务人员准确地运用文明有礼、高雅清晰、称谓恰当、标准柔和的语言，从而表现出良好的文化修养和职业素质。

好话一句，三冬暖

恶语伤人，六月寒

第一节　沟通的艺术

沟通是日常接待中的主体，是占时间最多的一个阶段。通过沟通可以传递信息，交流情况，加深友谊，进而开展业务活动。任何口头交谈，都具有三个要素，即谈话者、主题和听话者。每一次交谈，谈话者和听话者所谈的内容都是为主题服务的。要达到沟通的目的，应当注意以下礼仪：

一、创造良好的谈话氛围

谈话气氛和谐与否，直接影响谈话的效果，要创造轻松愉快的谈话气氛，应从以下几个方面入手：

1. 必要的寒暄

如："张姐好，我想跟您聊一聊一些关于（孩子的照护）等事情，不知您现在方不方便？"切忌绕题太远。

2. 真诚的态度

交谈时表现出自己真诚的态度。坦诚的态度、谦恭的语言、周到的礼节，能唤起人们的信任感、亲切感。矫揉造作、装腔作势、夸夸其谈、外交辞令，使人听来生厌，难以深入交往。

3. 专注的神情

不同的神情，会形成不同的谈话气氛。交谈时要以专注的神情注视对方。坦然、亲切、有神的目光，有助于创造良好的交流气氛。

二、沟通的技巧

每次交谈，由于对象、时间、气氛、环境不同，谈话的内容和方式也不相同。要想能够在任何条件下坦然地与人交谈，并顺利地达到预期的目的，就应掌握交谈的技巧。

1. 选好话题

话题就是谈话的中心。话题的选择反映着谈话者水平的高低，也直接影响着交谈目的的实现。选择一个恰如其分的话题，使双方找到一个共同点，双方就能很快地投入，这就预示着谈话成功了一半。一个好的话题应当是：双方都感兴趣，喜欢谈，至少有一方熟悉，能够谈下去，有展开交流的余地。

2. 适时发问

交谈中适时发问能够引导谈话按预期的沟通目的进行，调整交谈气氛。发问应当根据对方的身份、性格、谈话目的，认真分析，把问题提得得体、巧妙、不唐突、不莽撞，从而使你获得所需的信息、知识和利益，把握住谈话的方向，并引起对方的兴趣。

3. 少讲自己

交谈中最忌讳的就是一方滔滔不绝地高谈阔论，一味地说教，借题发挥地炫耀自己。交谈时要以平等的态度礼貌对待每一个人，应设法使在座的每一个人都有机会参与谈话，这是一种对别人的理解和尊重，因为无论在座者的身份地位、性格爱好如何，都不希望别人轻视自己，这种方式特别适合群体沟通或解决纠纷。

4. 注意反应

交谈时要注意察言观色。当提出的问题对方避而不答，或怒而不睬时应及时将话题转移到对方感兴趣的事情上，待气氛缓和以后，再选择新的角度提出问题，这样容易得到满意的答复。

总之，在交谈过程中，应根据不同情况，针对不同对象，运用各种技巧，使整个谈话过程轻松、自然、亲切。

三、语言要求

交谈中，语言的运用应符合以下要求：

1. 准确

语言表达必须准确无误，合乎规范，做到用语明确、清楚，没有歧义，避免使用模棱两可、似是而非的语言。

2. 礼貌

要运用文明语言，讲究礼貌用语。要做到：尊重对方，注意倾听；使用敬语和谦语；采用委婉的表达方式；音量、语速、语调要适度控制。

3. 灵活

交流中语言要随着谈话的内容和气氛的变化临场发挥、灵活应变。事实上很难有一种谈话是完全循着拟好的提纲一成不变地进行的，只有机智灵活，才能够变被动为主动，达到预期的沟通目的。

4. 幽默

这里所讲的幽默，是指说话的意味深长，寓意隽永，能够引起对方浓厚的兴趣和回味。这是一种高层次的语言风格。交谈时运用幽默的语言，能活跃交谈的气氛，使紧张的关系变得缓和，使尴尬的场面变得轻松，使针锋相对的谈判变得友好亲善，出现"山重水复疑无路，柳暗花明又一村"的效果。幽默实际上充满着敏锐、机智、友善和诙谐。

5. 流畅

流畅即说话要有连贯性，流利顺畅，修辞贴切，给人一种思路清晰、敏捷的印象，让人觉得做事有想法、有章法。

四、沟通的避讳

与人沟通有时会因内容欠考虑，或表达方式不妥当，破坏交流的气氛，影响交谈的效果，归纳起来有以下几个方面的避讳：

1. 内容

对不在场者妄加议论；问不该问的（八不问）；谈及他人隐私；议论他人的缺陷或痛苦；语无伦次，思路不清晰；牢骚满腹、逢人诉苦；沉默寡言；色情下流。

2. 态度

心不在焉；自吹自擂，喋喋不休；随意插话，没有分寸；连珠发问；争论不休；语言刻薄；得理不饶人；故作幽默，玩笑伤人；体态不端，举止轻浮。

总之，与人交谈能表现一个人的修养和文明程度。从礼仪的角度讲，人的谈吐应文雅礼貌、谦恭，通过交谈，可以展示一个人的良好素质和才华。

五、聆听

与人交谈时，不仅要善于自我表达，还要善于聆听。聆听是修养，聆听是尊重别人的表现，也是搞好人际交往的需要。国外有句谚语："用十秒钟的时间讲，用十分钟的时间听。"这说明在人际交往中，听比说更重要。

第二节　家政服务语言规范

一、文明用语

文明用语是指在语言的选择、使用之中，应当既表现出其使用者良好的文化素养、待人处世的态度，又能够令人产生高雅、温和脱俗之感。

文明当先，是服务人员在工作岗位上使用语言时应当遵守的基本礼仪规范之一。想在使用文明用语方面真正有所提高，就要认认真真地在称呼恰当、口齿清晰、用词文雅等方面，狠下一番功夫。

（一）称呼恰当，区分对象防犯忌

对服务人员而言，称呼主要是指自己在接待服务的过程之中对于服务对象所采用的称谓语。服务礼仪规定，在任何情况下，服务人员都必须对服务对象用恰当的称呼。要做好这一点，应从以下四个方面来具体着手：

1.区分对象

服务人员平日所接触的服务对象往往包括了各界人士在内。由于彼此双方的关系、身份、地位、民族、宗教、年纪、性别等存在着一定的差异，因此在具体称呼服务对象时，服务人员最好有所分别，因人而异。

根据惯例，称呼的使用有着正式场合与非正式场合之分。

（1）正式场合使用的称呼。主要分为三种类型。它们一是泛尊称。例如"先生""小姐""夫人""女士"，等等；二是职业加以泛尊称例如"司机先生""秘书小姐"，等等；三是姓氏加以职务或职称，例如"杨经理""王科长""尹教授"，等等。

（2）使用于非正式场合的称呼。主要分为六种类型。一是直接以姓名相称，例如"解东""陈奇"，等等；二是直接称呼名字，例如"志刚""伟萍"，等等；三是称呼爱称或小名，例如"宝宝""毛毛"，等等；四是称呼辈分，例如"大爷""奶奶""阿姨"，等等；五是姓氏加上辈分，例如"刘大妈""洪叔叔""孙伯伯"，等等；六是在姓氏之前加上"老"字或"小"字，例如"老张""小王"。

2. 照顾习惯

在实际生活中称呼他人时，必须对谈话对象的语言习惯、文化层次、地方风俗等各种因素加以考虑，并分别给予不同的对待。切不可自行其是，不加任何区分。

例如"先生""小姐""夫人"一类的称呼，在国际交往之中最为适用。在称呼海外华人或内地的白领时，亦可酌情采用。但若以之去称呼农民，却未必会让对方感到舒服和顺耳。

3. 分清主次

需要称呼多位服务对象时，一般的讲究是要分清主次，由主至次，依次进行。需要区分主次称呼他人时，标准的做法有两种：由尊而卑。即在进行称呼时，先长后幼，先女后男，先上后下，先疏后亲；由近而远，即先对接近自己者进行称呼，然后依次向下称呼他人；此外是统一称呼。假如几位被称呼者一起前来，可对对方一起加以称呼，而不必一一具体到每个人。例如，"各位""诸位来宾姐妹们""先生们"等。

4. 禁用忌语

在需要称呼他人时，服务人员还必须了解一些主要禁忌，以防犯忌，否则很有可能会失礼于人。在称呼方面，有可能触犯的禁忌主要有两类。

（1）不使用任何称呼。有些服务人员有时忘了使用称呼，直接代之以"喂""嘿""六号""八床""下一个""那边的"，等等，甚至连这类本已非礼的称谓索性也不用。这一做法，可以说是失敬于人的。

（2）使用不雅的称呼。一些不雅的称呼，尤其是含有侮辱或歧视之意的称呼，例如"眼镜""老奶""大头""那谁""老头""美女""帅哥"，等等，都是服务人员绝对要忌用的。

"老大""爱人"这两种称呼，在内地分别表示在兄弟姐妹中排行第一和合法的配偶，但到了海外，它们却往往被理解为黑社会的头目和"第三者"。

（二）口齿清晰柔和，符合礼仪用语

在工作岗位上，服务人员在更多的情况下，是要与服务对象直接进行口头交谈。服务人员在使用口语时，不管是遇到何种交往对象，均应做到文明用语。

1. 掌握口语的特点

要想使自己所运用的口语发挥其应有的功效，一般来讲，服务人员有必要在运用口语之时，掌握三个主要特点。

（1）通俗活泼。浅显易懂、生动形象，犹如家常话一般，是口语最重要的特点。一般来讲，口语之中极少出现术语、典故，更忌讳故弄玄虚，高深叵测。

（2）机动灵活。人们在运用口语与他人进行交际时，往往会注意既要适当地表达自己的本意，又要注意随机应变，在交谈过程之中随时对自己所运用的口语的具体内容与形式进行适度的调整。

（3）简明扼要。简单明快，突出重点，应当被视为成功的口语运用的一项主要条件。

2. 合乎语言的规范

服务人员要做到口齿清晰，主要在于语言标准、语调柔和、语气正确三个方面合乎服务礼仪的基本规范。

（1）语言标准。语言标准，是语言交际的前提。语言标准，主要要求有两个方面：一是要讲普通话，二是要发音正确。

（2）语调柔和。语调柔和也是口齿清晰的基本要求之一。语调一般指的是人们说话时的具体腔调。通常，一个人的语调，主要体现于他在讲话时的语音高低、轻重和快慢的具体配置。要求服务人员语调柔和，主要应当在语音的高低、轻重、快慢方面多多加以注意。

（3）语气正确。语气，即人们说话之时的口气。在服务人员的口语里，语气一般具体表现为陈述、疑问、祈使、感叹、否定等不同的语句形式。服务人员在工作岗位之上与服务对象口头交谈时，一定要在自己的语气上表现出热情、亲切、和蔼和耐心。特别重要的是不要有意无意之间，使自己的语气显得急躁、生硬和轻慢，这都是服务人员不宜采用的语气。

（三）用词文雅，谦恭敬人免俗气

对于服务人员来讲，文明用语中的用词文雅，主要包括两个方面的基本要求，即尽量选用文雅词语，努力回避不雅之语。前者属于对服务人员的高标准要求，后者则是任何服务人员在其工作岗位上都必须做到的。

尽量选用文雅词语，即多用雅语，主要是要求广大服务人员在与服务对象交谈时，尤其是在与之进行正式的交谈时，用词用语要力求谦恭、敬人、高雅、脱俗。

在注意切实致用，避免咬文嚼字、词不达意的同时，应当有意识地采用一些文雅的词语。这样做，可以展示自己的良好教养。

努力回避不雅之语，主要是指服务人员在与人交谈时，不应当采用任何不文雅的语词。其中粗话、脏话、黑话、怪话与废话，则更是在任何情况之下，都不可出现于服务人员之口。

除此之外，服务人员还应当在总体上注意，自己在运用文明用语时语言内容要文明，语言形式要文明，语言行为要文明。只有三者并重，三位一体，才能够真正地使自己做到用语文明、文明用语。

二、礼貌用语

在服务岗位上，准确而恰当地运用礼貌用语，是服务礼仪对广大服务人员的一项基本要求，同时也是服务人员做好本职工作的基本前提之一。礼貌用语，对于服务行业而言，是有其特殊界定的。要求服务人员在其工作岗位上使用的礼貌用语，主要是指在服务过程之中表示服务人员自谦恭敬之意的一些约定俗成的语言及其特定的表达形式。

（一）问候语：主动致以敬意

问候，又叫问好或打招呼。它主要适用于人们在公共场所里相见之初时，彼此向对方询问安好，致以敬意，或者表达关切之意。

在服务岗位上，一般要求服务人员对问候用语勤用不怠。具体来讲，适宜用问候用语的主要时机有五个：一是主动服务于他人时；二是他人有求于自己时；三是他人进入本人的服务区域时；四是他人与自己相距过近或是四目相对时；五是自己主动与他人进行联络时。

在工作之中，服务人员应首先向服务对象进行问候。如果被问候者不止一人，则服务人员对其进行问候时，有三种方法可循：

统一对其进行问候，而不再一一具体到每个人。例如，可问候对方："大家好！""各位午安！"采用"由尊而卑"的礼仪惯例，先问候身份高者，然后问候身份低者。以"由近而远"为先后顺序，首先问候与本人距离近者，然后依次问候其他人。

当被问候者身份相似时，一般应采用这种方法在问候他人时，具体内容应当既简练又规范。

（二）迎送语：待客有始有终

迎送用语主要适用于服务人员在自己的工作岗位上欢迎或送别服务对象。具体而言，它们又可划分为欢迎用语与送别用语，二者分别适用于迎客之时或送客之际。

在服务过程中，服务人员不但要自觉地采用迎送用语，而且必须对于欢迎用语、送别用语一并配套予以使用。做到了这一点，才能使自己的礼貌待客有始有终。

1. 欢迎用语

欢迎用语又叫迎客用语。一般而言，服务人员在使用欢迎用语时，应注意以下三点：

（1）欢迎用语往往离不开"欢迎"一词的使用。在平时，最常用的欢迎用语有："欢迎！""欢迎光临！""欢迎您的到来！""莅临本店，不胜荣幸！""见到您很高兴！""恭候光临！"。

（2）在服务对象再次到来时，应以欢迎用语表明自己记得对方以使对方产生被重视之感。具体做法，是在欢迎用语之前加上对方的尊称，或加上其他专用词。例如"小姐，我们又见面了！""欢迎再次光临！""欢迎您又一次光临本店！"。

（3）在使用欢迎用语时，通常应当一并使用问候语，并且在必要时还须同时向被问候者主动施以见面礼，如注目、点头、微笑、鞠躬、握手等。

问好，迎入，大方，热情
待客主动致意

3. 送别用语

送别用语又叫告别用语。送别或告别用语仅适用于送别他人之际。在使用送别用语时，经常需要服务人员同时采用一些适当的告别礼。

起身送客，礼貌道别

最为常用的送别用语，主要有"再见""慢走""走好""欢迎再来""一路平安""多多保重"，等等。

（三）致谢语：自然地表达敬意

致谢用语又称道谢用语、感谢用语。在人际交往中，使用致谢用语，意在表达自己的感激之意。

对于服务人员来讲，在下列六种情况下，理应及时使用致谢用语，向他人表达本人的感激之意：一是获得他人帮助时；二是得到他人支持时；三是赢得他人理解时；四是感到他人善意时；五是婉言谢绝他人时；六是受到他人赞美时。

致谢用语在得到实际运用时，内容会有变化。不过从总体上讲，它基本上可以被归纳为三种基本形式：

1. 标准式的致谢用语

通常只包括一个词语——"谢谢"，在需要致谢时，均可采用此种致谢形式。在许多情况之下，如有必要，在采用标准式致谢用语向人道谢时，还可以在其前后加上尊称或人称代词，如"谢谢您"等。这样做可以使其对象性更为明确。

学会说"谢谢"

2. 加强式的致谢用语

有时为了强化感谢之意，可在标准式致谢用语之前，加上某些副词。此即所谓加强式的致谢用语。对其若运用得当，往往会令人感动。最常见的加强式致谢用语有："十分感谢""万分感谢""多多感谢"。

3. 具体式的致谢用语

具体式的致谢用语，一般是因为某一具体事宜而向人致谢。在致谢时，致谢的原因通常会被一并提及。例如："有劳您了""让您替我们费心了""上次给您添了不少麻烦"等等。

（四）征询语：标准、礼貌地使用

在服务过程之中，服务人员往往需要以礼貌的语言主动向服务对象进行征询。在进行征询之时，唯有使用必要的礼貌语言，才会取得良好的反馈。征询用语，就是服务人员此时应当采用的标准礼貌用语。有时，它也叫作询问用语。

服务人员在自己的岗位上服务于他人时，遇到下述五种情况时一般应当采用征询用语。一是主动提供服务时；二是了解对方需求时；三是给予对方选择时；四是启发对方思路时；五是征求对方意见时。服务人员在使用征询用语时，务必要把握好时机，并且还需兼顾服务对象态度的变化。

在正常情况下，服务人员应用最广泛的征询用语主要有以下三种：

1. 主动式征询用语

主动式征询用语多适用于主动向服务对象提供帮助之时。例如："需要帮助吗？""我能为您做点儿什么？""您需要什么？"它的优点是节省时间，直截了当。缺点则是稍微把握不好时机的话便会令人感到有些唐突、生硬。

2. 封闭式征询用语

封闭式征询用语多用于向服务对象征求意见或建议之时。它往往只给对方一个选择方案，以供对方及时决定是否采纳。例如："您觉得这件东西怎么样？""您不来一杯咖啡吗？""您是不是很喜欢这种颜色？""您是不是想先来试一试？""您不介意我来帮助您吧？"

3. 开放式或选择式征询用语

开放式或选择式征询用语是指服务人员提出两种或两种以上的方案，以供对方有所选择。这样做往往意味着尊重对方。例如："您需要这一种，还是那一种？""您打算预订雅座，还是预订散座？""这里有红色、黑色、白色三种，您比较喜欢哪一种颜色的？"

（五）赞赏语：精准和恰当地说出

赞赏用语主要适用于人际交往之中称道或者肯定他人之时。服务人员在工作岗位上对服务对象使用赞赏用语时，讲究的主要是少而精和恰到好处。

在实际运用中，常用的赞赏用语大致分为以下三种具体的形式。有时，它们也可以混合使用。

1. 评价式赞赏用语

它主要适用于服务人员对服务对象的所作所为，在适当之时予以正面的评价之用。经常采用的评价式赞赏用语主要有："太好了""真不错""对极了""相当棒"，等等。

2. 认可式赞赏用语

当服务对象发表某些见解之后，往往需要由服务人员对其是非直接做出评判。在对方的见解正确时，一般应对其做出认可。例如"还是您懂行""您的观点非常正确"，等等。

3. 回应式赞赏用语

回应式的赞赏用语，主要适用于服务对象夸奖服务人员之后由后者回应对方。例如："哪里，非常感谢对我的认同，我做得不像您说的那么好""很感谢您的指导，我的成长离不开您的鼓励"等。

第三节　接打电话礼仪

在服务工作中，往往需要通过电话与服务对象进行沟通，因此，服务人员的电话用语是否恰当，很大程度上会影响服务质量评价。打电话时因看不到对方的表情，而服务人员的措辞又代表了公司的形象。因此，服务人员在使用电话时要注意维护自身的"电话形象"，要注意用清楚、适度、正确的说话方式进行回应。

一、打电话礼仪

打电话的时候，要提前做好准备，根据一定的程序拨打电话，避免出现遗忘或者遗漏的现象。

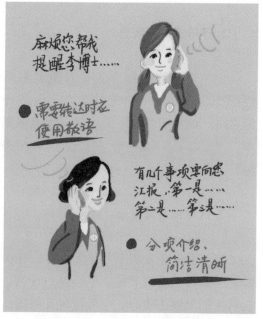

（一）打电话的程序

1. 备好电话号码

　　当你要给某人打电话的时候，一定要事先准备好对方的电话号码。有条件的话，应该准备好几个对方的联系方式，当一个电话打不通的时候，可以再打其他的电话。

2. 备好通话内容

在工作岗位上打电话给服务对象，一般应该准备好通话的内容。比如，找谁，找他有什么事，等等。如果是比较重要的事情，还可以准备好一份通话的提纲。这样，在正式通话的时候，既不会遗漏要点，又可以节约时间。

3. 拨电话

电话号码拨通后，服务人员应该主动地向对方表示问候，如"您好""早上好""下午好""晚上好"等，时效性问候应该根据时间状况来选择使用。

5. 自我介绍

当对方回应后，服务人员应该主动进行自我介绍。如"打扰了，我是昆明善品兆福家政公司的客服，现在对您进行一个服务回访"。

6. 寻找通话人

如果要找人，服务人员应该使用敬语，说明要找通话人的姓名或委托对方传呼要找的人。比如"我需要找一下周博士，请问他在吗？""请问李总在吗？"

7. 分项说明事由

当确认对方是自己要找的通话人后，服务人员应该分项说明自己的事由。说明事由的时候一定要简单明了、层次分明。最好用"1、2、3"等分项进行。若自己要找的人不在，可以留言。留言可以按上面的程序进行，如果不留言，可以约定让对方打回来或者过一会儿自己再打过去。

8. 重复重要的内容

如果事情比较重要，服务人员可以对重要内容进行重复，这些重要的内容往往是时间、地点、数据、号码等。

9. 与对方核对重要内容

当对方记下这些重要内容后，服务人员应该请对方重复一遍自己的事由，并进行核实确认对方是否明白或是否记录清楚。

10. 致谢

确认对方已经记清楚自己的事由后，服务人员应该向对方表示感谢，然后向对方说再见。例如，"感谢您帮我这个忙！再见！""感谢您对我们公司服务的满意，期待下次再为您提供服务。"

11. 挂机

挂机的时候应该让对方先挂机，等对方放下电话后，最后自己再轻轻放下电话。

（二）打电话注意事项

1. 选择合适的通话时间

服务人员在工作岗位上打电话给他人时，应该选择合适的通话时间。一般来说，选择上班时间打电话是比较合适的，这样不会打扰对方的休息时间和私人时间。过早、过晚或者在午休、用餐及节假日打电话给他人都是不太合适的。

总的来说，服务人员在打电话给他人的时候，应该考虑在便于他人的时间内打，如果是打电话给国外的客人，还应该考虑时差等因素。

2. 把握好通话的时间

一般来说，通话时间不要过长。如果通话时间较长，应首先征询对方是否现在方便接听。

3. 注意礼貌

在通话过程中，发声要自然，忌用假嗓，音调要柔和、热情、清脆、愉快，音量适中，带着笑容通话效果最佳。嘴巴不可太靠近话筒，送出给对方振痛耳膜的声音或失真的声音都是失礼的。

4. 及时应答

打电话时要集中精神，认真倾听对方的讲话内容，为表示正在专心倾听并理解对方的意思，应不断报以"好""是"等话语作为回应。另外，还应注意不要在办公场所长时间打私人电话，不要用电话聊天。不能将单位领导的私人电话号码和要害部门的电话号码随意告诉对方。错打时应道歉，挂电话时要轻。接听电话时，遇上访客问话，应用手势(手掌向下压压，或点点头)表示"请稍等"。

二、接电话礼仪

接电话的程序

1. 接电话

电话铃响起就要立即去接电话。一般情况下，电话铃响不能超过三声，如果超过三声才接电话，应向对方致歉："对不起，让您久等了!"

2. 问候对方

接起电话，就应该向对方表示问候，比如"早上好!""您好!""这里是××家"，或是"这里是××家政公司"，语气应柔和亲切。

3. 认真倾听对方事由

倾听对方事由时要全神贯注，认真倾听，切勿漫不经心，让对方感到没有礼貌。

4. 认真记录对方交代的事由

要分项记录要点，尤其要记录好时间、地点、电话号码等重要信息。

5. 复述对方的事由进行核对

当对方叙述完事由的要点后，要把自己记录的要点跟对方进行核对，以确保自己记录的正确和清晰。

6. 问清对方的姓名、地址等相关信息

要问清对方的姓名、地址、房号、电话号码、到达时间、服务时间等相关信息，

以便事情处理完后给对方一个反馈，或者可以交由其他人员进行处理。

7.对对方打来电话表示感谢

服务人员应该对打电话来的客户表示感谢，如"谢谢您打电话来！""感谢您提出的意见！""谢谢您对本公司的关注！"

8.等对方先挂电话，然后自己挂机

作为家政服务员，应该让对方先挂机，等对方放下电话后，最后自己再轻轻放下电话。

三、手机接打礼仪

（一）打手机的礼仪

服务人员应先拨对方的固定电话，找不到时再拨手机；在双向收费的情况下，说话更要简洁明了；在嘈杂的环境中，听不清楚对方声音时要说明，并让对方过一会儿再打过来或说明自己再打过去；在公共场合打手机，说话声音不要太大，以免影响他人或泄露公司机密。

在特定场合（如会场、飞机上、加油站等）要关闭手机。

（二）接手机的礼仪

服务人员在接手机的时候要长话短说；在见客户的时候，可以将手机调成振动、静音或用转接、找他人代理等方法来处理，以向对方传达尊重对方的信息，如果手机不停地响，会给人一种三心二意，并不把对方当成重要人物的感觉；如果对方是一个特别重要的人士，可以当着对方的面把手机关了，更显示对对方的尊重。

第四节　新媒体社交礼仪

随着信息技术的发展，新媒体交流方式进入我们的日常生活。现在，越来越多的人习惯用微信、QQ、抖音、微博等交流软件与人沟通交流。家政服务人员在工作中，自然也不能避免与雇主或与雇主相关的人进行沟通，然而这其中也有着许多需要注意的礼仪规范。以下我们以微信为例来看看家政服务人员应该掌握的新媒体社交礼仪。

（1）手机应经常开着，保证信息接收渠道。

（2）及时回复消息，不可假装没有看见消息。

（3）给人发消息时要注意时间，不可随便打扰他人工作、休息。

（4）有重要事情时，应打电话，而不宜采用微信，因为这样显得不正式。

（5）不宜随便给人打视频、语音电话，甚至发语音，如必须要打时，需要考虑对方是否方便接听，不然会让对方反感。

（6）认真对待每一次交流，不可中途突然不回消息，如遇特殊情况，应跟对方说明情况后再暂停交流。

（7）利用微信交流时，不可向对方发送不文明的语言或不健康的内容。

（8）微信交流亦不可忽视礼貌用语，特别是对于陌生或不太熟悉的交流对象，应保持必要的客气；而对于很熟悉的交流对象，则可在一定程度上免去俗套。

（9）若对方不识字，不可用文字聊天，宜用语音、语音电话或视频通话。

（10）在微信上交流时，要明确自身和对方的身份，此处参照日常交际礼仪与对方进行交流即可。

温馨小贴士

行业标范

（一）称呼得体、符合自己身份

家政服务工作场所不同于其他职场，需要进入到客户家庭服务，所以，家政服务员对待客户的称呼，是介于职业和家人之间的称呼，偏向于家庭称呼。一般按年龄和辈分来称呼客户的家庭成员，对比自己的年长男女主人，可称大哥、大姐，年长的可称呼伯伯、叔叔、阿姨、姑姑，注意随客户称呼他们的长辈；有小孩的家庭，可以直接跟孩子称呼：姥姥，姥爷，爷爷，奶奶等。

（二）日常礼貌用语

1. 问候语

用于见面的时候。例如："您好""早上好""欢迎您""近来好吗"这种问候要亲切、自然、和蔼，同时配合脸上的微笑。

2. 辞别语

用于分别告辞时。例如："再见""一路顺风""您走好""欢迎再来"等，这种告别语要真诚、恭敬、笑容可掬。

3. 答谢语

用于向对方感谢。例如："非常感谢""劳您费心""感谢您的好意""多谢您的好意"。这种答谢语要恳切、热情。如对方向家政服务员说出答谢语的时候，我们要回答"不必客气""这是我应该做的"等。

如果家政服务员向对方表示拒绝时，一定要注意语气的婉转，如要拒绝对方夹菜（你不想吃的时候）可说"不用不用，谢谢您了"，而不能生硬地说"我不要、我不吃"。

4. 请托语

用于向别人请教时。例如："请问""拜托您""帮个忙""请稍等""麻烦您关照一下"等，这种请托语要委婉谦恭，不能强求命令。

5. 道歉语

用于自己做错了事，向对方道歉。例如："对不起""实在抱歉""请多多原谅""真过意不去""失礼了""都是我的错"等，这种道歉语态要真诚，不能虚伪。

6. 征询语

用于向别人询问时。例如:"您有什么事需要我帮忙吗?""这样做会打扰您吗?""我能帮您做点什么?""还有什么需要我做吗?"等，这种征询语要让人感到关心和体贴。

7. 慰问语

用于对别人表示关心。例如:"您辛苦了""让你受累了""您快歇会儿"等，给人一种善良、热心的好感。

8. 祝贺语

用于对别人成功喜事的祝贺。如"恭喜""祝您节日快乐""祝您事业有成"等表示深厚友谊和衷心的祝贺。

本章学习重点

1.礼貌用语的标准。

2.语言在沟通中的重要性。

3.如何进行有效沟通。

4.手机、新媒体的沟通标准。

本章学习难点

1.如何才能有效沟通?

2.语言表达的规范性练习。

3.声音的控制和情绪情感表现。

4.现代电子社交平台的沟通要求。

练习与思考

1.为什么语言沟通时要先学会赞赏他人?

2.沟通的技巧有哪些?

3.什么是礼貌用语?

4.练习沟通，可模拟多个场景。

轻柔月光

洒满田野

徐徐微风

摇摆

亭亭玉立小荷花

温馨香气

漂浮在

静静的

心灵世界

第五篇

家政服务
心理认知

第一章 认识你的服务对象

知己知彼，能够更深程度地知道"我是谁""他是谁"，从而把服务做到客户的心坎里。作为与人打交道很密集、很深入的家政服务业，必须要深入了解客户心理，了解自身的心理，才能够做到有的放矢、有针对性的服务，否则服务就是盲目的或无效的，甚至是让客户反感的。所以，我们应该先来了解一下客人的心理，尤其是性格心理。

脑科学认为，从进化角度看，人脑有三类：爬行动物脑、情绪脑、大脑皮层脑。这三种脑功能各异，爬行脑主管身体的本能，情绪脑主管情绪，大脑皮层脑主管思维和思考。每个人都有这三种脑，并需要这三种脑联合进行协同作用才能够应对日常的工作和生活，但是不同的人对这三类脑的使用倾向却不一样，就像人虽然都有两条胳膊，但却有左撇子和右撇子之分一样，人对这三个脑的使用倾向是不同的，使用倾向不同，导致人的性格倾向也不一样。根据人的使用倾向的不同，把人分为三类：

1. 思维中心，又称为脑中心或资讯中心

以思考和分析为导向，对现实事物的运动现象直觉最强，较关心"什么是什么"类的问题。

2. 情感中心，又称为心中心

以感受和想象为导向，对人情和环境的气氛直觉最强，较为感性。

3. 本能中心，又称为腹中心，或者称为生存中心

以身体力行为导向，对生存、规则的问题直觉最强。

不同的人，他们的所思、所想、所言、所行的内容都不一样。每个中心的人都有向外、向内或向中间的明显的倾向性，腹中心的人包括8号、9号和1号，情绪中心包括2号、3号和4号，脑中心包括5号、6号和7号。因此，九种性格就这样产生了。

第一节 以思维中心为主导型的客户

大脑是我们思维活动的最高司令部，观察、记忆、分析等有关的思维活动和对他人及事件的态度、观念，计划及未来活动的指令等，都从这里发出。

思维中心型的人具有以思想来回应生活的倾向，他们有丰富的想象力和绝佳的思维能力。他们从思考中获得满足。思考对此类型的人而言是处在这个具有潜在威胁的世界中，防范恐惧于未然的方式。他们活在感知、思维里，靠广泛搜索信息，不断地思考生活。平常不是感到安全就是感到焦虑，他们很容易活在过去。

思维中心型的人的特点是：爱思考、想得多而全、容易质疑、偏执固执、脑子灵活点子多。

思维中心型的人主要有5号（思想型）、6号（忠诚型）和7号（活泼型）。5号对内在的思想体系感兴趣，故叫理智型或思想型；7号对外在的世界很感兴趣，什么事都想尝试，叫活跃型；6号在中间，对外面的世界和自己的内心都感兴趣，但又都不太确信，所以叫质疑型。

一、思想型——5号

（一）一般描述

思想型又叫理智型、智慧型、思考型，他们是观察者、理性分析者。表现为求知欲强、独立思考能力强、固执、清高、冷静、理性、观察力强，善于分析、偏执。思考型的5号是非常具有洞察力的型号，他们好奇、创新并且怪异，是不倦的学习者和实验者，特别是在专业或技术类的事情方面，他们喜欢详细了解，乐意花时间进行深入分析，不容易分心，善于思考事情的本源。他们喜爱学习，为拥有知识而兴奋，常常在某方面成为专家。他们聪明、敏锐、明智、客观、专注、好奇、中立、博学多才；爱争论、批判、害羞、

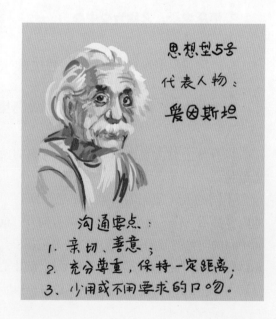

思想型5号
代表人物：
爱因斯坦

沟通要点：
1. 亲切、善意；
2. 充分尊重，保持一定距离；
3. 少用或不用要求的口吻。

不善与人打交道、孤立、隐遁、愤世嫉俗、自以为是、消极、退缩、吝啬、内向、自大、倔强、保守。

代表人物：爱因斯坦、诸葛亮。

（二）特点

1. 健康状况下

具有不凡的眼光和远见，大部分的思考型都头脑清晰，求知欲强，追寻智慧，基本上没有什么事情可以逃得过他们的注意。他们具有觉醒和预测的能力，当热衷于某件吸引他们的事情时，可以具有无比的专注力。只要他感兴趣的事情，很快便能掌握其中的技巧。对知识感到兴奋，往往会成为某一行的专家，具有创意并善于创造，能创造出有高价值和新颖的东西。他们非常独立，有独特气质但反复不定。

最佳表现：对于事物有宏观和深刻的见解。思想解放，能诚实和全面地看待各种事情，有前卫的发现，会找出崭新的方法来理解和诠释事物。

2. 一般状况下

处理事情概念先于行动，于脑海中建立模板，收集、预备更多资源以实践。五号非常好学，会不停地摄取知识，成为研究、学术和建立理论等方面的专家。也由于他们越来越投入到复杂的意念和幻想的世界里，因而会变得更加疏离。他们很容易被过气和神秘的事物吸引，甚至有可能是黑暗和困扰的因素，其整个世界都被自己的愿景和诠释充斥着。尽管思想如此强烈，还是不能和现实结合，开始用敌对的态度看待任何会干预他们内心世界和个人愿景的人或事，以极端和激进的观点来煽动和否决事情，愤世嫉俗、好争论。

3. 不健康状况下

变得脱离、偏激和虚无主义。极度不安、害怕积极，拒绝和排斥他人及其他社会联系。沉迷于自己那些具有威胁性的意念，变得极度不安，容易受惊、精神错乱，想努力摆脱某些不良记忆，拒绝和排斥他人及其他社会联系，成为幻想和病态恐惧症的牺牲品。可能会引起自杀和脱离现实，极端的话会导致精神分裂或严重自毁。

5号的基本恐惧：怕无知，更怕被认为无知而被威胁和压制。

5号的基本欲望：了解周遭世界。

5号的性格缺陷：贪心。这里主要指对知识的贪心，希望自己是无所不知、无所不晓的，拥有一切事物的答案。

缺陷：感情淡漠、自我封闭、行动力不足。

（三）性格变化走向

5号如果处于安定和人格提升时，会走向8号，有大将之风，勇于冒险，能将构思付诸实践，并接受和关心别人；如果处于压力和自我防卫时，会走向7号，变得更为内向，就算变得外向也是虚有其表，不切实际，言过其实，会以花言巧语来欺骗别人。

典型人格案例

老王买音响

老王准备买全套音响设备。有一天他来问我："你知道什么牌子的音响好吗？"我说："可能SONY的好吧，毕竟是知名品牌嘛。"此后一段时间，老王的工作几案上多了很多音响杂志，在午休时间，也总看见他埋头钻研。并且在这期间，每次约老王出来聚会，他总会说没时间，问他都干吗了，他不是说要到这个音响城就是要去那个音响专卖店。过了好几个月，有一天，老王笑嘻嘻地对我说："走，到我家去看我的新音响，我搞了一套很棒的！"我随口问："是SONY的吗？"他答道："不是，你们搞不明白的，不过是好东西！"到了他家，一打开门，哇！那绝对是发烧级！我完全不能相信眼前所见到的东西，要知道在此之前，老王只拥有过一套音响：车载音响。

老吴装修房子

老吴，又一个5号，准备给家里搞装修。他来跟我商量，到底要找哪个装修公司。虽然我才装了房子，但对这些还真的不太清楚，于是，老吴开始自己去寻找。一段时间后，老吴把深圳几乎所有的装修公司都摸透彻了，甚至还给它们分了类。第一种是完全无牌无照的；第二种是有牌但没有名气的；第三种是名气很大且组织装修队，不过它是做管理的；第四种就是名气品牌都很大，而且自己组织装修队的。分类后，老吴便在这四组里分别抽取了几家公司做测试和调查，因为他想把这些装修公司到底做什么、怎么做都摸清楚。

装修公司搞定后，老吴又亲自买装修所需的材料。于是深圳几乎所有的材料市场和批发点，又都被老吴踏了个遍。老吴甚至到网上去查资料，搞团购。还兴冲冲地跑来问我："老罗啊，我们干脆做一个家装网站怎么样？我已经把深圳所有的家装信息全部搜集到了！"当老吴把装修需要的材料全部买齐的时候，已经是他决定开始装修后的第 7 个月了。说实在的，我是很佩服老吴搜集信息的精神的。

（四）此类型人格特点的人的沟通要点

（1）他们在面对人群表达自己时往往有困难，所以不要在这方面给他们太大的压力。要表现出亲切的善意，以减轻他们的紧张、焦虑。

（2）要亲切，但不要表现出依赖或过于有压力的亲密，因为他们喜欢与人保持一定的距离，要尊重他们的界线。

（3）要求他们做决定时，请尽量留给他们独处的时间和空间。

（4）当你请求他们某件事时，请记住你表达态度应该是一种请求而非要求。

（5）当你以为他已经认可你的方式和建议时，不要太着急去乐观实施，因为明天他就可能比你懂了，又改变了主意。

（6）在服务中，千万不要以专业自居自傲，他的认可才是真正的认可，而不是"你以为"，不要说特别自我而肯定的话，而应该多征求他们的意见和看法。

二、质疑型——6号

（一）一般描述

忠诚稳重，警觉性强，怀疑、焦虑、处处提防、小心翼翼，保守、厌恶冒险，钟情于自己熟悉的事物，对威胁的来源明察秋毫。为了先行武装，他们会预想最糟的可能的结果。他们是负责、诚实、可靠、慈悲的，注重群体。但同时他们也是焦虑、严格、多疑、易怒、被动、防范心重的，这种怀疑的心智结构往往会导致他们做事的拖延及对他人动机的猜疑，为了先行武装，他们会预想最糟的可能结果。因而，他们在采取行动时会犹豫不决，优柔寡断，但是一旦承诺，会为自己的承诺奋斗到底。

代表人物：普京、林彪、希特勒、本·拉登。

（二）特点

1. 健康状况下

热情、亲切、可爱、有吸引力，能引起他人强烈的情绪反映。对谨慎型来说，信任是很重要的，他们喜欢和人有联系，并且建立永久的关系和阵营。对他们所信任的人或事会全情投入，负责任、可依靠并值得信赖，是最好的社团建立者。努力、不屈不挠，愿意为他人牺牲，为他们所属的生活圈子建立稳定和安全的环境，能激发他人的合作精神。

最佳表现：自我肯定，信任自己和别人，独立但又愿意在精神上依赖别人，和他人建立平等的合作关系，有正面的思想，有领袖才能，善于表达自我。

2. 一般状况下

开始花时间和精力在任何令他们感到安全和稳定的信念上组织和建立安全网，找寻联盟和权威来令他们感到安全和持久，经常留意预期问题的发生。对于别人的要求，开始用极被动的态度来做出反应，变得逃避，缺乏决断力，小心翼翼，拖延和含混，反映过敏，过于忧郁、消极和矛盾。由于内心的混乱，令他们的反应变得难以捉摸。为了避免不安全的结果，他们开始处于交战和讽刺之中，抱怨别人为他们带来难题，采取强硬的立场来面对局外人。壁垒分明，自我保护，将人分成敌人和朋友，致力于找出令他们觉得威胁的安全隐患掩饰自己的内心恐惧。专制、偏执，令人害怕，造成双重恐惧。

3. 不健康状况下

害怕自己会破坏已有的安全感，所以会变得过度依赖，对内心的感觉极度敏锐，过度自我愧疚，觉得无力自我挽救，所以企图以最高权威或信念来解决所有问题，和别人更加疏远，甚至会误会或责骂他人。感觉自己受迫害，开始迁怒于人，表现得非理性，企图将内心的恐惧宣泄出来，变得执迷不悟和暴力。歇斯底里，为了寻找逃避惩罚的办法，往往会有自毁和自杀倾向。酗酒、滥用药物，会有突然激烈的争吵和自我否定的行为。

6号的基本恐惧：不安全、不稳定、不可靠、被放弃以及孤独。

6号的基本欲望：拥有强大的后盾。

6号的性格缺陷：缺乏自信。6号过分依赖权威，他们没有将自己的焦点放在建立自尊与自信上面。

此人格是各种人格中最强劲的人格，大致上可分为恐惧性6号（正6）和反恐惧性6号（反6），正6会较为温厚、服从和可爱，反6则较为反叛、独裁和具有侵略性。两者的最大分别是面对恐惧和敌人的时候，正6多会选择逃避，反6多会克服自己的恐惧，自信地克服困难却显得有侵略性，这点可能与第8号人格相似，但不同的地方是反6只会在面对困难时变得有侵略性，原因是出于反抗，第八型则经常有侵略的行为，且非常主动。但无论正6还是反6，他们的行为都是出于内心的恐惧和不安全感。

（三）性格变化走向

当他们处于安定和人格提升时，会走向第九型，能顺其自然。

信任身边的人，乐意效忠所属的群体，并愿意放下自己拘谨的态度和防卫机制；当他们处于压力和自我防卫时，会走向第三型，变成工作狂，为了达到目的，不顾一切，并会伤害那些曾伤害过自己的人。

典型人格特点：

在九型人格的分类中，6号性格被称为"疑惑型"，也被称为最会"乌鸦嘴""泼冷水"的人，如果你跟他们分享一些兴奋、新鲜的新观点和开心事。

你会经常听到如下经典语录：

> "很多人上当哦！现在骗子很多哦！"
>
> "不要误人子弟哦！"
>
> "不会是邪教／传销吧？"
>
> "水很深呐，没那么简单"
>
> "最近……又出事了！"
>
> "要没有我，你死一百次了！"
>
> "你这种没脑子的人，脸上就写着仨字——来骗我。"
>
> "这么没心没肺，怎么也能活得下来的？"
>
> "这绝对骗人的！不靠谱！"
>
> ……

其实，6号疑惑型的人正是用这些方式来表达对你的提醒，并非在否定你，而是用他们的方式爱你，在他们最深的价值观里，这个世界充满了不确定风险，需要小心应对，然后脑子里跟放电影一样自动化预演各种"负面可能"。

（四）此类型人格相处沟通的技巧

1. 言行一致，说到做到

6号容易不确定，质疑他人的动机，会不断察言观色，检验你言行的一致性，即使已经过去很久的事情，很小的细节，6号依然会记得很清楚，从而确定你是否可靠，是否负责，不要轻易爽约、撒谎，这会让6号人对你失去信任。

2. 平静接受质疑，耐心释疑

当6号反对你、否定你、质疑你的时候，你先不要有情绪，你要明白他真正目的不是要去否定你，而是想向你求证，了解更多信息以便更加让他确定。他们的激烈反对往往也就是因为半信半疑罢了，只是想激起你的辩论，弄清楚而已，6号人深信"真理越辩越明"。

3. 感谢和重视 6 号的担忧与提醒

当6号的人替你担心很多，甚至有点杞人忧天的时候，要感谢他们，6号对于所爱的人，经常可能"泼冷水"，"我这都是为你好""不听老人言，吃亏在眼前"，他容易担心你会出这个事儿、出那个事儿，6号提醒你的目的让你对此事保持高度警觉，如果你重视了——"幸亏你提醒，不然我还想不到""我会搜集一下这方面的资料再好好研究一下""的确存在这种风险和隐患，你觉得该怎么处理呢？"他们也就欣慰并踏实了。

4. 尊重焦虑，给予信心

请不要否定他们的担忧，切忌说："你真杞人忧天""这没什么的啊……""你能不能想点好的？""有什么好怕的，总是瞻前顾后，一事无成！"……6号希望你能陪他度过这个左右为难、反复摇摆的状态，甚至有时候他会激发你和他辩论一下，甚至吵吵架，释放一下焦虑，同时要给他们信心，但不是通过企图回避、合理化来消除他们的担心！

5. 说话不要太绝对，要稍微留有余地

6号认为凡事都不会认为很绝对，他们自己都经常说"可能""根据现有调查""也许""据不完全统计""到目前为止""我只能说我会尽力"等，要有讨论的空间，否则会让他们难以相信。

6. 坦陈你的实际感受和想法

6号喜欢清晰洞察他人的真实动机和意图，也希望别人明确他们的期待，切忌沉默、善变、模糊不清、顽固封闭和玩失踪，这些会让6号人因为搞不清楚状况，不由自

主地想象各种最坏的情形，不断担心、有情绪甚至产生报复行为，6号本身也容易情绪化，且也是行动派，容易激化矛盾，导致不可收拾的结局。

7. 坚定表达肯定与保证

6号人很难肯定任何事，但又渴望得到保证，也会反复验证你的话，因此，哪怕是不断地重复，也会让6号踏实一些，不要表达出"不是已经告诉过你了吗""你烦不烦啊"这样的态度，这只会让你们的关系更糟糕。

8. 切忌代替或逼迫他们尽快做决定

6号人之所以不能做决定，是因为他预演了各种你没有想到的潜在危险和问题，你在没有全面了解他的所思所想的时候，就在那里指手画脚或者在那里想帮他做决定，是没有用处的。此时，请给予支持和鼓励，给他们时间思考，不要代替或者逼迫他们做决定。

9. 提供正向依据，鼓励 6 号正向思考

不要企图说服6号情况不严重，"这有什么好担心的"，但不能和他一样慌作一团，保持沉稳、冷静、耐心的态度倾听他的种种担忧和预演，带着同理心，"这种情况下我也会担心"，提供一些正向的证据，"这种情况也有很多好转的先例"，帮助他看到光明一面。

10. 陪伴思考与讨论，让 6 号有被支持的感觉

6号焦虑，犹豫不决时，他希望有人可以讨论，尽管他最后只会听自己的，此时你要陪6号讨论，并非要急于给他一个什么建议和结果（他们一般不会采纳，除非你和他们想的一样），你只是通过陪伴讨论让他感觉到支持，当他处于焦虑中时，你可以随时陪他一起讨论他的各种困惑和担忧，耐心倾听他的思路和他的反复询问，陪伴比结果更重要。

11. 帮他们肯定心中的答案

6号常会在两个或多个选择之间犹豫不决，但往往他们未必没有倾向性答案，只是还不够确定，有时候他们即使已经完全确定了，甚至已经做出选择，还会再"对对答案"，求一个安心，此时，只要你听出他的倾向，给他临门一脚，吃个定心丸就可以

了，而不必帮他分析来分析去，提供更多让他们困扰的信息。

12. 提前预告问题，切忌报喜不报忧

和6号沟通一定要还原事实真相，不要随意夸大严重性，更不要回避和转移问题，报喜不报忧，6号虽然总是预防风险，不希望坏事发生，但是如果有潜在问题或者问题已经发生，他们希望更早知道，好提前预防、直接面对，找出问题的原因去设法解决。

也许你曾恨透了6号的泼冷水，觉得他们都在瞎担心，破坏心情。但是，你知道他们有多在乎吗？他们用他们的方式一直在保护他们所关心的人和事。

13.6 号人比较多疑

他们似乎不相信别人的赞美或恭维，唯有不断地倾听，并愿意支持他们、和他们站在一起，才是取得他们信任最好的方法。所以，倾听并表明你已经了解，否则你无法取得他们的信任。

14. 说话的内容要准确而实际，态度要真诚

因为他们很会猜测对方的"言外之意"，而做不必要的联想。

15. 以不动声色的方式

再度明确地表达你对他们的喜欢和爱，并且言行一致，持续保持下去，信任便会从中产生。

16. 邀请他们检查自己的真实性

帮助他们处在他们的想象力（投射）之外，并通过发问方式帮助他们沉稳下来，像是：有什么事情困扰你吗？你对这样的情况有什么想法？

17. 不要批评或论断他们的恐惧

这会使他们更缺乏自信。要幽默——鼓励他们开怀大笑，并看事情好的一面。
现在你是否更理解6号人，并且知道如何和他们沟通了呢？

三、活跃性——7号

（一）一般描述

天真、热情、活跃、精力充沛、爱开玩笑、生机勃勃、乐观、逆境商数高、自然、有想象力、受人欢迎、好奇、开朗、大方；头脑灵活、精力充沛、机智迷人，富于创造力，喜欢追寻新的刺激，多才多艺，主意多多、富创造力、喜欢多姿多彩的生活和人际关系。喜欢保留多个选择。以自我为中心、任性、狂躁、被动、及时行乐，迷恋感官上的享受。幼稚、不成熟，不守规则、逃避现实、妄想走快捷方式不劳而获、不肯吃苦、顽固、慌张、不可信任、自我毁灭。 最怕沉闷，讨厌等待。

活跃型7号
代表人物：
贾宝玉

沟通技巧：
1.参与分享喜悦。
2.欣赏他们的见识。
3.不用批评和指示的语气。

代表人物：贾宝玉。

（二）特点

1. 健康状况下

对感觉和体验非常敏感，容易兴奋，通常是外向性格的人；对外来刺激有及时的反应——任何事物都会令他们兴奋，生气勃勃，凡事渴求，主动性强，达观、开朗，容易成功，通常是多才多艺的通才。实事求是，工作能力强，对多种事务都有兴趣。

最佳表现：完全吸收体验，从而对所拥有的感到欣慰和欣赏，为生活中的简单惊喜感到震撼。在精神上感到满足，能深深体会到生活当中的无限美好。

2. 一般状况下

当越来越不安的时候，会希望有更多的选择给他们，喜欢冒险和闯荡，但不专注持久，经常要找寻新事物和新体验。他们是品位不凡、懂得享受的人。金钱、多种选择和走在潮流尖端是最重要的事情。不能分辨出什么才是真正所需，过度活跃，不能对自己说不，没有一刻可以停下来。口无遮拦，有话就说；喜欢说故事，说话华美浮夸，语带俏皮，有表演的意味。害怕沉闷，忙个不停，有非常多的想法但都不能得到贯彻。以自我为中心，物质主义，贪心，永远得不到满足，掉进物质和浪费的陷阱。要求高，强人所难，但仍不会满足，因而会感到厌倦。沉迷、僵硬和不敏感。

3. 不健康状况下

以自我为中心，任性、冲动、狂躁、被动、及时行乐，沉迷于感官上的享受，幼稚、不成熟、不守规则、逃避现实，妄想走快捷方式不劳而获，不肯吃苦。顽固、慌张、不可信任、焦虑、沮丧，因失控而情绪不稳，甚至有狂躁的倾向。最后，他们耗尽了精力和健康，变得幽闭和惊慌失措，容易放弃自己的生命，极度忧虑和情绪失控时，会自毁甚至自杀。在不愉快的情况下，他们也会从心理上逃脱到愉快的幻想中。所以有时会显得难以捉摸。他们容易冲动，不愿做出承诺，总是希望拥有多种选择，并且专注力无法持久，不善于贯彻始终。

7号的基本恐惧：怕苦、怕闷、怕束缚。

7号的基本欲望：无拘无束、好玩。

7号的性格缺陷：贪多。如贪吃，他们愈是用外在事物来填充自己，愈无法发现他们想要寻找的真正的快乐。

（三）性格变化走向

处于安定和人格提升时走向第五型，懂得自我克制，心思缜密，会经过观察和周详的考虑才去做决定。会将自己深刻的体验贡献到环境上，不再害怕自己的快乐会被剥削；处于压力和自我防卫时走向第一型，变得专制、容易发怒、固执而对人有所要求。如果某些人或事让他们觉得似乎可以协助解决自己的不快乐，他们就会紧紧地抓住不放。

（四）此类型人格沟通技巧

（1）加入轻松愉快的交流中去，参与他们的喜悦。以一种轻松愉快的方式和他们交谈，是建立彼此好感的第一步，因为他们不喜欢过于严肃、拘谨、无趣的人。

（2）倾听并欣赏他们远大的远见，不要试图去证明他们的想法不可行，把它当成是一种分享想法、分享喜悦的方式即可。

（3）如果你提出可能会影响到他们计划的构想时，刚开始他们可能会有些抗拒，但是他们是善于思考的，给他们重新思考的时间，他们自然会判断是否接纳你的想法，或是找时间跟你进一步讨论。

（4）不要批评或给出指示，使用中性字词来建议做事的方法。如果你觉得有必要帮助他们面对搪塞推诿或痛苦的经验，绝对要坚定并活力充沛，如果他们试图怪罪于你，不要放在心上，只要再把他们带回讨论的问题就可以了。

（5）学会做一个有趣的人，不断推陈出新，让他们永远觉得开心好玩，慢慢地产生依赖和信任，他就会变成一个温暖而容易相处的人。

第二节　以情感中心为主导型的客户

以情感为中心导向的人，反应来源于情绪、情感和感觉，喜欢以感受和想象为导向，对人情和环境的气氛直觉最强。

对人不是认同就是敌意，容易活在现在。借由那些无言的感官经验，告诉我们他有什么感觉，而非我们的想法，是情绪经验的积累。他们能快速感受别人的需要或心情，并回应。靠成功的关系来驱逐特有的空虚感和渴望。他们很感性，是一个情绪集合体，永远跟着感觉走，不停地在体会着悲伤、难过、欣喜、失落、感动等各种复杂、细腻的感受。

"情感中心"的人又分为2号（助人型）、3号（成就型）及4号（感觉型）。

一、助人型——2号

（一）一般描述

2号人热情、友善、体贴、慷慨、大度，关怀他人、适应性强。有欣赏能力，善于表达情感，对别人的需要较敏感，愿意服务他人。他们善于处理人际关系，殷勤、周到，喜欢取悦别人并有占有欲。由于他们不容易承认自己的需要，也难以向别人寻求帮助，所以总是无意识地通过人际关系来满足自己的需要，而且在自己最为人所需时感到最快乐。他们希望获得他人的认同和好感，也在乎别人对自己的看法。但是，讨厌客观规律和条件，常常依赖主观印象和情绪处理事情。

代表人物：特蕾莎修女、雷锋、宋庆龄、邓丽君。

助人型2号

代表人物：雷锋

沟通技巧：
1. 感谢他们的付出。
2. 鼓励他们关心自己。

（二）特点

1. 健康状况下的二号

为人公平公正、有强烈的利他主义观念，给他人以无条件的爱和付出。极富同情心、同理心，体恤别人，常常照顾、关怀别人，使人感到温暖，因而人际关系很好。对他人和善，赞赏他人，很会鼓励人。他们对别人的需要和感觉非常敏锐，能够刚好表现出能吸引别人的那部分人格。他们善于付出更胜于接受，有时候是天生的照顾者和主持者。为了使别人成功、美满，2号人能运用他们天生的同情心，给予对方真正需要的事物及关心。

2. 一般情况下的二号

情绪化、感情外露，过分热心及友善，粉饰太平，占有欲较强，对别人永远都觉得做得不够，具有自我牺牲及母爱性格，善于巧妙处理人际关系。有时候会操控别人，为得到而付出，对别人的行为有太多干涉，因而盛气凌人，神气十足。

3. 不健康状况下的二号

喜欢取悦别人并且有占有欲，喜好掌握情境、操控别人。有时会因为感到未被别人感激，而变得愤愤不平，开始抱怨、批评、贬损、诽谤别人，暗中伤害他人，逐渐变得专制、跋扈。但是，他们往往对请求又不能说"不"，倾向过分地帮助他人，有时能恶化成偏爱和过度介入。另外，在不健康的情况下，会表现出不直接、没有主见、不诚实、歇斯底里、谄媚、嫉妒、自欺欺人。

2号的基本恐惧：害怕不被爱、不被需要。

2号的基本欲望：被爱、被需要。

2号的性格缺陷：在乎别人对自己的看法。他们付出，做善事，但他们内心深处强烈渴望别人说声谢谢，期待自己的善行受到夸奖，自己的牺牲能有回报。

（三）性格走向

处于安定和人格提升时，走向4号，为自己的心愿坚持到底；处于压力和自我防卫时，走向8号，蛮横无理，不受控，自大、任性，将自己的主意强加于他人身上。

（四）此类型人格沟通技巧

（1）对于他们的付出，一定要表现出感激之意。

（2）他们最讨厌别人拒绝他们的好意，所以如果你想拒绝他们，就必须很清楚地把你的理由、感觉告诉他们，让他们知道真的不需要他去帮你什么，因为这才是你最需要的，也是对你最好的帮助。

（3）他们总是将关注点放在别人身上，所以不妨鼓励他们多谈谈自己，并告诉他们你想知道的事，多了解他们一些。当你想为他做某件事时，告诉他们这么做会让你觉得快乐，他们便会接受你的付出。

（4）当他们只顾着为别人忙碌，或是显得情绪化、心神不宁时，不妨问问他们正在想什么？心情如何？以及此刻有什么需要？

（5）在服务过程中多请教他们，让他们觉得能帮助你，是你的支柱和依靠，让他们充分感觉被需要。但记住一点，他们不喜欢愚笨的人，他要的是你已经有几个不错的方案方法，只是请他们帮你定夺而已。

二、成就型——3号

（一）一般描述

他们是精力超强的工作狂，能力出众，勤奋、负责、效率高，目标感强，奋力追求成功，以获得地位和赞赏。他们聪明醒目、注重形象、注重头衔，事业心强，有进取精神，适应能力强，喜欢竞争。重视结果而非手段，追求成就感，并由此来寻求认可。他们不怕犯错，敢于大胆尝试，但不太擅长处理复杂的人际关系。

代表人物：王熙凤。

成就型3号
代表人物
王熙凤

沟通技巧：
1. 告诉他们你推荐的方法有什么好结果。
2. 如果有被他们伤害的感觉，不妨直接告诉他们。

（二）特点

1. 健康状况下

3号自尊、自信，自我价值感强，在公众中很有魅力，能够受到多数人的欢迎，往往成为同行中或团队中的佼佼者，他们成功的欲望极强，在某方面会有非常杰出的表现。3号的适应能力很强，在他们处于最佳状态的时候，往往是真实可信、表里如一的，同时也是良好的沟通者及倡导者，可以带领众人前进。他们奋力追求成功，以获得地位和赞赏。无论身处何种竞争场合，他们总是把目标锁定在成功之上。他们会是一个成功的父母、配偶、商人、玩伴、嬉皮、治疗师，能够顺应身边的人们而变换形象。

尽管某个当下的活动和自己真实的感觉毫不相干，一旦受到要求，他们就可以表现出合适的感觉。3号人会全心全意追求一个目标，而且永不厌倦。他们会成为杰出的团队领袖，鼓舞他人相信"天下没有不可能的事"。

2. 一般情况下

3号的竞争意识非常强，时时处处都想要超过别人从而使自己的事业成为第一。他们极其看重地位、声望，并千方百计想挤入上流社会，追求出人头地的成功。在这种内动力的驱使下，他们变得目标感极强，工作有效率。一个很形象的形容是：变色龙。他们就像变色龙一样"见人说人话，见鬼说鬼话"。他们很在意别人怎样看他们，所以他们根据别人的眼光来包装自己，以便获得最佳的回报。他们开始变得不诚实，特别自恋，对自己和自己的潜能，充满夸大的期待，自命不凡，内心总有一个声音冒出来："我是最棒的！"爱出风头，对别人充满蔑视与敌意，"哼，瞧我的！"

3. 不健康状况下

以自我为中心，投机取巧、虚伪、肤浅，思想缺乏深度。容易记仇、自负、过度竞争、虚荣心强。因为害怕失败及由此带来的屈辱，不健康的3号会露出剥削性和投机性，他们会利用别人，开始病态地说谎，自甘堕落、不道德。会因为强烈的嫉妒而背叛朋友和同事，并对他们恶语中伤，损害他们的声誉。另外，不健康的3号会变得报复心极强，并有虐待狂的倾向，想要毁灭别人，精神错乱，并有拷打、伤害身体、谋杀的可能性。

3号的基本恐惧：被拒绝、被排挤。

3号的基本欲望：被肯定（被接受）。

3号的性格缺陷：因为内在的怠惰，即只追求世俗的成功，不愿意向内深层次挖掘生命的意义，发掘自我和天赋，而只是通过包装、欺骗来获得所谓完美的形象。

（三）性格走向

处于安定和人格提升时：走向第六型，会把自己奉献给别人，并且因为这种行为而肯定自己的价值。会是位成功的团队领袖，有涵养、有实力，并且忠诚，不会操之过急，是不可多得的管理人才和团队领导者。

处于压力和自我防卫时：走向第九型，会兵败如山倒，一蹶不振，心神恍惚，无主见，自我放弃，懒惰，没有神采，暴饮暴食，不顾身份，意念多而不专注，优柔寡断，一事无成，充满无用感，失去前瞻性。太在意别人的看法，因此变得虚伪，什么事也做不成。严重者会出现人格解体。

（四）此类型人格沟通技巧

（1）如果希望他们改变作风或是思考其他方案，最有效的方法便是：告诉他们这样做可能会有助于他们获得更好的结果。

（2）如果你喜欢他们，不妨尽量配合他们，因为当你与他们站在同一阵线时，他们也乐于保护你，与你分享他们的成就。

（3）如果你有被他们利用或操纵的感觉时，不妨让他们知道你的感受，因为他们有时真的会忽略别人的感受，告诉他们后他们多半会收敛一些，特别是当他无心伤害你时。

（4）过度地批评只会让他们为了讨好你、顺应你，而矫情地做改变。所以要真正改变他们，应该是去爱他们，设法让他们去探索自己真正的感觉。

三、自我型（感觉型）——4号

（一）一般描述

自我、独特、浪漫、多愁善感、情绪化、感受能力强、富于表情，有创造力；热情、支持、慈悲、和善、帮助他人，品行高尚，具有人道主义精神；幽默，机智；易怒、敏感、神经质、逃避、退缩、自私、嫉妒、容易受伤害、自负、不自信、沮丧、任性胡来、好批评。

自我型是内省、忧伤而敏感的艺术型，感情丰富、夸张、自我沉溺并且有灵性，以提供个人化的服务或以独特的感觉开发特别产品见长。他们为追求正确的效果，用词或设计等方面是从不妥协的。他们嫌恶没有创造性的工作。他们也许对批评是过敏的，能恶化至忧郁或产生古怪的习性。处于最佳的状态时，他们以直觉和创造性带领工作，并以个人风格和深度来丰富它。

他们寻求理想伴侣或一生的志向，活在生命中某项重要事物的感觉中。他们觉得必须找到真实的伙伴，自己才完美。他们倾向于找到疏离理想化的现行事物和世俗的错误。

4号的创造力及自我表现欲强烈，做事高标准，常常被高深的情绪性经验所吸引，表达出与众不同的一面。无论在任何领域，他们的生命状态都会反映出对事物重要性和意义的追求，这往往使他们有着非凡的表现。

他们虽然行事大胆、冲动、不怕失败，喜欢冒险，但当情绪低落时，表现在外的却可能是极度忧郁和古怪的行为。他们很容易陷入自己的情绪，但却能表现出高度的同情心，去支持处在情绪痛苦中的人。

代表人物：张国荣、三毛、林黛玉、张爱玲。

（二）特点

1. 健康状况下

自觉、自省、追寻自我，意识到自己的内心感受和内心的冲动。对自己和别人的敏感度和知觉能力都很高。温文、机智、热情。以人为本，个人主义，可以诚实面对自己，能够发现自我，面对自己的情绪，人性味浓。对个人和生命具有反讽的看法，可以很严肃或者很有趣。最佳表现：具有不凡的创造力，对人生和宇宙都有独到的看法，多表现于艺术方面。具启发性，有掌握更新和重生的能力，可以将所有经验都转化为宝贵的东西，可以说是创造自我的一类。

2. 一般状况下的 4 号

用艺术化和浪漫化的眼光看待生命，善于创造一个美丽的、具美感的环境来营造和延长个人感觉。懂得运用幻想、热情和想象来将现实变得更美好。生活在感觉之中，将所有事都收藏到内心，但会变得自我沉沦，将任何事都个人化、情绪化，过分敏感、羞怯和自觉，没有自发性。对任何事情都采取反对的态度以保护自我的形象，浪费时间整理自己的感觉。慢慢会变得自觉与众不同，感觉到每个人都会像他一样放逐于生活之外。他们会变成忧郁的梦想家，藐视、颓废和情感泛滥，生活于幻象之中。自怜和妒忌，令他们变得更加沉沦，而且不切实际、不事生产、疲惫和懒惰。

3. 不健康状况下的 4 号

当梦想破灭时，他们会自我控制，愤恨自己，情绪低落，与世隔绝，自我封闭，情感瘫痪。对自己感到羞耻、疲乏和不能运作。受自我羞辱、自我引证、自我憎恨的假象困扰，认为任何事和人都是对他的苛责。因为幽怨，推开任何愿意帮助他的人。严重时变得失望、绝望甚至自杀，可能会沉沦于酒精或药物以逃避现实。极端时，会情绪崩溃或者自杀。

4号的基本恐惧：没有身份，未能显现个性，不被认同。

4号的基本欲望：独特、与众不同，找到自己或者自己存在的意义。

4号的性格缺陷：嫉妒。发展到不健康状态下的4号一般都会嫉妒别人，4号在人群中经常感到不自在或害羞，喜欢抽离，所以他们经常嫉妒那些能自在地与人相处的人。

（三）性格走向

处于安定和人格提升时：走向第一型，会变得冷静而较为理性，做事有原则及客观，而不会再受控于变化无常的情绪。处于压力和自我防卫时：走向第二型，会在感情道路上一意孤行，痴缠，任性，占有欲强，有时会感到失落、抑郁和行为反复无常。

（四）此类型人格沟通技巧

（1）感觉对他们而言是最重要的，与他们沟通一定要重视他们的感觉。另一方面也要让他们知道你的感觉、想法。

（2）密切地配合他们，让他们感觉到你是关心他们，愿意支持他们。

（3）如果他们沉浸在某种情绪中难以自拔时，问问他们当下的感受。让他们有机会抒发情绪，是帮助他们走出情绪的最好方法。

（4）不要老是以理性思维来要求、评断他们，听听他们的直觉，因为那可能会开启你不同的视野。

（5）经常称赞他们，特别是当他们能发挥自己的特质而有所贡献时，因为他们是极容易有负面情绪，容易否定自我的人。

第三节　以本能为中心导向型的客户

本能中心人又称腹中心或生存中心的人，他们脚踏实地，最在乎生存问题，喜欢解决问题，看重事实，藉由本能和习惯运作，平常不是压抑就是攻击，往往活在未来。"本能中心"包括8号（领袖型）、9号（和平型）及1号（完美型）。

一、领袖型——8号

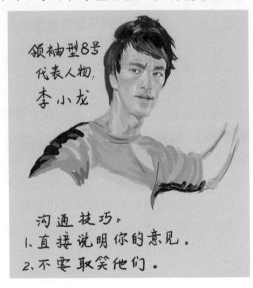

领袖型8号
代表人物
李小龙

沟通技巧:
1. 直接说明你的意见.
2. 不要取笑他们.

（一）一般描述

领袖型是强而有力、果断的型号。他们自信、强势、意志坚强，义气、冲动、率直、独断、爱支配，勇于承担。有清楚的愿景，知道自己的个人目标，能自我克制并完成目标。对困难而严肃的问题，他们会简单视之为挑战并努力克服障碍，为自己的信念抗争到底。有时具攻击性，控制欲强，难于下放权力。他们没有圆滑的处事手段，习惯于先行动后思考。他们是"困难领导者"，越是面对困难，越能脱颖而出，对生命抱着"一不做，二不休"的态度。自我中心、苛求、侵略性过强、粗野、暴躁、有仇必报、赶尽杀绝、排除异己不遗余力、好战、苛求、自大、占有欲强、严厉、不妥协、吹毛求疵。

8号是天生的领导者，受人尊敬，勇于承担，讲义气，为大家做决定，指示方向，显示着果断的权威性。藉由荣耀的行为，运用具有建设性的力量支持及保护人，做有意义事业的赞助者或宣传者等而赢得他人的尊敬。他们是勇敢、顽强、冒险，勇于克服困难，实现理想的人，可能是英雄或历史上伟大的人物。

他们善于关心和保护朋友，知道朋友在想什么，愿意保护和帮助弱小者，也因此易受责难，多处树敌。他们关心正义和公平，并且乐意为此而战。他们拥戴他人，愿意保护和鼓励他人，但也能恶化至威逼令人就范，在组织内外制造多余的敌人。处于最佳的状态时，8号是宽宏大量和慷慨的，会利用个人力量来帮助改善他人的生活。另一方面，8号也是一个自我中心者，侵略性过强，粗野、暴躁、有仇必报，赶尽杀绝，好战、苛求、自大、占有欲强、严厉、不妥协、吹毛求疵，排除异己不遗余力。

代表人物：李小龙、萨达姆、叶利钦、项羽、武则天等。

（二）特点

1. 健康状况下

自我肯定、自信、坚强；对自己的需要和理想会毫不犹豫地去争取。足智多谋，内心被一股凡事皆有可能的热情所驱动。有决断、具权威性，是受人尊敬的领袖。性格主动、行动力强，是冠军级的人物。喜欢支持、保护其他人，并用他们的力量去带领别人。最佳状态：能自我控制，自律、宽容、仁慈，通过向更高权威的信服而掌控自己。勇敢、顽强，愿意为达到理想而赴汤蹈火，有可能成为真正的英雄并完成历史成就。

2. 一般状况下

自给自足，财政独立，最重视有足够的资源；有事业心，是典型的自我主义者，独断专行。肯冒险、勤劳，否定自己情绪上的需要。8号倾向于支配身边的环境和人；希望其他人跟随他，并支持他的成就。自视甚高、自夸、具有扩张性；老板的话就是法律，以自我为中心，希望将自己的意愿和理想加诸所有事情上，而不会公平对待和尊重别人，为达到自己的目的而变得好战、挑衅，容易与人形成对抗性的关系。8号认为任何事情都是对意志力的考验，他们不会低头。8号用威胁和报复的方法得到别人的服从，令人不知所措和不安。然而，人们会对他们不公平对待感到恐惧和抗拒，可能会联合起来对抗他们。

3. 不健康状况下

8号抗拒所有被控制的意图，会成为无情和独裁的人，8号认为他们的旨意就是对的。他们铁石心肠，没有道德观并有暴力倾向，会对自己的力量生起妄想，以为自己无坚不摧、无所不能，自以为全能和打不死，任意地自我膨胀。如果他们遇上危险，他们可能会把违背他们意愿的事物摧毁而决不会投降。8号也是一个自我中心者，严重的话会报复心重、野蛮、暴力，侵略性过强，有变态倾向，粗野、暴躁、有仇必报，赶尽杀绝，好战、苛求、自大、占有欲强、严厉、不妥协、吹毛求疵，排除异己不遗余力。

8号的基本恐惧：屈服他人或受到控制。

8号的基本欲望：能完全掌握自己的生活和命运。

8号的性格缺陷：控制。他们希望像神一样主宰别人，他们对权利和性的渴望异乎常人。

案例展示

气场压倒一切的领导者

某家政公司的李经理是8号，其领导风格是直截了当、刚毅果断、勇往直前、承担负责、讲义气，有很强的感召力，有很强的地盘意识，并保护自己的团体。对于他感兴趣的工作，他会一直坚持到累倒为止，是团队需要的先锋人物，尤其是在项目的开拓期最突出。李经理说，公司初建时业务百分之八十以上的订单都由他完成，别人拍不下的单，他一出马，气场立马感染到人，他经常一个人同时镇住几个竞争对手，订单拿下，非他莫属。但同时，他也容易冲动暴躁、发怒，强烈指责，而指责很容易变成对个人的攻击，员工们常常感到委屈，但又不敢吭声，觉得他太独断专横，工作压力很大，于是开始纷纷跳槽。

（三）性格走向

处于安定和人格提升时：走向第二型，侠骨柔肠，慷慨而乐于助人，有理想抱负，眼光远大，肯真诚和体贴地去关心别人，以笑容和爱心去缓和暴躁的心态。

处于压力和自我防卫时：走向第五型，固执倔强，远离人群，会对人盘算，以自己的理由去迫人就范，有时扮专家。会开始妄想，认为他们的敌人可能会合在一起对抗他们，觉得自己不安全，于是从天不怕地不怕变成害怕每一个人。

（四）此类型人格沟通技巧

（1）说出你的用意，直接提出你的要求，不要有所保留或避开问题——他们对任何可能的操纵都会做出负面的回应。说话尽量说重点，他们不会有耐性愿意听你长篇陈述。在讨论时，用精确的词语让他们知道你了解他们的观点——他们接下来就会去听你所要说的事情。需要注意的是，对你来说像是争论或攻击的感觉，可能只是他们尽兴又安全的投入方式，冲突对他们而言是进一步沟通的开始，而非结束。如果那种感觉太过强烈，或你觉得受到威胁，就告诉他们。

（2）如果你对于关系要如何经营有任何没有说出来的规则，务必告诉他们，而且保持讨论的意愿。如果他们伤害到你的感觉，要告诉他们——他们可能不是故意的。

（3）不要取笑他们——他们会快速反击，而且不易宽恕这种被羞辱的感觉。不要说谎，除非你不在乎被攻击或是被他们记上一笔。

（4）不要试图在8号人面前装小聪明，说话时前因后果也要说得明明白白，因为他们讨厌被欺骗或者这事背后有什么隐情让他们不知道。

二、和平性——9号

（一）一般描述

9号温和、亲切、平静、和善、接受性强；明智、有耐性，感受敏锐，不妄加评论，不会发脾气，对自己要求不高，同时也不会对别人有更高要求。他们厌恶冲突和分裂，强调正面沟通以缓和紧张局势，在团队中设法创造和谐和稳定。他们心思缜密，善于了解每个人的想法，喜欢顺其自然，而且能专心执行一项团体计划。他们是支持和包容的，谦逊地允许他人发光，因而是很好的仲裁者，磋商对象。但

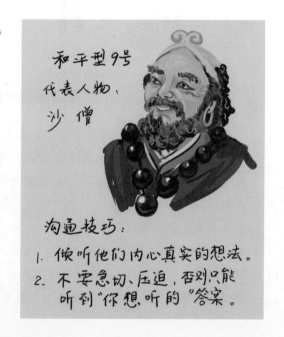

和平型9号
代表人物：
沙僧

沟通技巧：
1. 倾听他们内心真实的想法。
2. 不要急切、压迫，否则只能听到"你想听的"答案。

是他们却不知道自己所想、所要的是什么，他们很难分清事情的主次，常被不重要的事项分散注意力，逃避自己的需求，不维护自己的立场，害怕风险和改变，不愿做出决定和承诺，有时会出现自我麻醉的倾向。有时会因过分包容他人和避免马上做决定而变得恼怒。如果被人施压，他们会变得很顽固，有时甚至会动怒。有时能恶化至做"无用工"，倔强、被动、缺乏自信、懒惰、没有主见及判断力、没有个性、妄想、精神恍惚、不留心、听天由命、得过且过、掩饰、逃避问题，依赖别人。处于最佳的状态时，

他们能带动一个稳定但动态的环境和处事方式。

他们高贵、安详、宁静，这来自他们对自己的状况的接纳。

代表人物：宋江、沙僧、刘备、安南。

（二）特点

1. 健康情况下

9号接受能力强，容易接纳，不以自我为中心，情绪沉稳，相信自己和别人，对自己和生活抱轻松的态度。他们品行纯良、简单、有耐性、真诚，是个真正的好人。乐观，令人安心，愿意支持他人；对别人有舒适、安静的影响力，令团队和谐，使人们融合，是一个很好的中介人和沟通者。

最佳状况：能成为一个自我满足的人，镇定、知足。另一方面，因为能真正成为自我满足的人，和谐型的人能和别人建立深厚的关系，生命力强，能将自己和别人互相契入。

2. 一般状况下

害怕冲突，从而变得自我漠视和收敛，将他人理想化，跟随别人的意愿，对自己不想做的事都说好，掉进平凡的呆板的角色和期望。利用理论和不断说话来侵扰别人。活跃但松懈，不懂得反思，注意力不集中，因为不愿受到别人的影响会变得反应迟钝和容易满足，逃避问题，思想变得不清和深沉，很多时候只会幻想，当这些思绪形成后，却又表现得漠然。情绪上懒散，不愿意将自己变得有用和用心专注问题，对事情漠不关心。尽量把问题缩小，姑息他人，可以为平息纷争而付出任何代价。顽固、宿命、退缩，认定任何事都没有改变的余地，希望有异想天开的解决方法，别人会因他们的拖延和没反应变得焦躁和愤怒。

3. 不健康状况下

可以变得极度压抑，发展缓慢和没有效率，对问题感到无能为力；变得顽固，将自己和所有矛盾隔离，对别人疏忽和有可能造成危险。对任何会影响自己的事都不知道，抽离的程度甚至使自己不能振作而变得麻木，失去个性。他们会严重失去方向和紧张，躲在自己易碎的壳中，更有可能会变成多重性格。

9号的基本恐惧：与他人分开，被遗弃。

9号的基本欲望：内心平和，与他人在一起。

9号的性格缺陷：不愿自我提醒。9号是最懒的一类，他们很迟钝，对周遭世界反应很慢，他们没有把能量放在自我觉醒上，也不愿花大力用在内心及外在真实的世界，于是他们逐渐生活在假象及虚幻的世界里。

（三）性格走向

当处于安定和人格提升时：走向第三型，有清晰而明确之目标，对自我成长和发挥潜力感到深厚的兴趣。他们将不再自满，而是能够控制自己的生活。在自我的成长的意识下，他们变得比较有自信，能坚持自己的看法，同时也较独立。

如果处于压力和自我防卫时：走向第六型，行为变得偏激，多疑过虑，怕大祸临头，怕被人陷害和欺骗，变得更加防守被动。

（四）此类型人格沟通技巧

（1）倾听他们，并让他们知道你已经听到他们的着重点。并鼓励他们说出自己的想法。承认他们——他们通常会感到被排除在外或不被倾听。

（2）当他们赞成或是执行某件事时，事实上有可能只是为了迎合别人，所以你不妨问问他们的想法，听听他们会怎样说。当你想知道他们的想法和感觉时，不要急着得到答案，而是创造一个有趣的空间，让他们考虑并决定："我怀疑这样是否适合你？这可能是你现在的感觉吗？我不知道，我只是这样想而已。"

（3）在商业聚会中，切记他们可能和每一位发言者的意见一致，所以事先要求他们让你知道，会议结束后他们所考虑的观点。

（4）如果你想真正了解他们的想法，不应过于急切、压迫，否则他们会给你一个"你想听到的"答案，所以还是给他们一点空间和时间来回答吧。

三、完美型——1号

（一）一般描述

有原则，做事有条理，讲规则，认真尽责，追求完美，只有"对"和"错"，希望所做的每件事都绝对正确，对自己和他人都有较高的要求，喜欢批评、指责和自责，活在黑白分明的世界，无法忍受他人和身边环境的错误。以自己的原则处事。他们注重维护质量和高标准，关注细节，喜欢改进并且简化规程。擅长于教练

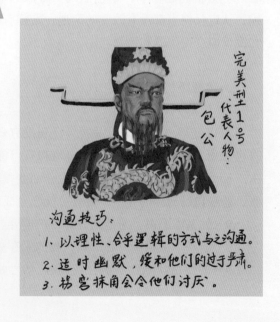

完美型1号代表人物：包公

沟通技巧：
1、以理性、合乎逻辑的方式与之沟通。
2、适时幽默，缓和他们的过于严肃。
3、拐弯抹角会令他们讨厌。

其他人的如何自我改进，如何提高效率并且正确地做事，如何组织完善。他们爱批判自己，也爱批判别人，内心有一张列满应该与不应该的清单。他们很难为了自己而轻松玩乐，因为他们总以超高的标准来审查自己的行为，老觉得自己做得还不够。有时会对自己和其他人过度批判，烦恶拖泥带水或浪费，能恶化至过度管理和持续的批评。有时，他们有可能因为害怕无法臻于完美而迟疑不前耽误了事情。

他们正义感、使命感强，是一个刻苦努力、自我要求很高、永远不会满足于现状的改革者，永远想把世界改造得更好。他们生性严肃，很少娱乐，爱整洁，有的会有洁癖。很少赞扬别人、嘉许自己，在他们眼里，一切都有待改进。守规则且痛恨不守规则的人。处于最佳的状态时，第一型会有好的评断能力，能做明智的决定，有道德并且负责任。

代表人物：鲁迅、包公、撒切尔夫人。

（二）特点

1. 健康状况下

拥有强烈的个人信念：他们对对错、个人信仰和道德价值有着非常强的感觉。希望成为理性、合理、自制、成熟温柔的人。1号原则性极强，时常都想表现出公平、客观和有道德，真理和公平是他们的基本原则。具备责任感强、正直和有远大理想的特质。

最佳表现：有不平凡的智能和洞察力，接纳现实之后，改革者能超越现实，在每一个时刻都有最佳的行动，充满人情味、启发力和满怀希望，距真理已经不远了。

2. 一般状况下

对现实不满的时候，他们会变成好的理想主义者，感觉任何事都要由他来改善，流于斗争、鼓吹、批评，不停地讲述并向他人解释应该怎样。因为害怕犯错，所有事情都要符合他们的理想。1号有条理和组织力，但会变得不近人情，拘谨并压抑情感，将感觉和冲动绝对地埋藏在心底。他们通常是工作狂，具强迫性、准时、爱卖弄学问、吹毛求疵。1号对自己和别人都非常的严格：挑剔、爱批评和追求绝对完美。对任何事都爱发表意见：爱纠正别人，喋喋不休地要求别人做他们认为正确的事情。缺乏耐性，除非按照他们的意愿，否则对所有事都不满意，讲道德，爱指责，粗暴和充满怒火。

3. 不健康状况下

过分武断，自以为是，容忍度低并缺乏弹性，开始讲求绝对：只有他们自己才是对的，但对自己的行为却理论多多。沉迷于指责他人的不完美和错误。虽然自己也可能会伪善地做出和平时教训别人相反的行为。残忍地指责别人，极力想摆脱错误。严重者会极度情绪低落，精神崩溃甚至自杀。

1号的基本恐惧：被责备。

1号的基本欲望：自己一切都是对的，符合原则的。

1号的性格缺陷：自以为是的愤怒。1号的愤怒一方面是针对自己，另一方面针对别人的没有做对事情或没有达成目标。当一号去到不健康状态时，他们将愤怒完全指向别人，他们把自己当成唯一的法官，可以判定谁是谁非。

案例展示

铁面无私的老板

王经理是一个家政公司的部门经理，他的表情上写着严肃认真。其行为方式永远是以事为中心，坚持原则，追求卓越，按本子办事，重视细节和全方位式管理。客服李娟在公司工作多年，深知王经理的管理作风，一直兢兢业业，不敢有任何差池。一天，李娟儿子的学校打来电话，说孩子在学校被人打破了头，已被送往医院，李娟挂断电话后立即火急火燎赶到医院，把孩子的事情处理完，这才想起忘了请假，而且当时本来是在等一个重要电话，心里开始忐忑起来。果然，王经理说，李娟的离岗，导致他一直在跟进的一单生意在客户打电话来对接的关键时刻联系不上而丢了单，扣一个月的绩效奖。李娟觉得委屈，但也不敢说什么，工作积极性却大不如前。由此，她又受到王经理更加严厉的处罚，李娟有点不想干了。而王经理似乎对李娟的情绪变化一点也没看出来，他仍然在各种场合要求大家：要么不做，要做就要做得最好。

（三）性格走向

处于安定和人格提升时：走向第七型，会放下拘谨的形象，能够自嘲，有创意，肯做新尝试，会接纳他人的意见。

处于压力和自我防卫时：走向第四型，情绪化，反复无常，忧郁，自我批判，有时会自恋自怜，自暴自弃，沮丧和充满无用感，但却会执着和坚持到底。

（四）此类型人格沟通技巧

（1）你必须以理性、合乎逻辑，并且用正经的态度和他们沟通，才能获得他们的认同。

（2）接着你可以适时表现一些幽默感，缓和他们的严肃僵硬，借以牵引他们放松心情，放心发挥他们可以有的幽默，并且凡事试着朝正面想。

（3）当他们不知为何生气，或是显得很"莫名其妙"时，我们不必太在意，不必追究他们的态度由来，不必跟之冲突，因为他们的怒气大多不是冲着你来的。它可能只是把无名火，也可能是针对其他跟你完全没相关的事。

（4）说话要真诚、直截了当，因为他们十分敏感，加上判断力很佳，对于别人玩弄伎俩、背后动机，他了然在心。如果你拐弯抹角只会令他不屑与厌恶！

（5）答应过的事一定要如期按质做好，否则会引发他们的不满，就算不说，也一定会记在心里，再难建立信任。

温馨小贴士

　　学习了九种典型性人格的特征和发展变化后，应该在知人的同时度己，认识自己的优势和不足，不断调整，朝着心理健康积极的方向发展，并能找到与不同类型的人沟通的方法，从而在服务中减少阻力，提供优质的服务。

本章学习重点

1.认识家政服务心理学在工作中的重要性。

2.九种典型性人格的不同性格特征。

3.各种人格特征在不同心理健康程度和环境下的发展变化倾向。

4.如何与相应人格特征的人进行沟通？

本章学习难点

1.九种典型性人格的相融相交带来的心理发展变化和性格行为特征。

2.初步掌握评估判断的方法并能运用。

3.如何与这九种典型性人格沟通。

4.在工作中面对人的复杂性和人格的综合性如何提供良好的服务？

练习与思考

1.在本书中对哪些类别人格进行了分析？

2.思维中心、情感中心、本能中心分别有什么特点？

3.如何与不同人格的人进行沟通？

4.试评估自己属于哪一类的人？在自己的性格基础上如何做好服务工作？

第二章　"他"需要什么

　　人的心理既具有个性的一面，也有共性的一面。上面我们所学的九种典型性人格，研究的是人们的个性心理。另外，人的心理也有共性的一面，家政客户也一样。在某些情况下，人们的心理需求、感知规律、情绪情感反应是共同的。本章就让我们来学一学人的共性心理。

人各有需

第一节　家政服务消费心理

一、家政消费者的需要与动机

（一）家政消费者的需要

1. 需要的概念

需要是有机体内部的一种缺乏或不平衡状态，它是有机体活动的源泉，其实质是个体对延续和发展生命，并以一定方式适应环境所必需的客观事物的需求反应，这种反应通常以欲望、渴求、意愿的方式表现出来。如饥饿时有进食的需要，口渴时有喝水的需要，劳累时有歇息的需要，犯困时有睡眠的需要，意识到自己落后就有学习提高的需要，长时间独处有交往、娱乐的需要，在单位工作就有被同事尊重、认可和友谊的需要，被领导赏识的需要。一种需要得到满足之后，不平衡状态暂时得到消除，当出现新的缺乏或不平衡状态时，人又产生了新的需要。

正是这些需要的产生推动着个体去从事某种活动以满足自身的需要，弥补了个体生理或心理上的缺乏或者某种不平衡状态，进而推动人类社会不断地向前发展。可以说，正是人们需要的产生和需要的无限发展性，决定了人类活动的持久性和永恒性。

随着社会的发展和科技的进步，现代社会的分工越来越细，人们的生活节奏越来越快，家庭事务的社会化程度越来越高，人们对家政服务的需要也越来越多。一方面，现代社会快节奏的生活，使许多人不堪重负，没有更多时间来料理家务。另一方面，我国社会的老龄化现象日益显现，而大部分家庭只有一个孩子，这些日渐长大的孩子，不仅面临着2名年轻人养4个甚至更多老人的巨大经济压力，且家务劳动的压力也空前巨大。所以，社会经济的高速发展对家政服务的需求日益高涨。

2. 需要的种类

人的需要是多种多样的，按起源可分为自然需要和社会需要，如吃、喝、拉、撒、睡的需要，穿衣、住房的需要就属于自然需要，人际交往、听音乐、爱和被爱等就属于社会需要。

按指向的对象可分为物质需要和精神需要。当然，人们在追求物质需要的满足中往往体现着精神的需要，而精神需要的满足也往往是通过一定的物质形式来实现的。

3. 家政服务需要的特征

（1）需要的对象性

所有的需要都指向具体而明确的物质对象，如饥而食，渴而饮，困而睡，累而歇，等等，家政服务本来就是围绕着家庭生活的基础需要进行，无论是哪一项家庭事务，都是人们需要的体现，如何在需要发生前就已经有超出期望值的服务，那正是我们要探索研究的服务方向。例如，在忙碌了一天后回到家里，能不能有一个整洁温馨的环境、一顿美味的餐品、一份贴心的关怀……

（2）需要的多样性

生活是由多方面因素构成的，所以人们的需要也是多样化的，既具有自然需要，也有社会需要，既具有物质需要，也有精神需要。家政消费者的需要同样如此，其需要也是多方面的。如生活品质的提高，爱和被爱的情感，尊重和被尊重的感受，需要发展、学习、享受生活等。

（3）需要的周期性

消费者的某种需要被满足以后，并不意味就此结束，而是在一定的时间间隔以后又出现了该种需要，并呈周期性出现的特点。比如，我们每天都要吃饭、睡觉，早上吃了中午还要吃，晚上也还要吃；无论头天晚上睡得多好，今晚到点我们还要继续睡觉。这种周期性主要是由人的生理机制的运行引起，并受自然环境等因素的变化周期的影响所致。

（4）需要的发展性

家政消费者的需要随着社会生产的发展、自身经济状况的逐步改善以及思想意识、消费观念的变化而呈现出发展性的特点，一方面纵向地向更高层次、更高要求发展，另一方面横向地向更宽范围、更多领域进行延伸和过渡。一种需要满足了，又会产生新的需要，这种需要的发展性、无限性既是个人成长的动力，也是社会发展动力的源泉。

4. 需要层次理论

著名的美国心理学家马斯洛的需要层次理论告诉我们，人的需要由五个层次构成，并按照需要的轻重缓急，由低到高分别被排列为一个"需要金字塔"。最基本的需要是维持生存的生理需要，它处在"需要金字塔"的最底层，向上依次为人们的安全需要、社交需要、尊重需要和自我实现需要。

（1）生理需要，指为维持生命所必需的各种需要，包括衣、食、住、行及阳光、空气、水等人的生理过程的基本需要。生理需要是驱使人们进行各种行为的强大动力，只有当人们的生理需要得到满足以后，更高层次的需要才能产生。

（2）安全需要，指人们在社会生活中对各方面的安全需要，包括生命安全、财产安全、社会安全、心理安全等。比如，生活环境具有一定的稳定性，有一定的法律秩序，所处的环境中没有混乱、恐吓、焦虑等不安全因素；食物是无农药残留的，赚到的血汗钱是不要缩水的，网络上不要有诈骗等。

（3）社交需要，在人们的生理需要和安全需要得到一定程度的满足后，人们会很自然地产生社会交往的需要。给他人以帮助并得到来自社会的关心与温暖，是人们正常生活不可缺少的组成部分。在这种需要的驱使下，人们会主动地交朋友，寻找喜欢自己的人和自己所爱的人。

（4）尊重需要，在人们的生理需要与其他心理需要得到满足之后，要求受到尊重并获得荣誉、地位、威望的高级需要。需要他人承认自己的实力、成就，得到个人的荣誉和威信。

（5）自我实现需要，这种需要是最高级的需要层次，即实现自我价值和发挥自我潜在能力的需要。在这种需要的驱使下，人们会尽最大的力量发挥自我的潜能，实现自我的目标，将自己的价值付诸行动。

人的需要是多种多样，有的需要生下来就有，此为生存需要；有的是在后天的生活环境影响下产生的，叫成长需要。无论生存需要还是成长需要都会随着社会生活条件的变化而变化。人类需要在不断提高与发展的过程中呈现出一定的层次性。1954年，马斯洛又提出了两个层次的需要，即在尊重需要和自我实现需要之间的认知需要和审美需要。

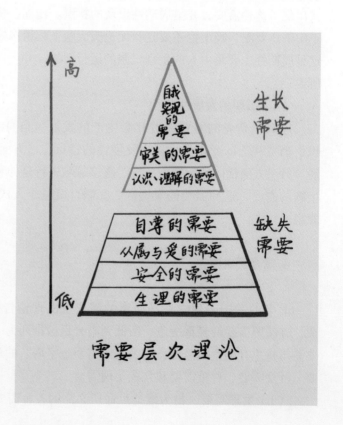

认知需要：即人们对客观世界的一种探索需要，也是人成长过程中必不可少的需要。每个人都对外界有着无穷的好奇心，对自己不熟悉的很多领域都希望能够探究明白。这种好奇心和求知欲也是一个人成长、进步的原动力。

审美需要：指人有追求匀称、整齐和美丽的需求，并且通过从丑向美转化而得到满足。

5. 对需要层次的解读

（1）一般来说，某一层次的需要相对得到满足以后就会向高层次需要发展，追求更高层次的需要就成为驱使行为的动力。相应的，获得基本满足的需要就不再具有强烈的激励力量。但是任何一种需要都不会因为更高层次需要的发展而消失，各层次的需要是相互依赖和重叠的。

（2）七种需要像阶梯一样从低到高、按层次逐级递升，但这种次序不是完全固定的，也有着种种例外情况。高层次需要有时也会跨越出现，这跟人的价值观、人生观和世界观有关系。有的人即使低层次的需要没有得到满足，但仍有高远的理想、信念追求；而有的人已经锦衣玉食，也只是饱食终日而无所事事。比如，红军长征时期虽然物质生活极其匮乏，但红军将士们仍然以惊人的毅力坚持走完了漫长、艰辛的二万五千里长征路；著名的数学家陈景润虽蜗居在六平方米的小屋，连书桌都没有，却完成了令世界瞩目的"哥德巴赫猜想"。有的贪官却在金钱、物质条件的追求上贪得无厌。

（3）同一时期，一个人可能有几种需要，但每一时期总有一种需要占支配地位，对行为起决定作用。即主体感到急切想要得到满足，却又没有得到满足的需要，叫优势需要。

（4）并不是一种需要得到百分百满足后，下一层次的需要才会出现。新的需要在出现的过程，也决不会是一种突然的、跳跃的现象。而是缓慢地从无到有，即只需获得相对的满足，高层次的需要便会凸显出来。全部需要不可能完全满足，愈到上层，满足的百分比愈少。

（5）马斯洛和其他的行为心理学家都认为，一个国家多数人的需要层次结构，是同这个国家的经济发展水平、科技发展水平、文化和人民受教育的程度直接相关的。在不发达国家，生理需要和安全需要占主导的人数比例较大，而高级需要占主导的人数比例较小；在发达国家，则刚好相反。

（6）当高层次需要出现以后，低层次的需要仍然存在，只是对行为影响的程度大大减小。毕竟作为一个生命体，任何人都得吃饭、睡觉，所以，做好食宿服务工作，是对家政服务业一个最基本的要求。

案例一

吃

春节一过，日子又清淡起来。母亲开动脑筋，自制零食给我们解馋。

做米饭多焖一会儿，结出一张锅巴；柴草将熄的时候，扔进一个白薯或土豆，香味冲鼻。肚子里油水不够，常常是晚上还没睡着，又饿了。所以我最怕晚上看电影时出现吃的场面。

对许多人，这些场面肯定会历历在目，《沙家浜》里的芦根、鸡头米，《地道战》里假武工队员吃的煮鸡蛋，《战友》里小孩手捧的杨梅，《小兵张嘎》里嘎子吃的玉米和胖翻译吃的西瓜，《鸡毛信》里鬼子们吃的烤羊腿，《少林寺》里和尚们吃的狗肉……

——节选自崔永元《不过如此》

问题：这段话反映了作者儿时的什么需要？说明了什么问题？

分析：生理需要。

案例二

中国民谣中的"需要百态"

忙碌为充肚子饥，刚得饭饱又思衣。
恰得衣食两分足，家中缺少美貌妻。
家娶三妻和两妾，出门走路少马骑。
骡马成群任驱使，身无官职被人欺。
七品六品官太小，四品三品官亦低。
朝中一品当宰相，又想面南坐皇帝。

问题：这首民谣中反映出了哪些需要？

分析：生理需要——"忙碌为充肚子饥，刚得饭饱又思衣"；社交需要——"恰得衣食两分足，家中缺少美貌妻"；尊重需要——"家娶三妻和两妾，出门走路少马骑"。

"骡马成群任驱使，身无官职被人欺。七品六品官太小，四品三品官亦低。"自我实现需要——"朝中一品当宰相，又想面南坐皇帝。"

案例三

热闹的大家庭

新晋父母的小王夫妇俩急匆匆来到某家政公司物色一位家政服务员。小王夫妇都是90后，他俩都觉得自己正值年轻，需要在事业上好好打拼一番，但孩子太小，需要有专人来照顾。小王还有年迈且生活无法自理的爷爷奶奶，照顾爷爷奶奶和幼小孩子的重任就落到了小王父母的肩上。小王的父母刚退休不久，对放飞自我的自由充满了渴望，但可爱的小孙子一刻都离不开人，所以要照顾老的还得要照顾小的。四世同堂的大家庭，相亲相爱，倒也和睦温馨，只是小王觉得父母太辛苦，还是要找一位家政服务员来帮忙。他们仔细询问了家政服务员的职业证书、专业技能和健康证的情况。最后，他们选中了一位家政服务员，但是仍然悄悄嘀咕了一句：也不知这人的道德品质咋样？

问题：

（1）这一家人的行为表现出来的共同需要有哪些？

（2）这一家人各自的优势需要是什么？爷爷奶奶的？父母的？小王夫妇的？刚刚出生的小孩子的？

（3）他们对家政服务最关注的是什么？

分析点：了解了全家人的共同需要是做好家政服务的前提，掌握了各自的优势需要，服务才能更有针对性。

生理需要是客户最基本的需要，家政服务中的保洁、做饭、洗衣、老人及婴幼儿的护理等，对客户来说都是最基础、最重要的事情，但在很多信息不对称的情况下，客户对家政服务中的安全性格外重视，如果能遇到一个不需要提防的、诚实、善良的家政人员，是很幸运的事。他们也希望遇到一个既热情、有爱，又懂得尊重雇主，既能最大限度地照顾家庭事务，又能掌握与雇主私生活的边界感。同时，在不同的时期，不同的情境下，客户的优势需要也是不同的。

（二）家政消费者的动机

人的需要如果没有可以满足的条件，就只能永远停留在主观的层面，只有变为动机，具备了满足需要的条件，需要才能够得到满足。

1.动机的概念

动机是推动一个人采取行动的内在驱动力，是引发和维持个体行为并导引向某一目标的心理动力。如：口渴与买水解渴之间的区别，口渴引发喝水的需要，买水则是动机。但如果附近没有水，喝水的需要就不能得到满足。

2.动机产生的条件

（1）内在条件：需要及需要的强度

动机是在需要基础上产生的。需要是一种潜在的驱动力量，表现为某种愿望、意向，是动机产生的基础，若主体没有某种需要或者需要没有达到一定的强度，就算客观环境里有与需要相适宜的目标物(诱因)存在，主体也只会熟视无睹。比如，某人漫步在热闹的大街上，周围有很多美食在售卖，但是他刚刚吃过饭，肚子还很饱，这时他就不会关注美食。就算他还可以进食，但是愿望不强或还有其他事情需要处理，他也不会去注意食物。

（2）外在条件：诱因

诱因：指能引起动机的刺激或情境，即能够满足个体需要的目标物。比如，饥饿时食物就是诱因；口渴时水及各种饮料就是诱因；感觉自己落后需要学习时，学校、书籍就是诱因。某种刺激或情境之所以会成为引起动机的诱因，是由于个体在过往的经验中这种刺激或情境曾经作为强化物满足过个体的某种需要。

3. 动机产生的过程

需要→紧张感→需要强度→动机→行动→目标→需要得到满足。

需要产生以后引起了主体一定的紧张感，需要越强烈，紧张感越强，需要的强度越大，人们寻求满足需要的目标愿望越强，当锁定目标以后，人们便发起了行为，使需要得到满足。值得注意的问题是，在某一个当下，人们的需要是一样的，但是因为动机不同，所以人们会选择不同的目标寻求满足，最后各得其所，但是选择满足的方式、目标和内容都是不同的。

例如：两个人同时下车，感到口渴，接受的同样是渴的刺激，都需要补充水分解渴，但是一个人迫不及待地买了冷饮，另一个回家喝水了。为什么？因为两个人动机不同。

再如，中午12点通常是吃饭时间，大家都需要吃饭，但是有的人去食堂吃饭，有的人就三五成群下馆子去了。因为大家的动机不一样，即便是去食堂吃饭，每个人选择的食品也不完全一样，身体健壮的小A可能会选择较多的肉食荤菜，而身材纤细柔弱的小B可能更多倾向于清淡的素食。有的人可能想吃饺子，有的人可能钟情于米线。所有这些不同的选择，都是因为每个人的动机不同

4. 动机理论

（1）动机冲突理论

在某一时期或某一当下，人的需要往往是多种多样的，多种多样的需要就会产生多种多样的动机，但是当人们面对着两个或两个以上的目标只能选择其中之一时，每个目标都分别具有吸引力和排斥力的特性，人们无法简单地选择其中一个目标而回避或拒绝另一个目标，就像人不能够同时踏进两条河一样，不可能所有的需

要都能同时得到满足。于是，"鱼，我所欲也，熊掌，亦我所欲也，二者不可得兼"，舍鱼求熊掌，还是舍熊掌求鱼呢？何去何从，即呈现出动机之间矛盾、对立的状态。

美国心理学家勒温认为，动机冲突是指当个体同时产生两个或两个以上相互抵触的动机时，个体心理上产生的矛盾，形成了必须面临选择其中之一的心理状态。通常，动机冲突会给人带来思想负担，需认真考虑再抉择。动机冲突有以下几种：

①趋避冲突。也称"正负冲突"，即一个目标对人既有吸引力又有排斥力，使人既想接近它又不想接受它的排斥力，从而引起内心的冲突。如客户在选择某家政公司时，该企业具有各种促使顾客选择它的积极因素，如名气大、口碑好。同时也存在着某些缺陷，如价格较高、预定后的等待时间很长等问题，成为阻碍客户选择的消极因素。趋避冲突最终的结果取决于对立双方力量的强度大小。

②双趋冲突。也称"正正冲突"，此类冲突为客户存在两种或两种以上都倾向的目标时产生的冲突。如，当人们需要家政服务面对两家家政公司时，两家公司都各有自己的优势，也都有自己的劣势，一家名气大、口碑好，但是价格高，预订的人很多，需要等待很久；另一家价格实惠，也不需要长时间等待，但是在业内没什么名气，服务质量、人员素质都无法确定，存在着一定的风险。客户如果要选择名气大的那家，就得花更多钱并要耐心等待；如果想要实惠的价格并尽快得到服务，就要承受可能带来的风险。主体必须在两种或两种以上的目标中选择其中之一。选择结果如何，取决于目标对顾客的重要程度或者吸引程度。如果两种目标的吸引力或价值均居于相同水平，客户常常难以迅速做出决策。

③双避冲突。也称"负负冲突"，指人们有两个或两个以上想避免的目标时产生的动机冲突。这类冲突是最令人不快的，因为两种结果均不是主体愿意接受的，都会对自己不利，都会使人烦恼。例如，顾客买到了一款有缺陷的商品，如果去商店交涉退货，要走很多路，花较长的时间，商店是否会同意退货也难以肯定，如果不去退货又影响商品的使用效果，让人很窝火。究竟去不去退货，顾客都面临着两种不愉快的抉择。解决此类冲突，只能是选择负向作用力较低的一种解决方式。

案例四

到底该怎么办？

小C和小L两人经常在单位食堂见面，她俩在一起总是喜欢聊孩子的事情。这天，小C叹息道："保姆太难找了，有的小保姆聪明伶俐，跟他们交代什么事情，一点就透，不用你操太大的心她就把事情做好了。但是这样的人一使坏就让你防不胜防；有的小保姆倒是老实巴交，但是往往又笨得不行，给她们交代个事情老是搞不定，真累！"小L接着说："是呀，确实不好找。昨天我到家政公司去看了一下，对小甲和小乙有点意向，两个都还不错，她俩都各有优势，但最终选谁我一直拿不定主意，明天我们俩再去一次，你帮我看看，顺便你也给自家选一个。"

次日，两人相约去了家政服务中心，各自选了一位家政服务员带回了家。

不久，小C选定的小甲姑娘被家里调皮的孩子用玩具弄伤了眼睛，小甲及其家人向小C一家索赔20万，否则就要把她告上法庭。小C认为20万的赔偿金实在是太高了，但是如果不给，小甲就要把她推上法庭，这也是小C不愿意的。这可怎么办？小C烦恼极了。

问题： 在本案例中，你看出了哪些动机冲突？请——指出。

分析： 双趋冲突和双避冲突。

在寻求家政服务的过程中，客户何去何从的动机冲突最终如何解决，取决于家政的特色服务和优质服务。如果家政公司的某一项服务是很有特色的而且碰巧是客户很需要的，客户可能最终会在趋避冲突中接受下来一项对他们来说很需要，但是略有缺陷的服务，当然如果有另一家企业也能提供这样的服务而又不存在类似缺陷，他们可能原来还有的双趋冲突马上就没有了，而是毅然选择了那家他们又需要又没有缺陷的服务。

（2）双因素论

双因素理论是美国心理学家赫茨伯格提出的一种激励理论。这个理论无论是在对客服务还是在企业管理中都应用得比较广泛。

该理论认为，影响人行为积极性的因素有两类，即保健因素和激励因素的刺激。保健因素又称维持因素，有了这类因素，人就不会不满意，但也不会惊喜；激励因素又称为满意因素，没有它，人们也不会不满意，但有了它，人们就会惊喜。如，在家政市场中，所有的家政公司都有为客户打扫卫生的基本功能服务，如果有一家公司在为客户提供基本的保洁功能服务时还可以免费为客户提供超值的服务，比如说简单的收纳整理。那么，保洁服务就是保健因素，免费收纳整理就是激励因素。

赫茨伯格认为，保健因素和激励因素对调动人的积极性都起作用，只是程度上有差异，保健因素将不满意变为没有不满意，激励因素使人从没有很满意变为很满意。值得注意的是，保健因素和激励因素是会互相转化的。比如，在上述的例子中，如果其他企业也纷纷效仿，在完成基本的保洁服务基础上都为客户免费做简单的收纳整理，于是保洁服务+简单收纳整理可能很快就成为家政服务市场的常态，原来的激励因素逐渐就会变为保健因素，而原来的保健因素就消失不见了，如果某一企业做不到保洁服务+简单收纳整理就会让客户不满意；同时，如果大家都能做到保洁服务+简单收纳整理，那么，这时的客户就不会不满意，但也不会惊喜，只是习以为常罢了。所以这时，各家政企业就得重新寻找激励因素了。

案例五

黄奶奶家的惊喜

　　黄先生的父母患有多种慢性疾病，他们都年事已高，激动不得也劳累不得，生活上时时有诸多的不便，这让身为孝子的黄先生既心疼又担心，但工作性质使他没法守在年迈的父母身边照顾他们，他与妻子商量后决定找一个保姆来帮忙，"哪怕给两老做做简单的粗活，打扫打扫卫生、洗洗衣服、做做饭也行呀。"这是黄先生夫妻对保姆的期盼，他们对家政公司说："我们要求不高，只要其他保姆做得到的你们的员工也做得到就行，就是打扫卫生、做饭洗衣、听候使唤。"最终，金牌服务员李女士受聘来到了黄家。半个月后，家政公司打电话到黄家回访，问起李女士的工作情况及老黄家人的感受。黄奶奶兴奋地说："小李很好啊，她不仅温柔、和蔼，一般家务做得好，她还会根据我们老两口的身体状况，配制适合的营养保健餐，可好吃了！最近我们都感觉不仅生活上轻松多了，而且身体也舒服多了，哎呀真是太好了！太谢谢你们给我们送来了那么好的保姆！"

　　问题分析：本案例中，哪些地方表现出了李女士服务的保健因素？哪些地方表现出了激励因素？

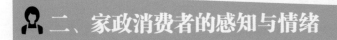

二、家政消费者的感知与情绪

（一）客户的感知在家政服务中的体现

1. 客户的感知觉

（1）感觉

感觉指人脑对直接作用于感觉器官的客观事物的个别属性的反应，其关键点是：①直接反应，即客观事物必须刺激到感觉器官时人才会有反应；②感觉所反应的是客观事物的个别属性。如：看见颜色、听到声音、嗅到气味、尝到味道等。

感觉的作用：①是一切认识活动的基础，缺失了哪一种感觉，都是人生的重大缺憾；②适应环境，与周围的环境取得相应的平衡。

感觉的种类：①外部感觉：视觉、听觉、嗅觉、味觉、触觉；②内部感觉：运动觉、平衡觉、机体觉。

感觉的规律：

①感觉的适应：由于刺激物的持续作用而使感受性发生了变化的现象，或者提高或者降低。比如，原来不太能吃辣椒的人，在环境影响下，也试着吃辣，结果越来越能吃辣，这是味觉感受性的下降；从明亮环境中突然进入到黑暗环境，一开始漆黑一片，几分钟以后，逐渐就能看清周围的环境，这叫暗适应。暗适应是感受性的提高。在现实环境中，绝大部分的适应都是感受性的降低。

感觉的适应在各种感觉中都广泛存在，除了视觉以外，还有听觉、嗅觉、味觉、轻重觉、温度觉等，只有痛觉不存在。在现实生活中，人们对某一种刺激的持续作用时间长了以后便逐渐麻木，基本感觉不到它的存在，而旁人却仍然能感觉到。

案例六

刺鼻的大蒜味

小时工小李和同事吃过午饭就匆匆赶往一个客户家做保洁服务。他们一到目的地就马上开始工作，各人分别打扫一个房间。小李工作很认真，干活很仔细，雇主王老师见此很满意，可就是悄悄地不时做出掩鼻的动作，小李一下子面色通红，浑身不自在起来。原来他中午吃了大蒜，当时只觉得开胃、好吃，便一口气吃了好几瓣蒜，自己没留意，却给客户带来了困扰。

问题：小李和客户的感受为什么不一样？

分析：因为小李已经适应了蒜味，而客户没有。所以家政服务员在和客户直接接触时要注意自己的形象，避免给客户留下不良的知觉形象。

②感觉的对比：指同一感受器在不同刺激的作用下，感受性在强度和性质上发生了变化的现象。有同时性对比和相继性对比，前者指几种刺激物同时作用于同一感受器而发生的感受性变化。比如，同样一个色度的白齿，在黑人脸上就总给人感觉比在黄种人脸上更白；后者指刺激物先后作用于同一感觉器官时产生的感受性变化。比如，刚刚吃过糖再吃苹果，会感觉苹果很酸；吃了苦苦的中药再喝白开水也会觉得有甜味；身穿沙背心，腿绑沙袋跑步，一脱掉这些重物就会顿觉特别轻快，这就是相继性对比产生的结果。

案例七

北方人的迷惑

　　大学生小明是东北人，今年是他在昆明读书将要度过的第一个冬天。虽然听说昆明四季如春，但是心疼儿子的小明妈妈仍然不放心，坚持在最冷的一月份来到了昆明，想看望一下儿子，顺便旅旅游，再等儿子放假后一起回家。在北方待惯了的小明妈妈来到昆明以后，觉得简直就是温暖如春啊，马上脱掉了厚重的大棉袄，轻装上阵。再看看周围，很多人却还裹着厚厚的冬装，不禁有点迷惑："不冷啊！他们为什么还穿那么多呢？"

　　问题：小明妈妈的迷惑揭示了什么现象？

　　分析：感觉的对比。

　　感觉的适应与感觉的对比之间有一定的联系。当感觉的适应形成后，刺激一旦停止，很容易变成感觉的对比。

　　③联觉：指在一定的条件下，各种感觉相互作用，使一种感觉引起了另一种感觉的现象。比如，红、橙、黄等色有温暖感，被称为暖色；绿、紫、蓝等色有寒冷感，被称为冷色。这是视觉现象引起的冷暖感；舒缓的音乐使人肌肉活动明显轻松，雄壮的进行曲使人忘却疲劳、精神振奋，摇动视觉会破坏人的平衡感，引起头晕、恶心的现象。

　　（2）知觉

　　①概念：指人脑对直接作用于感觉器官的客观事物的整体的反应，它是在感觉的基础上综合了各种感觉的结果，且这个结果可以用某一概念来表示。它也是直接反应，只不过它所反应的是客观事物的整体。比如：对苹果的知觉反应，是综合了苹果的颜色、形状、大小、软硬度、口感等多种属性的综合反应，并且用"苹果"这个概念来标示的。

　　②知觉的种类：

　　按对象：对人的知觉：人际知觉，包括社会知觉和自我知觉。

　　　　　　对物的知觉：各种物体知觉。

　　按复杂性：简单知觉：视知觉、听知觉、嗅知觉、味知觉。

　　　　　　　复杂知觉：时间知觉、空间知觉、运动知觉

　　按结果：正确的知觉、错误的知觉。

　　需要指出的是，对人的知觉与对物的知觉二者之间的重要区别在于，对人的知觉决不仅限于单纯地知觉对方的外表，而往往是要通过知觉对方的外表判断其内在的心理状态。

　　③知觉的特性

　　A.知觉的选择性：在某一瞬间，影响我们的客观事物很多，但我们只会选择其中部分的对象进行知觉，而且很清晰，其余的对象作为背景就变得很模糊。所以，知觉的选择性就表现为对象和背景的关系。

如图：知觉两图。知觉的对象不一样，视知觉的结果就不一样。

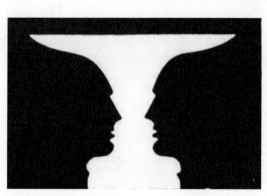

花瓶还是人形

老妇还是少女

影响知觉选择性的因素：客观因素：客观刺激物的对比、运动变化、强度、新异性等；主观因素：主体的需要、动机、兴趣、相关经验、情绪状况等。

案例八

不同人眼中的风景

有一次，一名医生、一名商人和一名艺术家三位朋友沿着一条繁华的街道一同走着，他们要去神父家吃晚饭。到了神父家以后，神父的小女儿请艺术家讲个故事。

艺术家说：

"今天，我沿街而行，看见在天空的映衬下，整个城市就像一个巨大的穹隆，它那暗暗的金红色在落日的余晖中泛着激光，愈加猩红了。这时，穹隆底部现出一缕光线，一缕又一缕，仿佛晚风正在星星点点地吹旺着蓟花之焰。终于，满街通明，猩红的穹隆消失了。那时我多么想画下这一切，真想让那些认为我们的城市并不美丽的人们看看。"

小姑娘想了一会儿，然后就像其他孩子一样，转向商人，让他也讲个故事。

商人讲道：

"我也可以讲一个大街上的故事。我一路走来，恰好听到两个小男孩在谈论他们长大后要从事的事业。一个男孩子说他想摆一个冰淇淋小摊，并且要在两条街道的交汇处，紧挨地铁的入口处摆。这样，两条街上的人都可以来买我的冰淇淋，那些乘坐地铁的人们也会买。这个男孩子具有成为一名好商人的素质，因为他认识到了经营位置的价值，而且在无人告知的情况下选择了街道上做生意的最佳地点。我毫不怀疑他长大以后会成为一名非常成功的商人。"

医生的故事是关于药店橱窗的：

"这个橱窗从上到下都摆满了各种药品的瓶子，这些药品用于治疗各种消化不良，同时橱窗里还排列着一长串清单，上面写满了如果不及时治疗可能发生的听来十分可怕的后果。我看见许多男男女女停留在橱窗前，我知道他们正在考虑这种药对他们是否有效。我明白他们真正所要的并不是药品，而是两种根本不可能用五彩缤纷的纸张包裹的药，它们是新鲜的空气与充足的睡眠。但是我却没有办法一一告诉他们。"

"这个药房是在查尔斯大街上吗？"小姑娘问道。医生点了点头。

"你说的街道在哪里呢？"她问商人。

查尔斯大街。商人回答说。

"我说的也是那儿。"艺术家说。

问题：这三个人走在同一条街上，经历的街景都是一样的，为什么他们描述的内容完全不一样呢？

分析：因为他们知觉的选择性不一样。这三个人同一时间内走过同一条街道，看到的应该也是同样的事物，但是，他们眼中的街道却是各不相同的。艺术家眼中的街道是个美丽的地方，线条、形状和色彩在此共同构成了一幅图画；商人眼中的街道是一个与地点、位置、生意场所有关的地方；医生眼中的街道是那些不懂得调理自己健康而造成自身不适的人群所在。在同样的环境中，他们的注意力却停留在不同的事物上。

事实上，在每一瞬间都有无数来自外界的刺激作用于我们，每个人都会选择其中的一部分信息进行反应，而其他信息或刺激均被删除忽略掉了。而选择的依据就是自己的需要、兴趣、相关知识经验，还有当时的心情。

所以，同样一个事物，不同的人关注的点不一样。同样的一项家政服务，在不同客户的眼睛里看见的重点也不一样。

B.知觉的整体性：知觉的整体性是指人在过去经验的基础上把由多种属性构成的事物知觉为一个统一整体的特性。如下图：

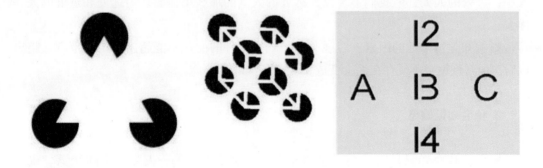

影响知觉整体性的因素：客观因素：知觉对象本身的特性、知觉对象各构成部分在时间、空间上的关系，如接近、相似、连续；主观因素：相关知识经验。

C.知觉的理解性：人们在知觉客观事物时，总是根据以往的知识经验来对事物进行理解和补充，即回答"是什么"的问题。

影响知觉理解性的因素：客观因素：旁人言语的提示，在知觉理解中起着指导的作用；主观因素：主体的理解，理解可使知觉更为深刻、更为精确，提高知觉的速度。

案例九

长途旅行的过桥米线

来到北方城市务工的云南姑娘阿梅今天决定给雇主一个惊喜，她精心煲了一锅汤，准备了生鱼片、新鲜里脊肉、新鲜蔬菜等各式菜肴，还有米线。雇主大惑不解：小姑娘这是要干什么呀？等到各种五彩缤纷的食材下到滋滋沸腾的鸡汤里时，阿梅骄傲地宣布："这是云南的过桥米线。"众人惊喜，一顿酣畅淋漓的美食享用后，雇主发话："这过桥米线真是太美味了！咦，为什么会叫过桥米线呢？"阿梅随即把过桥米线的来历如此这般、绘声绘色地讲了一遍。众人点头："哦，原来是这样！吃到可口美味，还听了一个故事。长知识了！"

问题： 这个案例包含了什么知识点？

分析： 知觉的理解性。每个人在知觉一个新的信息对象时，总是用自己已有的知识经验来理解它，但是如果相关的知识经验不足，就需要旁人的言语提示或指点。案例中的雇主也是一样，当他们在感知过桥米线时（看到、吃到、嗅到），也是用自己的知识经验来理解眼前的事物，但是因对云南的文化了解不多，这时，阿梅的讲解就让雇主一家豁然开朗了。

D.知觉的恒常性：当知觉条件在一定范围内发生变化时，知觉映象仍然能够保持相对不变（无论形状、大小、颜色，还是亮度），这就是知觉的恒常性。比如，远处的人小，近处的人大，但我们不会以为远处的人真的那么小，而认为远处和近处的人一样大。

影响知觉恒常性的因素：客观原因：知觉条件的变化不能超出一定的范围，超出以后，恒常性就会不复存在而会变成错觉。

2. 社会知觉偏见

概念： 社会知觉是对社会对象的知觉，主要是指对人、人际关系的知觉。或者说，社会知觉是在社会环境中对于有关个人或群体特征的知觉。不仅是对人的表情、语言、姿态、衣着等外部特征的认识，还包括对人与人之间的关系、内在动机、意图、观点、信念、个性特点等内心本质的推测和判断。

社会知觉也具有一般知觉的普遍特征，如选择性、整体性、理解性和恒常性。但是由于人的复杂性和知觉条件的种种限制，社会知觉往往不易判断准确，反而会产生这样或那样的偏见，即社会知觉的偏见。在家政服务中，服务人员与客户来自不同的生长环境，带着不同的文化背景，处在不同的社会阶层，有着不同的生活习惯和个性特点，想达到完全畅通无阻的交流，形成正确的社会知觉是非常困难的。事实上，人们之间反而很容易出现社会知觉的偏见。

（1）第一印象：指人与人第一次接触时留下的印象，又叫首因效应。

人在第一次接触时留下的印象往往非常深刻而很难改变的，并且成为日后的交往是否继续的依据。如果印象好，可能在以后的交往中主体会把对方的各种行为主动往好的方面去想；如果印象不好，可能主体就会戴着有色眼镜去看人，把对方的行为处处往坏处想。即无论印象好坏，知觉者都是只见树木，不见森林，形成人际知觉偏见。

虽然人们知道仅凭第一印象来判断人是会有偏差的，但是由于种种知觉条件的限制，每一个人仍然还是会不可避免地受其影响，从而出现以点带面，以偏概全的知觉偏差。

当然，第一印象也不是固定在人们脑海中一成不变的，它也会随着时间的推移而慢慢地淡化。如果我们给别人留下的是好的印象，我们就要努力保持自己的作风和态度，维护这种印象。而如果我们给别人留下了糟糕的第一印象，那么就要正视自己的缺点，不要抱着"真金不怕火炼"的想法依然故我，而要努力去提高自身的素质和形象，争取彻底改变这种不利局面。另一方面，我们自己也应学会用客观的态度来看待第一印象。

案例十

辜负了客户信任的保姆

陈女士来到某家政服务中介公司，想找一位家政服务员去照顾自己85岁的老母亲。在众多家政服务员中，陈女士被满脸笑容、胖胖的黄姐所吸引，顿生好感，随即把她带回了家。过几天发现黄姐并非如自己想象的那样能干，不是打碎了碗，就是做菜放多了盐，要么就是洗坏了衣服。陈女士虽然心中不悦，但还是认为自己不会看错人，应该再给她点时间适应。又过了几天，黄姐由于用火不慎，发生了火灾，导致陈女士行动不便的老母亲不幸死亡。原来，这个黄姐在家政中介公司仅仅受过两天的岗前培训。

悲痛欲绝的陈女士充满了深深的自责，而黄姐更是内疚到恨不得一头撞死，她泪流满面狠狠地抽打着自己：都怪自己学艺不精，硬生生辜负了陈女士的信任！

问题： 保姆黄姐的问题出在哪里？从中有什么启发。

分析： 黄姐为了赚钱，只是临时抱佛脚地草草接受了两天的岗前培训就匆匆上岗，既没有基本的专业水平，也没有高度的责任心，导致一个无辜老人的不幸遇难，完全践踏了客户的信任。启发：仅凭一张笑脸是绝对不够的，家政人员既要给客人留下良好的第一印象，也不能只给客人留下良好的第一印象，必须要具备扎扎实实的、过硬的专业技术。

（2）晕轮效应：晕轮效应又称"光环作用"，指人们在知觉事物时，易于从知觉对象的某种特征推及知觉对象的全部特征，从而产生美化或丑化对方的印象，就像月晕一样，由于光环的虚幻印象，使人看不清对方的真实面目。其主要特点是以点带面，以偏概全。

值得注意的是，虽然第一印象和晕轮效应都是使人产生以点带面，以偏概全的知觉偏差，但前者是从时间上来强调的，由于前面的印象深刻，后面的印象往往成为前面印象的补充；而晕轮效应则是从内容上来强调的，由于对对象的部分特征印象深刻，使这部分印象泛化为全部印象。

案例十一

盲人摸象的故事

从前，有四个盲人很想知道大象是什么样子，可他们看不见，只好用手摸。胖盲人先摸到了大象的牙齿。他就说："我知道了，大象就像一个又大、又粗、又光滑的大萝卜。"高个子盲人摸到的是大象的耳朵。"不对，不对，大象明明是一把大蒲扇嘛！"他大叫起来。"你们净瞎说，大象只是根大柱子。"原来矮个子盲人摸到了大象的腿。而那位年老的盲人呢，却嘟囔："唉，大象哪有那么大，它只不过是一根草绳。"原来他摸到的是大象的尾巴。四个盲人争吵不休，都说自己摸到的才是大象真正的样子。而实际上呢？他们一个也没说对。后来以"盲人摸象"比喻看问题以偏概全。

问题： 为什么在不同的盲人心里大象的样子不一样？

分析： 每个摸象的人都把自己摸到的大象的局部特征放大为大象的全部特征，以点带面，以偏概全。

人们在评论一个人、一部电视剧或一种社会现象，往往因为只看到局部而下结论，便造成了片面性。要避免这种现象，唯一的办法是多观察，多了解，不要轻易下结论。

在家政服务中，我们也难以避免客户可能会因为家政人员身上的某一个特点而以偏概全地看待我们，如果是好的，我们一定要珍惜，再接再厉，精益求精；如果是不好的，那我们也不能嗔怪客户，要多从自己身上找原因，以自己的实际行动去纠正客户的偏见。只要我们踏踏实实地做事，老老实实地做人，相信路遥知马力，日久见人心，时间长了，雇主也会慢慢改变原来的偏见。

（3）经验效应：指个体凭借以往的经验进行认识、判断、决策、行动的心理活动方式。在知觉当前事物时，人们总是根据以往的经验来进行理解，并为随后要知觉的对象做好准备，它体现了经验在接收信息、处理信息方面的优势，往往是人们在个人生活、工作经历中形成的应付某类问题情境屡次成功或失败的结果，这有助于家政服务员了解不同类型顾客群体的消费特征，从而提供更有针对性的优质服务。但是，经验又有其局限性的一面，如果不考虑时间、地点而照搬套用，往往就会导致人们在认知过程中出现知觉上的偏差。另外，经验效应还导致人们在认识、处理问题的过程中，机械盲目、不动脑筋、不做经验以外的尝试，反而会变成人们正确有效地解决问题的障碍。

案例十二

不靠谱的经验

阿秀把雇主家 3 岁多的儿子明明从幼儿园接回家中，发现孩子无精打采，经询问，孩子称不舒服、难受，额头也有点热，体温表显示 38℃。孩子的父母都不在家，阿秀赶忙找了些感冒药给孩子服用后便照顾孩子躺下了。正值盛夏季节，阿秀不敢马虎，给孩子盖上了厚厚的被子，孩子不肯，嚷嚷着热，但阿秀坚持要孩子必须盖好被子。晚上 10 点，孩子妈妈终于回来了，但是一摸儿子的额头却更烫了，一量体温，38.8℃。阿秀懵了，感冒了不是不能再受凉了吗？也吃了感冒药，怎么反而还更烫了呢？

问题：阿秀的经验为什么不灵了？

分析：解决问题首先应该是具体问题具体分析，阿秀姑娘不顾季节的特点强行给孩子盖上厚厚的被子，就是不顾实际情况照搬照套的经验主义，结果反而加重了孩子的病情。

（4）刻板印象：刻板印象，也称为"定型化效应"，指社会上某些人对一类人或一类事持有的共同的、笼统的、固定不变的看法和印象，这种印象是群体的共识，也称为"惯性思维"，是一种心理上

刻板的认识就像彼此都戴上了有色眼镜，不利于沟通。

的准备状态。例如，人们一般认为南方人机灵、精明，北方人豪放、直率；青年人有热情、敢创新、易冲动，老年人深沉、稳重而倾向于保守。刻板印象一方面有助于人们对某类众多的人的特征做概括的了解，因为每一类人都会有一些共同的特征，运用这些共同特征去观察每一类人中的个别人，有时确实是知觉别人的一条有效途径。但另一方面，刻板印象具有明显的局限性，能使人的知觉产生一定的偏差。因为每类人中的每个人的具体情况不尽相同，而且，每类人的情况也会随着社会生活条件的变化而变化。因此，人们在社会生活中，除了了解某一类人的共同特征以外，还应当注意不受刻板印象的影响。

案例十三

谁是谁非

初中毕业以后，女孩小红来到都市里做了一名家政服务员。今天的任务是去客户王姐家做保洁工作。王姐是一个很注重生活品质的人，对于请家政打扫卫生这件事心里充满了矛盾，自己打扫卫生吧太累，请人打扫吧又有种种担心和顾虑。小红来到王姐家开始了小心翼翼的打扫工作。在打扫卧室时，小红用抹布去擦床头上面的灰尘，床太宽大够不着，瘦小的她不由得单腿跪到了床上并用一只手支撑着在床上去努力擦拭，这一幕刚好被不放心的王姐跟进来看见，她立刻大声地斥责："谁让你碰我的床！给我下来！""天哪，弄脏啦，你赔我！你赔我！"而此时的小红也感到非常委屈："不跪到床上我怎么够得着打扫？你们城里人就是看不起我们乡下人！为你们当牛做马你还这样说我！呜——"说完大哭起来，一时间，王姐激愤的叫骂声，小红委屈的大哭声搅和在一起，乱作一团。

问题：她们到底谁是谁非？

分析：刻板印象导致双方在还没有接触之前就戴着有色眼镜去看人，彼此都不信任。小红认为，城里人都是看不起乡下人的，他们都会欺负乡下人；而王姐不仅没有为家政服务员的工作提供应有的便利，同时她也是不信任家政服务员的。

（二）客户的情绪情感在家政服务中的体现

在现实生活中，人们要接触自然界和人类社会中的各种事物和现象，参与各种不同的社会活动，这些事物和现象不仅使人产生深浅不同的认识，也会伴随着产生不同的心理体验，有的使人欢喜、兴奋，有的使人惊奇、赞叹，还有的使人恐惧、忧愁，这些心理体验就是人的情绪情感。情绪情感是人类极其重要的心理现象，它深刻地影响着人的心理活动乃至全部活动。在家政服务活动中，雇主与家政人员的情绪情感在很大程度上影响着彼此的心理体验，也影响着家政服务质量，并在日后影响着彼此相关的行为。

所以，站在优质服务的立场，我们必须认真学习和了解一下情绪情感的相关知识。

1. 情绪情感的概念

情绪情感是指人们对客观事物是否符合自己的需要而产生的一种态度性体验。换句话说，情绪情感不是我们对客观事物本身的反应，而是我们对客观事物的态度反应。

概念解读：

（1）情绪情感是在认识中产生的。

（2）不是所有我们认识的事物都会令我们产生情绪，只有那些与我们的需要密切相关的事物才会让我们产生相关情绪。

（3）情绪情感产生的基础是：需要。比如，某一路公交车随时都在进站出站，来来往往。如果我们不需要坐时，我们就不会为来来往往的公交车产生诸如焦虑、期待、欣喜或满足等情绪，如果我们想要坐它，它能不能即时到站，就是我们最牵挂的事物。如果能及时坐上，我们就会产生欣喜、愉悦、满足等积极情绪；如果长时间等待都不来，那我们就会产生焦虑、烦躁、失望等消极情绪。积极乐观的情绪可提高人的活动效率，消极悲观的情绪会降低认知活动的效率，使人丧失信心和希望。

2. 情绪和情感的关系

区别：（1）情绪比情感的范围广，人类有情感，而绝大部分动物只有情绪；（2）情绪具有较大的情境性、暂时性和冲动性，往往会随着情境的改变和需要的满足而减弱或消失，而情感则具有较大的稳定性、深刻性和持久性。情绪和情感既具有区别，又相互依存、不可分离。

联系：情绪和情感既具有区别，又相互依存、不可分离。（1）稳定的情感都是在情绪基础上形成的，并且通过情绪来表达；（2）情绪中蕴含着情感，情绪的持续堆积会引起情感的变化。

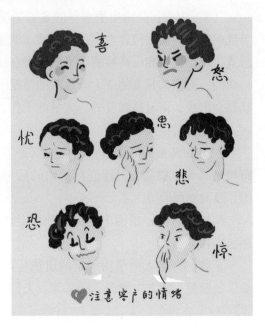

❤️ 注意客户的情绪

3. 情绪情感的分类

情绪的分类：按表现形式——喜、怒、忧、思、悲、恐、惊等。

按状态——心境、激情、应激。

（1）心境：是一种平静、微弱而持久的情绪状态。有的情绪持续的时间可能是几小时，有的可能持续几周、几个月、几年甚至更长，心境持续时间的长短取决于引起心境的客观刺激的性质，如失去亲人往往会使人产生很长时间的郁闷心境。另外，跟人的气质、性格也有较大关系。

特点：弥散性。比如，某人某天心境特别好时，会看什么都顺眼，做什么事都轻快有劲；如果心境很烦躁时，会觉得看什么都烦，做什么都没劲。

产生的原因：客观——社会生活条件的变化，如生活中的顺境或逆境、工作中的成败、人际关系是否融洽、个人的健康状况、自然环境的变化等，都可能成为引起某种心境的原因；主观——个人自身的观念、生活态度、成长经历、个性等。比如，同样一件事的发生，能够引起张三的心境变化，但不一定会引起李四的心境变化。同样一件事的出现，会让几家欢乐也会让几家犯愁。

（2）激情：激情是一种强烈的、短暂的、具有爆发式特点的情绪状态。通常由出乎意料的、对人具有重大意义的事件引起。如重大成功之后的狂喜，惨遭失败后的绝望，亲人突然死亡引起的极度悲哀，突如其来的危险所带来的异常恐惧等，都是激情状态。

特点：意识范围缩小。人在激情状态下，往往会理智下降，行为失控，进而做出平时做不出的事情来。所以它具有双重的作用，如果伴着冷静的头脑和坚强的意志，它可以成为动员人所有潜能积极投入行动的巨大动力，如，战场上奋勇杀敌取得胜利之后战士的激动流泪，运动场上取得金牌的运动员的欣喜若狂等，这些包含着强烈爱国主义情感的激情，就是激励人上进的强大动力。但是有些不符合社会要求的、不利于健康的激情就是有害的、消极的激情。如，行车途中一个小小的擦碰就口出恶言，进行人身攻击，大打出手。

产生的原因：客观——社会生活条件出乎意料的重大变化。

主观——除了与心境产生的类似的原因以外，还有人的意志水平。

（3）应激：是由出乎意料的紧迫情况所引起的高度紧张的情绪状态。它不是一种单纯的紧张，而是包含着多种负性情绪的紧张状态。它可能以震惊、恐惧、愤怒等爆发形式出现，也可能以高唤醒水平的、潜在压抑的形式存在。它可能是短暂的，也可能是持久的。在突如其来的或十分危险的情况下，必须迅速而毫无选择地采取决定时，应激状态会出现；面对高强度的、大量的工作，需要长期应对，也会表现为应激，这种应激对人的危害是很大的。

在突如其来的高度紧张的应激状态下，人的表现有两种可能：一是惊慌失措、目瞪口呆、手忙脚乱，只能迎接可怕的后果；一种是急中生智、冷静沉着，动作准确有力，及时摆脱险境。

情感的分类：情感多是由人的社会性需要是否得到满足而产生，主要有道德感、理智感和美感。

道德感：是人们运用一定的道德标准评价自身或他人行为时所产生的一种情感体验。如敬佩、赞赏、憎恨、厌恶等。人们在社会化的过程中，逐渐将所掌握的社会道德标准转化为自己的道德需要，由于每个人对各种道德规范的理解不同，所以形成的道德需要也完全不同，道德感也就不一样。

理智感：是人们认识和探索真理的需要是否得到满足而产生的情感。在认识活动中表现为：对事物的好奇心和新异感，对认识活动取得成就的欣慰、高兴的体验，对矛盾事物的怀疑与惊讶感，对判断证据不足时的不安感，为问题解答的坚信感，对错失良机的惋惜等。

（4）美感：是人根据某种美的需要对一定客观事物进行评价时产生的情感体验。表现为一种肯定、满意、愉悦、爱慕的体验。

4. 客户的情绪与家政服务

影响家政客户情绪的因素：

（1）相关的家政服务需要是否得到满足。客户之所以愿意花钱请家政服务，就是因为他们有相关的服务需要，所以家政人员把自己的分内事情做好，这是最基本的要求，也是能不能让客户满意的一个首要条件。

（2）家庭财物是否得到有效保护。家政工作无论是哪一项都需要耐心、仔细，但有的家政服务员毛手毛脚，总是会"撞倒公公带倒婆婆"，在客户家不是打碎碗，就是烧坏锅，这是最让雇主头疼的原因之一。如果打坏了客户的贵重物品，有可能还会惹上官司。再比如，客户家里摆着一张镶嵌着大理石的巨大茶台，保洁员硬要使出吃奶的力气挪开打扫，结果磨坏了木地板，让雇主心疼不已，最后保洁员不得不赔钱。

案例十四

擦桌子打破古董，家政服务员赔偿 3 万元

家住哈尔滨革新街附近的吴老太在街边找了"干零活"的徐某到家当家政服务员。干了不到一个月，徐某在擦桌子时不小心将吴老太收藏的古董花瓶打碎。吴老太称花瓶价值 2 万余元，且还会升值，便让徐某赔偿 3 万元。双方"打"上法庭，法院最终判决徐某赔偿 2 万元。想想，在这个过程中，雇主吴老太对被打破的古董有多心疼，对肇事者徐某就有多怨恨。

问题： 如果你是徐某，你应该在这次事件中吸取什么教训？

分析： 应慎之又慎，对客户家里的各种物品都务必轻拿轻放。

（3）客我双方人际交流是否顺畅，人际关系是否和谐。客我之间的人际关系好不好也在很大程度上影响着客户情绪，人际关系的好坏与双方的沟通交流有很大的关系。家政服务人员在服务过程中如有不清楚、不明白的地方一定要向雇主问清楚，主动沟通，切不可自作主张，如客户要吃面你偏要给他做粥，这样就不行。用户的叮嘱和交代一定要牢记。有时因为语言的原因，未听清和未听懂的一定要问清楚，不要不懂装懂。如事情太多可记录在纸上。

（4）家政服务人员的道德品质。据有关的调查表明，客户在被问及家政服务人员的以下几个指标，如道德品质、是否接受过培训、职业技能、健康状况、健康证、客户评价、是否有保险、仪容仪表、生活习惯、职业证书等指标方面，他们最看重什么，结果绝大部分用户最在乎的就是家政人员的职业道德品质。

（5）家政服务人员的专业技术和专业能力。家政人员到客户家就是来做家政服务的，所以其专业技术及专业能力是服务的核心，也是客户对家政服务是否满意的一个核心要求。

案例十五

客户给家政服务中心的一封感谢信

善品家政公司诸位老师：

非常感谢贵公司推荐的家政服务员周女士！

周女士，我们全家都亲切地称呼她为周阿姨。她凭借对家政工作的热爱，全面的专业知识，勤恳周到的服务及本人散发出的人格魅力，打动了我们全家及与她接触过的每一个人。

周阿姨是在我产后来到我家的。她在我家服务期间，不仅做到了保证我的双胞胎宝宝及全家人的正常生活，甚至为我们今后的生活和宝宝的茁壮成长都打下了良好的基础。在此，我代表全家向小李阿姨表示深深的感谢！

周阿姨是我见过的最热爱工作的人，她把工作当成了一种乐趣。尽管家政工作的内容很繁琐，但她总是面带微笑，这种快乐感染着我们全家，使我的家庭充满了欢乐与和谐。小李阿姨工作勤勤恳恳、细致周到。在她工作范围内的工作，她会尽心尽力，做到最好。同时她还承担了很多职责外的工作而从无怨言，把每一次劳动当成享受。她做的一日三餐花样不断，搭配科学、营养丰富。家里每天都被她打扫得干干净净，甚至全家的饭、老公的衣服，都被周阿姨全部包揽了，让老公觉得很不好意思。将心比心，像周阿姨这般勤恳周到，必然会赢得每一家人的信任、敬佩，还有深深的感激。我和老公及全家都对周阿姨充满了喜爱和敬佩。

　　短短三个月，周阿姨已经成为我的朋友，感谢善品家政公司为我们培育出如此优秀的家政服务员，我再一次代表全家向周阿姨和贵公司表示最诚挚的感谢！

　　问题：案例中的客户对周阿姨感激的原因有哪些？

　　分析：第一，满足了全家日常的生活需求：洗衣、做饭、打扫卫生，而且花样不断，满足了客户的认知心理；第二，周阿姨的快乐情绪。这是她与客户人际沟通中的重要态度；第三，周阿姨的专业技术和专业能力；第四，案例中还隐含着周阿姨对雇主家里物品的爱护，因为她没有让客户有财产上的损失。

第二节　服务与消费的双向认同

　　家政服务员与客户在接触和交流过程中，如果彼此都能认同对方，沟通就少有障碍，客人就能心满意足。在家政服务员和客人打交道的过程中，家政服务员应主动与客户的有效沟通并取得他们的认可。为此，家政服务员应注意在服务过程中与客户的良好沟通。

一、客我人际交往的有效沟通

　　沟通首先是信息的传递，有效的沟通是准确地理解信息的含义，同时沟通也是一个双向互动的反馈和理解过程。

　　家政人员与雇主的沟通主要有：言语沟通和非言语沟通。

（一）言语沟通

　　言语沟通即通过说话来进行沟通。说话是一个人思维的物质外化反应，天天在说话不见得就会说话，在人际交流中，能够准确自如、恰到好处地表达出自己的思想、感情和意图，能够轻松自然、简洁明了地使他人听清、理解并接受自己的话语，才算是会说话，而这样的表达才可能是有效的。

1. 说话的技巧

　　（1）说话要越简洁越好；

（2）文句不要重复使用；

（3）同样的名词不可用得太多；

（4）避免使用口头禅；

（5）不说粗俗的字眼；

（6）适时地结束；

（7）看人说话。

2. 人际沟通中的攻心技巧

面对琐碎、繁多的种种家庭事务，一个训练有素、经验丰富的家政服务员在处理各项家务时可能比一个年轻的或刚刚组建家庭的雇主更加得心应手。但是毕竟每个人想法不同，需要双方达成共识才行；另外，双方的交往也需要经常地、不断地沟通交流，大家才能够和谐相处。从优质服务的角度来看，家政人员应掌握一定的沟通技巧。具体如下：

（1）为对方着想，替自己打算：世界上唯一能够影响对方的方法，就是时刻关心对方的需要，并且还要想方设法满足对方的这种需要。具体有：

①学会换位思考，多从对方的立场考虑问题。

②善于牺牲自我利益，表现在不斤斤计较个人利益，在必要的时候要敢于放弃自己的利益。

③给人以宣泄怨愤的机会，包括对自己的怨恨，这是一种博大的气度与胸怀。

④从长远的整体利益为出发点。

（2）在言语中分析雇主的需要，投其所好，并能够说出对方想听得到的话。了解到雇主真正的兴趣爱好，投其所好，沟通时自然流露出来。其准则是：不经意流露。简单、明确是沟通的重要表现。

（3）掌握说话的分寸。一个真正懂得沟通的人，不见得字字珠玑，句句含光，但是要懂得什么时候该说什么话，而不能只顾自己说得过瘾，并且要为自己说过的话负责。

（4）设法让雇主保住面子，给对方留条后路。

有智慧的人都把别人的自尊放在第一位，然后才设法将事情往好的方向引导，这样才能把事情解决得较完美。所以，尊重是一种修养，一种品格，一种对别人不卑不亢、不仰不俯的平等相待，也是对自己、对他人人格与价值的充分肯定。当一个年长的家政人员在不经意间毫无顾忌、倚老卖老地想要当着他人的面批评或贬低一个跟自己孩子年纪差不多的年轻雇主时，只需要一、两分钟的时间约束自己，说一两句体恤的话，一点点地了解对方真实的态度，对于解除对方可能的刺痛，都有莫大的帮助。反之，雇主也不能伤害家政人员的自尊，践踏家政人员的感情。

（5）站在对方的立场说服对方。

在错综复杂的人际关系中，不是每个人都有左右逢源的能力。要让别人喜欢并相信你，除了首先肯定自我外，还应当探究人的潜在心理，然后发挥舌头的功力，争取对方认同。

案例一

"我不能吃掉您的福气"

有一名新到京的中年家政服务员张婶，好不容易找到了一个照顾老人的工作，可是只工作了20多天，就和雇主回到公司办理了解除合同手续。当工作人员问起解除合同的原因时，她长吁短叹，表示她在雇主家受气，受虐待。在工作人员的再三追问下，她才说："我照顾一位70多岁的老人，每天要给他喂饭吃。这位老人吃饭时总要剩下一口饭，非得让我把这口饭吃下去。一开始我想，是我给他盛的饭菜多了，所以以后我就少盛一些饭菜，但是老人仍然要剩一口。每天都要吃他口水滴答的剩饭，我实在没法忍受了，这才要求解除合同的。"

这时，有一位在北京工作多年的老服务员李婶听到是这个原因后，就主动和雇主签订了服务合同。一个月后双方高高兴兴的又来公司续签合同，而且提高了工资。当工作人员问她是否要吃老人的剩饭时，她这样说："到雇主家后，我就主动与老人聊天，夸奖老人的儿女多孝道，您多有福气。年龄大了，儿女们就请我来照顾您。开始当我给老人喂饭时，他还是剩口饭让我吃。我就耐心地对他说，现在干什么都要讲福气，连喝酒都要剩一口，那叫福根，要留给最有福气的人喝。如果我把你的饭吃掉了，也就是把您的福气吃掉了。老人听后，再也不让我吃他的剩饭了。"

问题：从这个故事里，我们能悟出什么道理呢？同一个老人，同一件事，两种不同的处理方法，就得到了两种截然不同的效果。

分析：李婶善于抓住老人心里在乎的东西，所以针对老人的心理特点，几句话就把老人说服了。

（6）不要过分客气，使用太多的敬语。

在初次见面的自我介绍中，可以使用一些敬语，但一旦谈话深入下去，"谢谢""请""您"这些词就不必总挂在嘴边了，否则就会显得很见外，双方的关系很难进一步发展起来。礼貌是必需的，但太礼貌比不礼貌更容易让人不自在。

（7）不要故作幽默，要看场合和氛围。

很多"口才兵法"上都说，"幽默"是人际交往中的润滑剂，可以缓和紧张的气氛。这话没错，可"幽默"是一种很高级的交际技巧，需要灵活的思维、有趣的内容再加上语气、语调、手势、身姿等的密切配合才能达到良好的效果。对于一些不善于和陌生人打交道的家政人员来说，远不具有这些交际能力，所以千万不要故作幽默，以免弄巧成拙。

（8）注意说话的语气——语调、重音位置不同，效果完全不同。

①不同语调的效果：同样的话语以不同的语调表达出来，可能收到的效果是大相径庭的，比如"你也吃啊"这句话用不同语调说出来，就有完全不同的意思：

A.用升调语气：你也吃啊（表诧异：我以为你不吃羊肉呢！）

B.用降调语气：你也吃啊（表祈求：别那么拘束！）

C.用曲调语气：你也吃啊（表不满：你不是刚吃过吗？）

D.用平调语气：你也吃啊（表和缓：这个挺好吃的。）

可以看出，柔和的平调语气表示坦率和友善。

②不同重音的效果：同样一句话，当你说话的重音位置不同，你要表达的意思也会改变：

重音位置	句子意思
为什么我今晚不能请你吃晚饭？	因为我要请别人吃晚饭。
为什么我今晚不能请你吃晚饭？	你却要和别人吃晚饭！
为什么我今晚不能请你吃晚饭？	我要找一个理由说明我今晚不能请你的原因。
为什么我今晚不能请你吃晚饭？	你有什么问题要找我吗？
为什么我今晚不能请你吃晚饭？	而不是你自己去。
为什么我今晚不能请你吃晚饭？	而不是明天吃午饭。
为什么我今晚不能请你吃晚饭？	而不是明天晚上。

所以，针对不同的场合，选择不同的重音是准确表达的前提，而恰当、自然的声调，是顺利沟通的条件。

另外，说话的语速、顺序及呼吸状况也在一定程度上影响着人们沟通时的言语表达。语速太快让人听得很吃力，容易听错或误解，太慢影响效率，应匀速、适中；说话的顺序，对于要表达的意思也很关键，最为知名的莫过于屡战屡败还是屡败屡战，可谓哪一个先说和哪一个后说那意思可是天差地别的。在家政日常中，有时先说前一个还是后一个，或是先说原因还是先说结果，情况可能是不一样的；最后还得注意，调整好自己的呼吸状况。当我们说话时每分每秒都要呼出气流，一旦由于紧张引起了呼吸紊乱，就会使说出来的话颤巍巍，或者轻重不均匀，给人一种支离破碎的感觉。所以家政人员如果觉得紧张，可以在说话前有规律地深呼吸几次，调整一下心情，等呼吸稳定以后，再开口说话，声音就不会发颤了。同时深呼吸也可以帮助摄入足够的氧气，使人头脑清醒，保持敏捷的思维。

（二）非言语沟通

1. 非言语沟通的含义

非语言沟通是人们运用表情、手势、眼神、体态动作等方式进行的信息传递，是人际沟通的重要方式之一，它不仅是人们利用语言及文字进行信息交流沟通的一种补充形式，也是一种人与人之间的心理沟通方式，更是人类的情绪情感、态度、兴趣相互交流和相互感应。

2. 非言语沟通的重要性

交流双方可通过观察对方的表情、动作、手势等了解对方的心理需求和心理变化，满足对方的生理及心理的需要。因而，非言语沟通在人际交往中同样是不可或缺的。

家政服务中的主雇双方，在交流过程中，既需要用非言语沟通来补充，同时也具备非言语沟通的优势条件，家政人员应充分利用与雇主面对面近距离相处的机会，利用眼神、表情、手势、体态动作等方式来表情达意。

3. 如何进行有效的非言语沟通？

（1）眼神——目光接触，是人际间最能传神的非言语交往

"眉目传情""暗送秋波"等成语形象地说明了目光在人们情感交流中的重要作用。通常情况下，平视代表着平等，斜视就比较失礼，而俯视就意味着轻视。所以在双方谈话时，听者应看着对方，表示关注，而讲话者不宜再迎视对方的目光，除非两人关系已密切到了可直接"以目传情"。讲话者说完最后一句话时，才将目光移到对方的眼睛。这是在表示一种询问"你赞同我说的话吗"或者暗示对方"现在该轮到你讲了"。如家政服务员对神志清醒的、不合作的病患雇主投以责备、批评的目光，会使病人产生内疚；而一个慈爱、真诚的眼神，会使孩子感到支持、包容。

（2）衣着——也在传播信息与对方沟通

一个人穿着打扮不同，给人留下的印象完全不同，所产生的影响也大相径庭。意

大利影星索菲亚·罗兰说："你的衣服往往表明你是哪一类型，它代表你的个性，一个与你会面的人往往会自觉地根据你的衣着来判断你的为人。"衣着本身是不会说话的，但人们常在特定的情境中以某种衣着来表达心中的思想和建议要求。家政服务员在雇主家应衣着简朴，大方得体，不可穿过透、过紧、过短、暴露的衣服，更不宜浓妆艳抹或佩金戴银。

（3）倾听——沟通的必要前提

倾听是建立良好关系的基础，是真正了解双方意图的前提，是缓解紧张气氛的润滑剂，恰当的倾听可获得对方的信任，也是对对方的一种尊重。为此，家政人员应掌握一定的倾听技巧：

①专心听——五到：眼到、手到、脑到、心到、身体语言到。

②听清楚、听完整：三听——听关键词、听话外音、听暗示。

③不要打断对方——五不要：不要随便插话、不要立即插话、不要急于反驳、不要急于否定、不要急于更正。

④言语反馈——恰当表示：

听到：发出"嗯"或"是"；惊讶：真的；理解：我理解你的心情了；明白：我已经明白你的意思。

接受：我完全赞同你的看法。

鼓励：说得对，接着说，这很重要。

强化：刚才的事，请再说具体点。

⑤养成好的倾听习惯

倾听比倾吐更重要，养成倾听时专心、虚心、耐心的良好习惯。

（4）表情——微笑服务沟通好运

面部表情是有效沟通的世界通用的语言，不同国家或不同文化对面部表情的解释具有高度的一致性。人类的喜怒哀乐等情绪情感都可非常灵敏地通过面部表情反映出来，面部表情的变化是十分迅速、敏捷和细致的，能够真实、准确地反映情感，传递信息。因此人们在交往过程中通过面部表情不仅可以判断一个人的情绪状态，而且可以判断一个人的待人态度。在一定的场景下，我们会发现，即使对方没有说一句话，我们也可以从对方的表情上了解到对方的意思。当一个人不能听或者说时，表情常常代替言语来表达意思。

在现实生活中，微笑是礼貌待人的基本要求，是心理健康的一个标志。微笑是一种知心会意、亲切友好的表示，是在人际交往中最有吸引力、最有价值的面部表情，既悦己又悦人，它带来快乐也创造快乐，是最有效的一种无声沟通。很多家庭之所以解雇家政人员不是因为其技能不行，而是因为脸上没有笑容，使家中气氛死气沉沉、压抑难受，由此给雇主一种"此人难以沟通"的印象，干脆让她一走了之算了。

（5）肢体动作言语

达·芬奇曾说过，精神应该通过姿势和四肢的运动来表现。在人际交往中，人们的一举一动，都能体现特定的态度，表达特定的涵义。家政人际交往也是一样，人的思想感情会从体态姿势中反映出来：

　　身体略微倾向于对方：表示热情和兴趣，可以拉近双方之间的距离；

　　微微起身：表示谦恭有礼；

　　身体后仰：显得若无其事和轻慢；

　　侧转身子：表示嫌恶和轻蔑；

　　背朝人家：表示不屑理睬；

　　拂袖离去：表示拒绝交流；

　　眉毛向上扬、头一摆：表示难以置信，有些惊疑；

　　用手揉揉鼻子：困惑不解，事情难办；

　　双手放在双腿上，掌心向上，手指交叉：表示希望别人理解，给予支持；

　　用手拍拍前额：表示健忘，用力一拍，表示自我谴责，后悔不已；

　　耸耸肩膀，双手一摊：无所谓，或无可奈何，没有办法的意思。

　　所以家政人员平时的坐、立都应端正。说话时不要东张西望，嘴里吃着东西等。听话的时候更要专注，努力捕捉对方的眼神表情，积极做出回应，如会心的微笑、赞同地点头等。这不仅让对方觉得受到重视而情绪高涨，而且也会让自己的紧张情绪烟消云散，全身心投入到兴致盎然的会话中去。

　　（6）交流双方的空间距离

　　人与人之间在交流沟通时都需要保持一定的空间距离。任何一个人，都需要在自己的周围有一个自己能够把握的自我空间，它就像一个无形的"气泡"一样为自己"割据"了一定的"领域"，这个与他人之间形成的距离也叫安全距离。而当这个自我空间一旦被人触犯就会感到不舒服、不安全，甚至恼怒起来。所以，在社交活动中，人们会根据自己与他人的关系亲疏、角色身份等保持一定的空间距离而不至于让彼此感觉有压力或者尴尬。那么社交中空间距离该如何把握呢？

　　①亲密距离。这是人际交往中的最小间隔或几无间隔，即我们常说的"亲密无间"，其范围在15～45厘米，亲近的人如情侣、闺蜜、死党、父子、母子等交往会采用的距离。因为这个距离可以使彼此间肌肤相触，耳鬓厮磨，以至相互能感受到对方的体温、气味和气息。身体上也可以挽臂执手，或促膝谈心，体现出亲密友好的关系。如果是一个不属于这个亲密距离圈子内的人随意闯入这一空间，不管他的用心如何，都是不礼貌的，会引起对方的反感，也会自讨没趣。

　　②私人距离。在45～120厘米，这是人际空间上稍有分寸感的距离，已较少有直接的身体接触。这个距离正好能相互亲切握手，但不容易接触到身体，适合讨论个人问题。这是与朋友、熟人交往的空间距离，陌生人进入这个距离会构成对别人的侵犯。

　　人际交往中，亲密距离与个人距离通常都是在非正式社交情境中使用，在正式社交场合则使用社交距离。

　　③社交距离。在120～360厘米。这种距离体现出一种社交性或礼节上的较正式的关系。一般在工作场合和社交聚会上，人们都保持这种程度的距离。一次，一个外交会谈座位的安排出现了疏忽，在两个并列的单人沙发中间没有放增加距离的茶几。结果，

客人自始至终都尽量靠到沙发外侧扶手上，且身体也不得不常常后仰。可见，不同的情境、不同的关系需要有不同的人际距离。距离与情境和关系不相对应，会明显导致人出现心理不适感。

④公众距离。在360～760厘米。这是公开演说时演说者与听众所保持的距离，也是一个几乎能容纳一切人的"门户开放"的空间，人们完全可以对处于此空间的其他人，"视而不见"，不予交往，不相认识。因为相互之间未必发生一定联系。因此，这个空间的交往，大多是当众演讲之类，当演讲者试图与一个特定的听众谈话时，他必须走下讲台，使两个人的距离缩短为个人距离或社交距离，才能够实现有效沟通。

显然，相互交往时空间距离的远近，是交往双方是否亲近、是否喜欢、是否友好的重要标志。因此，人们在交往时，选择正确的距离是至关重要的。在家政人际交往中，要根据实际情况，根据社交活动的对象和交往目的，选择、保持合适的空间距离。住家的家政服务员与初次认识的雇主，采用社交距离显得庄重和礼貌，逐渐熟悉以后，对同性的雇主，可以采用私人距离；对于异性的雇主，最好继续采用社交距离，以保持应有的礼仪和礼貌；而对于天天需要照顾的婴幼儿和老人，则采用亲密距离。

二、不同个性雇主的服务对策

在家政服务过程中，雇主和家政人员因各自的遗传素质、生长环境、文化背景等因素的不同，形成了不同的个性。从家政服务的角度来说，服务工作的性质决定了家政人员不能随心所欲（如偷懒、串门、嗑瓜子），而应该养成良好的职业个性，按家政服务员的角色规范来行事。而从雇主的消费角度来看，心理学中关于人个性研究的理论非常多，不同的理论从不同角度对人的个性进行了不同的归类和分析，可以说浩如烟海。在我们前面所学的以思维中心、情感中心和本能中心为基础的九种人格中，无论消费者是哪一种个性，每个人的个性都会在人际交往行为中体现出程度不同的儿童自我、家长自我和成人自我。

面对不同个性的雇主，家政服务员应该如何应对呢？

（一）理论再现

加拿大心理学家埃里克·伯恩的人格结构理论，又叫PAC理论，也称交互作用分析理论。该理论：人类个体的人格特征由三种心理状态构成：Parent、Adult、Child。P是父母的第一个英文字母、A是成人的第一个英文字母、C是儿童的第一个英文字母，因此简称PAC理论。

人的人格特征是由"父母""成人""儿童"这三种心理状态构成的，这三种状态在每个人类个体身上都交互存在着，构成了人类个体的多重人格结构特征，只不过这三种状态在每个人身上所占的比例不同，这就形成了千差万别的人格特性。

相比较而言，每个人身上总有一种状态占优势，不同性格特征的人在不同的情况下会不自主地选择不同的状态。每当父母、成人、儿童这三种心理状态分别占主导地位时，就会出现了与此相应的行为表现方式和言语行为方式。

当 P（父母自我或称家长自我）状态在人格结构中占优势时，其行为表现方式通常是：凭主观印象办事，独断独行，以权威和优越感为标志，甚至滥用权威，通常表现出统治、训斥、支配、教训、责骂或慈爱、命令等家长作风或其他权势作风。在人际对话中常用"你必须""你应该""你不能"之类的言语行为方式。家长自我会导致强制策略的使用，有时也有慈爱的一面。

当 A（成人自我）状态在人格结构中占优势时，其行为表现方式通常是：注重事实根据，分析问题客观理智，善于从经验中估计各种可能性，然后做出理性决策。待人接物客观冷静、慎思明断、尊重别人、言语谦逊。这种人在人际对话中常用"我个人的想法是……""客观地讲……""理性地看……""科学的方法是……"等言语方式。成人自我的理性，使人持"我好—你好"的立场的，更可能找到双赢的结果，但有时较冷漠。

当 C（儿童自我）状态在人格结构中占优势时，其行为表现方式通常是：服从，冲动，任性，任人摆布；一会儿逗人喜爱，一会儿又突发脾气；无主见，遇事退缩，感情用事，喜怒无常，易激怒。在人际对话中常用"我猜想""我不知道""也许是""恐怕是这样""我有什么办法"等言语行为方式。孩童自我可能会缓和冲突或努力避免冲突，但有时很任性、很冲动。

（二）PAC理论在家政服务中的运用

1. 家政服务过程中的几种自我状态

（1）家长自我式的表现

命令式：表现为自以为是，凭主观印象办事，独断专行、滥用权威等其他专制的行为。言语表现："不像话，胡扯！""你必须……""你应该……""你不能……""我不是告诉过你了吗？"等；非言语表现：皱眉、搓手、拍头。

慈爱式：表现为关怀和提供保护的行为。言语表现："别担心……""别害怕……""别急……""真可怜"。

（2）儿童自我式的表现

服从式：表现为顺从某种意愿的行为；任性式：表现为冲动、任性；自然式：表现为挫折、情绪、退缩、无助。

（3）成人自我式的表现

询问式，如："阿姨，今天家里有重要客人要来，我原来珍藏的茅台酒还有吗？"

回答式，如："先生，对不起，茅台没了，五粮液还有。"

建议式，如："阿姨，晚上能不能安排在7点吃饭？"

赞同式，如："好的，我马上去做。"

反对式，如："不行，我不能随便给您安排在7点，您在服用着降糖药应该早些吃饭。"

道歉式，如："对不起，很抱歉。"

总结式，如：服务人员在雇主安排完需要办的事，总结并复述。

通常情况下，成人对成人的交往容易使双方满意。家政人际交往是一种不对等的交往，是家政服务人员为雇主提供服务，故应努力保持成人自我状态。

2. 家政服务过程的交往形式

（1）平行性交往：通俗地说是一种融洽性交往，双方的对话和交流会无限制地继续下去。

最有效的方式是：成人自我—成人自我，即A（理性）—A（理性）

例如：甲——"能否麻烦你帮我拿个杯子来？"

乙——"没问题，我马上就去拿。"

儿童自我—家长自我，即C（任性）—P（慈爱）

例如：甲——"我不想要这个玩具了，我不管，我就是不要了！"

乙——"哦，这样啊，那就不要，换一个你喜欢的玩具如何？"

家长自我—儿童自我，即P（命令）—C（服从）

例如：甲——"你怎么搞的，还不快做饭？赶快去！"

乙——"哦，我马上就去做。"

情境对话：

I.成人自我对成人自我交往（A理性—A理性）

雇主：阿姨，麻烦你帮我熨一下这件衣服。

家政人员：好的，我马上给你熨。

小陈，麻烦你帮我倒杯水来。

好的，奶奶，我这就去倒。

成人型　VS　成人型

彼此理智、尊重

Ⅱ.家长自我对儿童自我
交往（P命令—C服从）
雇主：马上给我熨衣服！
家政人员：我马上给你熨。

小陈,赶紧倒杯水来！

好,我马上去倒。

我现在就想喝牛奶！
……好吧……

奶奶,医生说了还要再过半小时,您得听医生的。

家长型 Vs 儿童型
（命令）对策：先服从,再调整

儿童型 Vs 家长型
（任性）对策：以爱护唤醒。

Ⅲ.儿童自我对家长自我(C自然——P慈爱)
雇主：怎么办？这衣服怎么还不干,我要穿着它去参加聚会。
服务员：别着急,我帮您想办法把它熨干。

（2）交叉型交往：指家政人员的言行不符合雇主需要的一种交往。这种交往会导致关系紧张,甚至中断。

成人自我—家长自我A（理性）—P（命令）
例：——"请问现在几点了？"
　　——"墙上有钟,自己看！"

家长自我—家长自我P（命令）—P（命令）
例：——"马上给我拿啤酒来!"
　　——"没见我正忙着吗？你叫他给你拿！"

成人自我—儿童自我A（理性）—C（任性）

例：——"这东西多少钱？"

　　——"这关你什么事!"

儿童自我—儿童自我C（任性）—C（任性）

例：——"我讨厌这样!我不喜欢这样!"

　　——"那下次不来了还不行吗？"或"肯定没有下次了!"

情境练习：

Ⅰ.成人型和家长型交叉（A理性—P命令）

雇主请求：请给我倒杯水。

护工怒气冲冲：你自己倒去!

Ⅱ.家长型与家长型交叉（P命令—P命令）

雇主大声嚷：马上给我倒杯水!

护工大声应答：你自己倒去!

Ⅲ.成人型与儿童型交叉（A理性—C任性）

雇主：阿姨，请帮个忙，给买一份小笼包。

护工爱搭不理：买小笼包可以，但好不好吃我可不管。

Ⅳ.幼儿型与幼儿型交叉（C自然—P批判）

雇主因受凉感冒，大声打着喷嚏，揉着鼻子：啊! 难受死了!

家政人员幸灾乐祸：谁让你穿那么少，活该!

3. 家政服务过程中应该遵循的原则

（1）学会自我察觉、认识交往对象的心理状态；

（2）强化成人自我心态，努力保持平行性交往；

（3）掌握调整技巧，注意诱导对方进行成人型交往。具体如下：

①若雇主处于颐指气使的父母自我状态，服务员先以儿童自我形态顺从地接受下来，再设法调动客人的成人自我状态。

②若雇主处于刁蛮无理的儿童自我形态，服务员则要以父母自我形态中慈爱的一面应对，然后再唤起其成人自我状态。

案例二　参照"我不能吃掉您的福气"

案例三

健忘的老爷爷

赵婶来昆明当了一名家政服务员，今天根据公司的安排来照顾老人。早晨来到雇主家，是一位80多岁的老爷爷，身体硬朗，说话嗓门很大。现在是早上8：00，按照要求，她首先安排了老人吃了早点，然后刚把碗洗好，正在做家庭清洁卫生。老人突然嚷了起来："现在9：00了，怎么还不给我吃早点？我要求吃早点。"似乎非常生气的样子。如果你是赵婶，你该怎么做呢？

问题：请问可以给老爷爷再吃一顿饭吗？老人的人格自我是属于哪种表现？应该采取什么样的对策？

你目前的角色属于何种的角色？从角色出发，你的解决问题的方法和模式将采用哪一种模式？

你将采用的语言是什么？请总结本题你所得到的经验是什么？

分析：可从老爷爷的几个自我状态来分析。

案例四

奶奶的疼爱方式

何姐是一个经验丰富的家政服务员，受家政公司的委派，来到一个雇主家，主要是照看一个不到周岁的婴儿，同时家里还有孩子的奶奶。奶奶很疼爱自己的孙子，很多事情都要亲自去做，而只让何姐做一些粗活。这天，何姐做好了孩子的鸡肉蔬菜烂饭，奶奶要求亲自喂给孙子吃，只见奶奶接过碗，直接舀起一勺放到自己的嘴里咀嚼，然后再喂给孩子。何姐心理"咯噔"了一下，脱口就说："奶奶，这样喂孩子不行……"奶奶霸气地回道："有什么不可以的？我家五个孩子我都是这么带大的！孩子的爸爸也是这样长大的，博士都读出来了！怎么带娃，你必须听我的！"作为家政服务员，当然不能让这样的带娃方式继续进行，但是，何姐该怎么办呢？

问题：（1）老人的人格自我是属于哪种表现？应该采取什么样的对策？

（2）你目前的角色属于何种的角色？从角色出发，你的解决问题的方法和模式将采用哪一种模式？

（3）你将采用的语言是什么？请总结本题你所得到的经验是什么？

分析提示： 从奶奶的人格结构来分析。

本章学习重点

1.认识家政服务消费者的需求与动机。

2.结合家政服务工作对需要层次论进行案例分析。

3.如何让消费者产生消费动机？

4.消费者的感知与情绪。

本章学习难点

1.需求与动机是怎么产生的？有什么特点？

2.双因素论在家政服务中的应用。

3.什么是动机冲突？

4.客户的情绪情感在家政服务中的体现。

练习与思考

1.在家政服务中客户的需要层次有哪些？

2.什么是双因素？请举例说明双因素在服务中的重要性。

3.情绪和情感的关系是什么？

4.如何达成服务与消费的双向认同？

5.什么是"PAC"理论？作为家政服务人员应该如何把握沟通要点？

第三章　"知己知彼"

第一节 "认识你自己"——自我意识认知

有人说：早起的鸟儿有虫吃。但是，站在虫儿的角度看，早起的虫儿被鸟儿吃。那么该不该早起呢，这个问题最终决定于你是鸟儿还是虫儿。

所以，"认识你自己"非常重要。古希腊阿波罗神庙中就镌刻着这么一道神谕："认识你自己"。

法国思想家蒙田说："世界上最重要的事情就是认识自我。"

首先，一个人意识到自己的长处和不足，就有助于他扬长避短，发挥自我教育的积极作用。其次，自我意识是改造自身主观因素的途径，它能使人不断地进行自我监督、自我修养和自我完善。可见，自我意识影响着人的道德判断和个性的形成，尤其对个性倾向性的形成更为重要。因此，自我意识的成熟是人的意识的本质特征。

一、自我意识概述

（一）概念

自我意识是人对自己身心状态及对自己同客观世界的关系的意识。自我意识包括三个层次：对自己及其状态的认识；对自己肢体活动状态的认识；对自己思维、情感、意志等心理活动的认识。自我意识不仅是人脑对主体自身的意识与反映，而且也反映人与周围现实之间的关系，因为人的发展离不开周围环境，特别是人与人之间关系的制约和影响。自我意识是人类特有的反映形式，是人的心理区别于动物心理的一大特征。

（二）分类

（1）从自我意识的心理结构方面，分为知、情、意三个层次，具体表现为自我认识、自我体验和或自我监控三个子系统。

①自我认识是自我意识的认知成分。它是自我意识的首要成分，也是自我调节控制的心理基础，它又包括自我感觉、自我概念、自我观察、自我分析和自我评价。自我分析是在自我观察的基础上对自身状况的反思。自我评价是对自己能力、品德、行为等方面社会价值的评估，它最能代表一个人自我认识的水平。

②自我体验是自我意识在情感方面的表现。具体表现为自尊心、自信心。自尊心是指个体在社会比较过程中所获得的有关自我价值的积极的评价与体验。自信心是对自己的能力是否适合所承担的任务而产生的自我体验。自信心与自尊心都是和自我评价紧

密联系在一起的。

③自我监控是自我意识的意志成分。主要表现为个人对自己的行为、活动和态度的调控。它包括自我检查、自我监督、自我控制等。自我检查是主体在头脑中将自己的活动结果与活动目的加以比较、对照的过程，是一个人以其良心或内在的行为准则对自己的言行实行监督的过程。自我控制是主体对自身心理与行为的主动的掌握。自我调节是自我意识中直接作用于个体行为的环节，它是一个人自我教育、自我发展的重要机制，自我调节的实现是自我意识的能动性质的表现。自我意识的调节作用表现为：启动或制止行为，实现心理活动的转移，心理过程的加速或减速，积极性的加强或减弱，根据所拟订的计划监督检查行动，动作的协调一致等。

（2）从自我意识的内容上，分为生理自我、社会自我和心理自我。

①生理自我：生理自我又称为物质自我，它是一个人对自己身体、性别、年龄、容貌、衣着、仪表、健康状况的关注，家庭、亲人对自己的态度，以及对自己所有物的判断，从而表现出的自信或自卑的自我体验。

②社会自我：社会的自我又称为个体的客观化。主要表现在个体对自己在社会上的名誉、地位，社会上其他人对自己的态度，自己对周围人的态度，以及对自己所拥有的财产的评价等方面，从而表现出的自尊或自卑的自我体验。

③心理自我：心理自我表现为对自己的智慧、才干、性格、气质、兴趣、信念、世界观及道德水平等方面的评价与判断，从而产生出的自我优越感等体验。

（3）从自我意识的存在方式来看，自我意识又可分为现实自我、镜像自我和理想自我。

现实自我是个人从自己的立场出发对自己目前实际状况的认识。

镜像自我是个人想象中他人对自己的看法，又称投射自我，想象他人心目中自己的形象，想象他人对自己的评价，如"大家都说我长得很漂亮"就是投射自我的表现。

理想自我是个人追求的目标，即个体想要达到的比较完美的形象，不过不一定与现实自我一致。

（三）性质

1. 自我意识的社会性

自我意识的形成和发展过程，实际上就是个体角色化的过程。一个刚出生的婴儿只是一个自然的实体，一个生物的人，甚至还比不上动物，他们具有较大的依赖性，必须得到成人的关怀和照顾才能长大成人，产生人的意识。如果婴儿从一开始就被剥夺了人类的社会环境，使其同动物生活在一起，就会由于失去了人类的社会文化环境和物质生活条件而不能形成人的意识。因此，一个人只有处在人类的社会环境中，才能发育成长，并在成长的过程中，逐渐产生对周围世界的认识，也由此产生了对自己的认识，即形成自我意识。

2. 自我意识的形象性

自我意识是个体在周围人们的期待中，以及周围人们的评价过程中，通过自己的主观体验而逐渐发展起来的。当个体觉察到对方的态度和言语中所包含的内容时，自我意识的内容也就得到了丰富。因此，个体的自我意识从本质上说，就是从他人对自己的情感和评价中发展自我态度。心理学家柯里把自我意识的这一侧面称为"自我形象"。他说："人与人之间相互可以作为镜子，都能照出他面前的人的形象。"人们由于把自己的容貌、姿态、服装等作为自己的东西，通过对镜子中的形象的观察，以一定的标准衡量美丑，便会产生喜悦和悲哀。同样个体在想象自己在他人心目中关于自己的姿态、行为、性格时，也会时而高兴时而悲伤。

一个人正是这样在与周围人们的接触中，注意到他人对自己的态度，想象他人对自己的评价，并以此为素材构成一个客观标准而内化到自己的心理结构之中，形成了自我形象。所以，个体的自我形象和自我情感体验依存于个体与他人的接触，它是在想象他人对自己的判断和评价中形成的。

3. 自我意识的能动性

人对自身的存在，对自身和周围关系的存在，是通过自我意识获得的，正因为人们具有了自我意识，才能够认识到自己在想什么、做什么和体验着什么。一个人只有认识到了自己的痛苦，才会有痛苦之感；一个人只有认识到了自己与周围的利害关系，才能体验到自身的安全，才会知道一些事情为什么要这样做而不那样做；同样，一个人只有当自己意识到自己行为错误的时候，才能够主动地矫正自己的行为，改变和修正原来的计划。

人的行为与动物的行为存在着根本的区别，因为人的行为总是具有一定的目的性，在行动之前就预见到行动的结果，意识到自己想做的一切。蜜蜂建筑蜂房的本领使人间许多建筑师感到惭愧，但是最蹩脚的建筑师从一开始就比最灵巧的蜜蜂高明的地方，是他在用蜂蜡建筑蜂房以前，已经在他自己头脑中将蜂房建成了。这就是说，人们在行动之前，行动的结果、行动的动机和方式，就在自己头脑中观念性地存在了。而人们在行动之前确立行动目标、制定行动计划、选择行动方案、实现预期结果的一切活动，都是在人的自我意识参与下完成的。

（四）作用

1. 自我意识大大地提高了人的认识功能

自我意识是人认识外界客观事物的首要条件。一个人如果还不知道自己，也无法把自己与周围世界相区别时，他就不可能认识外界客观事物；人的认识活动不论感觉、知觉、记忆、想象、思维等，都由于自我意识的存在而更加自觉、合理、有效。

2. 自我意识使人形成一个丰富的感情世界

使人们意识到"自我"的独一无二、与众不同，才会逐渐产生"孤独"之感；他们体验到自尊的需要，才会产生与自尊感相联系的"羞耻感"和"腼腆感"。由于他们发现了一个自己的内部世界，他们才时常感到"内在"自我和"外在"行为的种种不符或冲突，从而产生"苦闷""彷徨"等新的情感。

3. 自我意识极大地促进了人的意志的发展

自我意识是人的自觉性、自制力的重要前提，人只有意识到自己是谁，应该做什么的时候，才会自觉自律地去行动，继而对自我教育有着明确的推动作用。个体意志力的表现同动机的性质和力量密切相关。社会意义丰富的动机通常比社会意义贫乏的动机更能支持人的意志行为。但社会意义的丰富与否，是要通过行为者的个体意识从主观上加以认定的。

4. 自我意识是道德形成的必要前提

当一个人意识到自己的长处和不足，就有助于他扬长避短，发挥自我教育的积极作用。所以，自我意识是改造自身主观因素的途径，它能使人不断地进行自我监督、自我修养和自我完善。就个体方面来说，一个人的自我意识里，就包容了道德、信念和道德体验，以及与之相联系的诸如责任、义务、使命、荣誉等价值观念的内容。

二、家政服务员的自我意识

（一）家政服务员自我意识发展中的偏差

1. 自卑退缩

多少年来，人们长期受腐朽的封建意识影响，有的人至今还残存着封建的等级观念，他们将职业划分为三六九等，认为家政服务人员就是封建社会里伺候人的丫头、老妈子，是低人一等的行业。他们看不起家政服务工作，更看不起做家政服务的人。而某些家政服务人员也默认这种看法，他们不能正视自己的工作，觉得抬不起头来，自卑、退缩，形成心理障碍。正是受这种思想的不良影响，有的失业人员情愿忍受着贫穷也不敢走出家门去从事家政服务工作；有的人选择了家政服务工作也要求远远离开自己的居住地，以免被亲戚乡邻们知道了笑话。许多来自农村的家政服务员回到家乡后，都不愿承认自己曾经做过家政服务员。她们之所以回避这段经历，完全是受世俗观念的影响，加上家政服务人员本身对家政服务工作未能形成一种正确的认识，没有树立正确的服务观念，心理素质不稳定等因素，很容易产生自卑心理和缺乏自信心。家政服务人员过于自卑，会直接影响到服务工作水平与质量。其实，在当今的社会里，职业只是用来区分工作的标志，人们职业虽然有所不同。但是，都是在为社会服务，只是服务的对象有所不同。

2. 过度敏感脆弱

有的家政服务员出于种种原因不得已做起了家政工作，但从心底里不能正视这项工作，感到做家政"低人一等"。由此，他们往往格外敏感，总觉得别人看不起自己，所以在客户家里缩手缩脚，小里小气。客户无意间的言行也会被她看成是别有用心，然后夸张放大，幻想着自己被轻视、被欺负，继而感到无限委屈、无比愤怒。这样一来，不仅给自己徒增烦恼，也会影响到与雇主的人际关系，出现人际冲突，更做不好工作。

家政服务人员应充分认识自己工作的意义，首先，家政服务工作满足了社会的需求，为城市居民提供一系列的服务，提高城市居民的生活品质。很多家政人员通过自己的劳动脱贫致富，在改变家庭生活的同时学习了许多知识，增长了才干，甚至能成为一个专业的家庭生活指导师。家政服务员从事的工作于国、于家、于民有利，是一份高尚的职业，何乐而不为呢？

案例分析

保姆挥刀砍向百岁老人

2006 年 9 月 8 日上午，在于老太家中，保姆李凤珍挥刀砍向雇主老太致其死亡。李凤珍向警方交代，案发当日 11 点左右，于老太让李凤珍扶着她去厕所，李凤珍走到床前准备扶老太太时，老太太要挠她，被李凤珍躲开了。李凤珍气愤异常，她转身奔向厨房，拿起案板上的菜刀冲进了于老太的卧室。李凤珍说，工作不到 10 天，她就想辞职，让雇主给结清工资，但是被于老太的女儿拒绝。于老太的女儿要求她干满一个月才付工资。她要辞职是因为自从她到于老太家工作后，于老太的家人常常说什么东西找不到了，她认为这是在暗指她，诬陷她，可是又不给她结清工资，她只好忍气吞声地继续干。但是于老太已是百岁老人，是人们常说的"老小孩儿"，百岁老人的脾气秉性有时会和正常成年人不同，作为专职照顾老人的保姆李凤珍来说，她就应该对这一情况清楚明白，也不应对老人的言行过分计较。但是从李凤珍的供述来看，之所以引发这起血案，主要原因就是老人的言行激怒了她。姜华等人采用SCL-90问卷及自制调查对从事家政服务的中年女性进行的调查研究发现，家政女性与在职女性相比其心理健康水平普遍偏低。在本案例中，保姆李凤珍只要一听到于老太的家人说什么东西找不到，她就很敏感地认为这是在暗指她，并且是诬陷她，抱着这样一种看法，于老太及其家人无论说什么，她都会往雇主一家在轻视她、瞧不起她的这个方向去想，其先入为主的言行举止又会导致于老太的反感而出言不逊。当然，即便如此，这也不能成为李凤珍杀害百岁老人的借口。不过，中年女性家政服务员的心理水平普遍偏低，自卑、敏感、脆弱的现象不能不引起相关部门的重视。

3. 自我分析、自我反省及自我监控能力不足

绝大多数家政人员多有操持家务的经验，但是由于文化水平的不足，自我反省和自我分析能力也是不足的，就算有时偶尔也想想自己的所作所为，但也不能从多方面、多角度地对自己的各个方面进行综合分析，因而难以从各个角度对自己进行有效的自我反思。另外，家政服务的工作场所不像其他行业那样是在公共区域或特定的厂区，而是在别人家里，属于别人的私人空间范围，而家政服务员的工作，一般又多半是独立作业，大多数情况下没有人监督、协助，所以工作期间不仅要求自觉自愿，更须在面对雇主家丰富多彩、琳琅满目的物质财富和金钱面前有高度的自律性。在这个问题上，个别人没有足够的抵抗力，便向雇主的家庭财产伸出了不该伸出的手。

案例分析

钻戒的诱惑

某日，某涉外高档物业的女保洁人员上门为一户外国人提供家政服务，在居家清洁过程中不小心打翻了住户放在梳妆台上的首饰盒，从首饰盒中掉出一些首饰，其中一枚戒指更是闪闪夺目，女保洁员抵挡不了诱惑，将这枚戒指捡起来后再没有放回首饰盒，而是放进了自己口袋里。清洁工作结束，女保洁员离开之后，住户发现首饰盒有人动过，仔细清点发现其中的一枚钻戒不见了，随即致电管理处

并进行了报警。经过警方的调查,该女保洁人员招认了偷窃事实,警方随即对其实施了拘捕。后被判刑 3 年。

问题:女保洁员的偷窃行为说明了什么问题?

分析:家政服务人员的自我监督、自我控制及自我教育的重要性。

(二)培养家政服务员积极的自我意识

一个自我意识健全的人,应该是一个有自知之明的人,既知道自己的优势,也知道自己的劣势,能正确地、独立地评价自我。所以,家政企业及相关管理部门人员应帮助家政人员分析他们的现实自我,正视自己的优点和不足,为自己的正确定位打下基础。

心理测试

"我是谁"

请从生理自我、社会自我和心理自我三个方面尽量写出 20 个"我是谁"的句子,自我提问,自己作答,回答每次提问的时间为 20 秒,如果写不出来,可以略去,继续往下写。由于这是自我分析材料,不会给别人看,所以想到什么就回答什么,不要有什么顾虑。例如"我叫某某,我是一个诚实的人"等。

鼓励他们积极地悦纳自我——建立真实的自信心

接纳自己是有缺点的人;能改变的,积极改进;不能改变的,欣然接纳,不苛求自己,在积极心态中最大限度开发潜能。

进行积极心理暗示,建立和巩固良好的自我感觉。将自己的每一条优点都列出来,以赞赏的眼光去看它,经常看,最好背下来。通过集中注意力于自己的优点,你将在心里树立信心:你是一个有价值、有能力的人,你绝不比别人差。无论什么时候,只要你做对一件事,就要提醒自己记住这一点,甚至为此酬谢自己。同时要积极展示自己,在小事中积累成功的体验。

心理训练

天生我才

A. 我最欣赏自己的外表是_____

B. 我最欣赏自己对家人的态度是_____

C. 我最欣赏自己对工作的态度是_____

D. 我最欣赏自己的一次成功是_____

E. 我最欣赏自己的性格是_____

F. 我最欣赏自己对客户的态度是_____

G. 我最欣赏自己做事的态度是_____

4. 不断超越自我——信心来源于实力

合理确立理想我，努力提高现实我，不断增强意志力。

培养坚定的信念，增强心理受挫力，勇敢面对失败，从错误和失败中吸取教训，但不被它们打垮，永远给自己机会。合理确立理想我，努力提高现实我，不断增强意志力。

第二节　家政服务人员职业心理素质

一、职业理念

职业理念是指某行业的职业人员共有的观念和价值体系，是一种职业意识形态。正确的职业理念，能够使员工自觉地改变自己，提高自己的职业修养，跨上职业新台阶。因而对从业者的职业行为起着重要的指导作用。家政行业也不例外，从其行业的特点来看，家政服务人员应具备正确的道德意识、安全意识、角色意识和责任意识。

（一）道德意识

家政服务员的职业道德在家政服务整个活动过程中起着主导的作用。家庭是人们最终的庇护所，家政服务员进入雇主家庭，在很大程度上是介入到了雇主的私生活，如果道德品质有瑕疵，必然会侵害到雇主，或构成对其健康、财产甚至是生命安全的重大威胁。

家政服务员职业道德的核心内容是什么呢？应该是"勤劳忠诚"。一是因为家政服务的特殊性，二是因为家政服务大多涉及的是家务劳动。

勤——勤快，利落，眼中有活。家政服务员进入客户家庭是提供服务的，主动地做好合同中约定的工作内容是其职责。家务活很琐碎，很耗时，对此，从业人员心中一定要有数。一个称职的家政服务员应该工作有计划性，什么时间干什么、怎么干，要统筹安排。这样既提高了工作时效，也节省了体力。时时、事事要人提醒的家政服务员是不受欢迎的。

劳——身体力行，任劳任怨。家政服务员的工作，一般是为服务的家庭提供生活上的劳动服务，操持家务占了很大的比重。洗衣、做饭、打扫房间、看护幼儿、照料老人，哪一样都需要服务员身体力行。有些服务员因种种原因，在自己家里时，对有些家务活往往是得过且过，不太讲究的。但到了客户的家里，这些都是合同约定的服务内容，是客户花钱购买的。所以，家政服务员只有动身去做，才称得上买卖公平。偷懒，磨洋工，是工作不负责任的表现。

忠——尊重雇主，也不出卖公司利益。只要不涉及违法犯罪，一般情况下雇主要求怎么做就怎么做，以实际行动维护客户家庭的生命财产安全。另外，对涉及公司利害关系的问题时，不该说的也绝对不透漏半分。忠不是对某个公司或者某个人的忠诚，而是一种职业的忠诚，是对自己所从事的职业的责任感，也就是对所承担的某一责任或某一职业所表现出来的敬业精神。

诚——诚实，本分。或者说：品行端正，守规矩，手脚干净，不贪财。具体要求为：

家政服务员要对得起客户的信任。一般的家庭，安装防盗门、防护网，想尽办法保护家庭财产安全。可一旦与之素不相识的家政服务员上门后，客户会把自己的家完全交给服务员去打理。通常情况下，服务员是一个人在客户家里守门户，如果服务员的品行不端，什么情况都有可能发生。所以，家政服务员的"本分"就显得尤为重要。家政服务员应该珍惜客户的信任，爱护客户的财物，不挥霍浪费。不该用的东西不要用；不该拿的东西不要拿。要以自己的行动证明自己是一个值得信任的人。

为人要诚实。诚实是做人的基本品质，也是家政人员应有的品质。家政服务员应坚持实事求是，说话办事都必须诚实，不要当面一套，背后一套。有些服务员，为了得到别人的好感或满足自己的虚荣心，往往故作姿态，表现虚伪。这虽然可能一时获得别人的好感，但最终必将为服务的家庭所疏远。

某家政服务员这样说，一个称职的家政服务员首先应该把雇主的家当作自家来爱护，甚至应该花费十倍二十倍的心思来爱它；不管能否达到雇主的要求，都要尽力让自己向要求靠拢。用亲身行动证明自己是值得信任的。她说，雇主常把钱随便地放在桌上、床边等，她收拾房间时每次对那些钱都纹丝不动。不管是雇主有试探还是无心为之，总之要用自己的行动赢得主人的信任。

（二）安全意识

家庭事务琐碎、细致、繁多，其中很多方面都需要时刻具备防火、防盗、防意外的安全意识，否则，稍有不慎就容易发生意外，酿成惨剧。

案例一

一时疏忽酿成惨剧

来自四川省的家政服务员小琼，一来到北京就被明明的父母请到了自己的家中，负责照看明明的生活起居。在明明的眼里小琼是个好姐姐，每天都会陪伴着自己，给自己喂饭、玩耍、洗澡。他特别喜欢小琼姐姐。在小琼的精心照料下明明健康成长。有一天小琼像往常一样又搬出澡盆要给明明洗澡了。过去小琼一直都是先向澡盆中放进冷水，然后再慢慢兑入热水，一边兑入一边搅动，待水温合适的时候，再给明明洗澡。可今天不知道为什么，小琼姐姐先将热水倒入了盆中，然后再用壶去厨房灌凉水。就在这个时候，听话的明明知道阿姨要给自己洗澡了。就主动地向澡盆走去，一屁股坐到澡盆中。这样的后果可想而知，尽管过了许多年，每当小琼想起这段往事，总是泪流满面，后悔万分。

问题：小琼的错误说明了什么问题？

分析：做事应当永远保持小心谨慎，一个偶然的错误不但会给孩子带来灾难，也会给自己带来永远的痛苦。

案例二

不遵守操作规程的小时工

甘肃籍的小王，是一个比较瘦弱的小姑娘，她是一个自由接单者，每天接临时单做小时工，平时的工作还是认真仔细的。但是工作时间长了就产生了麻痹思想。有一天，她去一个雇主家做保洁服务。按照规定，她要带上安全带和穿上工作鞋。雇主家里是木地板，在进行室内擦拭时，她穿着拖鞋。当要擦拭楼房的玻璃窗时，她为了图省事，没有换掉拖鞋，也不按规定系上安全带就上了窗台。就在擦拭的过程中，由于窗台有一定的斜度，上面又有水，加上小王穿的又是拖鞋，脚下一滑就从4楼掉了下去，结果可想而知，而且她没有任何公司做保障，给自己和家人带来了无可挽回的痛苦和损失。

问题： 小王的错误在本质上是什么原因造成的？

分析： 造成小王发生坠楼的主要原因，一是她本人的严重违反操作规程；二是图一时之利，没有进入正规公司就业；三是登高擦拭室外窗户时，不系安全带；四是沾水作业时没有换鞋。由于麻痹大意，险些要了她的性命。

（三）角色意识

每个人在社会生活中都具有多重的角色，在父母面前是子女，在子女面前是父母，在下属面前是领导，在领导面前是下属。家政服务人员也具有多重的角色，在自己的家里，他们可能是某个孩子的母亲，某个老人的女儿或某个家政公司的员工。在对客户服务中，家政服务员的角色就是为客户提供各种家务服务的人，这就意味着家政服务员既要进入家庭，了解家庭，服务家庭，关心每一个家庭成员，搞好家庭关系，但又不能把自己当成家庭的主人，而要尊重雇主的生活习惯，保护他们的隐私，不参与雇主的家庭内部事务，不在雇主家里会客。善于倾听，善于交流，把握好自己与雇主私生活的边界。

（四）责任意识

家政服务内容繁杂、细节琐碎、责任重大。每一项活动都与人的健康安全紧密相连的，雇主能将家中老人、孩子以及家务安全等责任托付给家政服务员，都是以信任为前提的。因此，一名优秀的家政服务员，都有着强烈的责任心，稍有差池可能就会酿成无法弥补的伤害或损失。所以，家政服务员应该认真对待自己的每项工作，将责任心、信心、耐心落实在工作的每个细节上，并由此成为习惯。

诚实守信　竭诚服务
遵章守纪　恪守公德
勤奋好学　技术精湛
工作尽责　厉行节约
自尊自爱　文明得体
语言规范　仪表端庄
入乡随俗　求同存异
尊重客户　理解沟通
尊重隐私　信守约定
敬老爱幼　爱岗敬业
亲情服务　人文关怀
甘于平凡　勇于奉献

 案例三

心情不好莫拿孩子出气

　　安徽无为县保姆赵某，在雇主家照料一个不满8个月的小男孩，天真活泼的孩子给这个家庭带来了无限欢乐。保姆和雇主相处得也不错，不料保姆老家有一个哥哥经常赌博，每逢没有钱时就跟远在北京的妹妹要钱，保姆收入也很微薄，哥哥无休止的讨要，使她的心情异常烦躁。当时正好是炎热的夏天，有一天喂过午饭后，保姆将孩子抱在怀里让他睡觉。不知为何，孩子就是不睡，而且不停地闹。天气炎热、心境又不佳的保姆更加烦躁，失去了往日的耐心。她将怀中的孩子顺势扔到了床上。由于用力过猛，婴儿的头部碰到了带有棱角的床栏杆的立柱上。待家长回家后，发现孩子的哭声、面色有异常，立即将孩子送到医院，但救治无效死亡。后经解剖发现脑袋顶部的一条微细血管，因碰撞，发生血渗形成一个绿豆大小的块。血块压迫脑神经造成孩子死亡。为此，赵某也受到了法律的制裁。

　　问题：案例中的保姆赵某为什么会闯下如此大祸？

　　分析：从这个案例中，我们应当看到，在任何时候，都不能感情用事，更不能拿孩子出气。赵某之所以会这样做，就是脑袋里缺少了一个家政人员应有的安全意识和责任意识，而道德意识则是一个人最起码的做人底线，家政服务员更是如此。

二、职业心理能力

心理学把能力分为两种，即一般能力和特殊能力。一般能力指智力，是做任何事情都离不开的能力；特殊能力是指做某一类事情必须具备的能力。

（一）敏锐的观察力

观察，即有目的、有计划的感知、观察力，即感知的效力。简单地说，就是指人在感知活动过程中通过眼、耳、鼻、舌、皮肤等感觉器官准确、全面、深入地感知客观事物特征的能力，是人类认识的重要基础能力，也是智力的重要组成部分。人类对事物的认识程度、水平，与这种能力的强弱有很大的关系。

家政服务员的观察能力主要表现在对客户和各家政事务的体察和评价上。在社会生活中，不是每一个人都会明白无误地表达真实的自我，相反，大多数人都会不同程度地把真实的自己隐藏起来，偶尔表现出来的真实自我往往稍纵即逝。所以，家政服务员需要具备敏锐的观察力，在不违反法律法规，不违背社会道德规范的前提下，能够及时捕捉到客户真实的需要并默默地努力满足他，这是保证实现优质服务的重要前提条件。

（二）良好的记忆力

记忆，指人脑对所经历过的事物的回忆。凡是感知过的形象，思考过的问题，体验过的情绪情感，操作过的行为动作，都会给人留下一定的印象，在必要的时候把它回忆起来。记忆与感知是完全不一样的，感知所反应的是某一个当下，有刺激才会有感知，刺激消失感知也随即停止；而记忆反应的是过去已经发生过的事情，即感知过的事物需要通过记忆把它保留下来，这样年长月久，我们就会积累下很多的知识经验，否则每一次的认识都得从感知开始，那么我们就得永远面对着一个陌生的世界。

家政工作和服务对象内容繁多，琐碎细致，这些内容能否根据服务工作和客户的需要而及时呈现，事关服务质量的优劣。而这些繁杂的内容能否及时而准确呈现，关键就取决于服务人员的记忆力。良好的记忆力不仅是优质服务的智力基础，也是服务人员随时应对客户各种问题的重要心理支柱。

记忆过程包括识记、保持和回忆，要想提高记忆力，应该从这三个环节入手。

（三）稳定而灵活的注意力

注意力，是指人的心理活动对一定对象进行指向和集中的程度。指向，意味着锁定范围；集中，意味着深入反应。指向和集中的程度越高，就意味着注意力越集中，反应的结果就会越好。注意不是一种单独的反应活动，而是一种状态，它必须和其他的心理活动联系在一起才能进行有效的反应，如注意听、注意看或注意想。所以它是贯穿在整个认识过程始终的。相反，无论是感知、记忆还是思维、想象，它们都必须在注意的状态下才能有效进行，否则就是分心。在分心的状态下，无论做什么事情都不能保证正确不出错。所以，注意是人们掌握知识、开展智力活动的必要条件。有人认为，注意是一座门，凡是外界进入心灵的东西，都要通过注意，不打开这道门，外界的一切都不能进入心灵，人们就不能认识世界。

如前所述，家政活动繁杂多变，为保证家政服务质量，服务人员在工作中注意力必须相对稳定、集中、适时灵活转移，克服分心与过分集中的弱点。试想，如果一个家政服务员在给婴儿喂奶或给老人喂饭时注意力分散（抗干扰能力差），随时被电视节目吸引，表现出漫不经心，致使工作出错，客人也受到怠慢。所以，家政工作人员必须专注、认真地对待自己的工作和服务对象；但另一方面，家政人员的注意力也不能过分集中，家政工作不是科学研究，不能长时间紧盯着一个目标而无暇他顾，相反，它需要家政人员在注意力集中的情况下，适时进行灵活的转移或者进行有效的分配（注意的分配，指心理活动同时指向和集中在两个或两个以上的目标）。如果注意力过分集中，统筹对待各项工作内容的分配能力不足，就会顾此失彼，致使工作效率降低。

（四）有效的人际沟通能力

沟通是人类社会交往的基本过程。人际沟通是指人们在共同活动中彼此交流各种观念、思想和感情的过程。人际沟通能力，即指通过情感、态度、思想、观点的交流，建立良好协作关系的能力。这种交流主要通过言语、表情、手势、体态以及社会距离等来表示。

家政服务本质上也是家政人员与雇主之间的人际交流沟通，是信息交流与传递互动的过程。如果沟通顺利，双方都能理解彼此的思想意图，那么服务活动就可以顺利进行，反之就会引起各种误会、猜疑甚至是隔阂。

从优质服务的角度来看，家政人员自己就应该具备良好的人际沟通能力，为相互了解、表达意图、沟通思想、交换意见、协调一致提供准确、有效的服务。雇主和家政服务员发生矛盾，多数情况下很难判定对错，可能双方都有责任。家政服务是服务类行业，应先从自己身上找原因，怀着感恩的心，为雇主服务。化解矛盾的最佳方式就是实现有效的沟通。

家政人际沟通能力的核心是要善于理解雇主的立场观点，并善于说服别人。理解是沟通的基础，要想理解雇主，必须有换位思考的精神，站在对方的角度，认真思考其立场、观点的合理性。包容不同的立场和观点，能够允许求同存异。在这样的理解基础上展开的说服工作，才容易让人接受。只从一个角度看问题，观点往往是片面的，这样的立场和观点难以形成有效的说服力。所以，理解他人是说服他人的基础。

案例四

会错意，太尴尬

雇主经过试用期想要长期雇佣阿姨，于是进行了一次沟通。

雇主：阿姨，我们希望你对我们孩子就像对自己的孩子一样！

家政员一听，慌了，连忙说：那不行！那哪行啊？！

雇主：……

雇主的内心是"崩溃"的。

雇主的真实想法是：希望阿姨可以更用心，投入更多的爱来照顾宝宝。

阿姨的真实想法：我们的孩子哪这样啊？！我们的孩子都是扔在一边，自己玩，给什么吃什么，不听话了？打！我怎么能这样对雇主家的小孩儿。

三、职业个性

每个人都有自己的个性，每个人的个性中都有本我、自我、超我和儿童、家长、成人这几个成分，但它们是通过什么方式表现出来的呢？它们是通过人的气质和特点表现出来的。

（一）气质

气质的概念

气质指人的心理活动发生时的动力特点，具体指人心理活动发生时的速度、强度、指向性和平衡性的综合表现。速度指心理反应的速度，如记忆的快慢、思维的敏捷、注意转移的灵活性等，也指某些无意的反应性，如无意注意的指向性等；强度多表现在情感或情绪活动中，如同样是笑，有的人永远抿嘴一笑，有的人必是开怀大笑；指向性是指心理活动的向性，有的指向于外，有的指向于内，如有的人有话一定要说，不说就会憋得难受，而有的人总是含而不露，有话不说；平衡性指神经活动的兴奋度，有的人在日常生活中偏于兴奋，整天都像是打了鸡血，永远精力充沛，活力无限。有的人在日常生活中偏于抑制，总是默默无闻，不声不响。有的人则是兴奋与抑制基本平衡。

除了以上的主要特性，气质的心理结构主要还包括以下几项心理指标：

（1）感受性：指人对外界刺激的感觉能力。人与人之间在感受性上的个别差异是非常明显的，如有的人听觉很好，有的人嗅觉灵敏，有的人很能吃辣，有的人视力不错等感觉的灵敏度。

（2）耐受性：指人在接受外界刺激时表现在时间和强度上的经受刺激的能力。主要表现在长时间从事某项活动时注意力的集中性、对强烈刺激的耐受性、对长时间思维活动保持高效率的坚持性等方面。

（3）反应的敏捷性：指心理反应的速度，如记忆的快慢、思维的敏捷、注意转移的灵活性等；也指某些无意的反应性，如无意注意的指向性，无意运动的指向性。

（4）可塑性：指人对外界事物的变化而随之改变、调节自己以适应外界环境的难易程度。如果不能随环境的变化调节自己的行为来适应，必然会因适应性差而导致心理发生偏差。

以上各项心理指标的不同组合就构成了各种不同的气质类型，它具有一定的天赋性，但在后天生活环境的影响下，很多人原有的天赋特点都会不同程度地发生改变，并由此来适应环境的需要。

家政服务工作的性质，要求其从业者必须要具备以下的气质特点来适应工作：

（1）适宜的感受性和灵敏性

家政工作细致、繁杂、琐碎，需要家政服务人员细心、有序地一一完成，同时家庭里每个人又有不同的需要，但更应关注的是，家庭成员们回到家是到了自己的港湾，他们在自己的家里需要放松、娱乐、休闲，而家政服务员则是在工作岗位上，因此工作中的服务员有可能要面对着无尽的嘈杂，如电视节目的声音、游戏声、婴儿的哭声或尖叫声，如果家政服务员感受性太高，稍有刺激就引起心理反应，势必会造成精力分散，情绪不稳定，影响服务表现。相反，如果感受性太低，对周围发生的一切视而不见，听而不闻，这又会忽略一些不该忽略的事情，以致怠慢了雇主的要求，引起雇主的不满。所以，家政服务员的感受性不能太高也不能太低。同时，为了保证家政服务员能一直处在热情饱满而有序的工作状态中，面对繁杂的事务和一家老小的不同需求，家政人员还应该具有一定程度的灵敏性，太过灵敏，给人一种慌里慌张的不稳重感；如果灵敏性不够，又会延误服务时机，使雇主觉得服务员磨磨蹭蹭而情绪烦躁。所以，家政服务人员的灵敏性不宜过高也不宜过低。

（2）较高的忍耐性和情绪兴奋性

家政服务工作的内容和程序上基本是常年不变的，一些驻家服务员的雇主在一定时期也是相对固定的，时间一长，过于单调的工作会使人产生厌倦，但是每天的工作内容仍然很繁杂、很琐碎，这不仅容易使人厌倦，更易使人难以忍受。所以，家政服务员必须具有较高的忍耐性，保持一定的情绪兴奋性，以应对巨大的心理压力。

（3）较强的可塑性

家政工作虽内容和程序基本固定，但是雇主是变化的，家政工作内容多、工种多，雇主也是形形色色的，家政工作如果对待不同的人群只提供一种一成不变的服务，那么不同年龄、不同职业、不同消费水平、不同文化背景、不同个性特征及不同生活习惯的人就很难接受这种服务。优质服务就是要体现在满足各类客人的需要上。为此，服务人员如果没有较强的可塑性就很难适应不同客人的需要。

（二）性格

1. 性格的概念

性格指一个人对现实的稳定的态度及与之相适应的习惯化了的行为方式。每个人都有对待各种事物的不同态度，但性格所指的态度，是那些固定不变的、反复出现的态度，如果对同一件事物出现前后不一致的态度，那么这个态度就不属于性格的范畴。另外，通常态度决定行为，有什么样的态度就有与这个态度相适应的行为，如果态度是固定的，那么相应的行为也会反复出现，以致形成习惯。所以，看一个人的性格，通常可以从其经常出现的行为习惯来判断。

2. 性格包括态度系统和行为方式系统

态度系统：（1）对他人、对集体、对社会的态度，如热情或冷漠，谅解或苛求，诚实或欺骗，谦虚或傲慢，羡慕或嫉妒，支持或拆台，忠诚或背叛，等等，这部分是"做人"的部分，也是性格中最基础的部分；（2）对劳动或劳动产品的态度，即对待工作、学习和物质财富、金钱的态度，如勤劳或懒惰，认真或马虎，铺张或节俭，珍惜或糟蹋等；（3）对自己的态度，如自律或放纵，独立或依赖，坚毅或自弃，等等。

行为方式：（1）认识过程（工作、学习、劳动）；（2）情感生活（人际关系）；（3）意志品质（自己）。

3. 家政人员的性格要求

良好的性格与情感的结合，是保证家政服务人员能够满腔热情为客人服务的重要心理条件。

在待人方面，服务人员应具有热情、谅解、宽容、友谊、支持、诚实、谦虚等良好品质，使客人感到亲切，易与客人建立和谐的人际关系，使客人乐于接受服务，从而保持最佳的服务状态。相反，如果服务人员对人冷淡、刻薄、嫉妒、虚伪、高傲等不良品质，就容易造成人际关系紧张，使客人不满。

在对待工作方面，服务人员应具备勤劳、踏实、认真、负责、细致、耐心、节俭、珍惜等品质，才能把工作做好。

在对待自己方面，服务人员应具有独立、自制、敬业、上进、有恒等品质。通常，独立性强的人抱负水准高，适应性强的人有开拓精神和应变能力，有事业心、责任心和恒心的人勤奋、效率高。相反，依赖性强的人缺乏自信，也不可能创造性地做好服务工作。如果没有好的品质，单凭小聪明绝不可能有高质量的工作成果。

案例分析

优秀家政服务员马莲桂的故事

家政服务员马莲桂一直照顾一位生活不能自理的老人6年。为了照顾好老人，她认真阅读《家政服务员必读》《老年保健顾问》等书籍，很快熟悉掌握了服务要领。为了让老人吃好，她总是变着花样做些小饺子、小包子，熬各种各样老人喜欢喝的粥，她还根据季节的变化，选择不同食品、蔬菜为老人提供科学合理膳食。在照顾老人生活起居的时候更是周到。她坚持为老人勤擦洗、勤翻身。有时老人大便解不出来，她就用手帮助抠出来。老人犯病时不能睡觉，她就整宿地坐在床上，紧紧地抱着老人让她入睡。在照顾老人的同时还将家里收拾得干干净净、整整齐齐。马莲桂真正做到了"将用户的家当作自己的家，待用户为亲人"。马莲桂作为"中心"优秀家政服务员的代表，被北京市文明办评为《2004年外来务工人员百名之星》。受到了北京市的表彰和奖励。

四、情感要求

（一）情感的作用

情感是人心理生活中的一个重要内容，它是人对客观事物与人的需要之间关系的反应。在现实生活中，当需要被满足而采取肯定态度时，人们会产生热爱、满意、赏识等积极的态度体验；如果需要得不到满足而采取否定态度时，人就会产生怨恨、痛苦、羞耻等消极的情感体验。一般情况下，积极情感会产生增力的作用，令人产生活力和热情，增强人的意志；而消极情感会产生减力的作用，令人沮丧和郁闷，阻碍人的行为。无论是积极情感还是消极情感对人的整个思想行为都有很大的影响。根据家政行业的职业要求，服务人员应具备更多积极的情感，从以下的几个方面来进行修炼。

（二）情感的基本品质

1. 良好的情感倾向性

情感倾向性，是指一个人的情感指向什么和为什么而起。这是一个人情感品质的核心，也是评价情感价值的主要方面，因而是一种极为重要的情感品质。有些人的情感一贯指向重大的是非原则，有些人则一贯指向个人的得失，其情感的价值取向由此可见一斑。同样是热情，对待自己的本职工作和服务对象，就是高尚的情感，如果指向的是自己的个人利益，钻头觅缝，从集体中多捞钱，从客户身上占便宜，这就是卑劣的情感。

人的情感倾向性与人的价值观、人生观和世界观紧密相连。三观不同，人的情感倾向性也不同，事实上，人的情感倾向性往往就是一个人价值观、人生观和世界观的具体体现。比如，雷锋的情感倾向是："对待同志要像春天般的温暖，对待工作要像夏天一样的火热，对待个人主义要像秋风扫落叶一样，对待敌人要像严冬一样冷酷无情。"雷锋不仅这样说，也是这样做的，他的情感既有高度的原则性，又有高尚的倾向性。再看看鲁迅笔下的豆腐西施杨二嫂，具有旧中国时期世俗社会所谓的"能说会道、手脚麻利、干净利索"，但是在一般的正常人看来，她是把虚情假意当作自己对别人的好，把小偷小摸当作自己的聪明才智，瞒不了人，也骗不了人，既可笑又可怜。当然，生活中那些非原则性的情感倾向性，也并非总是受"三观"的制约，而是受人的需要、兴趣等因素的支配，比如喜欢吃甜食，就纯属个人爱好。

2. 深厚的情感

深厚的情感是与真正的理想、信念紧密相连的，是情感倾向性高尚的表现。指家政服务人员对工作的浓厚情感。他们在服务工作中的热情不是凭偶发的因素，对服务对象的体贴、关怀也不是靠一时的冲动，而是他们深厚的情感在服务工作的方方面面中的体现之一。

家政人员情感的深刻性除了与情感倾向性有关，还与一个人认识的深刻性有关，对工作的认识越全面、越深入。他的情感就会越深刻、越持久；相反，对工作的认识越肤浅，其情感也就越表面化。

案例分析

家政服务员中的第一个三八"红旗手"

田树清是四川省剑阁县人，她来北京市三八服务中心已经有十二年了。在这期间，她一直从事照顾老人、病人的服务工作。她认为自己照顾好雇主家的老人，可以解除雇主家庭中年轻人的后顾之忧，使他们能够全身心地投入到国家的建设中去。自己也是在为社会做贡献。为此，她用爱心、责任心和娴熟的护理技能照顾好自己所看护的每一位老人。十年中，先后有三位老人，在她精心的陪护下安详地走完了人生的最后路程。她在工作中特别能够体贴雇主，把雇主家的困难当作自己的困难。她还善于总结经验，琢磨出一套为老人服务的心理学，宽厚地对待老人、病人的猜疑、挑剔，让老人在开心，快乐、舒适的家庭环境中享受晚年。她的突出表现，受到所有被服务过的用户一致称赞。连续多年被"中心"评为优秀家政服务员。被北京市"文明办"评为《2004年外来务工人员百名之星》。被北京市妇联评选为"三八红旗手"——这是家政服务员中的第一个"三八红旗手"。她还曾受到北京市委书记刘淇同志、全国人大常委会副委员长、全国妇联主席顾秀莲同志的亲切接见。

情感的深刻性可能以强烈的形态表现出来，但与狂热没有必然的联系。狂热的激烈程度虽然也很强，但是却并不都是深刻的。而发自深刻认识的热爱和憎恨，有时虽表面很平静，但却能贯穿到整个生活工作的始终，这才是真正深厚的情感。

3. 要有稳定而持久的情感

稳定而持久的情感是与情感的深厚性联系在一起的，并在长时间内不会变化的情感。在这个方面对服务员的要求是，要把积极的情感稳定而持久地控制在对工作的热情上，控制在为客户的服务上。对工作的热情应持之以恒，态度始终如一。

4. 较高的情感效能

情感的效能是指情感在人的行为活动中所能发生作用的程度，它是激励人们行为的动力因素。一般来说，情感效能高的服务员能够把任何情感转化为促使其积极学习、努力工作的动力；而情感效能低的服务员尽管有时也有对工作的强烈愿望，却往往是挂在嘴上而缺乏具体的行动。一个具有积极、深厚、坚定情感的人，其情感往往具有巨大的鼓舞力量，成为高效能的情感；相反，一个具有消极、浅薄和易变情感的人，其情感往往没有什么推动力，成为低效能或无效能的情感。

五、意志要求

（一）意志的概述

1. 概念

意志是人们自觉地确定目的，并支配行动去克服困难以实现预定目的的心理过程。

2. 特点

（1）明确的目的性。人的心理活动有的有目的，有的是没有目的的、不随意的，比如眨眼、做梦、打喷嚏，而意志一定是有目的的，没有目的，意志就失去了存在的前提。因为，人在现实生活中并非是消极被动地适应环境，而是积极、能动地改造环境，成为现实生活的主人，如"逢山开路，遇水搭桥"；为了避免被新冠病毒的传染，大部分人自觉地在家隔离，足不出户。所以，只有自觉的目的行动，才能表现人的意志。而那些盲目的、偶然的行动，则不属于意志的范畴。

（2）与克服困难相联系。人的认识、情感虽然也和克服困难有关，然而，意志则是同克服各种困难直接联系着的，是在人们克服困难中集中体现出来的，那些轻而易举就能实现某种目标的行为特性，绝不能称之为意志。事实上，人们在认识世界和改造世界的过程中，必然会遇到各种各样的困难，使人们的愿望、意图不能轻易实现。只有那些能刻苦努力战胜一切困难的人，才能充分地体现出自己的意志。

（3）落实在行动中。人们克服困难、实现目的，都是在行动中表现出来的，如果没有对行动的组织和控制，就谈不上什么意志行动。比如，有的人经常在口头上表白自己的"雄心""壮志"，但却没有将其付诸实际行动，这就是没有意志力的表现。

3. 作用

意志水平高低对人的影响非常大，它是人的意识能动性的集中表现，是人们有效进行各种工作、学习活动的主观保证。坚强的意志力既能有力地推动人去积极地认识客观世界，同时又能有力地促使人去实施和控制自己的行为，使人能按照客观环境的需要和事物发展的规律去进行活动，并制止那些不符合实际要求的行为，通过克服各种困难和挫折完成任务，获得成功。因而它是一个人成人、成事、成才的关键。

家政服务工作是一系列琐碎、细致而又有一定复杂性的工作，需要服务人员有着克服困难的勇气和坚韧不拔的毅力来控制自己的行动。因此，为了提高家政服务工作的质量，每一个服务人员都应提高自身的修养，加强意志品质的训练。具体从以下几方面来进行。

（二）意志品质

1. 自觉性

意志的自觉性指人能根据自己的目标任务主动发起行为而不需要别人催促的心理特性。一个自觉性强的服务员总是"眼里有活儿"，比如，雇主家里的爷爷到了服药的时间，即使没人想起这件事，家政服务员也会及时给爷爷倒水拿药；今天农贸市场新到了一批活蹦乱跳的鲜鱼，就算不买回去做菜，雇主也不会见怪的，但是开饭的时候如果饭桌上出现了一到新鲜美味的清蒸鱼，雇主一家该多么惊喜呢。于是，就算这种鱼处理起来很麻烦，服务员也会主动地迎难而上。自觉性强的服务员，主要是基于他对自己的职责有正确而清晰的认识，既能尊重事物的客观规律，又能虚心听取别人的合理化建议，并力求使自己的行为具有高尚的社会价值。意志的自觉性贯穿于整个意志行动的始终，也是人产生坚强意志的精神支柱。

与自觉性相反的品质是盲从和独断。盲从表现为缺乏主见，"人云亦云"；独断则表现为一意孤行和刚愎自用。这两种表现看似相反，实质上都是缺乏意志和理智的体现，即都不能对自己的决定和行为给予合理的调节，都是不良品质。有的人在工作中忽东忽西，盲目从事，很可能导致一事无成。

2. 果断性

果断性是指一个人善于根据情况的变化，迅速而理智地进行决策的能力。一个具有果断性品质的表现是：（1）在执行决定的正常活动中善于观察周围形势的发展变化，通过对各种信息进行分析比较，去伪存真，明辨是非，迅速而坚决地做出决定；（2）能根据情况的变化和工作需要，立即停止或改变已经执行的决定，毫不犹豫做出新的决策；（3）在特殊场合下，能当机立断，敢做敢为，面对困境能勇敢担当。

服务员的果断性以自觉性和深思熟虑为前提，以大胆勇敢为条件。有胆有识，方能果断。

与果断性相反的品质是优柔寡断和草率决定（或称冒失）。优柔寡断的人在采取和执行决定时，总是犹豫不决，踌躇不前，缺乏信心，经常不断地修改和推翻决定，甚至"议而不决，决而不行"，或最终取消已执行的决定。这种人显然严重缺乏意志，尽管他有时可能想得很多，但却长期在动摇不定之中，所以往往一事无成。草率决定是一种不肯深思熟虑却又轻举妄动的倾向。一个做草率决定的人在矛盾面前往往不加思索，甚至害怕和回避矛盾冲突，以致事到临头，只好盲目武断，草率行事。因而这种人的决定尽管是迅速的，但却是缺乏充分依据的，有时甚至是冲动决定的，所以这种人也经常是失败多于成功。

3. 自制性

自制性是指善于克制自己的情绪并能有意识地调节和支配自己的思想和行为的能力。主要表现在两方面：（1）善于迫使自己去做"该做而不想做的事"；（2）善于克制自己不去做"想做而不能做"的事。自制性是一个人坚强意志的重要标志。马卡连科曾说"坚强意志——这不但是想什么便获得什么的那种本事，也是迫使自己在必要时放弃什么的那种本事……没有制动器就没有汽车，而没有克制就不可能有任何意志。"

事实表明，一个自制力较强的服务人员，能够控制自己的情绪，有谦让有忍耐，无论与哪一种类型的客人接触，无论发生什么问题，都能镇定自若，把握好自己的言语分寸，而不失礼于人。同时，还能克制和调节自己的行动，遇到困难、繁重的任务不回避、不挑拣。

与自制性相反的品质是任性、冲动。表现为放纵自己，毫无约束，感情用事。有此倾向的服务员往往在顺利的情况下为所欲为、肆无忌惮；遇到挫折的时候又容易冲动而说错话，做错事，事后又后悔；遭受失败和困难时，既不能忍受苦难的折磨，又不能抵御外界的威逼和利诱，常常强调客观困难，不能严格要求自己。这一类人容易感情用事，为了一时的痛快，往往不计后果，常常与客户或同事发生冲突。

4. 坚持性

意志的坚持性，又称坚韧性、顽强性或毅力，指克服重重困难，长久地、锲而不舍地把符合目标任务的行为贯彻到底而不动摇的心理特性。对家政服务人员来说，如果缺乏意志的坚韧性，就难以在家政服务环境中应付琐碎、复杂的人和事，难以对家政服务对象保持足够的耐心，难以把工作做好。

与坚持性相反的品质是顽固性和动摇性。顽固性表现为对自己行动的重要性和正确性缺乏理性的认识，我行我素，固执己见。一开始"一鼓作气"，而遇到困难和障碍时，就"再而衰，三而竭"，或转化为动摇妥协。也有一些顽固性强的人，已经发现自己所坚持的主张或决定不符合客观实际，仍然要顽固地坚持。这种固执最后只能被现实无情地抛弃，因为任何人的思想和行为如果违背了客观规律，都是注定要失败的。动摇性和顽固性都是对待困难的错误态度。

因此，家政服务人员一定要有意志的坚韧性。要有明确的奋斗目标，目标性越强，行动越坚定，排除一切外界干扰的能力才会日趋提高。不然，立志无常，遇难而退，就会导致意志的脆弱性。

第三节　职业挫折与心理管理

一、挫折概述

通常情况下，人们都会有多种多样的需要，如在安全的情况下，吃饱穿暖还要有朋友，有朋友还希望得到尊重；有能维持生计的工作，还要事业有成；衣食无忧时还会很好奇地想去见识一下异域他乡的人是怎么生活，等等。但是，在现实生活中，往往并非所有的需要都能得到满足，相反，"人生不如意，十之八九"。在人们实现目标的过程中，常常会遭遇挫折，有的人在挫折中奋起抗争，克服重重阻碍，终于得偿所愿，也有的人在挫折面前意志消沉，从此一蹶不振。其个中缘由何在，值得我们去一探究竟。

人生不如意，十之八九。

（一）概念

1.定义

挫折是指个体在从事有目的的活动时，由于主客观条件的阻碍或干扰，致使动机难以实现，需要难以满足时所感受到的挫败、阻挠、失意、紧张的状态和消极的情绪反应。

包括三方面的含义：

其一，挫折情境，即指需要不能获得满足的内外障碍或干扰等情境因素。如考试不及格，比赛未获得所期望的名次，受到同学讽刺、打击等。

其二，挫折认知，即对挫折情境的知觉、认识和评价。三方面含义中挫折认知是最重要的。对于同样的挫折情境，不同的认知会产生不同的反应、体验。

其三，挫折反应，即对自己的需要不能得到满足时产生的情绪和行为的反应。常见的有焦虑、紧张、愤怒、攻击或躲避等。

2. 挫折产生的条件

（1）个人必须具有某种动机的目标；
（2）有达到目标，满足需要的手段或行动；
（3）通向目标的道路上碰到不能克服又不能超越的障碍，构成挫折情境；
（4）客观障碍存在，还必须有主观的认知，否则不能构成挫折情境；
（5）对挫折情境的主观知觉与体验，产生心理紧张状态与情绪反应。

3. 特征

（1）客观性

培根说："我们的一生就是驾驭自己血肉之躯的脆弱的小舟，驶过人世海洋的波涛。""人生不如意事十之八九"。

（2）双重性

积极效应：在一定条件下挫折可以提高人的认识水平，增强个体的承受力，激发人的活力，使人经受考验，得到锻炼，积累经验教训，催人振奋精神，重新鼓起勇气再接再厉，增长解决问题的能力，变困难为顺利，变挫折为成功。

消极效应：挫折易削弱个体的成就动机，降低个体的创造性思维活动水平，给人以身体和心理上的打击和压力，造成精神烦恼和痛苦，引起情绪波动，行为偏差，甚至引起疾病。如失望、痛苦或焦虑，易导致粗暴的对抗行为、患上疾病等。

（3）差异性：挫折是一种主观的心理感受，人的心理发展层次不同，认识方法不同，对挫折的感受程度不一样，因而做出的情绪或行为反应也不一样。即使是同一个人，在不同的时间，不同的地点，对不同的事，构成的挫折因素不同，对挫折的容忍力也不一样。

（二）挫折的成因

1. 客观因素（环境因素）

自然环境：客观因素是指个体以外的自然、社会等外部环境给人带来的阻碍与限制，致使个体的需要得不到满足而产生挫折。如空间限制、时间限制、自然灾害和事故、生老病死等。所处的空间狭小、噪音大、照明差、工作单调乏味、超时工作等。

社会环境：个体在社会生活中遭受的政治、经济、道德、宗教、习俗等人为因素的限制。教育方法不当、管理方式不妥、岗位和能力不适合、人际关系紧张、经营失败、产品滞销、企业亏损等。

2. 主观因素（内在因素）

个人的生理条件：个人所具有的智力、能力、容貌、身材、生理缺陷、疾病等所带来的限制。

动机的冲突：在生活中同时产生两个和两个以上的动机时，其中一种动机得到满足，其他的动机受到阻碍和排斥，产生难以选择的心理状态，称为动机冲突。如得到提拔但是新的岗位无法胜任。调至自己喜爱的岗位，但新的岗位同事有隔阂等。除此，还有如竞争与合作的冲突；满足欲望与抑制欲望的冲突；自由与现实的冲突等。另外，还与目标对个人价值的大小、个人志向水平的高低、个人挫折的容忍力有关。

（三）挫折反应

1. 积极反应

（1）认同。又叫"自居作用"或"表同"，指一个人在遭遇挫折而痛苦时，自觉不自觉地效仿他人的优良品质并效仿他人获得成功的经验和方法，使自己的思想、信仰、目标和言行更适应环境的要求，从而在主观上增强自己获得成功的信念。如：把一些历史名人、科学家、自强不息的模范人物，某些歌星、影星，甚至自己身边的同学，作为自己认同的对象。那些与自己家境条件、经济状况、社会经历极为相似或相近的名人、学者，更是他们认同的对象。大学生从他们的人生经历、奋斗精神，甚至风度、仪表等方面获得信心、力量和勇气，进而奋发进取，战胜挫折。

（2）升华。它是指一个人因种种原因无法达到原定目标，或者个人的动机与行为不为社会所接受时，用另一种比较崇高的、具有创造性和建设性的、有社会价值的目标来代替，借此弥补因受到挫折而失去的自尊与自信，减轻挫折造成的痛苦。

如：屈原被放逐以后，写出《离骚》；司马迁受到凌辱，身陷困境，却以《史记》传世；歌德于失恋中得到灵感与激情，写出脍炙人口的世界文学名著《少年维特之烦恼》。

（3）补偿。当由于主客观条件限制和阻碍，使个人目标无法实现时，设法以新的目标代替原有的目标，以现在的成功体验去弥补原有失败的痛苦，这就是补偿。

比如，恋爱失败了，而用功学习，用好成绩来补偿失恋的痛苦。补偿行为在残疾人身上表现得尤为突出。如，没有手的人，脚可以练得像手一样灵活，写字、劳动、甚至绣花；双目失明的人，听觉练得特别发达，因此许多盲人在音乐方面的造诣很深。

（4）幽默。当个体遭受挫折，处境困难或尴尬时，用幽默来化险为夷，对付困难的情境，或间接表示出自己的意图，称为幽默的作用。一般来说，人格较为成熟的人，常懂得在适当的场合，使用适当的幽默，把原来困境的情况转变一下，大事化小、小事化了，渡过难关；较成功地去应对窘境。

2. 消极反应

（1）攻击

①直接攻击：个体在遭受挫折后，往往会由此引起消极的情绪而导致对挫折源进行的直接攻击。比如怒目而视、反唇相讥、谩骂、或伤害行为，毁坏公物以泄怨恨。这是鲁莽、不成熟、心胸狭窄的标志。

②转向攻击：个体在遭受挫折后，把愤怒的情绪发泄到同构成挫折不相干的人或物上去，寻找替罪羊。但是这种愤怒情绪的发泄会快速传染，伤及无辜，出现"踢猫效应"。

案例分析

踢猫效应

一位父亲在公司受到了老板的批评，回到家就把沙发上跳来跳去的孩子臭骂了一顿。孩子心里窝火，狠狠去踹身边打滚的猫。猫逃到街上正好一辆卡车开过来，司机赶紧避让，却把路边的孩子撞伤了。

"踢猫效应"描绘的是一种典型的坏情绪的传染。它告诉人们，遇到挫折以后不要心浮气躁，不要让坏情绪伤害到别人，有时机缘巧合反而会伤了自己或自己的亲人。

③自我攻击：如自残、轻生、破罐子破摔

（2）退化：受挫折后，放弃成熟的成人方式而采取早期幼稚的方式去应付问题或满足自己的欲望。捶胸顿足、号啕大哭、撕坏衣服、咬破手指等；不愿承担责任、不能控制自己的情绪、盲目追随、无理取闹、毫无理由的担心、轻信谣言等。

（3）固着：个体受挫后，一再采取一种一成不变的反应方式。缺乏机敏品质和随机应变的能力，错误地以为固执就是坚定，在变化和情景面前，仍以刻板性的反应出现，是一种逆反心理。"错把固执当坚定，错把愚磨当沉着""撞到了墙还不知转弯"。通常，一个人受挫后应该顺势而为努力摆脱所遭遇的困境，但是有的人在再次碰到类似的困境后，依旧盲目使用先前的方法去应对已经变化了的问题，"撞倒南墙也不回头"便是固着的最好注释。这种情形比较多见于惊慌失措的状态之中，如丢失了重要东西，明知这东西是在外面遗失的，仍然不停地在室内翻箱倒柜，不止一次地重复这种无谓寻找的行为。在校园中，最为明显的案例是有些失恋者，明知对方已经无意，却仍然痴迷地不断回顾以往的交往情境，徘徊于往日的"情场"中。在变化了的情景面前，这种刻板式的反应对于问题的解决是根本无济于事的。

（4）逃避：有的人受挫后，往往会把自己置于一种脱离现实的想象的世界中，企图以非现实的虚构方式来应付挫折或取得满足。比如，做"白日梦"。逃避是遭遇挫折后另一种退缩的反应形式。具体表现有：

①逃向另一现实：回避自己没有把握的工作，而埋头于与此无关的嗜好或娱乐，以排解心理上的焦虑。

②逃向幻想的世界：从现实的困难情境撤退，而逃向幻想的自由世界，以为这既能避免痛苦，还可以在神游中满足愿望。

③逃向生理疾病：考前发烧；士兵视盲、歌者失声；恐高；过敏等。

（5）焦虑：人在受到挫折后，情感反应是非常复杂的，它包括自尊心的损伤、自信心的丧失、失败感和愧疚的增加，最终形成一种紧张、不安、忧虑、恐惧等感受所交织成的复杂的心情，概括称之为焦虑。

（6）冷漠：当个人遭遇挫折后无法攻击或攻击无效时，表现出沉默、冷淡、无动于衷、漠不关心的态度时，看似毫无情绪反应。其实，这并非真的无动于衷，而只是个体暂时压抑了诸多不良情绪，如失望、愤怒等，以间接的方式表现出来而已。这种现象表面上冷漠退让，内心深处却往往隐藏着很深的痛苦，是一种受压抑极深的反应，也是一种与攻击相反的行为反应。

心理学研究表明，冷漠反应在以下四种情况下容易出现：

①长期遭受挫折；

②个人感到无望无助；

③情境中包含着心理恐惧与生理痛苦；

④个人心理上有攻击与抑制的冲突。

（7）逆反：个体为了防止某些自认为不好的动机呈现于外表行为，而采取与动机截然相反方向的态度或行为表现出来，以掩盖自己的本意，避免或减轻心理压力的行为反应，即外在行为与内在动机不一致。

如：口是心非、南辕北辙、矫枉过正、欲盖弥彰、此地无银三百两、明明是内心喜欢，在行为上反而极力排斥、过分炫耀自己的优点，以自大掩盖自卑。这恰恰是内心有严重自卑感的体现；过分的逢迎献媚，可能内心有不可告人的敌意和企图等。

（8）压抑：个体在不知不觉中将自己认为可能引起挫折的本能冲动、欲望、情感、过失、痛苦经验等以及与此有关的情感、思想等抑制到潜意识中而不承认其存在，或者将痛苦的记忆主动忘掉或排除在意识之外，使之不侵犯自我或使自我免遭痛苦的一种行为，是否认已经存在的事实。这种心理防卫机制比较常见，但对身心的危害较大。因为被压抑的东西并没有消失，个体原来是希望忘记可怕的刺激，结果因潜意识的活动却引起了许多与回忆相关的刺激，因此它在日常生活中不知不觉地影响人们的正常心理和行为，并且一旦出现相近的场景，被压抑的东西就会冒出来，对个体造成更大的威胁与危害。心理学家们也把记错某件事或口误、笔误等归因为压抑的作用。压抑虽然能暂时减轻焦虑获得安全感，但按捺不住内在的情绪纷扰，久而久之可能使人变得性情暴躁或孤僻、沉默，甚至形成心理疾病。所以，遇到挫折、痛苦最好还是一吐为快，想办法把内心的不满、不愉快情绪宣泄出来。

（9）投射：受挫者把自己不喜欢或不能接受的性格、态度、意念、欲望转嫁到外部世界或他人身上，以摆脱自己内心的紧张，减轻自己的内疚和压力，从而保护自己，并为自己的行为辩护。如，"以小人之心度君子之腹"。再如，好赌之人常常感叹"人生就是一场赌博"；一个对领导有成见的人，可能会散布说领导对他有成见，有意"整"他。

二、挫折与家政服务管理

（一）正确看待挫折

世上的事情不是绝对的，不同的人应对挫折的结果完全因人而异。苦难对于强者来说是成功的垫脚石，而对于弱者则是一个万丈深渊。

有人专门研究过国外293个著名文艺家的传记，发现有127人生活中遭遇过重大挫折。世界上各行各业有所成就的人都对成功道路上的挫折有着深刻体验。著名科学家，大西洋海底第一条电缆的设计者威廉·汤姆逊教授曾说过："有两个字能代表我50岁前在科学进步上的奋斗，这就是'失败'。"

心理学家认为，导致人们产生受挫情绪的根源并不是挫折本身，而是人们对诱发事件所持的看法、解释、信念才是引起人的情绪和行为反应的直接原因。合理的信念会引起人们对事物的恰当的、适度的情绪反应，而不合理的信念则会导致不恰当的情绪和行为反应。

美国心理学家艾利斯，总结了十条常见的不合理信念：

（1）我应该受到周围每一个人的喜爱与赞扬；

（2）一个人必须非常能干、完美，有价值的人应该在各方面都比别人强；

（3）任何事物都应按自己的意愿发展，否则会很糟糕；

（4）一个人应该担心随时可能发生的灾祸；

（5）人的很多不快乐、不幸福都是由外在的因素引起的，自己很难控制；

（6）过去的历史是现在的主宰，过去的影响是无法消除的，因而一个人曾经的经验和历史对他目前的一切极为重要；

（7）任何问题都应该有一个正确、完满的答案，无法找到正确的答案是不能容忍的事；

（8）对有错误的人应该给予严厉的责备和惩罚；

（9）逃避困难、挑战与责任要比正视它们容易得多；

（10）要有一个比自己强的人做后盾才行。一个人必须依赖他人，而且必须有一个强者为靠山。

非理性信念往往有三个特征：

（1）绝对化要求：指一个人以自己的意愿为出发点，对事物怀有认为其必定会发生或不会发生的信念。这种想法通常与"必须""应该""一定"这类词联系起来。

（2）过分概括化：指一件事情失败了便推论自己在各方面都无能。这是一种以偏概全的思维方式，由一个人对自己的不合理评价所致。用这种思维方式评价自己，常会导致自责自罪、自卑自弃的心理，从而引起焦虑、抑郁等情绪；若用于评价他人，则会对他人持不合理评价，导致一味责备他人以及产生敌意、轻蔑和愤怒等情绪。

（3）糟糕至极：即认为一件自己不愿其发生的事情发生后，必定会非常可怕，非常糟糕，非常不幸，甚至是灾难性的，致使自己陷入极端不良的情绪体验而难以自拔。这种信念会导致个体陷入严重不良的情绪体验，如耻辱、自责、自罪、焦虑、悲观、抑郁等。

（二）积极预防挫折

1. 帮助家政企业员工进行科学的需要管理，建立合理信念

个人在生活或事业奋斗中的动机受阻，导致需要得不到满足是造成挫折的根本原因。所以，家政行业员工要学会对自己进行科学定位，扮演好自己的每一个角色，既要认真工作，努力实现自己的人生价值，又要正确看待工作、生活中的各种困难，甚至是磨难。

2. 创建先进的企业文化，优化所处的环境

创建先进的企业文化，弘扬正确的思想意识，促进员工树立正确的价值观、人生观和世界观。

3. 消除产生挫折的自然因素

如加强地震预防、大风警报、厂房加固、机器防护、原材料合理堆放等，注意照明、通风等，营造安全、舒适、整洁的环境。

4. 改善人际关系

人与人之间互相猜忌、彼此记恨，导致人际关系紧张，形成心理负担是造成挫折的另一重要原因。如上下级之间、同事、朋友之间等的人际关系。

5. 改善管理制度和管理方法

适当调整组织机构和制度，实行参与制、授权制和建议制，不使职工有受到严格监督和控制的感觉。

6. 要尽量引导职工适应环境

注意个人修养和挫折容忍力的加强，优化自己的人格品质；增强法制意识，加强法制教育。

7. 综合考虑自身的各方面条件

树立适度的抱负水平。

（三）正确对待受挫者

1. 采取宽容态度，理解他们

像对待病人一样对待受挫折的人，不能采取针锋相对的态度，动之以情，晓之以理，形成一种解决问题的温暖氛围。

2. 善意的动机和讲究策略的批评

一个人如果长期得不到正确的批评，势必会滋长骄傲自满的毛病，但过于苛刻的批评和伤害自尊的指责，尤其是那些带有恶意的批评会使人产生逆反心理。

3. 帮助职工培养坚定的信念与远大的理想

坚定的信念与理想犹如心理的平衡器，它能帮助职工保持平稳的心态，度过坎坷与挫折，防止他们偏离人生的轨道。

4. 客观上改变挫折情景

使受挫者做有兴趣事情，调换工作；改变气氛，制造温暖氛围；少用惩罚。

5. 精神发泄法

创造一种环境或采取某种方式，使受挫折者自由表达其受压抑的情感，使其紧张和愤怒得以宣泄，如写申诉信。

本章学习重点

1.认识自我的角度有哪些？
2.家政服务人员的职业心理构建。
3.什么是职业心理能力？
4.在职业挫折中如何进行心理管理？

本章学习难点

1."我是谁"，如何从不同角度去自我认知？
2.尝试对自我进行客观评价。
3.家政服务人员应该有什么样的职业心理能力？
4.如何面对职业挫折？

练习与思考

1.自我意识是什么意思？
2.家政服务员如何树立正确的服务心理？
3.如何抗挫？
4.请结合自己分析如果从事家政行业，你的心理状态是否合格？

第四章　如何服务到"心坎"上
——家政投诉管理

第一节　投诉的原因

在家政服务中，投诉是家政客户在消费过程中遇到了不满，而向相关部门或管理人员反映要求给予解决处理的现象。

一、正确认识投诉

对于客人的投诉现象，我们首先应该对此给予正确的认识。

不同的客人由于文化、经历、个性等方面存在差异，在遭遇到服务质量问题等时，每个客人的反应有相当大的差异。有研究表明，在同样的服务情景下，对于不同价值取向的人，影响他们投诉的因素也是不同的。大多数顾客并不倾向于抱怨，他们在不满意时更倾向于告诉自己的朋友或家人，更可能的是他们会警告其他人，从而使家政企业失去更多的顾客。客人抱怨的比例大约只有4%。这个研究的结论是：不满意的顾客，不论抱怨与否，大约会把糟糕的经历告诉9～10人。而大多数顾客是不倾向于抱怨的，他们只会默默地把这家让他们不满的企业或个人从此拉黑。这对企业来说是一个非常严峻的结果。因为如果客人投诉，企业就会发现服务中存在的问题，从而采取有效的措施，而如果客人保持沉默，企业将丧失补救的机会，只能眼看着逐渐减少的客人却摸不着头脑。从这个意义上说，投诉的客人是好客人，而不是相反。

二、客人投诉的原因

所谓客人投诉，是指客户对服务上的不满意而提出的书面或口头上的异议、抗议、索赔和要求解决问题等行为，而引起客户投诉的原因既有主观的，也有客观的。

（一）家政人员的主观原因

1. 服务人员工作的失误

工作人员错误的操作，导致客户的财物或健康受损，如洗不同材质的衣物应该用不同的洗涤剂，打扫卫生时先擦高处的灰尘还是先擦低处的灰尘，给有"三高"疾病的老人服药应该在饭前还是饭后，是否所有的药都在饭前服用还是都在饭后服用等问题，如果操作程序错误，不仅事倍而功半，家里物品受损，不当的服药会给客人造成身体上的痛苦，加重疾病，有的甚至会带来生命危险。或者是给客户传递错的东西，导致客户的不满。

2. 服务的责任心不强

主要表现在对客户敷衍了事，对工作马马虎虎。比如，有的住家保姆洗坏了衣服、打碎了碗，照顾宝宝不注意卫生，未按照雇主的要求做事，未完成雇主吩咐的任务，等等，这些问题都有可能引起客户的不满导致投诉。

3. 语言沟通不畅

沟通，即双方通过言语、表情、肢体动作等形式进行充分的交流而相互了解，在此过程中，如果沟通不畅，会错意，则会造成一定的误会、隔阂甚至怨恨。所以，家政服务人员要懂得"一句话能逗人笑，一句话能惹人跳"的道理，以真诚、坦率而温和、细腻的态度示人，更需"好话也要好好说"。有的服务人员往往表达欠佳，不会说话，因"一句话把人噎死"，招致客户的不满、愤怒。

4. 工作技能、技巧不过关

家政工作琐碎、辛苦，对服务人员的综合素质要求很高，人员的流动率也很高。有的新手刚刚入行不久，各方面技能正在磨炼中，工作上难免出现差错，引起了客户的不满。

（二）客观原因

（1）客户对家政服务的衡量尺度与家政人员及企业自身不同：客户对家政服务抱的期望值太高，服务没有达到预期的效果。

（2）顾客由于自身素质修养或个性原因，提出对企业的过高要求无法得到满足。另外，不同性格的顾客遭遇"不满意"时的反应是不一样的：理智型的顾客不吵不闹，但会留存证据，据理力争，寸步不让；急躁型的顾客会第一时间投诉，而且大多数会言辞激烈，大吵大闹，很难对付；忧郁型的顾客可能默不作声，不会投诉，但永远不会再购买该产品，不再与该企业合作。

三、投诉的意义

（一）有利于发现家政服务中的失误并加以改进

家政企业可以从客户的投诉、建议与意见中，发现自身在服务管理上存在的问题。可以利用客户投诉、有意识地给相关人员施加压力，不断地改进或改善工作，提高服务质量。因此，客户投诉管理不只是单纯处理投诉或满足客户的需求，客户投诉还是一个非常重要的客户信息反馈来源。因此客户投诉还可能反映企业服务管理中所没有关注到的客户需要，主动研究这些需要，可以帮助企业开拓新的商机。

（二）获得再次赢得客户的机会

向企业投诉的客户一方面要寻求公平的解决方案，另一方面也说明他们并没有对企业绝望，而是希望企业能再尝试一下，企业如果能积极且系统地处理来自客户的咨询、建议及投诉，通过补偿客户在利益上的损失，就可以赢得客户的谅解和信任，维护企业的良好形象，保证企业与客户关系的稳定和发展。许多投诉案例说明，只要处理得当，客户大都会比发生失误之前具有更高的忠诚度。因此，企业不仅要注意客户的某一次交易，更应该计算每个客户的终身价值，重视建立和保持客户忠诚度的每一个细节，与客户建立维持一生的关系。从这个意义上说，企业不应惧怕客户投诉，而应热情地欢迎客户投诉。

（三）建立和巩固良好的企业形象

企业如果能够快速、真诚地解决客户投诉，客户的满意度就会大幅度提高，他们会自觉不自觉地充当企业的宣传员。客户的这些正面口碑不仅可增加现有客户对企业的信心和忠诚度，还可对潜在客户发生影响，有助于企业在社会公众中建立起"客户至上"的良好形象。优秀的企业都会加强同客户的联系，都非常善于倾听客户的意见，并不断纠正家政企业员工在服务过程中的失误和错误，补救和挽回给客户带来的损失，维护企业声誉，提高企业形象，从而不断地巩固老客户，吸引新客户。

第二节　投诉的心理分析和处理

一、客户投诉的心理动机

（一）理性客户的三种投诉动机

1. 双赢型

客户会直截了当地告诉企业，家政人员哪些方面做得好，哪些方面还有缺陷和不足，希望能从中看到哪些改进，并能站在一定的高度上对服务及企业管理的总体状况做出归纳和总结，甚至能对某些问题提出自己的初步解决方法。这类客户是企业的忠诚客户，对企业有很大的信任。这样的信任必定是建立在双方共赢的基础上，这样的投诉一旦解决良好，必能使这种合作关系继续保持并良性发展。

2. 理智型

这类客户在投诉时会客观地陈述所遇到的问题和不满，最重要的是能澄清事实，所提出的问题也会很中肯，但这类客户会货比三家，并不是企业的忠实客户，与企业的关系还可能停留在形成期。这种客户是不可多得的，企业应不仅要用心解决好客户提出的问题，还应做得超出客户的预期，尽量将理智型客户争取过来，并将其培养成双赢型客户。

3. 谈判型

客户在陈述问题时，会清楚地澄清事实，也会要求物质赔偿，除了对他在接受服务中造成的物质、精神损失的补偿，还有服务后及投诉中造成的时间和金钱损失进行补偿。这种客户虽然意见中肯，但很难再使他变为忠实客户，应努力留住他不完全流失，将他争取为普通客户。

（二）非理性客户的六种投诉动机

1. 求发泄

非理性客户投诉心理动机

客户在碰到让他们烦恼的事情后，心中充满了怨气和怒气，必然要通过投诉去发泄，寻求心理上的补偿，一个最基本的做法是将不满传递给企业，把自己的怨气发泄出来，以求得心理上的平衡。所以很多人在这种情况下，往往会说"请你给我一个合理的解释"。对客户来说，他们花钱就是为了从繁琐的家务劳动中寻求解脱，求得一个安全、舒心的生活环境，提高生活质量。如果他花了钱得到的是烦恼、是损失，这种强烈的反差会让他感到格外的窝火，愤而投诉来维护他作为消费者的权利。所以，客服人员耐心倾听是帮助客户发泄的最好方式，切忌打断客户，否则，会让他的情绪宣泄中断，淤积怨气。

2. 求尊重

求尊重是人正常的心理需要。家庭是每个人最终的栖息港湾和身心的避难所，而家庭事务的琐碎、繁杂，又决定了家政服务必须深入到家庭内部，这种特殊性就要求家政服务员必须在既能为客户的各项生活需求服务到位，又能在尊重客户的个人隐私之间掌握好最佳的分寸。对客户来说，他们仍然希望自己的某些个人空间不被打扰。有的缺少经验的服务人员在这方面掌握不好分寸，很容易让客人感到不被尊重而恼羞成怒。在投诉时，这种求尊重的心理更加突出，他们希望别人判定他们的投诉主张是对的、有道理的，希望得到有关部门的重视，尤其是一些感情细腻、情感丰富的客户。要求别人尊重他们的意见，向他们表示歉意，并立即采取行动，恰当地处理投诉。

在投诉过程中，客服人员能否对客户本人给予认真接待，及时表示歉意，及时采取有效的措施，及时回复等，都被客户视为是否受尊重的表现。如果客户确有不当的言行，客服人员也要用聪明的办法让客户下台阶，这也是满足客户尊重心理的需要。

3. 求补偿

由于种种原因，在家政服务过程中客户得到的结果与他们预期的结果相距太大，尤其是他们认为，自己花了钱，不但没有得到应有的美好体验，反而带来了意想不到的损失或伤害，他们就会向相关的人员或部门提出赔偿。比如，家政服务人员打碎了贵重的古董、心不在焉摔伤了孩子、外出未锁好门窗导致雇主家中失窃等。

4. 求认同心理

客户在投诉过程中，一般都会努力向企业证实他的投诉是对的和有道理的，希望获得企业的认同。所以客服人员在了解客户的投诉问题时，对客户的感受、情绪要表示充分的理解和同情。客户期望认同的心理得到回应，有助于拉近彼此的距离，为后面协商处理营造良好的沟通氛围。但是要注意不要随便答应客户的处理方案。回应是对客户情绪的认同、对客户期望解决问题的认同，不是轻易地抛出处理方案，而是给出一个协商解决的信号。

5. 表现心理

有部分客户前来投诉时，往往有着某些潜在的表现心理，他们既是在投诉和批评，也是在建议和教导。好为人师的客户随处可见，他们喜欢通过这种方式获得一种成就感。另外，客户在投诉时一般不愿意被人做负面的评价，他们会时时注意维护自己的尊严和形象，如果有人反驳或拆穿，他们可能会恼羞成怒。所以，利用客户的表现心理，客服人员在接待投诉时，要注意夸奖客户，引导客户做一个有身份的、理智的人。另外，可以考虑性别差异的接待，如男性客户由女性来接待，在异性面前，人们更倾向于表现自己积极的一面。

6. 报复心理

客户投诉时，一般对于投诉的得失会有一个粗略却理性的经济预期。如果不涉及经济利益，仅仅为了发泄不满情绪，恢复心理平衡，客户一般会采取批评等对商家杀伤力不大的方式。当客户对投诉的得失预期与商家的相差过大，或者客户在宣泄情绪的过程中受阻或受到新的伤害时，某些客户的一般投诉会演变成为报复。存有报复心理的客户，不计个人得失，不考虑行为后果，只想让对方难受，出自己的一口恶气。尤其是自我意识过强，情绪易波动的客户更容易产生报复心理。对于这类客户要特别注意做好安抚工作，在积极帮助他们宣泄情绪的同时，还要尽可能营造愉悦的氛围，引导客户的情绪。如果客服人员察觉到客户的报复心理，要想方设法通过各种方式及时让双方的沟通恢复理性。另外，出于对企业的自我保护，还要注意搜集和保留相关的证据，以便在必要的时候出示出来，适时提醒一下客户这些证据的存在。这对客户而言也是一种极好的冷静剂。

因此，作为企业的客服人员务必须深刻洞察客户的心理状态，培养准确分析客户心理的能力，然后给予合理和及时的解决。

二、处理投诉的心理对策

（一）投诉处理的原则

1. 重视

"顾客就是上帝"，遇到顾客投诉，客服人员要表现出非常重视顾客本人及投诉内容，给顾客一种受尊重、受重视的感受，以缓解其不满。

2. 耐心

耐心倾听是处理投诉的首要环节，无论面对哪种类型的顾客都要耐心倾听，耐心处理，这既能给顾客留下一种认真的印象，又能了解顾客的诉求和真正意图，为后续的解决方案提供帮助。为此，接待人员应尽可能多听少说，且不能打断客人的陈述，让客人的不满在诉说中得到有效释放。尤其是对于宣泄型和情绪非常激动的顾客来说，耐心倾听更为重要。

3. 诚恳

不管是家政人员的过失，还是用户的误解，无论责任大小，责任人是谁，接待人员都应立即向客人诚恳致歉，并站在投诉者的角度，对其遭遇表示理解与同情，让用户体会到接待人员真诚关心其反映的问题，通过交流沟通化解客户的怒气、怨气。不要计较其过激的言辞，更不要做过多的辩解。过多的解释往往会使用户认为企业在狡辩，缺乏解决问题的诚意，使本来容易解决的

问题升级，甚至使顾客转而求助于外界的力量，使矛盾复杂化，导致更大的麻烦。

4. 及时

等待会增加客户的投诉成本，减弱客户对投诉处理的感知效果。客户等待的时间越长，满意度则越低。所以接到顾客投诉时，要用最快的速度提出并执行合理的解决方案。如果处理及时，有些只为了"争一口气"的投诉就能大事化小，小事化了，也能使有些投诉在最早的时间里进行弥补、改正，防患于未然，有助于将主动权掌握在家政企业的管理部门手中；反之，如果把客户的投诉不当回事，不理不睬，投诉者的火气就会更大，就有可能到处打电话，或者通过网络或其他媒体向社会公众发泄心中不满，以引起社会和相关部门的关注，更麻烦的是，在消息传播的过程中，真相有可能被添油加醋、断章取义，并歪曲发酵，变得不可收拾。而这恰恰是任何一家企业都不愿见到的。

5. 灵活

不同类型的客户投诉时的心理动机不同，投诉的最终诉求也不一样，因此处理时一定要灵活，具体情况具体分析。

（二）家政投诉处理的步骤

1. 注意倾听，认真记录

在倾听客户投诉或抱怨时，注意不要急于辩解，不要打断客人说话，也不要中途提出反对客户的意见，更不要试图阻止客人发泄，要耐心等待他们把心中的委屈和愤懑全盘吐露出来。但要注意既不能敷衍了事也不能沉默不语，而应适时地点头和简短地应和。

认真记录。有时客户投诉时反映的内容很多，有时客户因情绪激动导致说话语无伦次、颠三倒四、缺乏条理，因此处理投诉尤其是处理复杂或严重的投诉时，一定要认真做好记录。在倾听过程中做记录，首先能体现企业对顾客投诉的重视，使客人相信他们的投诉会得到严肃认真的处理；其次可以减缓对话的速度，这有益于客户情绪的稳定和更加理性地考虑问题；再次，记录的内容是企业做出后续解决方案的重要参考信息，更是企业发展中的参考和培训的基础资料。

2. 及时上报

对于复杂的重大投诉，尤其是首次出现的无章可循的投诉，接待人员不要急于表态，更不能自作主张盲目处理，而应在安抚客户的基础上迅速上报，与上级管理部门及时沟通，密切关注处理进程，并及时向客人反馈信息。

3. 仔细调查

只有查明客户所提问题的来龙去脉后才能根据实际情况进行实质性的处理。所有客观事实都是处理的基本依据，只有查明真相，掌握了整个事情的前因后果，才能提出符合法律法规及合理解决问题的投诉处理方案。

4. 迅速回复

首先是接待受理要及时，当有顾客投诉时，要有人接待，在日常的经营管理中，投诉受理渠道也要保持畅通；其次是出台解决方案要迅速，当接到顾客投诉时，对问题深入分析后，应快速与顾客沟通并尽快确定解决方案；再次是执行要及时，确定好解决方案后，要及时将该方案落到实处，而不是空有方案而不执行。

5. 妥善补偿

要根据具体情况给予顾客一定的补偿，将心理补偿与物质补偿相结合，提升投诉处理效果。对于建议型投诉，要按需采纳并表示感谢和鼓励。对诉诸第三方的投诉则要主动反应，态度诚恳，站在危机处理的角度，以公关手段将威胁转化为机遇。

6. 根据产生的不同后果（直接或潜在的经济损失），进行灵活的处理

（1）重大损失投诉：如导致财产损失或人员伤害在2000元及以上，或导致后续的其他潜在影响，此类投诉要求部门主管第一时间了解情况，将信息第一时间反馈给总经理；召集专题分析会议，落实具体责任和补救措施。如果是特别重大的事件需要走司法途径的另当别论。

（2）一般质量投诉：如导致财产损失或人员伤害在500～2000元，或产生客户抱怨、投诉，此类投诉要求部门主管第一时间与客户进行沟通协调，要求相关部门分析问题，落实整改，并跟踪整改效果。

（3）轻微质量投诉：一般是指导致直接经济损失500元以下；或不产生影响的抱怨，客服人员反馈给部门主管，落实相关措施，杜绝问题再次发生，此类也需要重点关注，防止事件进一步扩大。

三、投诉的预防

处理投诉，是为了更好地解决问题，但并非投诉越多越好，要使企业做大做强，既要能够解决问题，更要能够积极地发现问题，解决问题，防微杜渐。所以，企业要处理投诉，更要预防投诉。为此，应做好以下几点：

（一）完善各项服务管理、监督机制

即客户投诉的处理机制与作业流程。

（二）推行"双证"准入制度，把好"入口关"

求职人员在接受公司岗前培训后，必须取得健康证、岗前培训合格证或劳动部门颁发的家政服务员职业资格证，方可上岗。用具体标准规范家政服务员的行为。

（三）经常开展系列培训，把好"提升关"

随着用户对家政服务要求的不断提高，家政企业应该经常对家政服务人员进行行业务素质、法律法规知识及专业技能的培训。另外，针对家政人员在工作过程中遇到的各种问题或困难，也可以在培训中有针对性地得到解决。如多门类、多专业、多层次的系列理论和技术、技能培训，并通过星级评定、绩效挂钩等制度规定，激励家政服务员不懈学习，不断追求，不断提高自己的服务能力和综合素质。

（四）对客户进行个性化的服务

现代服务业的一个重要特征就是标准化和个性化的统一。家政服务也不例外，比如，家居清洁、养老护理、母婴护理等，国家对其操作标准和操作程序有一系列明确的规定。但是，人们在接受标准化服务的同时，经常也会因时、因势的不同而对家政服务有着不同的要求。所以，标准是死的，而人是活的，家政人员如果能根据客户的要求随机应变地给客户提供个性化的服务，有可能给客户带来惊喜，并能杜绝很多的不满意。

当然，个性化服务的操作必须是有前提、有边界的，前提是个性化的服务必须建立在标准化服务的基础上进行，而不是完全抛弃标准另搞一套；边界是所有的个性化服务必须是在国家的法律法规规定的框架内进行，而不能违反法律法规。

（五）主动回访，问候关怀

主动回访。主动回访以明确顾客对投诉处理结果是否满意，不仅可以给顾客一种有始有终的好感，增强顾客的二次满意，还可以为后续的工作积累经验。

做好备案。处理好顾客投诉后，要对该过程进行完整备案，为企业后续的经营与管理提供经验借鉴，是企业不断改进与提升的重要参考。

　　顾客的投诉处理是一门艺术，处理得好，就能使客户与企业化干戈为玉帛，就能争取到更多的客户资源，培养更多的忠实客户，增强企业的市场美誉度，树立起良好的企业形象；假若顾客投诉处理得不好，顾客投诉就有可能转化为企业危机，企业生存发展就会受到威胁。所以企业必须对顾客投诉给予充分的重视，及时合理地处理好投诉，使企业在发展中不断地改进和完善。

本章学习重点

　　1.投诉为什么会产生？

　　2.如何正确看待投诉的客户？

　　3.如何解决投诉？

　　4.如何预防投诉发生？

本章学习难点

　　1.投诉形成的原因。

　　2.投诉发生时如何处理？

　　3.理性客户和非理性客户的投诉心理有哪些不同？

　　4.如何减少投诉的发生？

练习与思考

　　1.什么是投诉？

　　2.理性客户和非理性客户的投诉动机有什么区别？

　　3.投诉处理的原则是什么？

　　4.简答投诉处理的步骤并模拟。

　　5.家政服务人员如何预防投诉的发生？

安全

其实是幸福的基石

因为

生命无法重来

就算是

日常用品与积累的财产

都是

辛劳心血所换来

珍惜好

要靠认真的态度与行动

安全不能等待

第六篇

家庭安全
常识

"安全"是做好家政服务的前提和基础，人们常说"安全无小事"，家政服务员从进入一个家庭开始，就自然地要担负起自己和服务家庭相关的安全责任。如何遵循法律法规，规范适宜地履行好自己工作的安全职责，专业地做好安全相关的防范措施和规范的操作程序，替自己服务的家庭把好安全关，意义十分重大。

由于家政服务员工作的内容纷繁复杂，既要处理日常生活必定要面对的事务，又广泛地涉及防火防盗、保障食品安全、用水用电安全、交通行走安全等具体生活内容。因此，家政服务员树立安全意识，积极主动充分掌握各种工作相关安全知识，才能优质顺利地完成好家政服务的各项工作。

第一章　家庭安全隐患防范

家庭生活中存在着很多安全隐患，会给家庭带来巨大的经济损失和精神伤害，那么，家庭安全隐患有哪些呢？家政从业人员学习并掌握这些知识，防患于未然，会让家庭生活的环境变得更加安全。

例如：**用电安全问题**：电表的总功率超过载电量会引发线路损坏，最终导致着火；同时，防护措施做不好，也会容易引发触电。每日睡觉之前或者离开自己的住所前，由于忘记关掉插座，也容易发生着火或者爆炸。

煤气安全问题：煤气如果没有关紧，容易引发中毒以及火灾，有的还会发生爆炸。

电热毯安全隐患：如今很多的家庭都会使用电热毯。电热毯使用不当的话，容易造成火灾，电热毯的插线漏电，让使用者被触电。

电熨斗使用隐患问题：使用不慎，人们会被烫伤。如果忘记电熨斗仍在工作，去做其他事情，一直工作的电熨斗也会烧着衣服、桌子，继而引发火灾。

饮水机安全问题：有的家庭使用的水桶本身是易燃物质。一旦水烧完之后，就会被点燃。同时，烧

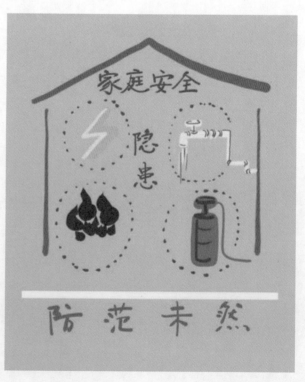

水的电路老化，也会发生火灾等严重的后果。

物件摆放安全隐患问题： 如摆放不当，造成砸死砸伤或误吞误食，也会引发较大的危险。

综上所述，家庭安全隐患体现在很多方面。日常生活中，需要我们每一个家政工作人员要非常在意用电、煤气、电热毯、电熨斗和饮水机、物件摆放使用等安全隐患问题，预防为主，防控在前，保护客户的生命及财产安全。

第一节　水、电、气的使用安全

一、用水安全

家庭用水做到"两注意"，是家政服务员必备的基本素养：

第一要注意的是"水质"。家政服务员要善于观察，观测饮用水的水质状况。发现水出现变色、变浑、变味的情况应该立即停止饮用，防止伤害人的身体。

第二要注意的是冬季用水安全。由于水在零摄氏度以下由液体变成固体状态体积会增大，家政服务员应该对用水设施采取必要的防冻保护措施。室内无取暖设施的，应该在夜间或长期不用水时关闭走廊和室内门窗，保持室温；同时关闭户内水表阀门，打开水龙头，放净水管中积水；室外水管、阀门可用棉、麻织物或保暖材料绑扎保暖，以防冻裂损坏。

二、用电安全

家政服务员开展家庭服务工作时，应该认真落实以下工作要点：

（1）向雇主了解电路分布的基本情况，弄清电源总开关位置及使用方法，学会在紧急情况下关断总电源。

（2）不用手或导电物（如铁丝、钉子、别针等金属制品）去接触、探试电源插座内部。

（3）不用湿手触摸电器，不用湿布擦拭电器，不要将湿手帕挂在电扇或电热取暖器上。

（4）使用电吹风、电熨斗等家电产品时，用后应立即拔掉电源插头，以免因忘记导致长时间工作，温度过高而发生火灾。

（5）带金属外壳的可移动的电器，应使用三芯塑料护套线、三脚插头、三眼插座。插座内必须安装接地线，但不要把接地线接到自来水管或煤气管上。

（6）保险丝的规格选择应符合规定要求。一旦电气设备发生漏电故障，应查明漏电故障再送电，严禁将漏电保护器退出运行。

（7）遇到电器设备冒火，一时无法判断原因时，不得用手拔掉插头或拉开闸刀，应用绝缘物拔开插头或拉开闸刀，先切断电源再灭火。灭火应用二氧化碳、干粉等灭火器，不能用水灭火。

（8）家用漏电保护器可以切除漏电的室内线路、家用电器，防止人身触电事故和电气火灾。建议用户安装家用漏电保护器。

（9）不随意拆卸、安装电源线路、插座、插头等。哪怕安装灯泡等简单的事情，也要先关断电源，并在家长的指导下进行。

三、用气安全

目前家庭燃气使用的主要气源有三种：人工煤气、天然气、液化气。家政服务员在驻家服务使用燃气时，最为紧要的是要注意"气体泄漏"问题，大量气体的泄漏极易导致火灾、爆炸、中毒等恶性事件。因此，在安全使用家用燃气时，要认真做到以下十二点：

（1）经常检查灶具、气罐、管道、管路连接处有无漏气现象。检查方法：用肥皂水涂到需要检查的部位，如有气泡不断产生，说明有漏气现象，应及时请专业

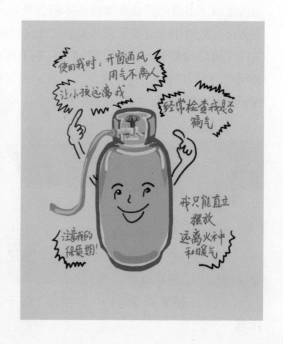

人员修理；没有气泡产生，说明没有漏气。

（2）要遵守安全操作规程，使用煤气罐时要先点火，后放气，严禁先放气，后点火。

（3）气罐应直立摆放，不能平放或倒放，并避免重力撞击气罐。

（4）气罐应放在远离火种和有暖气片的地方，更不能曝晒和火烤。

（5）注意室内通风，做饭、烧水时最好打开窗户。

（6）使用燃气灶时，人不要长时间离开，以免风吹灭火苗或汤汁浇灭火苗而发生漏气，引发事故。

（7）发现漏气切忌点火，应先关闭总阀门，打开门窗彻底通风，以防发生爆炸事故。

（8）每天三餐饭做完后应立即关闭灶具阀门。在晚间睡觉前、外出前或用完后，应对天然气灶开关、表后截断阀等设施进行仔细检查。开关天然气计量表后阀，如需长期外出，应将天然气计量表前、后阀全部关闭。

（9）在做饭、烧水时，锅、壶里的汤、水不要盛满，以防止汤水沸腾溢出浇灭火焰，造成漏气。

（10）在有风时，火焰可能被风吹灭，造成漏气，应做个防风圈挡风。

（11）用气不离人，防止因以上两种原因造成天然气大量喷出，不能及时处理，引起事故。

（12）要教育小孩，不要玩弄天然气开关，以免损坏或忘记关闭，造成漏气，引起事故。

第二节　家庭防火

一、家庭防火必备要点

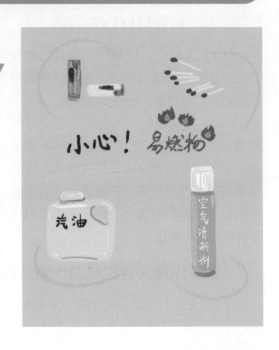

（一）重视易燃物防火

家庭防火涉及广泛，从易燃物方面防范就可包括：火柴、火机、电子炉灶等明火；雷电、静电等自然火源；家具、衣物、床褥等可燃固体；汽油、煤油、植物油等可燃液体；煤气、天然气、液化石油气、发胶、空气清新剂等可燃气体。

（二）重视对不良行为涉火的防范

（1）不可随意将烟蒂、火柴杆扔在废纸篓内或者可燃杂物上，不要躺在床上或沙发上吸烟。

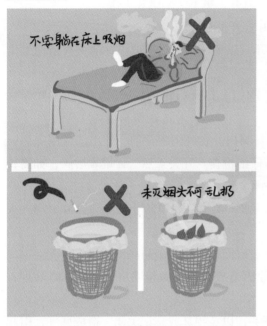

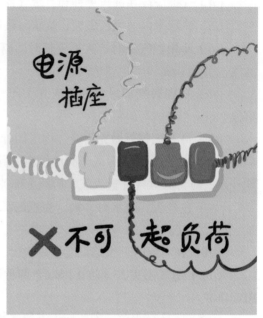

（2）不私接乱拉电线，不超负荷用电，插座上不要使用过多的用电设备，不用铜、铁、铝丝等代替刀闸开关上的保险丝。

（三）培养良好行为习惯

（1）入睡前，应对用电器具、燃气开关及遗留火种进行检查，用电设备长期不使用时，应切断电源或拔下插头。

（2）使用煤气、液化气，要先开气阀再点火。使用完毕，先关气阀再关炉具。不要随意倾倒液化石油气残液。煤气泄漏要迅速关闭气阀，开窗通风，切勿触动电器开关和使用明火，切记不要在燃气泄漏场所拨打电话。

（四）出现火灾险情的正确处置

（1）火势不大要当机立断，披上浸湿的衣服或裹上湿毛毯、湿被褥，勇敢地冲出去，千万不要披塑料雨衣。

（2）在浓烟中避难逃生，要尽量放低身体，并用湿毛巾捂住嘴鼻。

（3）不要盲目跳楼，可用绳子或把床单撕成条状连起来，紧拴在门窗框和重物上，顺势滑下。

（4）当被大火围困又没有其他办法可自救时，可用手电筒，醒目物品不停地发出呼救信号，以便消防队及时发现，组织营救。

能力小贴士

灭火器使用方法：

1. 干粉灭火器

使用时，先拔掉保险销，一只手握住喷嘴，另一只手握紧压柄，干粉即可喷出。

2. 1211 灭火器

使用时，先拔掉保险销，然后握紧压柄开关，压杆就使密封间开启，在氮气压力作用下，1211 灭火剂喷出。

3. 二氧化碳灭火器

使用时，先拔掉保险销，然后握紧压柄开关，二氧化碳即可喷出。

注意：

1. 干粉灭火器属于窒息灭火，一般适用于固体，液体及电器的火灾。

2. 二氧化碳灭火器，1211 灭火器属于冷却灭火，一般适用于图书、档案、精密仪器的火灾。

3. 使用二氧化碳灭火器时，一定要注意安全措施。因为空气中二氧化碳含量达到 8.5％时，会使人血压升高，呼吸困难；当含量达到 20％时，人就会呼吸衰弱，严重者可窒息死亡。所以，在狭窄的空间使用后应迅速撤离或戴呼吸器。其次，要注意勿逆风使用。因为二氧化碳灭火器喷射距离较短，逆风使用可使灭火剂很快被吹散而影响灭火。此外，二氧化碳喷出后迅速排出气体并从周围空气中吸收大量热量，因此使用中防止冻伤。

二、常用电器的防火常识

（一）电热取暖器使用防火禁忌

使用电热取暖器时，忌电压波动或长期过载使用，这易使电热取暖器的绝缘强度降低，易击穿绝缘引起短路导致火灾。使用电热取暖器时，忌电热取暖器散热不良，造成局部热量积累升温引起火灾。使用电热取暖器时，忌电热取暖器与导线接触不良，引起接头处急剧升温引燃可燃物品。

电热毯使用时防火七不宜。电热毯在正常情况下使用是安全的，但使用不当极易引起火灾。所以电热毯使用有七不宜：

（1）电热丝不宜与电源线接触不良，因两线接触不良时电阻增大，易发热引起火灾。

（2）电热毯不宜经常折叠存放，避免电热丝疲劳折断打火，引起火灾。

（3）直线型电热毯不宜在软床、钢丝床、沙发上使用，防止电热丝疲劳断裂。

（4）电热毯不宜在折叠情况下通电，以防热量集中，温升过高，引起局部过热起火。

（5）电热毯切忌被许多衣物压着，以保证其一定的散热途径，用毕一定要切断电源，以防止热量过高造成起火。

（6）电热毯脏污，可用水刷洗，晾干后即可使用，但是不能揉搓，不能用漂白剂清洗，尤其不能干洗，因为漂白剂和干洗剂的药物会破坏电热毯的绝缘材料。

（7）若发现电热丝折断，不得自行修理，更不能简单地将两个断头拧在一起，这样接触电阻过大、过热，易引起火花，十分危险，还要经常检查电热毯有无堆集、打褶现象。

（二）空调器使用防火禁忌

忌可燃窗帘靠近窗式空调器，以免窗帘受热起火。

电热型空调器风扇停转时忌不切断电热部分电源。因空调器风扇停转会使电热部分热量积聚，引燃电热管附近的可燃物而起火。

空调器忌在短时间内频繁开关。因空调器中的电热部分电热惯性很大，过于频繁地开、停操作易增加压缩机负荷，使电流剧增，导致电动机烧毁，进而引起火灾。

空调器电源线路的安装和连接忌达不到额定电流的要求，忌不单独设立过载保护装置。因空调器的油浸电容器质量太差或超负荷使用都会导致电容器击穿，工作温度迅速上升，使空调器的分隔板和衬垫被高温火花引燃。

（三）电冰箱使用防火禁忌

电冰箱的压缩机、冷凝器勿与易燃物质或电源线接触。因电冰箱工作时，压缩机和冷凝器表面温度很高，易使与之接触的物品受热熔化而起火。

电冰箱内不宜存放乙醚等易燃易挥发液体。因为当易挥发液体挥发的易燃气体浓度达到爆炸极限时，温控器控制触点的电火花可能引燃易燃气体，引发爆炸。

电冰箱不宜频繁开启。电冰箱在短时间内频繁开启，会使压缩机温度升得过高被烧毁而引起火灾。

电冰箱不宜用水冲洗。用水冲洗电冰箱，易使电冰箱温控电气开关受潮失灵或产生漏电打火而引燃内胆等塑料材料。电冰箱的电源接地线不宜与煤气管相连。否则发生火灾时，损失惨重。

（四）油锅着火忌用水泼

油比水轻，油锅着火用水泼，不但不能灭火，反而使油漂浮在水面到处溢流，助长火势。可用锅盖或浸水的棉麻织物覆盖，使火与空气隔绝，即能迅速扑灭油锅着火。

三、家庭失火应急八忌

一忌初起火时不及时扑救。初起火时最易扑灭，在消防车未到前，如能集中全力抢救，常能化险为夷。

二忌不及时报警。要早报警，报警愈早，损失愈小。所以要牢记"119"火警电话。

三忌先搬财物，不救火。要先救火，后搬运财物，因片刻延误就易酿成巨灾。失火时，先抢救财物，也会失去逃生的机会易被愈来愈浓的烟雾呛得窒息而死。

四忌慌乱、拥挤。要沉着冷静，严守秩序，才能在火场中安全撤退。倘若争先恐后，互相拥挤，阻塞通道，导致互相践踏会造成不应有的惨剧。

五忌邻室起火开自家门。邻室起火千万不要开自家门，应接近窗户、阳台，呼喊救援或设法脱险。否则，热气、浓烟乘虚而入，会使人窒息。

六忌逃离时不采取保护措施。遇火灾逃离时，要用湿毛巾掩住口鼻，也可向头部、身上浇些冷水或用湿毛巾、湿被单将头部包好，用湿棉被、湿毛毯将身体裹好，再冲出险区。如带婴儿逃离时，应用湿布轻轻蒙在孩子的脸上，一手抱着孩子手着地爬行逃出。

七忌直立逃离。烟雾是向上走的，烟雾较浓时，不能直立逃离，宜用膝、肘着地匍匐前进，因为近地处往往残留清新空气，但呼吸要小而浅。

八忌逃离时不关闭着火房门。逃离前必须先把有火房间的门关严，特别是在住户多的大楼及旅馆里，采取这一措施，使火焰、浓烟禁锢在一个房间之内，不致迅速蔓延，能为自己和大家赢得宝贵的逃生时间。

第三节 家庭常见安全隐患

一、家庭十大安全隐患

（1）90%家庭成人在烹饪时会中途走开，60%经常走开。（正确做法：不要随意离开厨房，用完燃气关闭总开关。）

（2）70%家庭中没有烟雾报警器，23%从未听说。（正确做法：有条件家庭应尝试安装，并定期检查电池。）

（3）60%家庭从未规划过火灾以外的逃生路线，32%从未听说。（正确做法：每个房间至少规划两条逃生路线，定期演练，并约定逃离后集合地点。）

（4）40%家庭电话旁没有紧急联系电话，28%家庭从未听说。（正确做法：全家一起制作119报警卡，并写上详细家庭住址。）

（5）40%家庭灭火器放在厨房等火灾"危险地"，32%家庭不知该放哪里。（正确做法：放在卧室易取。）

（6）31%家庭取暖器临睡前不断电，21%总是如此。（正确做法：临睡前关闭电源或设置自动关闭时间。）

（7）30%家庭接线板像"章鱼"，插头"无孔不入"，15%总是如此。（正确做法：电插座上插头不宜超过3个。）

（8）30%瓶装标签与内置物不一致，7%家庭总是如此。（正确做法：经常检查，保持一致。）

（9）30%家庭床边放打火机、烟缸，14%家庭总是如此。（正确做法：易燃物远离卧室，尤其床边。）

（10）30%家庭厨房大功率电器接在接线板上，12%总是如此。（正确做法：微波炉、烤箱等大功率电器配置专用插座。）

二、防范检查四步

1. 对厨房进行安全隐患排查

养成用带盖子的杯具喝水的良好习惯。这样不会因歪倒而把热水撒出来。用固定的餐桌垫代替桌布，以防别人不小心拉桌布角，桌上的东西砸伤或烫伤别人。不要把暖壶、茶壶这样的东西放在桌子边沿。电饭锅、微波炉等电器的电线尽可能不要拖在地上或搭在桌边。垃圾袋放在隐蔽的地方，塑料袋则更要收拾好。

2. 对卫生间进行安全隐患排查

厕所、浴室的门应该是从外面打开的，以防小孩子自己把自己锁在里面。消毒液、洗衣粉、漂白粉、化妆品、剃须刀、肥皂、浴液等都要锁在柜子里。浴室电器如剃须刀、吹风机等，务必在用完之后拔掉电源；浴室内电线、插座要隐蔽。

3. 对整个屋子进行安全隐患排查

时常用吸尘器对全屋进行"地毯式搜索"，把那些小的、不易被发现的小东西清理掉，如硬币、别针、珠子、纽扣等。地板不打蜡以免摔跟头。电视机、DVD机等比较重的电器，要远离桌边，书架最好能与墙体固定。桌角、茶几边缘等这样的家具边缘、尖角加装圆弧角的防护垫，以免扎伤别人。桌上(尤其是矮茶几上)不要放热水，或刀、剪、玻璃瓶、打火机等危险物品。不要种有毒、有刺的植物。

4. 对整个房屋进行安全隐患排查

对整个房屋进行一次安全隐患大排查，看看还存在哪些家庭安全隐患问题。家庭是社会的一个细胞，进行家庭安全隐患大排查，是对自己负责，同时为社会负责。

第四节　家庭安全急救措施

一、意外触电的急救

（一）轻者的急救

因电流小，接触电源时间短，触电的部位远离心脏及中枢神经系统，病人多神志清醒，只感觉心慌、四肢麻木、头晕、乏力，有的出现轻度心跳不正常的情况，应让其就近平卧休息1～2小时，同时注意观察其变化，如无异常出现，可很快恢复正常。

（二）重者的急救

因电流大，触电时间长，病人可能昏迷，多出现面色苍白、发绀甚至呼吸心跳停止，应采取以下急救措施：

（1）迅速切断电源，如关闭电源开关，拉断电闸，拔去电源插头。

（2）用干燥的木棒、竹竿、塑料棒、皮带、绳子等不导电的东西拨开电线，切断电源或拉开触电者。千万不要用手直接去拉，这样会引起自身触电。

（3）心跳、呼吸均已停止的触电者，必须马上在现场实施人工呼吸及胸外心胸挤压，送医院的途中仍要持续抢救。

二、煤气中毒的急救

（1）把病人抬到室外空气流通的地方，让病人呼吸新鲜空气，排出一氧化碳。

（2）给病人盖衣、被，注意保暖。

（3）症状轻的可给其喝热浓茶，有助于减轻头痛，也可抑制恶心。

（4）头痛严重的病人可服去痛片，1~2小时可以恢复。

（5）恶心、呕吐、神志不清甚至昏迷的重症病人应及时送医院抢救。

（6）有条件的可给病人吸氧，病人如呼吸不均匀或呼吸微弱，可进行口对口人工呼吸。

（7）病人呼吸、心跳停止，可在现场先做人工呼吸和胸外心脏按压，不要轻易放弃抢救。

三、紧急呼救常识

家政服务员应注意，发生意外时应积极采取应对措施，尽量减少损失，并立即将事件的情况通知雇主或其亲属。

无论发生哪种紧急事件，均应立即拨打相应的紧急呼救电话，并在电话中告知对方发生事件的地点、时间、事件概况及联系方法，最好介绍行车路线、发生地的明显标志，这样有利于争取时间，尽早得到救助。以下是常用的电话，要牢记：

牢记急救电话：
急救：120
匪警：110
火警：119

（1）火情电话：119

（2）报警电话：110

（3）交通事故电话：122

（4）急救电话：120

本章学习重点

1.家庭安全隐患有哪些?

2.熟练掌握水、电、气的安全使用方法。

3.常用电器的防火常识。

4.家庭急救措施。

本章学习难点

1.如何防止意外的发生?

2.什么是隐患?家庭安全还有哪些隐患?

3.触电急救的正确方法。

4.煤气中毒急救的正确方法。

练习与思考

1.家庭失火应急八忌是哪八忌?

2.水、电、气在使用中要注意什么?

3.应急救助电话有哪些?

4.列举至少十项安全隐患。

第二章　家庭意外事故应急处理

当意外不可避免地发生时，家政从业人员要做的不是慌张无措或一逃了之，而是正确应对，积极解决问题，把损失控制在最小，同时，要学习正确的应急处理方法和预防措施，如本章中写到的意外损伤、突发急性病应对、婴幼儿意外事故防范等，做一个合格的安全守护使者。

第一节　意外损伤护理

一、摔伤

先检查是否有外伤，如果有外伤的话，可以先将伤口周围的杂物去除，防止伤口的感染，然后用酒精及时地消毒、止血。小擦伤可以自己处理，创面大的话要及时到医院去。

如果摔伤后没有明显外伤，可以在摔伤后用冰水敷摔伤的部位，因为冰水能够马上收缩血管，防止淤血过多。同时刚摔伤后不要一直活动，最好能坐着休息，并把腿稍微地抬高。一天以后可以开始热敷，这样便于加快血液循环，有利于迅速清除淤血。

如果摔伤之后发现自己不能动弹，千万不要逞能，因为有可能是骨折，这种情况下，尽量保持自己的姿势不要动，及时地联系医生来处理。一般情况下摔伤骨折的情况并不多，但是如果感觉情况不对，就尽量不要移动自己受伤的部位等待救援。到医院后进行X片拍摄，然后根据骨折的程度不同选择不同的治疗方法，一般外骨折只需要将骨折部位进行复位，然后用高分子绷带或夹板进行固定，之后配合药物治疗，以期尽快康复。

二、烫伤

（一）烫伤程度识别

烫伤程度，分三度。

一度伤：烫伤只损伤皮肤表层，局部轻度红肿、无水泡、疼痛明显，应立即脱去衣裤后，将创面放入冷水中浸洗半小时，再用麻油、菜油涂擦创面。

二度伤：烫伤是真皮损伤，局部红肿疼痛，有大小不等的水泡，大水泡可用消毒针刺破水泡边缘放水，涂上烫伤膏后包扎，松紧要适度。烧烫伤者经"冷却治疗"一定时间后，仍疼痛难受，且伤处长起了水泡，这说明是"二度烧烫伤"。这时不要弄破水泡，要迅速到医院治疗。

三度伤：烫伤是皮下，脂肪、肌肉、骨骼都有损伤，并呈灰或红褐色，此时应用干净布包住创面及时送往医院。切不可在创面上涂紫药水或膏类药物，影响病情观察与处理。对三度烧烫伤者，应立即用清洁的被单或衣服简单包扎，避免污染和再次损伤，创伤面不要涂擦药物，保持清洁，迅速送医院治疗。

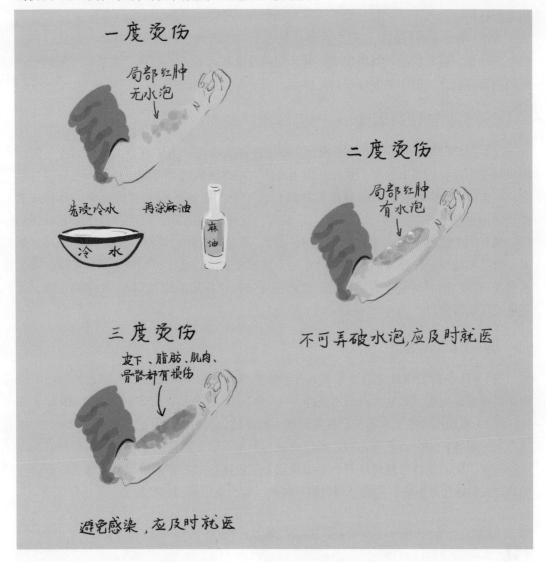

（二）烫伤后的急救处理

（1）迅速避开热源。

（2）采取"冷散热"的措施，在水龙头下用冷水持续冲洗伤部，或将伤处置于盛冷水的容器中浸泡，持续30分钟，以脱离冷源后疼痛已显著减轻为准。这样可以使伤处迅速、彻底地散热，使皮肤血管收缩，减少渗出与水肿，缓解疼痛，减少水泡形成，防止创面形成疤痕。这是烧烫伤后的最佳的，也是最可行的治疗方案。

（3）将覆盖在伤处的衣裤剪开，以避免使皮肤的烫伤变重。

（4）创面不要用红药水、紫药水等有色药液，以免影响医生对烫伤深度的判断，也不要用碱面、酱酒、牙膏等乱敷，以免造成感染。

（5）水泡可在低位用消毒针头刺破，转运时创面应以消毒敷料或干净衣被遮盖保护；值得注意的是，烫伤发生后，千万不要揉搓、按摩、挤压烫伤的皮肤，也不要急着用毛巾拭擦。

（6）用纱布进行包扎，可先在烫伤处涂上一些药膏，然后用干净纱布包扎，两天后解开纱布，查看创处，如果出现好转，应继续涂些药膏，然后再行包扎。一般的烫伤两周内即可愈合，但如果发现伤口处感染，应立即找医生治疗。

（三）其他注意事项

（1）如果烧烫伤部位不是手或足，不能将伤处浸泡在水中进行"冷却治疗"时，则可将受伤部位用毛巾包好，再在毛巾上浇水，用冰块敷效果可能更佳。

（2）如果穿着衣服或鞋袜部位被烫伤，千万不要急忙脱去被烫部位的鞋袜或衣裤，否则会使表皮随同鞋袜、衣裤一起脱落，这样不但痛苦，而且容易感染，延住病程。最好的方法就是马上用食醋(食醋有收敛、散疼、消肿、杀菌、止痛作用)或冷水隔着衣裤或鞋袜浇到伤处及周围，然后才脱去鞋袜或衣裤，这样可以防止揭掉表皮，发生水肿和感染，同时又能止痛。接着，再将伤处进行"冷却治疗"，最后涂抹鸡蛋清、万花油或烫伤膏便可。

（四）创面处理

（1）烫伤的创面处理最为重要，先剃除伤区及其附近的毛发，剪除过长的指甲。创面周围健康皮肤用肥皂水及清水洗净，再用0.1%新洁尔灭液或75%酒精擦洗消毒。

（2）创面用等渗盐水清洗，去除创面上的异物、污垢等。保护小水泡勿损破，大水泡可用注射空针抽出血泡液，或在低位剪破放出水泡液。已破的水泡或污染较重者，应剪除泡皮，创面用纱布轻轻辗开，上面覆盖一层液体石蜡纱布或薄层凡士林油纱布，外加多层脱脂纱布及棉垫，用绷带均匀加压包扎。烫伤还可采用包扎疗法、暴露疗法等。

三、刀口伤

生活中总难免有小伤口

家庭生活中，经常容易造成刀口伤，如在切菜、削水果时，有时大人不注意小孩玩刀也容易被割伤。因此，掌握刀口伤的紧急护理知识对于家政服务员是十分必要的。

（一）小伤口的处理

第一步：要立即清理伤口的异物。

如果有人被割伤，需要立即清理伤口的异

物。如菜屑、纸片、布条、花叶等，不要让这些异物成为伤口发炎的元凶之一。可以就近取一些干净的餐巾纸等，用来擦掉伤口及周围的所有异物。

第二步：对局部做简单消毒处理。

伤口及周围的异物清理干净以后，就要对伤口局部做简单的消毒处理了。虽说自己对自己进行处理免不了会感觉到不适和疼痛，但这个步骤还是不可遗漏的。可以用冷开水泡盐汤对伤口进行冲洗。

第三步：立即进行紧急压迫止血。

待清除异物，消毒处理以后，就要对伤口进行紧急压迫止血处理了。用医用纱布垫在伤口外面，轻轻捏住伤口，使伤口不再往外流血，切记，只需捏住，不要太用力，也不要松手，就这样坚持捏住几分钟，再轻轻松开，松开的过程中要注意观察伤口的情况，如果刚一松开仍然流血，就要考虑包扎了。松开手以后，要保证受伤的手不要放在过低的位置，一般与胸平齐或更高一点都可以，这样做的目的是为了防止血液增压导致伤口破裂。此外，在这个过程中伤口不要沾到水、油等物质。

第四步：用纱布或创可贴包扎。

待伤口止住血后，如果伤口范围较小的话，可以用家里备用的创可贴等，粘压在伤口局部。遇到伤口范围较大的时候，可以先在伤口上铺一层干净的纱布，再用绷带等进行包扎。

（二）大伤口处理的注意事项

（1）如果伤口较大，流血不止，这时就需要裹上纱布，然后进行压迫止血。

（2）立即把伤者送往医院或门诊处进行专业止血、缝合、治疗。

（3）定期给伤者换药。

四、宠物咬伤

有统计表明，人被病犬咬后的发病率为15%～30%，如果能及时进行伤口处理和接种疫苗，发病率可降为0.15%左右。

当宠物咬伤人时，首先要把宠物拉开关起来，防止其再伤人。

不管伤口有没有出血都要立即彻底的清洗伤口，有出血的先把淤血挤掉，再用肥皂水重复冲洗，然后用清水冲洗干净。

家里若备有急救小药箱的，伤口处理好后擦干可用碘酒消毒，这样可以及时杀死伤口处的细菌病毒。

出血不多的不需要包扎，保持伤口清洁干燥就可以，出血多应局部做好止血包扎后立即去医院处理。

家里只是先做个简单的处理，不管你的宠物是否打过疫苗，建议还是要继续去医院做进一步检查，及时注射狂犬疫苗和破伤风抗毒素。

除了上面提到的处理方法，还要注意不要在伤口上涂抹药物或采取其他民间土办法。

五、其他外伤

（一）崴脚当天不宜揉

踝关节扭伤，俗称"崴脚"，是一种常见的关节外伤。在运动时，跳起落地没站稳，或者是急停急转，容易扭伤脚脖子；走在不平整的道路上，或者是下台阶没有踩实，甚至穿不合适的高跟鞋也会崴脚；而且有些人会出现一只脚反复的扭伤。一旦崴了脚，应该立即停止活动，马上开始冰敷，以抑制局部韧带损伤后组织出血肿胀。在伤后24小时内，都应该进行冰敷，而且切忌按摩，24小时以后才可以开始采取热敷以及理疗等手段治疗，以活血化瘀，促进瘀血吸收。同时要经常抬高患肢，例如在睡觉时踝部垫高一些可以帮助消肿。此外，脚崴了以后，早期的固定非常重要，以防止损伤部位的被动活动，加重局部的损伤和出血。但由于普通人缺乏对于损伤程度判断的专业知识，建议还是去医院进行检查后，由医生根据损伤的严重程度进行固定。

（二）碰撞伤后不宜盲目按摩

碰撞伤发生后，应持慎重态度，不可草率地进行推拿按摩，在没有搞清伤情的情况下，更不可盲目按摩。碰撞伤时外力作用于皮肤、肌肉、肌腱、韧带、神经、血管及骨骼等引起破坏性损伤，只要处理好局部的损伤及适当加以固定，过一段时间便可愈。然而，推拿按摩(如推、拉、揉、捏、旋转、牵引等手法)却是用外力作用于损伤部位，尤其是那种粗暴的操作，不但对碰撞伤痊愈没有任何好处，还会使软组织断裂，使骨骼骨折，甚至造成错位性骨折。因此，碰撞伤发生后不宜盲目进行推拿按摩。

（三）扭伤后不宜立即热敷

肌肉、关节损伤后发红、水肿，温度增高。若热敷，使血管扩张，渗出液增多，血肿增大，疼痛加剧。最好的办法是冷敷，让血管收缩，控制血肿，使疼痛减轻。

第二节　突发急性病应对

一、突发疾病的一般处理原则

（1）保持镇静，设法维持好现场秩序；

（2）确保周围环境不进一步危及或损害伤病者的生命；

（3）暂时不要给患者、伤病者任何饮水或进食；

（4）积极在第一时间及时呼救，获得专业急救医护人员的帮助；

（5）根据伤病者病情，边初步分类边采取力所能及的施救。

二、常见突发疾病的应急处理

（一）急性心肌梗死

遇到这种病人首先应就地抢救，让病人平躺，保持室内安静，不可经常翻动病人，并注意病人的保暖和防暑。家中如有药物应给病人口含硝酸甘油或其他张开血管的药，等病情稳定后再设法送医院治疗。

（二）心绞痛

心绞痛所反应症状为胸闷、胸痛。家属应让病人静卧，如家里备有速效救心丸，可服用一定限量的速效救心丸，还可服用一些扩血管的药，有氧气袋的也可吸吸氧。这样一来，有些人能自行缓解，对无法自行缓解的患者，及时拨打120。

（三）高血压

急救者应让病人取半卧位，可舌下含服心痛定1片或复方降压片2片，如果病人烦躁不安，可另加安定片2片，必要时吸氧。对已昏迷病人应注意保持其呼吸道畅通。病人取平卧位，用"仰头举颏法"使病人的气道打开。经以上处理后，病人病情仍不见缓解，应迅速送病人入院治疗。途中力求行车平稳，避免颠簸。

（四）突发性脑出血

出现脑出血家属莫乱动，病人周围环境应保持安静避光，减少声音的刺激。病人取平卧位，头偏向一侧。脑后不放枕头。将病人领口解开，用纱布包住病人舌头拉出，及时清除口腔内的黏液、分泌物和呕吐物，以保持气道通畅。用冰袋或冷水毛巾敷在病人前额，以利止血和降低颅内压；搬运病人动作要轻。途中仍需不断清除病人口腔内分泌物、痰液和其他异物，注意保持气道通畅。

（五）中风

（1）先让患者卧床休息，保持安静，尽快与急救中心联系。

（2）中风可分为出血性中风和缺血性中风，在诊断不明时，切不要随便用药，因为不同类型的中风用药各异。

（3）掌握正确的搬运方法：不要急于把病人从地上扶坐起，应二三人同时把病人平托到床上，头部略高，但不要抬得太高，否则会使呼吸道狭窄而引起呼吸困难；转送病人时要用手轻轻托住患者头部，避免头部颠簸。

（六）哮喘

病人发作时，应取端坐位或靠在沙发上，头向后仰，充分通畅呼吸道；及时清除口鼻腔内的分泌物、黏液及其他异物；同时鼓励病人多喝温开水，急救者可用手掌不断拍击其背部，促使痰液松动易于咳出。适当服用祛痰和抗过敏药物，如必嗽平、川贝枇杷露、息斯敏等。一般不宜服用带有麻醉性的镇咳药。经上述处理，病情仍无好转，则应迅速送病人去医院急救。

（七）脑震荡

若病人处于昏迷状态，要轻轻地为其翻身，使其呈侧卧位，并记录时间。不可让病人受震动或使病人颈部前屈而尽量保持后仰位置。安静地转送至脑神经外科医生处。

（八）胃穿孔

（1）不要捂着肚子乱打滚，应朝左侧卧于床。

（2）如果医护人员无法及时到达，但现场又有些简单医疗设备，病人可自行安插胃管。

（九）急性胰腺炎

如病人在餐后1至2小时内，出现剧烈而又持续的腹痛，并向左腰背部放射，伴有恶心、呕吐等可考虑患症。急救的要领是要求病人完全禁食，并急送医院。

（十）糖尿病

节假日控制进食和饮酒。千万不要擅自改变药物的服用量，药量不当很容易引起低血糖。如果因漏服，出现了恶心、呕吐症状，要及时上医院。

（十一）异物卡住嗓子

如被鱼刺、鸡骨卡住食管，应立即停止进食。异物卡在显眼处可用镊子取去。如位置较深，应立即到医院处理。

（十二）酒精中毒

对饮酒过量，导致狂躁症状者，不能使用镇静剂，也不要用手指刺激咽部催吐，因为这样会使腹内压增高，导致肠内溶物逆流而引起急性胰腺炎。心脏病不要轻易搬动病人，如有心脏病史要马上服药、送医院，同时可视情况给病人胸部按压。

（十三）中暑

中暑是在高温环境下，人体体温调节中枢功能紊乱和汗腺功能衰竭所致的一种急症。常有头痛、头晕、口渴、多汗、四肢无力等症状，体温38℃以上，大量出汗，面色潮红或苍白或四肢湿冷、血压下降等——高热、无汗及昏迷。这时，家政服务员可将伤员搀扶或抬到阴凉通风处（空调室）；解开衣领、腰带，脱去外衣，用凉毛巾敷头，温水擦躯干及四肢；检查伤员神志、呼吸、脉搏、瞳孔，判断伤员病情；清醒者可饮些淡盐水或茶水；如心跳呼吸停止，立即进行CPR（心肺复苏）。

高温环境易中暑

（十四）突发性意识丧失（昏迷）

突发性意识丧失的病因有脑卒中（中风）、癫痫、脑外伤等；以及代谢性脑病，如严重糖尿病、尿毒症、肝硬化肝功能衰竭、中毒、中暑、电击伤、溺水、高原性昏迷等。家政服务员可使伤病者躺下，观察其呼吸、脉搏、血压、体温等生命体征，保持呼吸道通畅；使头偏向一侧，防止呕吐物误吸入气道；如心跳、呼吸停止，予以CPR；迅速求助专业医护人员或送医院急救。

（十五）突发剧烈腹痛或持续性腹痛

阻止病人喝水和进食；严禁病人使用止痛药或止泻药；立刻联系移送医院救治。

第三节　婴幼儿意外事故预防常识

一、婴儿（0～2岁）日常护理的安全常识

幼儿出生后，大约1岁时开始学走路，到2岁时，可以自己独立行走。因此，孩子在两岁前，多数是在大人的怀抱中度过的。作为家政服务人员，应该了解婴幼儿的日常护理安全常识。只要出事故，百分之百是大人的责任。也就是说，他的安全全系在你的身上。

（一）睡眠安全

1. 宝宝睡觉时家长不能长时间离开

不要以为宝宝不会翻身，就放心地干自己的事去了。即使宝宝睡得很踏实，也要时不时地过去看看他是不是一切正常。

2. 同屋分床睡

宝宝半岁以内，最好让他和你们睡在一个房间里，但不能同睡一张床。因为如果大人睡得过熟，压住宝宝，或大人的被子不小心堵住宝宝口鼻，会引起窒息。大一点儿的宝宝呼吸困难时能下意识地反抗，但一两个月的小宝宝是没有这种能力的。

3. 婴儿床也有安全指标

婴儿床的栏杆要高于60厘米，以防宝宝摔下来。栏杆的空隙应该在2.5～6厘米，间隙过小容易困住宝宝的胳膊和腿，空隙过大宝宝的小脚容易滑出来。

4. 床垫不要太软

最好使用棉质毯子和被子，不要使用羽绒被，也不要用太软太大的枕头。不要在床上，尤其是不要在宝宝的头部周围堆衣物和玩具，以免堵住宝宝口鼻，引起窒息。

5. 在床头放缓冲垫

这样既可以保护宝宝的头部，又可以挡风。注意不要用枕头、毛毯等代替专用的床围，如果这些东西放不稳，会倒下来压住宝宝。

6. 6 个月以内的宝宝最安全的睡姿是仰卧位

这样宝宝不容易窒息，也不会重复吸入自己呼出的二氧化碳。如果宝宝经常吐奶，要让他侧卧，以免吐出的奶堵住口鼻引起窒息，或经鼻腔进入呼吸道引起吸入性肺炎。

（二）喝奶安全

1. 不要用微波炉热奶

给宝宝热奶，最好是用热水浸泡或者用专门的暖奶器来加热，尽量不用微波炉加热。因为微波是通过使食物分子激化而产热的，瓶子并不烫，不好把握奶温。而且微波炉加热不均匀，很可能瓶口部分的温度与瓶子中央的温度不同。食道黏膜比皮肤更柔嫩，45℃左右就足以引起烫伤。食道烫伤会引起疤痕收缩，使食道变狭窄，

吞咽困难，宝宝就会拒绝喝奶。而且咽部是发音的部位，受到损伤还会影响到语言的发育。

2. 喝完奶要拍嗝

宝宝喝完奶，先别忙着让他躺下。拍嗝能让他排出胃里的空气，以防吐奶。

（三）洗澡安全

1. 防烫伤

宝宝的洗澡水温度在40℃左右比较适宜。可将热水器设在恒定的温度，或准备一个宝宝专用的水温计。而且，每次洗澡前都别忘记用手肘试一下水温。

宝宝洗澡前，即使有专用的水温计，也要记得用手肘试温。

2. 防溺水

给宝宝洗澡时，一秒钟也不能让他一个人留在澡盆里。不管有多紧急的事，也要等家里的其他人来了之后再走开，或者把宝宝擦干净、包好，抱着他出来。

3. 谨慎使用爽身粉

使用爽身粉时一定要远离宝宝面部摇动，在脖子、额头等离宝宝面部较近的地方使用时，注意挡住宝宝的眼睛和口鼻，以防宝宝吸入爽身粉的粉末而呛咳，或者被粉末迷住眼睛。

（四）日常照护安全

（1）禁止将孩子放在无安全防护设施的高处；窗户、阳台栏杆要密且高，住高层建筑的禁止抱孩子从阳台、窗前向楼下观望。

（2）婴儿在咀嚼期，不要随便什么东西都让他往嘴里送，首先要保证不会刺伤婴儿嘴巴，并且不能吞下去，其次要保证卫生，否则可能导致病菌入口。

（3）永远不要把孩子一个人留在家里、车里等任何地方。

二、幼儿（2～5岁）看护应注意的安全常识

看护幼儿的首要任务是安全保证原则，其次才是吃、喝、玩、休息、学习等类工作。

（一）衣物安全

（1）儿童衣物切忌带有长绳。避免缠绕。

（2）定期检查衣服上的纽扣，要确保牢固。

（3）儿童衣物在穿着前要检查颈、手臂、腿部、腰部、胸部松紧要合适。

（4）儿童衣物最好选用纯棉织物制作。给宝宝穿衣服前，用手伸进衣袖、裤管中反复感受，看看有没有细线，如有要剪掉。

（5）衣服上任何部位不能有松散的线，以免缠绕住孩子的指头与脚趾。宝宝的皮肤很脆弱，一旦被丝线缠住，就容易损伤上皮层、血管，甚至导致截肢。

（6）给宝宝换纸尿裤、穿衣服裤子的时候，尽量将头发扎起来，防止掉下的头发落在宝宝的私处、大腿根部，发生缠绕。

（7）尽量不要给孩子穿带有抽绳的连帽衫，防止孩子因玩滑梯等高速运动卡住，造成窒息。

（二）儿童玩具安全

（1）儿童玩具不可以是尖锐、容易破碎、裂开或小得可以吞下的。

（2）儿童玩具不能带有长线或长绳，必须避免缠绕。

（3）儿童玩具应无毒，非以铅质为底的油漆类。

（4）重量应轻，不能玩重的会对孩子构成伤害的玩具。

（5）木制玩具必须非常光滑。

（6）不能让幼儿玩长发披肩的娃娃，或内有填塞物可能会被孩子掏出的玩具。

（7）不可让幼儿玩能发出高噪音的玩具，以免惊吓孩子，甚至造成孩子听力障碍。

（8）内部有铁丝、长钉或灌有液体物质的玩具不能让幼儿玩。

（9）可以抛射的玩具，如：标枪、飞盘等不能让幼儿玩，以免伤其眼睛。

（三）家庭宠物的安全

（1）不可以让孩子单独和宠物玩；禁止宠物与幼儿一起睡觉。

（2）不要让幼儿喂食宠物，宠物的食品、污物、碗盘要放在幼儿触摸不到的地方。

（3）宠物身上若有跳蚤或有病不能让孩子接触。

（4）宠物休息处，鱼缸、鸟笼、松鼠笼及相关此类的物品要放置于幼儿摸不到的地方。

（四）儿童戏水的安全

（1）不管在什么情况下，都不能只让幼儿独自戏水。

（2）禁止幼儿到户外戏水，禁止带孩子在近水处嬉戏游玩。

（3）禁止年龄较大的小孩在孩子附近做疯狂的拍水游戏。

（4）禁止将热开水放置于儿童可触及的地方。

（5）若将孩子放入游泳池游玩，一定要先试一下水温，以水温在27℃左右为宜。

（6）若你家中有游泳池，要确定你的泳池周围有安全的围挡并装有防范儿童的安全锁。

（7）检查并盖住所有池塘、各种井、贮水池、大鱼缸等。

（五）儿童游戏区的安全

（1）孩子进入游戏场所玩耍时，一定要先检查是否安全、卫生，是否有锐利物突出。

（2）仔细检查游戏区是否有玻璃碎片、可入口小件物品。

（3）检查游戏用具是否安全可靠，是否适合你的孩子游戏。

（4）确定孩子游戏时，其一旦出现危情，你有把握可以及时解救。

（5）当孩子游戏时，你必须随时保持警惕，注意他的安全。

（六）庭院的安全

（1）把室外所有的电插座用安全罩盖好，电线要架高到儿童无法触及的地方。

（2）随时检查草坪与游戏区域，确保这些场所无危险物品。

（3）检查户外的井盖，洒水设施，整理庭院的工具，保证其均处于对孩子无危害的区域。

（4）检查儿童的游戏物品是否牢固，保证没有松脱的螺栓或钳夹物，修补任何生锈之处。保证秋千的绳子或铁链牢固。

（5）消灭庭院中昆虫的巢穴。

（6）注意孩子企图吃草，树叶、泥土、蠕虫等杂物的动作。

（七）公共场所的安全

（1）进入公共场所你要随时在孩子身边，并牵牢孩子的手，保证孩子时刻不离你的左右。

（2）用婴儿车推孩子过马路时，必须先将婴儿车靠近人行道，等到交通信号显示可以通行时，再推孩子过马路。

（3）领孩子过马路时一定要牵住孩子的手，绝对不能让他自己过马路，绝对禁止靠近马路边游戏。

（4）以身作则，从小培养孩子的公共道德。过马路时，即使马路上一个车辆没有，只要是红灯，你都要等到绿灯亮时再带他通过；且必须走人行横道，地下通道或过街天桥。

（5）要培养孩子不随便捡拾杂物的行为，要远离污染区、危险区。

（6）在乘坐电梯、公共电汽车、火车、地铁等的时候，一定要牵住孩子的手或抱着他。

（7）从小教导孩子遵守公共道德，进入公共场所不大声喧哗，乘坐公共电汽车、出租车时不要站在座位上或在座位上跳来跳去。

（8）严禁将小孩独自留在公共场所中游戏，缺乏照顾，更不能把小孩托付给陌生人看管。

（八）居家儿童的安全

（1）所有房间的电插座都要加防护罩，电线要固定在孩子摸不到的地方；各种电器的电源线、导线要固定好，使孩子无法牵动。各种取暖或加热器、炉灶等均要装设安全防护措施。

（2）婴儿床及各种家具要固定牢固，尤其是桌、椅、板凳要避免孩子爬上后摔伤。家具的边角要光滑，最好均以圆角为好；否则，最好在角上包上海绵等物。婴儿床要安放在远离电插座及有电源的地方；同时要远离灯具、窗户、电器、暖气等，婴儿床上方不能有悬垂物。

（3）无成人陪伴时孩子床上最好不放枕头、被子、床单、围巾等；更不能将宠物放进婴儿床或摇篮里。

（4）禁止将孩子放在无安全防护设施的高处；窗户、阳台栏杆要密且高，住高层建筑的禁止抱孩子从阳台、窗前向楼下观望。

（5）开关门窗要小心，避免夹到孩子；各种家具抽屉用后要上锁，冰箱在不用时要随时锁住，以防止夹伤孩子。

（6）各种药品、婴儿爽身粉、洗头膏和水、洗涤剂、消毒剂、开水或盛开水的容器、各种引火器具，以及一些较为贵重物品等，一定要存放于幼儿绝对摸不到的地方。给孩子洗澡时，要先放凉水，再放热水，以免不注意导致孩子被烫伤。

（7）绝对禁止让幼儿独自一人进食花生、瓜子、带核果品、带刺（骨）食品、各种豆豆等。此类小件食品要存放在孩子触摸不到的地方。

（8）室内地面要防滑，要确保无活动的地板砖、地毯。装饰物最好不使用玻璃制品或带有尖角的，以免伤及孩子。

（九）厨房的安全

（1）教导孩子绝对不可以去摸炉子，煤气灶，不管你是否正在煮东西。

（2）煮东西时，最好把烹具的手柄向内摆置，以避免被碰翻而伤及孩子。

（3）检查烤箱、微波炉绝缘层的性能，保证不会导热或导电，此类用具用完后要随时切断电源，并加以保护。刚从烤箱中拿出来的烤盘、食品千万不可以放在孩子可摸到的地方。

（4）厨房中各种刀具、烹饪用具及相关尖锐器具、易碎的器具要存放于高处，避免孩子触摸到它们。

（5）各种洗涤剂、去污剂要存放于高处，水槽下、低矮的储物柜要随时加锁。厨房中的杂物要随手清理扔掉。

（6）装物品的各种塑料包装，用后要随时丢掉或存放于安全处，切不可让孩子摸到。

（7）引火器材、桌巾、盘、碗、碟等要存放于高处。

（8）厨房中切忌存放各种有毒物品或药品等。

（十）浴室安全

（1）在浴室中提前安装防漏电装置。

（2）洗澡前，提前在浴室和浴缸里都铺好防滑垫，防止摔倒。

（3）避免让孩子直视浴霸。

（4）确保洗衣液、沐浴乳等洗液，放置在孩子洗澡时活动的范围外。

（5）不要让孩子单独待在浴室，一刻也不行。即使是对成人来说微不足道的一潭积水，也会让尚未学会翻身的宝宝陷入生命危险。

（6）洗澡时，始终留有一只手托住孩子。

作为家政服务人员，我们要让谨慎小心成为日常的习惯，尽好看护的责任，守护孩子平安长大。

三、出行安全常识

城市交通复杂，人流量大。因此，对于刚从农村到城市从事家政服务业的从业者而言，应该紧守城市交通规则，避免不必要的交通安全事故。不但如此，家政服务员还需提醒、照看雇主的出行安全。简而言之，我们外出时，应该牢记以下十条内容：

（1）乘坐公共车辆，应该遵守公共秩序，讲究社会公德，注意交通安全。

（2）横过道路时，要选择有人行横道的地方。

（3）穿越马路，要听从交通民警的指挥；要遵守交通规则，做到绿灯行，红灯停。

（4）穿越马路时，要走直线，不可迂回穿行；在没有人行横道的路段，应先看左边，再看右边，在确认没有机动车通过时才可以穿越马路。

（5）注意夏季行车，驾驶人容易疲劳打瞌睡，因此行车前一定要保证休息，不可勉强行车。

（6）夜间行车，视野不如白天开阔，安全系数降低，加之有的驾驶人出车时间过长，会出现头晕、视觉模糊、注意力不集中等现象，导致对道路两边的情况判断失常，诱发交通事故。

（7）遇到信号灯因停电中断或交通阻塞、路面施工等非常情况时，应当服从交警的指挥。

（8）要遵守交通公德，不要在公路上追逐打闹，不能向行驶中的车辆投掷石子、杂物，不把石头、砖块、锐物扔在公路上。

（9）横过道路时不要打电话，打电话分散注意力，容易引发交通事故。

（10）不要边走路边看书。走路看书会分散注意力，容易发生交通事故。

第四节　家政服务员自身人身安全防范

家政服务人员需要具备良好的职业道德，保障雇主家庭、家庭成员人身安全是最基本的职业要求。然而，家政服务员也要具备防范自身安全的意识。安全性危害有时也很可能来自雇主。因此，家政服务人员在服务雇主的过程中，也要掌握一些针对雇主的防范措施，以保障自身安全权益。

一、家政服务员人身安全与自我防护

目前，我国家政服务员中的大多数是来自农村的年轻的女性，她们涉世不深，不了解社会的复杂性，不善于区别社会中的好人与坏人。她们中的很多人急于改变自己贫苦的生活状况。因此，她们对外部世界充满希望与幻想，在五光十色的都市生活中，她们易于迷失自己的本性。常常由于交友的不慎，给自己造成终生遗憾。

（一）不贪图金钱

家政服务人员外出务工都希望得到较高劳动报酬，犯罪分子通常会利用人们对金钱的渴求，达到他们犯罪的目的。在各地方自发的劳务市场里经常混杂着这样的坏人，他们以帮助介绍工作为名，用高额工资、体面的工作为诱饵进行诈骗活动，他们骗取受害人的钱、财、物、色甚至威胁到她们的生命。如果务工人员没有对金钱渴望，对寻求工作没有不切合实际的奢望，没有虚荣心，犯罪分子对她诱惑将不会产生作用。

（二）不要轻信他人

在现实社会生活中人的好与坏是最难辨别的。因此，家政服务人员在服务的过程中不要与不相干的人乱拉关系。即使与在工作中接触的人交往时，也应非常谨慎。在外务工人员，有一个共同的特点，家乡观念特别强烈，听到家乡话，见到家乡人就感到特别亲切。在服务地如果遇到同乡人，在与之交往时也要谨慎。在现实生活中同乡骗同乡、同乡卖同乡的案例屡见不鲜。总而言之，凡事都要三思而后行，不要轻易相信任何人。

（三）恋爱要慎重

年轻的女性来到城市从事家政服务工作后，自然会结识一些异性朋友，通过交往彼此之间可能会产生好感，如果双方情投意合，最终能够结为伴侣也是一段佳话。婚恋是人之常情，本无可厚非。但是，在交朋友谈恋爱时一定要慎重，因为许多来自农村的年轻女性涉世不深，她们对城市美好生活充满幻想和迷恋，她们天真、幼稚、无知、轻信，在错综复杂的社会里容易上当受骗。

首先，家政服务人员要有正确恋爱观，不要迷恋城市的生活，不要幻想追求一切不符合实际的幸福，不要幻想利用婚姻改变自己的命运。有些人就是利用这个心理，骗钱又骗色。到头来姑娘是竹篮子打水一场空。其次，交朋友就要了解对方的情况，要掌握对方的真实情况，包括姓名、籍贯、职业情况以及他的家庭和婚姻状况，还要了解本人脾气秉性等。

（四）外出要请假

家政服务人员有事外出一定要向雇主请假，并告诉他们去向和返回时间，以备不测。家政服务人员不应在外留宿，外出办事后应及时返回到雇主家中，不要在外流连忘返。星期天外出参加同乡聚会、购物或游玩时要保管好自己的钱物以免丢失。要把握回家的时间，一般情况不要天黑以后再回家，以免天黑发生安全问题。与老乡约会一般要选择交通方便，标志明显好找的地方，不要选择在那些偏僻的地点。逛公园不宜去太偏僻的地方，以免发生意外。外出如果遇到意外情况，不能按时返回雇主家中应通知雇主，以免他们担心。外出如遇到坏人，应沉着冷静，首先想方社法摆脱坏人的纠缠，可寻求路人帮助或立即报警，要敢于同坏人坏事作斗争，但要讲究方法和策略，前提是必须保护自身的生命安全。

二、防止雇主性骚扰

（1）尽量避免与异性雇主独处。

（2）为人要正，如：着装朴素大方，不要过分暴露。

（3）和男雇主保持恰当的距离。

（4）发现对方利用小恩小惠或言语短信的挑逗，应及时进行制止。

（5）当遭到雇主的性骚扰时，家政服务公司应告知家政服务员，按照以下方法去应付：

①一定要沉着冷静，并用眼神表达不满。

②有勇气和力量，一定要在气势上压倒对方。

③告诉对方其行为将会毁灭他的家庭和他的人生。

④义正词严地大声怒斥对方触犯法律后果的严重性。同时要明确表示出致死不从的决心和勇气。

⑤直接警告，及时避开，并及时告知女主人。

⑥如果对方执迷不悟，对家政服务员强行非礼时，在可能的情况下，家政服务员可以采取以下有效措施制止对方的性侵害：

——打碎玻璃窗，向外大声呼救，以求惊动周围邻居。

——顺手拿起刀剪自卫。

——报警、求助劳动保障部门或法律援助机构、通知家政服务公司等。

三、避免与雇主激烈冲突

家政服务员在与雇主往来相处的过程中，有时不可避免地会引起一些不愉快。这时，作为家政服务员，禁忌与雇主发生持续的语言冲突，因为这样很可能导致不必要的肢体冲突，造成人身伤害。

家政服务员是以个体形式进入雇主家庭单独进行工作的一种比较特殊的职业。因此，需懂得一些呼救常识，学会自我保护。

（1）筑起思想防线，提高识别能力。消除贪图小便宜的心理，发现雇主对自己不怀好意，应主动提出辞职。

（2）行为端正，态度明朗。家政服务员要做到自尊、自爱、自我保护和掌握呼救常识。

（3）学会用法律武器保护自己。

①不要惧怕他们的要挟和讹诈，也不要怕他们打击报复，要严厉拒绝、大胆反抗。

②运用法律武器保护自己，不能"私了"，"私了"的结果常会使这些人得寸进尺，没完没了。

（4）若有条件，可以学点防身术，提高防范的有效性。

本章学习重点

1.意外损伤。
2.突发急性病应对。
3.婴幼儿意外事故预防。
4.家政从业人员的自我防护。

本章学习难点

1.意外事故的应急应对。
2.如何处理常见突发急性病？
3.不同阶段婴幼儿的安全防范要点有哪些？
4.家政服务人员如何保护自己？

练习与思考

1.如何处理烫伤？
2.如何处理突发性心脑血管疾病？
3.看护幼儿时要从哪些方面去做好安全防护工作？
4.家政服务人员会面临哪些安全隐患？如何处理？

远处

悠扬的笛声

穿过

盛开的郁金香

曼妙

韵雅的书房

心

悄悄地

滑落进

盛满茶香的

小茶杯

第七篇

家政服务
素质拓展

在学习了前面所有章节的知识后，我们已经发现，家政服务不是一个简单的劳技类工作，它所涉及的学科门类及知识技能，体量是非常广博的。同时，作为担当着提升生活品质的重任，服务人员还要提升综合素养，学习更多的生活类、艺术类知识技能，本篇中就先教会大家常用的家庭花艺及家庭茶艺的基本技能和知识，为提供优质服务打下坚实的基础。

第一章　家庭花艺与盆景养护

第一节 家庭花艺基础常识

一、家庭花艺的概念

家庭花艺与艺术花艺既相通又有区别，相通的是，同样有艺术造型也讲究花语表达，区别是家庭插花技艺要求没有专业花艺那么高那么复杂，趋向于狭义的插花定义，花材和造型素材的选择相对简单，重在意境和情感氛围。以鲜切花材为主要要素，通过艺术构思和适当的剪裁整形及摆插来表现其活力与自然美的一门造型艺术，是优美的空间艺术之一。

随着插花技术的不断发展和不断创新，所用到的素材不再局限于鲜花，大量的干燥花、人造花、玻璃、塑料、枝条、果实、羽毛、毛线、金属等材料也开始运用于插花创作之中，充分利用重复性使用的素材和废物再利用，不但新颖美观、环保节能，而且还能为客户降低成本。

插花艺术不仅追求形式美，更注重意境美和情感美，家政从业人员可以通过插花来营造氛围，或者暗示一种哲理，从而达到愉悦身心的目的。

二、花艺的特点

（一）具有生命力

插花艺术是以鲜切花为基本设计元素的。花材取之于自然，其色彩、香味、造型，都具有鲜活的生命力，正是这种生命力的存在，才让我们的插花作品具有自然美。

（二）具有装饰性

插花艺术属于优美的空间艺术之一，具有装饰空间的重要作用，其装饰性强，能起到立竿见影的作用，中国从先秦时期开始就有使用鲜花的习惯，唐宋元明时期更是达到一个鼎盛时期，插花已经成了室内居所装饰的流行。

（三）具有创造性

花艺作品具有可创造性，其造型新颖别致，无论在选材、造型、陈设上，都表现了极大的创造性。

（四）具有时效性

鲜花具有生命力，这也决定了其生命会呈现从生长到衰落的过程，同样，花艺作品的时效也受鲜花花期长短的影响，因此我们说一个花艺作品是具有时效性的。

三、花艺的作用

（一）美化环境

插花艺术具有美化生活环境的作用，我们可以用插花点缀我们的书房、卧室、厅堂，起到美化装饰的作用。

（二）传递情感

鲜花是表达情感、节日庆典、探亲访友、看望病人的首选礼物，中国最早在诗经当中就有赠送鲜花的描写，鲜花能为人们传递一份情感和友谊，营造温馨的氛围。

（三）陶冶情操

插花具有陶冶情操、提高艺术修养的作用，唐宋时期插花现象蔚然成风，就是人们陶冶情操的一种方式。

（四）促进生产就业

插花艺术的繁盛，带动了相关产业链的发展，近年来国内花卉种植、花材批发、耗材批发、花店数量都有很大的发展，从而带动了大量的就业，也间接说明了人们的物质生活水平提升了，开始追求更高的精神生活。

（五）增进健康

鲜花具有愉悦心情的作用，对人的身心健康具有很大的益处。

四、花艺的分类

（一）按花艺风格区分

按插花艺术的风格区分，我们可以将其分为东方风格花艺、西方风格花艺和现代风格花艺。

1. 东方风格花艺

东方风格花艺以中国和日本为代表，日本花道便来源于中国的佛前供花，东方风格花艺讲究意境之美，主要突出植物造型的线条美和自然美，它更强调插花作品的内在神韵，比较适合于家庭插花。

2. 西方风格花艺

西方风格花艺以西方国家为代表，主要表现植物的色彩美和造型美，以大面积的色彩和丰富的材料来表现花艺作品的美感。

3. 现代风格花艺

现代风格花艺的代表为架构花艺，结合了东方花艺的线条美和西方花艺的色彩造型美，更具有现代意义上的插花艺术。

（二）按使用用途区分

从使用用途来看，插花艺术分为礼仪插花、艺术插花和生活插花。

1. 礼仪插花

广泛应用于各种庆典礼仪、婚丧礼仪、探亲访友等社交活动中的插花作品，包括花篮、花束、花圈、婚礼花车、宴会桌花、新娘捧花等。

2. 艺术插花

专门用来展示艺术风格和参加展览交流的花艺作品，称之为艺术插花。

3. 生活插花

日常居家生活用花，用以美化环境，给居家生活增添闲情逸趣，提高生活品位的插花作品。

五、常见花语

玫瑰——爱情、爱与美、纯洁的爱、美丽的爱情、美好常在

康乃馨——母爱、女性的爱、魅力和尊敬之情

郁金香——爱的表白、荣誉、祝福永恒

鸢尾——优美、神圣

水仙——自恋、只爱自己

山茶花——可爱、谦让、理想的爱、了不起的魅力

非洲菊（扶郎花）——神秘、兴奋

雏菊——愉快、幸福、纯洁、天真、和平、希望、美人

菊花——清净、高洁、我爱你、真情

风信子——永远的怀念

石竹——纯洁的爱、才能、大胆、女性美

百合——纯洁、清香、百年好合

紫罗兰——永续的美

小苍兰——纯真、无邪

文心兰——隐藏的爱

剑兰——高雅、长寿、康宁

蝴蝶兰——花语为我爱你，象征着高洁、清雅

海棠——游子思乡、离愁别绪

木棉——珍惜身边的人，珍惜身边的幸福

蔷薇——追忆

海芋——希望、雄壮之美

牡丹——富贵

桃花——爱情的俘虏

芙蓉——纤细之美

铃兰——把握幸福

莲花——信仰

樱花——纯洁

梅花——高雅、高尚，不粗俗

木兰——灵魂高尚

昙花——刹那间的美丽，一瞬间的永恒

火鹤花——新婚、祝福、幸运、快乐

向日葵——沉默的爱（多指暗恋）

桔梗花——无望的爱

星辰花——永不变心

满天星——真心喜欢

金鱼草——爱出风头

大丽花——华丽、优雅

迷迭香——回忆不想忘记的过去，纪念

薰衣草——等待爱情

三色堇——沉思、请想念我

天竺葵——爱情安乐愉快

四叶草——幸运

蒲公英——无法停留的爱

龙胆花——喜欢看忧伤时的你

勿忘我——永恒的爱、浓情厚谊、永不变的心

紫荆花——亲情、兄弟和睦

栀子花——坚强永恒的爱、一生的守候、我们的爱

茉莉花——忠贞、尊敬、清纯、贞洁、质朴、玲珑、迷人

君子兰——高贵，有君子之风

仙客来——内向

朱顶红——渴望被爱，追求爱

茶蘼花——末路之美

芍药——情人离别时的赠物

蕾丝花——惹人怜爱

牵牛花——爱情永结

六、国内外用花习俗

·国内用花习俗·

红色：喜庆、吉祥　黄色：皇室或佛堂

白色：肃穆、敬哀

（一）国内用花习俗

根据我们国内的习俗，红色常用于表达吉祥富贵的喜庆之意，黄色常用于皇室和佛

教，而白色和黑色常用于寄托哀思。因此，在喜庆节日用花应该选择艳丽多彩、热情奔放的花朵，如牡丹、月季、芍药等花。致哀悼时应选择淡雅肃穆的花材，如白色菊花、白百合、白马蹄莲等用于送葬扫墓。

另外中国人喜欢用谐音表示好的彩头，比如万年青加柿子代表"万事如意"，四季花加如意代表"四季如意"，荷花加灵芝代表"和合如意"，兰花与石头表示"君子之交"，兰花与金萱表示"金兰之好"。

祝福长辈可送鹤望兰、桃、兰花、松柏、百合、万年青、龟背竹等。

看望病人可选择水仙、百合、兰花、文竹。

新婚祝贺可用牡丹、石榴花、月月红、百合、常春藤等。

庆贺开业或乔迁之喜可用大丽花、山茶、金橘等。

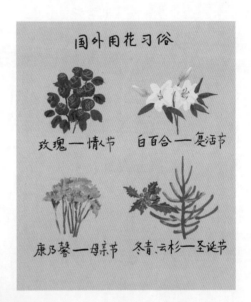

（二）国外用花习俗

情人节，多用玫瑰作为赠送，认为玫瑰是真善美的象征。

复活节，常用白百合，象征圣洁和神圣。

母亲节，常用粉色康乃馨赠送母亲，如果母亲已亡故，可以用白色康乃馨。

圣诞节，常用冬青和云杉装饰。

七、花材的表现形态和分类

根据花材的形态以及当下的花艺创作所用到的鲜切材料，我们将花材分为以下几类：

（一）线状花材

线状花材是指外形呈长条状和线状的花材。如唐菖蒲、金鱼草、飞燕草、紫罗兰、春兰叶、一叶兰。

（二）块状花材

块状花材是指外形呈较整齐的圆团状、块状的花材。如康乃馨、非洲菊、月季、菊花、牡丹、大丽花等。

（三）散状花材

散状花材是指由许多细碎的小花构成大花序状的花材，此类花材花形细小，一枝多花。如满天星、情人草、小菊、勿忘我、文竹、蓬莱松等。

（四）特异花材

特异花材是指花型奇特、色彩艳丽、形体较大的花材。如鹤望兰、百合、红掌、马蹄莲等。

（五）叶材

叶材是专门以叶类形式出现的花材。如春兰叶、朱蕉叶、尤加利叶、栀子叶等。

（六）果实类

果实类是指以果实形式作为设计素材的材料。如尤加利果、葡萄、柿子、金橘等。

八、鲜切花花材养护方法

（一）花材处理流程

（1）去除原有包装及捆扎线。

（2）根据作品需要去除下端叶材，如果没有特殊要求，去除可能浸没在水中部分叶子。

（3）去除花头部分不太新鲜、散落及其他多余部分。

（4）根部剪齐，如有容易脱水花材，可以根部斜剪或者十字剪跟，促进吸水。

（5）剪根后尽快放入花筒内，水位符合植物吸水要求深度。

（二）花材养护注意事项

可采用鲜花保鲜剂对鲜花进行保鲜处理，常见保鲜剂有可利鲜、花之寿。在没有使用保鲜剂的情况下，要做到每天换水，每天剪根。

换水：夏天每天1~2次，冬天最长时间不要超过3天就需要换水。

剪根：适时剪花枝的根，利于花枝吸水。

刷根：换水时，冲洗一下根部，保证根部清洁。

刷桶：保证容器的清洁度，可以使用杀菌剂处理。

（三）常见鲜花养护方法

玫瑰：摘腐烂的花瓣时一定要整片彻底摘干净，叶子适当去除，花瓶中的水里一定不要有叶子，外围花瓣受损属于正常现象，摘掉即可。

勿忘我：花瓶注水量刚没过花秆底部即可，喜干燥不喜潮湿，如长期泡在水里，花径容易腐烂。

雏菊：斜剪根，每枝花留2～3片叶子即可，最好是纯净水或放置一晚上的自来水进行养护，水位浸没根部3～5厘米即可，3天左右换一次水，剪一次根。

芍药：花瓶水位三分之一至三分之二，2～3天换一次水，倾斜剪根，留1～2片叶子即可，很容易脱水，注意遮阴。

蔷薇：比较喜水，水占花瓶的三分之二位置，最好是纯净水或者放置一晚上的自来水，去除花刺，每枝花留4～5片叶子即可，3天左右换水，剪根一次。

百合：开放后及时摘除花蕊，保持根部洁净，避免腐烂，不适合放在卧室，孕妇和过敏体质慎养。

向日葵：花瓶注入三分之一的水，每天换水，避免阳光暴晒，叶片保留2～3片即可。

九、常见家庭插花造型和技巧

家庭常用插花可分为盆插和瓶插。盆插的基本花型有直立型、倾斜型、下垂型、直上型和对称型等；瓶插的基本花型也有倾斜型、直立型、下垂型、直上型和对称型。盆插直立型是盛花中的基本型式，瓶插倾斜型是瓶花的基本型式。

（一）盆插

1. 直立型

第一主枝直立在水盆左后角，第二主枝插在第一主枝左前方，向前倾斜50～60度。第三主枝插在第一主枝右前方向前倾斜45～50度。要点是主枝必须直立，第二、第三主枝则略带倾斜。直立型是盛花中的基本型式。

2. 倾斜型

第一枝以70度倾斜插在水盆花器左前方（即上述直立型的副位），第二枝直插在水盆右后角（即直立型主位），第三主枝置倾斜，与直立型同。它的要点正好是直立型的主副位置互相调换，而主枝倾斜角度更大，所以又叫作"前立插"。

3. 下垂型

第一主枝位置如倾斜型，须由上垂下。第二主枝位置与倾斜型同。但要直立而不可倾斜，它的要点为三枝位置如倾斜型，但第一主枝不倾斜而须下垂，长度没有限制，看环境所需而定，第三主枝由倾斜而改为直立。

4. 直上型

第一主枝直插在水盆花器中央，第二主枝直插在第一主枝之左前，第三枝直插第一主枝的右前方。它的要点与直立型相似，不过直上型的三枝主枝均插在中央，直上而不倾斜。

5. 对称型

第一主枝插在水盆花器中央，向左前方倾斜，第二主枝插在第一主枝前向右倾斜，第三主枝插在第一主枝前方居中直立。要点是第一、第二两枝虽然左右倾斜方向不同，而花朵植物的高低近似于对称。

（二）瓶插

1. 倾斜型

第一主枝插在瓶左边，向左倾斜，第二主枝插在第一主枝前须直立，第三主枝插在第一主枝前略倾斜。要点是不论其他花枝直立或倾斜，第一主枝必然要有倾斜度。这也是瓶花的基本型式。

2. 直立型

有时把直立型称为"立直型"投入式插花。第一主枝直插在左中央，第二主枝插在第一主枝后面而向左倾斜伸出，第三主枝插在第一主枝前略带倾斜。要点是第一主枝须直立，第二、第三主枝略带倾斜。

3. 下垂型

第一主枝与倾斜型位置相同，只是要垂下，第二主枝与倾斜型同，也是由上垂下。要点是三枝主枝位置有如倾斜型，但第一主枝不倾斜而是从花器伸出尽量向下垂，其下垂长度不加限制。

4. 直上型

第一主枝在瓶中直立，第二主枝在第一主枝的前面并略向左倾斜，第三主枝与第二主枝略前向右倾斜。要点与直立型大同小异，唯三枝主枝皆是直上型式。

5. 对称型

第一主枝由中央向左倾斜而向上，第二主枝由中央向右倾斜而向上，第三主枝在中央直立。要点在于主副两枝，虽倾斜，但方向不同，而插出花卉的高低近似相对称。

第二节　花卉与居家空间设计

一、插花作品对居家环境的要求

室内环境可以避免自然环境对花材的影响，室内环境作为插花作品陈设的首选空间，首先整洁明亮是插花作品在室内陈设对环境的最基本的要求，插花作品属于艺术作品，只有整洁雅致的环境才能凸显插花作品的高雅。其次室内空气要保持流通，污浊的空气会影响插花作品的寿命，同时要保持室内温度和湿度的平衡性，过低的温度或湿度太高容易导致花材冷害或霉变，过高的温度容易导致花材极易脱水。

二、插花作品与居家空间的关系

（一）根据不同的功能空间采用不同形式的插花作品

居家空间根据功能分为玄关、客厅、卧室、厨房、书房、卫生间等，要根据不同空间的功能性设计相应的插花作品。

（二）插花作品大小应与空间大小相适应

插花作品大小应符合所陈设空间的大小，一般客厅较宽敞，适合摆放大中型的花艺作品，而卧室、书房则适合摆放小型花艺作品。

（三）插花作品风格应与室内装修风格相协调

插花作品的美观很大程度上也取决于陈设环境，二者是一个相辅相成的关系，因此我们在设计室内插花作品的时候也要考虑室内装修风格的问题，偏中式的装修风格适合带有东方韵味的插花作品，现代风格装修的室内适合设计性质比较强的现代风格花艺或西方自然风格花艺，文艺风的装修风格适合小清新或者自然风格花艺。

（四）插花作品色彩应与陈设环境相协调

插花作品色彩要根据室内环境色彩来搭配，这样花艺作品的陈设才不会显得太突兀。

1. 客厅

客厅属于会客区域，公用性强，适合陈列色彩浓重大方的花艺作品，可根据春夏秋冬四季变化布置陈列插花作品。花型可做得大气端庄，比如千朵花形，三角形，扇形插花均可。

2. 卧室

卧室属于休息的地方，不宜放置香味太浓的鲜花，同时花型不宜太大，可以以瓶插为主，亦可以用一些小型花艺作品来装饰。年轻人房间花艺作品可色彩丰富，老年人房间花艺作品宜清新淡雅，有利于老年人身心健康。

3. 餐厅

餐厅的花艺布置以餐桌为主，日常餐桌布置以瓶插花为首选，器皿选用表面光洁的玻璃器皿。

4. 书房

书房插花宜以小型插花为主，稍做点缀即可，色彩不宜过于鲜艳，以免分散注意力，打扰读书学习。

5. 卫生间

卫生间插花以单支瓶插即可，不宜用复杂的插花作品装饰。

第三节　认识礼仪用花

一、什么是礼仪插花

礼仪插花是指广泛应用在各种庆典礼仪、婚丧礼仪、探访亲友等社交活动中的插花作品，通常包括花篮、花束、花环、胸花、捧花、餐桌花、婚礼花车和开业花篮等。作为家政服务人员或管家，了解礼仪用花规则，可以帮助客户代办代买，帮助客户完成社交及传递情感需要。

二、常用节日礼仪用花

（一）情人节

情人节用花应该尽量表现热情和优美的情调，传统意义上来说以红色玫瑰为常见花材，也可以用清新的粉色调，代表温婉美丽，常见的产品形式为花束，近几年比较流行的有花盒、抱抱桶等形式的产品。

（二）三八节

三八节是属于女性的节日，常用表现女性温柔美丽的白粉色系、粉紫色系、粉色系作为主要色调。

（三）母亲节

母亲节（5月第二个星期日），是西方传统节日，常用花材为康乃馨，象征慈祥、母爱。红色康乃馨表示健康长寿；黄色康乃馨表示对母亲的感激之情；粉色康乃馨祝愿母亲永远美丽；白色康乃馨表示对已故母亲的哀思之情。

（四）父亲节

父亲节（6月第三个星期日），也是西方传统节日，常用秋石斛、菊花、向日葵、百合、君子兰、文心兰等。

（五）教师节

教师节花礼常以花语诠释感谢、怀念、祝福等意境，常用花材木兰花、蔷薇、月桂等。

三、常用庆贺礼仪用花

（一）生日礼仪用花

为老人祝寿可选用松柏、鹤望兰等，配以寿桃，寓意松鹤延年、长命百岁。祝贺长辈可以赠送长寿花、万年青、龟背竹等的花束。祝贺朋友根据性格和性别选择花束，女生多采用粉色系花束，常用月季、桔梗、绣球等花材，男生多采用黄色系和白绿色系花束，常用向日葵、剑兰等花材。

（二）开业礼仪用花

庆贺开业多用中大型开业花篮，花材色彩鲜艳，饱满大气，常用百合、月季、唐菖蒲等花材，渲染喜庆的气氛。

（三）乔迁礼仪用花

祝贺乔迁，可用红色月季、紫薇、文竹等材料做成的花束或花篮，红色喜庆系列象征日子越过越红火。

四、探望礼仪用花

探望生病亲友，常用鲜花，鲜花代表着一种生命力，会使病人得到精神上的调节和享受。常见花材有唐菖蒲，代表康宁；康乃馨，代表康复；月季，代表情谊；文竹等。但忌讳用白色系列鲜花，亦不宜选择香气过浓的花，以免引起过敏反应，如百合、紫罗兰等。

第四节　家庭盆景栽养

现代家庭生活中，常常需要一些植物来做点缀，以增加点绿色和生气。盆栽是家居环境中不可缺少的部分，它不仅具有观赏、美化环境的作用，而且还能净化空气。

一、绿萝：改善空气质量、消除有害物质

改善空气质量、消除有害物质的绿萝生命力很强，吸收有害物质的能力也很强，可以帮助不经常开窗通风的房间改善空气质量，绿萝还能消除甲醛等有害物质，其功能不亚于常春藤。

性喜温暖、潮湿环境，要求土壤疏松、肥沃、排良好。盆栽绿萝应选用肥沃、疏松、排水性好的腐叶土，以偏酸性为好。绿萝极耐阴，在室内向阳处即可四季摆放，在光线较暗的室内，应每半月移至光线强的环境中恢复一段时间，否则易使节间增长，叶片变小。绿萝喜湿热的环境，越冬温度不应低于15℃，土要保持湿润，应经常向叶面喷水，提高空气湿度，以利于气生根的生长。旺盛生长期可每月浇液肥。长期在室内观赏的植株，其茎干基部的叶片容易脱落，降低观赏价值，可在气温转暖的5、6月份，结合扦插进行修剪更新，促使基部茎干萌发新芽。它对温度反应敏感，夏天忌阳光直射，在强光下容易

绿萝

改善空气质量

叶片枯黄而脱落，故夏天在室外要注意。冬季在室内明亮的散射光下能生长良好，茎节坚壮，叶色绚丽。生长期间对水分要求较高，除了常向盆土补充水分外，还要经常向叶面喷水，做柱藤式栽培的还应多喷一些水于棕毛柱子上，使充分吸水，以供绕茎的气生根吸收。可每2周施一次氮磷钾复合肥或每周喷施0.2%的磷酸二氢钾液使叶片翠绿，斑纹更为鲜艳。

二、芦荟：室内空气清洁器

芦荟

如同生物空气清洁器

盆栽芦荟有空气净化专家的美誉。一盆芦荟就等于九台生物空气清洁器，可吸收甲醛、二氧化碳、二氧化硫、一氧化碳等有害物质，尤其对甲醛吸收特别强，在4小时光照条件下，一盆芦荟可消除一平方米空气中90%的甲醛，还能杀灭空气中的有害微生物，并能吸附灰尘，对净化居室环境有很大作用。当室内有害空气过高时，芦荟的叶片就会出现斑点，这就是求援信号，只要在室内再增加几盆芦荟，室内空气质量又会趋于正常。

芦荟喜欢生长在排水性能良好，不易板结的疏松土质中。一般的土壤中可掺些芦荟沙砾灰渣，如能加入腐叶草灰等更好。排水透气性不良的土质会造成根部呼吸受阻，腐烂坏死，但过多沙质的土壤往往造成水分和养分的流失，使芦荟生长不良。芦荟怕寒冷，它长期生长在终年无霜的环境中。在5℃左右停止生长，0℃时生命过程发生障碍，如果低于0℃，就会冻伤。生长最适宜的温度为15～35℃，湿度为45%～85%。和所有植物一样，芦荟也需要水分，但最怕积水。在阴雨潮湿的季节或排水不好的情况下很容易叶片萎缩、枝根腐烂以至死亡。芦荟需要充分的阳光才能生长，需要注意的是，初植的芦荟还不宜晒太阳，最好是只在早上见见阳光，过上十天半个月它才会慢慢适应在阳光下茁壮成长。肥料对任何植物都是不可缺少的。芦荟不仅需要氮磷钾，还需要一些微量元素。为保证芦荟是绿色天然植物，要尽量使用发酵的有机肥，饼肥、鸡粪、堆肥都可以，蚯蚓粪肥更适合种植芦荟。芦荟一般都是采用幼苗分株移栽或扦插等技术进行无性繁殖的。无性繁殖速度快，可以稳定保持品种的优良特征。

三、君子兰：释放氧气、吸收烟雾的清新剂

一株成年的君子兰，一昼夜能吸收1立升空气，释放80%的氧气，在极其微弱的光线下也能发生光合作用。它在夜里不会散发二氧化碳，在十几平方米的室内有两三盆君子兰就可以把室内的烟雾吸收掉。特别是北方寒冷的冬天，由于门窗紧闭，室内空气不

流通，君子兰会起到很好的调节空气的作用，保持室内空气清新。

君子兰原产于非洲南部，生树下面，所以它既怕炎热又不耐寒，喜欢半阴而湿润的环境，畏强烈的直射阳光，生长的最佳温度在18～22℃之间，5℃以下，30℃以上，生长受抑制。君子兰喜欢通风的环境，喜深厚肥沃疏松的土壤，适宜室内培养。君子兰是著名的温室花卉。我国有从欧洲和日本传入的两个品种。前者花小而下垂，称垂笑君子兰；后者花大而向上，称大花君子兰，是目前栽培最普遍的一个品种。

君子兰侍养应采用疏松肥沃的中性或弱酸性腐殖质土，栽培用土可按腐殖质土65%、净沙20%、细炉灰15%混合而成。土壤的相对湿度宜在40%左右。若土壤板结，排水不畅，会导致烂根。对君子兰要冬施一次固体肥料，少施氮肥，多施磷肥、钾肥。蛋壳粉与沤熟的鱼腥水就是很好的磷肥，糠灰、烟灰是易得的钾肥。也可施氮、磷、钾复合肥，以促其萌发更多的新生株、叶。

（1）温度：君子兰生长的适宜温度为 15～25℃。夏天温度长时间超过 30℃时，生长受到抑制。此时空气湿度若低于60%，君子兰叶片就会变浅变黄乃至萎蔫；若湿度高于90%，则茎叶徒长。为防止这些不良现象产生，应适当降温，并注意通风透光，控制湿度。温度下降到5℃以下，君子兰基本停止生长。如果温度下降到0℃左右，就有可能发生冻害，使叶尖、叶缘褪绿变黄，甚至出现黄白色坏死斑痕，因此冬季应做好君子兰的保暖工作，以防冻害。

（2）光照：君子兰属半阳性花卉，性喜散射光，光线过强对其生长不利，易造成日灼病。但是如果放置地点光线过于阴暗，长期光照不足，也会使叶片失去光泽，老叶呈暗绿色，新叶变薄，呈黄色或黄绿色。有的人将这种黄叶现象称为阴黄。此时应将君子兰移到光线略强的地方，不宜移动时，可用灯光补充光照。

（3）土肥：君子兰喜疏松肥沃的沙质土壤，土壤板结和肥料供应不足，会使叶片发黄，影响开花。此时，应增施稀薄液肥并注意松土。

（4）水分：君子兰喜湿润，盆土长期过干，温度又高时，易使叶片发黄。但长期浇水过多，又易导致病害发生。因此，君子兰栽培中，春秋季节应保持土壤湿润，冬季休眠期略偏干，夏季盆土不要过温，可在每天清晨或傍晚适当用清水喷洒叶面及周围地面，以保持凉爽环境。

（5）通气：君子兰放置过于密集以及周围环境郁闭，都有碍空气流通，使植株细弱黄瘦。所以要加强室内通风，避免放置拥挤。

四、吊兰：消除一氧化碳、大量甲醛

吊兰能在微弱的光线下进行光合作用，吊兰能吸收空气中的有毒有害气体，一盆吊兰在8~10平方米的房间就相当于一个空气净化器。一般在房间内养1~2盆吊兰，能在24小时释放出氧气，同时吸收空气中的甲醛、苯乙烯、一氧化碳、二氧化碳等致癌物质。吊兰对某些有害物质的吸收力特别强，比如空气中混合的一氧化碳和甲醛分别能达到95%和85%。吊兰还能分解苯，吸收香烟烟雾中的尼古丁等比较稳定的有害物质。所以吊兰又被称为室内空气的绿色净化器。

吊兰，喜温暖湿润和半阴环境，不耐寒，怕高温和强光暴晒。不耐干旱和盐碱，忌积水。生长最适温度为20℃，冬季不得低于7℃。

吊兰是一种耐肥植物，养分不足叶片发黄，容易焦头衰老。春、秋季以半阴为好，夏季宜早晚见光，中午遮阴，避开阳光暴晒，冬季多见阳光，生长期盆土湿润，不能积水。要种好吊兰，应注意的主要问题有：

第一，光照：吊兰对光照敏感，如果夏秋季阳光直射时，叶会枯黄，甚至整株枯死。在冬季，由于阳光不强烈，可以让吊兰适当接受一些直射阳光。

第二，温度：吊兰的最适生长温度为15~25℃。

第三，浇水：吊兰喜水，在生长旺盛期要保持盆土完全湿润。在冬季休眠期，待盆土表面约一厘米深处干后才进行再次浇水。如果泥土太干，会导致叶丛暂时褪色，再次浇水后才恢复原色，而叶尖则可能永久地变成棕褐色，因而大大降低观赏价值。

吊兰也喜欢较高的空气湿度，所以在夏秋气候干燥时，要通过喷水等措施来增加植株周围的空气湿度，否则叶片顶端或边缘也可能出现枯焦。

第四，施肥：对已开始长出小植株的吊兰，每半个月可以施一次以氮为主的追肥。

第五，土壤：吊兰适宜用轻松、肥沃的沙质壤土。

第六，繁殖：吊兰一般用分株或随时剪取花葶上带气生根的幼株直接栽种。浇水太多，容易引起烂根，过于干燥，枝叶又会变黄，盆土要求见干见湿，并经常用出水细密的喷壶向叶面喷洒清水。冬季入室过冬，要节制浇水，可每隔七至十天向叶面喷一次水。

五、白掌：过滤空气中的苯、三氯乙烯和甲醛

它的高蒸发速度可以防止鼻黏膜干燥，使患病的可能性大大降低。

白掌，又名白鹤芋，较耐阴，只要有60%左右的散射光即可满足其生长需要，因此可常年放在室内具有明亮散射光处培养。夏季可遮去60%~70%的阳光，忌强光直射，否则叶片就会变黄，严重时出现日灼病。北方冬季温室栽培可不遮光或少遮光。若长期光线太暗则不易开花。白鹤芋为喜高温种类，应在高温温室栽培。冬季夜间最低温度应在14~16℃，白天应在25℃左右。长期低温，易引起叶片脱落或焦黄状。

生长期间应经常保持盆土湿润，但要避免浇水过多，盆土长期潮湿，否则易引起烂根和植株枯黄。夏季和干旱季节应经常用细眼喷雾器往叶面上喷水，并向植株周围地面上洒水，以保持空气湿润，对其生长发育十分有益。气候干燥，空气湿度低，新生叶片会变小发黄，严重时枯黄脱落。冬季要控制浇水，以盆土微湿为宜。

白鹤芋盆栽要求土壤疏松、排水和通气性好，不可用黏重土壤，一般可用腐叶土、泥炭土拌和少量珍珠岩配制成基质；种植时加少量有机肥作基肥。由于其生长速度快，需肥量较大，故生长季每1~2周须施一次液肥；同时供给充足的水分，经常保持盆土湿润，高温期还应向叶面和地面喷水，以提高空气湿度。如周围环境太干燥，新生叶片变小、发黄，严重时枯黄脱落。秋末及冬季应减少浇水量，保持盆土微湿润即可。它要求半阴或散射光照条件，生长季须遮阴60%~70%。如光线太强，叶片容易灼伤、枯焦，叶色暗淡，失去光泽；长期光线太暗，植株生长不健壮，且不易开花。白鹤芋为喜高温性种类，长期低温及潮湿易引起根部腐烂、地上部分枯黄，所以冬季要注意防寒保温，同时保持盆土湿润。

本章学习重点

1.不同花材的花语。

2.不同花材的养护方法。

3.礼仪用花如何正确选择。

4.家庭盆景的选择和管养。

本章学习难点

1.根据雇主要求和环境灵活掌握用花标准。

2.家庭盆景的选择养护。

3.掌握常见家庭插花的技法。

练习与思考

1.家庭花艺有什么特点？

2.不同花材的正确养护方法。

3.不同节日庆典的礼仪用花有什么要求？

4.练习至少四种插花造型。

第二章 家庭茶艺

"喝茶，或浓或淡，清香即可；品茶，若有若无，平和即是。"饮茶人的口中心头自有滋味。无论快乐、恬淡、感物、伤怀，永远是一段清香，静静与你相伴。

家庭茶艺是指在家庭生活中出于某一种需要，或是养生，或是静心，或是品饮，或是解渴，或是接待亲朋好友，或是洽谈事务等，于家庭或私人会所中所需求的冲泡技巧或服务而有别于商业茶艺的一种饮茶模式。虽有别于商业，但因为源于提升生活的品质，所以仪式感和专业性同样重要，而不能随便应付。

茶艺含有两种形态的本质和属性，即物质形态的茶和技术形态的艺。茶的本质以客观的科学方法来检验；而艺的本质则以主观的品鉴和审美感受为标准。因两者的属性不同，两者的衡量标准也不同。

茶艺在中国传统文化的基础上又广泛吸收和借鉴了其他技艺形式，并扩展到文学、艺术等领域，形成了具有浓厚民族特色的中国茶文化，是包括茶叶品评技法和艺术操作手段的鉴赏以及品茗美好环境，领略整个品茶过程的美好意境，其过程体现形式和精神的相互统一，是饮茶活动过程中形成的文化现象。

茶艺是人在泡茶过程中展示出来的技艺。主要是过程，呈现的是美感、优雅和舒服的感受。一泡好喝的茶对流程和冲泡要素要求很多，譬如投茶量、水温、出茶汤时间、茶具选择、如何选茶、如何存茶等。优秀的泡茶者能够把普通的茶泡出好茶的味道。

作为家政从业人员的综合素养提升，我们知道其重要性，在为雇主服务的同时，应客户日常之需而泡一杯好喝的茶，应接待之需提供超值的专业茶艺技能，为庆典、迎宾、家庭宴请增色，这也是前面提到的双因素中的激励因素，大大提升行业形象和客户满意度。俗话说，技多不压身。让我们开始茶艺学习之旅吧！

第一节　茶叶的识别与储存常识

一、茶叶的鉴别

（一）专业辨茶

专业茶叶鉴别主要有两种方式：

1.理化审评

理化审评是用仪器表分析化验等物理化学方法测定等，只有国家茶叶质量监督检测中心作为茶叶审评机构，在年检各地方抽样茶叶时使用。

2. 感观审评

即用手摸、眼看、嘴尝、鼻子嗅等来品评茶叶的质量、级别程度。

干茶的外形，主要从五个方面来看，即嫩度、条索、色泽、整碎和净度。

（1）嫩度："干看外形，湿看叶底"，锋苗好，白毫显露，表示嫩度好，做工也好。

（2）条索：炒青条形、珠茶圆形、龙井扁形、红碎茶颗粒形等。

①长条形茶，看松紧、弯直、壮瘦、圆扁、轻重；

②圆形茶看颗粒的松紧、匀正、轻重、空实；

③扁形茶看平整光滑程度和是否符合规格；

④条索紧、身骨重、圆(扁形茶除外)而挺直，说明原料嫩，做工好，品质优；如果外形松、扁(扁形茶除外)、碎，并有烟、焦味，说明原料老，做工差，品质劣。

（3）色泽：红茶乌黑油润、绿茶翠绿、乌龙茶青褐色、黑茶黑油色等。

好茶均要求色泽均匀一致，光泽明亮，油润鲜活；如果色泽不一，深浅不同，暗而无光，说明原料老嫩不一，做工差，品质劣。

（4）整碎：整碎就是茶叶的外形和断碎程度，以匀整为好，断碎为次。

（5）净度：看茶叶中是否混有茶片、茶梗、茶末、茶籽，制作过程混入的竹屑、木片、石灰、泥沙等杂物。

（二）新茶与陈茶的鉴别

饮茶要新，喝酒要陈。（除了普洱茶、黑茶和岩茶外）

新茶：当年采制加工而成的茶为新茶。

陈茶：前一年或前几年采制的茶。有陈气、陈味、陈色。

陈茶好的特例：

（1）隔年的武夷岩茶，香气馥郁。

（2）黑茶存放得当：①茶叶缓慢陈化时，形成的陈气；②少量酶菌产生面形成的霉气，两气相协调，形成了茶的新香气。

（3）普洱茶，现虽未列为第七大茶类（六大茶类见下章节内容），但由于它的工艺和后期变化的特殊性，已然有了自己的特点，分生普和熟普，生普经晒青毛茶蒸压成饼，随时间推移越陈越香。因茶区、拼配工艺不同，口感和香气皆有不同，慢慢转化为老生茶，茶色汤色亦趋近于熟普。熟普则类似黑茶工艺，属全发酵茶，但因茶种与黑茶不一样，多为乔木古树，因此陈化后香气口感也与黑茶不一样，呈现出嗅感感知的木香、荷香、陈香、枣香、樟香等。所有的口感和香气随着年份、时间的变化而变化，展现了普洱茶独特的魅力，值得我们每一个云南家政人深入了解，服务时能提供独到的见解和建议。

（三）真茶与假茶的鉴别

	真茶	假茶
香气	具茶叶清香气味	青腥味或青草味
色泽	成茶颗粒色泽一致均匀	颜色杂乱，不协调或与茶本色不一致
叶底	（1）叶边缘有锯齿，上半部密下半部稀而疏，近柄处光滑无锯齿；（2）主脉明显，叶背脉突起，侧脉 7～12 对，每对伸延至叶缘三分之一处向上弯曲与上方相连，呈封闭的网状系统；（3）叶背茸毛放大镜下可见呈 45～90 度弯曲；（4）叶片茎上呈螺旋状互生。	（1）叶片边缘四周布满锯齿或无锯齿；（2）叶脉多呈羽毛状直达叶片边缘；（3）背毛茸毛，如有则与背面垂直生长；（4）叶片茎上是对生，或几片簇状生长。

（四）春茶、夏茶、秋茶、冬茶的区分

所谓的春茶、夏茶、秋茶、冬茶是依据采茶的季节来叫的。

1. 春茶：4~5 月采制

干看，条形紧结，颗粒饱实，香气馥郁，多毫重实，色润。

湿看，下沉较快，香持久，味醇厚，叶底柔软，叶脉细密，叶缘锯齿，不明显。

2. 夏茶：6~7 月采制

干看，条索松散，灰暗，轻飘宽大，嫩梗瘦长，香粗弱。

湿看，下沉较慢，香低，味苦涩，汤黄绿，红茶味带涩，叶底薄而硬，叶脉精锯齿明显。

3. 秋茶：8~9 月采制

干看，叶张大小不一，轻薄瘦小，绿茶黄绿，红茶暗红为秋茶。

湿看，凡滋味淡薄，锯齿明显，但秋季秋高气爽时有利于芳香物质的合成与积累。

4.冬茶：10~11月采制

基本不做采摘，少数地区采冬茶制作茶叶，乌龙茶上有白毫。

（五）家庭实用辨茶

总体可从色、香、味、形四个方面来分辨：

（1）色。不同的茶有不同的色泽，看茶时要了解茶的色泽特点，这样在选择时才有判断根据。例如:绿茶中的炒青应该呈黄绿色，烘青呈深绿色，蒸青呈翠绿色，如果绿茶色泽灰暗肯定不是佳品。乌龙茶的色泽为青褐，有光泽。红茶色泽则是乌黑油亮。

（2）香。茶叶都有自身的香气，一般都是清新自然的味道，如果有异味、霉味、陈味等都不是好茶。例如：红茶清香，带点甜香；乌龙茶具有熟桃香；花茶则香气浓郁。

（3）味。茶叶本身的味道由多种成分构成，有苦、涩、甜、酸、鲜等。这些味道按着一定比例融合，就形成了茶叶独有的滋味，不同的茶自然滋味也不相同。例如:绿茶初会有苦涩味，但后味浓郁；红茶味道浓烈、鲜爽；苦丁茶饮时很苦，饮后有甜味。

（4）形。茶叶的外形很关键，直接关系到茶叶采摘时的新鲜度，制茶时的工艺好坏等，例如：珠茶，颗粒圆紧、均匀则为上品；毛峰茶，芽毫多则为上品；好的龙井茶则是外形自平、光滑，形状像碗钉。

二、茶叶的保存

（一）影响茶叶变质的环境因素

1.温度

温度愈高、茶叶外观色泽越容易变褐色，低温冷藏（冻）可有效减缓茶叶变褐及陈化。

2.水分

茶叶中水分含量超过5%时会使茶叶品质加速劣变，促进茶叶中残留酵素之氧化，使茶叶色泽变质。

3. 氧气

引起茶叶劣变的各种物质之氧化作用，均与氧气之存在有关。

4. 光线

光线照射对茶叶会产生不良的影响，光照会加速茶叶中各种化学反应之进行，叶绿素经光线照射易褪色。

因此，茶叶的保存原则上关键是防压、防潮、密封、避光、防异味。

光线：避光
氧气：阻隔
茶叶的保存
温度：低温
水分：干燥

（二）茶叶的贮藏方法

1. 塑料袋、铝箔袋贮存法

装入茶后袋中空气应尽量挤出，如能用第二个塑料袋反向套上则更佳，以透明塑料袋装茶后不易照射阳光。

2. 金属罐装贮存法

可选用铁罐、不锈钢罐或质地密实的锡罐。

3. 低温贮存法

将茶叶贮存在5℃以下，相对湿度在50%左右，使用冰箱冷藏室保存茶叶，应注意：

（1）如需与其他食物共冷藏（冻），茶叶应完全密封包装，以免吸附异味。

（2）一次购买多量茶叶时，应先小包（罐）分装，再放入冷藏室中，每次取出所需冲泡量，让茶罐内茶叶温度回升至室温相近，才打开，不宜将同一包茶反复冷冻、解冻。

4. 真空常温保管

茶叶装入铁皮罐内，焊好封口，用抽气机抽去罐内空气，在常温下可贮藏两三年。

5. 热装密封保管法

6. 抽气冲氮保管法

茶叶存入双层铝箔复合袋内，抽去袋内空气，注入氮气或二氧化碳，封口密闭。因氮气是惰性气体，不能引起茶叶的自动氧化作用。

7. 自然存放法

这种方法比较适合保存云南普洱茶，在自然室温、自然湿度、相对通风透气的环境中，用紫砂罐、陶罐等存放保存最好。

（三）茶叶的有效期和存放

茶叶存放的三大原则：避光、防潮、防异味。

绿茶：今宵有酒今宵醉，趁着春色赶紧喝完，喝不完一定要密封（非常重要！），存放于冰箱冷藏室；

白茶：一年茶，三年药，七年宝。常温密封保存，避光，防潮；

黄茶：同绿茶，密封冰箱冷藏；

青茶：低温密封保存，避光，防潮；

红茶：常温密封保存，避光，防潮；

黑茶或熟普：常温保存，避光，防潮，防高温/寒冻，存储间定期通风；

普洱生茶：常温保存，相对通风透气的环境中，用紫砂罐、陶罐等存放保存，注意不要和熟普放在一起。

第二节　认识茶具

一、常用茶具

1. 公道杯

主要用途是盛放泡好的茶汤，综合茶汤先后浓淡后分倒给品茗杯中。

2. 盖碗

盖碗又可叫作盖杯，分为茶碗、碗盖、托碟三部分，如果用盖碗直接泡茶品饮，可将茶3克放进碗里，冲水，加盖五至六分钟后饮用。如用盖碗冲泡后倒入公道杯分饮，则根据品茶人的口感浓淡放入5～8克茶叶，加盖稍等30～40秒后出汤即可饮用。

3. 茶杯

从材质上分有玻璃杯、金属杯（金、银、铜、铁、不锈钢等）、窑制杯（紫砂、陶土、瓷器等）、竹木制品杯等，从器形上来分有直身杯、带盖把杯、品茗杯等，讲究的饮茶人士喝不同的茶会选择不同的茶杯。对杯子的要求，首先讲"握拿"舒服，就口舒适，入口时汤水顺畅。

4. 茶壶

跟茶杯一样，也从材质和形状上有着不同的分类，对茶的选择和泡法也跟壶紧密相关，常见的有瓷壶、紫砂壶，前者将茶泡在其中，喝时直接倒入杯中。后者有两种，一种是私人壶，直接把嘴品尝，同时也将壶时时把玩于手直到"包浆"；另一种用于茶艺冲泡，入壶后30秒左右出汤，用滤网再次过滤茶渣，将茶汤倒入公道杯后分汤品茗。

5. 茶盘

分为陶瓷茶盘、原木茶盘、电木茶盘、石头茶盘、混合材质，用来盛放茶具和倾倒多余的茶汤。无论家里选择的是哪一类，用后及时清洁是最重要的，以免留下难看难清除的茶渍。

6. 泡茶小配件（茶道六君子）

（1）茶筒：盛放茶艺用品的器皿。

（2）茶拨：头扁平稍弯，主要用途是将茶荷（盛放称好的茶5～10克）中的茶叶拨入壶中，另外可以挖取泡过的茶壶内的茶叶底，茶叶冲泡过后，往往会紧紧塞满茶壶，一般茶壶的口都不大，用手既不方便也不卫生，所以都使用茶拨。

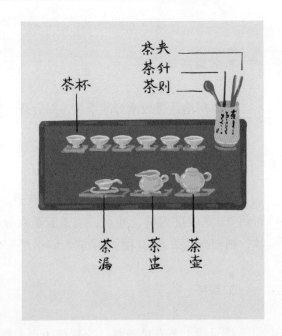

（3）茶漏：茶漏则于置茶时放在壶口上，增大壶口面积，以导茶入壶，防止茶叶掉落壶外。

（4）茶则：又称茶匙，为盛茶入杯、壶之用具，一般为木制。

（5）茶夹：又称茶筷，茶夹功用与茶拨相同，可将茶渣从壶中夹出，并且用它来夹取品茗杯烫洗杯子，防烫又卫生。

（6）茶针（茶通）：茶针的功用是疏通茶壶的内网，以保持水流畅通，当壶嘴被茶叶堵住时用来疏浚，或放入茶叶后把茶叶拨匀，碎茶在底，整茶在上。

7. 煮水用具

电磁炉、电陶炉、炭火配相应的壶、器均可，水温根据茶品烧至85～100℃，总体来说，嫩茶水温稍低，茶粗老则可用高温水冲泡。

二、茶具分类知识

1. 瓷器茶具

瓷器茶具种类比较多，主要包括白瓷茶具、青瓷茶具、黑瓷茶具以及彩瓷茶具等。瓷器茶具外观比较精美，艺术价值较高。

2. 紫砂茶具

紫砂茶具是从陶器发展而来的一种新质陶器，始于宋代，在明清最为盛行，后来一直流传到现在，仍然受到相当多的人喜爱。紫砂茶具致密坚硬，取自天然泥色，亦可以分为紫砂、红砂和白砂三种类，紫砂最为常见。

瓷器茶具：外观精美

紫砂茶具：始于宋盛于明清

搪瓷茶具：舶来品源自古埃及

陶土茶具：起源早,新石器时代产物

3. 搪瓷茶具

搪瓷茶具是舶来品，最早起源于四大文明古国之一的埃及，之后传入欧洲，后来大约到元代的时候才传入我国。搪瓷茶具具有坚固耐用、轻便耐腐蚀、图案清新等优点。

4. 陶土茶具

陶土茶具起源很早，是新石器时代的文明产物。最初的陶土器具多为粗糙的土陶，后来逐步进化演变成为坚实的硬陶，真正好看是在人们为其表面敷釉的釉陶。

除了上面介绍的材质之外还有金属茶具，金属茶具指的是由金、铜、银、锡、铁等金属材料制造而成的茶具。金属茶具也是我国非常古老的茶具之一，具有坚固耐用、导热快等优点，此外，还有前面提到的原木、电木、玻璃等材质的茶具，各具观赏与实用价值。掌握了解茶具的材质知识，有利于我们正确地选择保养清洁方式，以免弄巧成拙，损坏了茶具。例如，紫砂壶就不能用洗洁精等化学洁剂进行清洁。

三、茶具选购知识

（一）看成色

购买茶具首先要看的就是成色，或者用手触摸茶具的表面，以此来看内壁光洁与否，注意不要选择那些脱釉、有裂纹或者釉破损的茶具，这些茶具在使用的时候容易坏，而且可能会有一些有害的金属元素析出。

（二）看商家

选购陶瓷茶具千万要选择那些正规商家，依据国家规定，把陶瓷茶具放在4%的醋酸中泡，铅溶出量不能高于7毫克/升，镉溶出量不可以大于0.5毫克/升，这样才算合格。另外，选购陶瓷茶具之时，最好不选购那些釉上彩、电镀的。

（三）是否耐高温

选择高温茶具的时候，要看这些茶具可不可以耐高温，敲打的时候回发出清脆的声音。

茶和茶具搭配知识

1. 绿茶：以玻璃茶杯冲泡为宜。

2. 黄茶：以瓷器茶具冲泡为宜。

3. 白茶：若是"白毫"或"白牡丹"名品，应以玻璃茶杯为宜，一般的也可用瓷器茶具。

4. 乌龙茶：紫砂茶壶或瓷器茶具为宜。

5. 红茶：以纯白瓷茶具为宜。

6. 普洱茶：以瓷器茶具或紫砂茶具为宜。

第三节　常见茶叶的冲泡

中国茶类划分有多种方法，根据制造方法不同和品质上的差异，主要将茶叶分为绿茶、黑茶、黄茶、乌龙茶（青茶）、红茶、白茶六大类。六大茶类的冲泡方法和品饮、储藏等均有讲究。

一、六大茶类的茶性及冲泡方法

（一）绿茶

1. 茶性

绿茶是六大茶类之一，性寒，茶汤微苦，清火明目，清热去燥。经过了杀青、揉捻、干燥三个基本流程制作而成，属于未发酵的茶。也正因为绿茶没有经过发酵，因而，在绿茶茶叶中许多天然的物质被保留下来，比如茶多酚、咖啡碱、叶绿素等物质，形成了绿茶特有的品质特点。以绿茶绿汤为显著特点，绿茶茶性烈有收敛性，初尝味道苦涩，而后回甘，香气高，氨基酸含量高，茶汤清透、鲜爽，茶多酚提神醒脑，适合早晨餐后饮用，提高工作效率。

市面上绿茶的品种纷繁多样，这里主要根据绿茶的制作方法不同区分绿茶，确切说是绿茶的杀青方式和干燥方式把绿茶分为四类：炒青绿茶、烘青绿茶、晒青绿茶、蒸青绿茶。

炒青绿茶：即经过杀青、揉捻后的茶叶微火炒制而成。

代表：西湖龙井、信阳毛尖、都匀毛尖、碧螺春等。

烘青绿茶：即经过杀青、揉捻后的茶叶高温烘干而成。

代表：黄山毛峰、六安瓜片、安吉白茶，太平猴魁等。

晒青绿茶：即经过杀青、揉捻后的茶叶日光晾晒而成，也是制作普洱茶的主要原料。

代表：滇青、川青、陕青等。

蒸青绿茶：与前三者不同，蒸青绿茶，是先用蒸气将茶叶蒸软再揉捻干燥。

代表：恩施玉露、江苏宜兴阳羡茶、仙人掌茶等。

2. 冲泡

（1）沸水冲泡。

（2）将3~5克茶叶用茶匙舀了投入杯中，注水至杯中三分之一处，轻摇几下润茶至茶叶泡开，再注水至茶杯的八分满，静候几分钟，然后用双手托杯底，举过胸口到眉心的高度奉茶。

（3）建议用透明茶杯或瓷杯冲泡，三开为宜。

3. 储存

绿茶的储存最忌潮湿、高温、暴晒、氧气和异味。

保存绿茶的总原则为：干燥密封无异味。

家庭储存方法可以：陶瓷罐密封、塑料袋密封、冷藏。

4. 功效

绿茶未经发酵，保留的天然物质丰富，科学证明，这些物质与人体机能确有关联，常喝绿茶对人有诸多好处。

（1）提神醒脑：茶叶中含有咖啡碱，咖啡碱能使中枢神经系统兴奋，起到提神醒脑，缓解疲劳的作用。为什么有人会觉得喝了茶睡不着觉呢？就是咖啡碱在作怪了。

（2）美容养颜：绿茶未经发酵，含有丰富茶多酚，用绿茶茶水洗脸可以去油脂、收敛毛孔、修复皮肤损伤延缓肌肤衰老。

（3）消热解暑：绿茶性凉，适合夏季饮用，炎炎夏日，喝一杯绿茶可以让你更加舒适。

（4）利尿、降脂：绿茶中富含咖啡碱和儿茶素，咖啡碱除了能让你精神百倍还能刺激胃分泌，促进吸收，利于肠胃消化，同时通过对小肠、肾等机体的刺激分泌尿液。绿茶中的儿茶素能促进人体新陈代谢，改善人体脂肪含量。

除了上述明显的功效外，绿茶还有抗病毒菌、护齿明目等药理作用。

5. 禁忌

忌空腹饮用，肠胃敏感不宜大量饮用，以下情况建议少喝：

（1）胃寒、体寒者；（2）失眠多梦神经衰弱者；（3）女性处于经期或哺乳期；（4）便秘者；（5）冬季不宜饮用凉性茶。

（二）黑茶

多数人都知道绿茶、乌龙茶、红茶，却很少人了解黑茶。实际上黑茶的口感和养生功效并不输其他几类茶。黑茶，就是因其成品茶颜色呈黑色而得名，属于后发酵茶，制作工艺主要有杀青、揉捻、渥堆、干燥四个步骤，渥堆发酵这一步骤使其具有独特的品质特征，将黑茶与其他茶类区分开来，自成一系。

黑茶：越陈越香，消食减脂
宜以紫砂茶具冲泡

1. 茶性

黑茶属于后发酵茶，因此，黑茶类的茶普遍都有"越陈越香"的特质，保存时间越长，发酵越程度高，茶的品质就越好，好的黑茶茶叶黑而有光泽，汤色呈现透亮的橙红或红褐色，口感醇厚甘爽，香气纯正，性温。

2. 冲泡

黑茶主产于湖南安化，以前人们都习惯于煮茶，把茶叶熬煮后再饮用，还有在茶汤中加入牛奶、调味品等习惯，品茶器具和饮茶习惯演变至今，熬煮茶已经不多见，今天还是主要讲解功夫泡茶的方式。

步骤：

（1）准备好泡茶所需工具（建议使用紫砂陶壶）。

（2）涤具：用滚水烫洗茶具，起到温壶洗壶的作用。

（3）投茶：把茶叶按照实际需要的分量放入茶壶中，茶量大致为容器的五分之一（一般为8～10克）。

（4）洗茶：第一泡水用沸水快速泡一遍茶叶然后倒掉，水的分量要能浸满茶叶，冲泡时间大致为10秒。

（5）浸润：根据实际情况掌握冲泡时长。

（6）分茶：茶泡好后，把滤网放入公道杯之上，通过滤网把茶汤倒入公道杯中，待茶汤浓淡均匀后，倒入品茗杯中即可饮用。

3. 储存

黑茶的储存条件比较严苛，储存不当会损伤茶的口感甚至使茶叶变质无法饮用，黑茶储存的总原则为：干燥、通风、无异味。

（1）保证适当的温、湿度。黑茶是后发酵茶，需要存放在阴凉干燥的地方，但不宜过于干燥，过于干燥会延缓茶叶发酵，因此要有一定的湿度。

（2）通风透气。茶都是会呼吸，一旦储存环境有异味，茶叶就会吸附异味，影响到茶本身的口感和香气。

4. 功效

黑茶是后发酵茶，在发酵过程中，其内质发生变化，常喝黑茶对人体有很好的保健功能，是其他茶所不能相比的。

（1）利于消化、解油腻、利尿。黑茶中含有的咖啡碱和维生素等物质，咖啡碱能够刺激肠胃分泌，促进消化、增强食欲，因此喝茶在喜欢吃肉的地区非常受欢迎。

（2）养胃护胃。黑茶经过发酵后，茶性更加温和，口感醇厚甘爽，男女老少皆宜，冬季饮用也非常适合。

（3）抗氧化、延缓衰老。黑茶中含有的儿茶素等物质能够消除人体的自由基，延缓衰老。

（4）补充膳食营养。黑茶中含有丰富的维生素和矿物质等有利健康的物质，常喝黑茶能够在一定程度上满足营养需求，西北地区有"宁可三日无粮，不可一日无茶"说法就足以说明。

除此之外黑茶还具有降脂减肥、降血压、抗癌等药理作用。

5. 禁忌

（1）喜喝新茶：由于新茶存放时间短，含有较多的未经氧化的多酚类、醛类及醇类等物资，对人的胃肠黏膜有较强的刺激作用，易诱发胃病。所以新茶宜少喝，存放不足半个月的新茶更应忌喝。

（2）空腹喝茶：空腹喝茶可稀释胃液，下降消化功效，加水吸收率高，致使茶叶中不良成分大量进血，引发头晕、心慌、手脚无力等症状。

（3）发热喝茶：茶叶中含有茶碱，有升高体温的作用，发热病人喝茶无异于"火上浇油"。

（4）饭后喝茶：茶叶中含有大量鞣酸，鞣酸可以与食品中的铁元素发生反应，添生难以溶解的新物资，时间一长引起人体缺铁，甚至诱发贫血症。准确的方法是：餐后一小时再喝茶。

（5）喝头遍茶：由于茶叶在栽培与加工过程中受到农药等有害物的污染，茶叶表面总有一定的残留，所以，头遍茶有洗涤作用应弃之不喝。

（三）黄茶

黄茶又叫"侨销茶"，属于发酵茶类，黄茶的诞生颇为巧合，是在生产绿茶时制作工艺出现偏差而偶然得到的，因此制作工艺十分相似，但是黄茶与绿茶的口感、汤色和外观都有很大区别。

1.茶性

黄茶属于微发酵茶，性凉，可提神醒脑、消食化滞，制作工艺主要有杀青、闷黄、干燥，其中闷黄尤为重要，是形成黄茶品质特征的重要一步，闷黄的程度、掌握的好坏，也决定了黄茶的品质好坏，市面上好的黄茶难寻，就是因为闷黄一步很难掌握到位。

其实闷黄的过程就是发酵的过程，这个过程中叶绿素等物质氧化，茶叶颜色变黄，黄叶黄汤是黄茶的显著特征，黄茶的口感相较于绿茶，没有绿茶的苦涩，更加香醇。低发酵，闷黄工艺形成黄汤黄叶。

2.分类

黄茶的分类是根据原料的嫩度把黄茶分为：黄芽茶、黄小茶、黄大茶。

黄芽茶：芽叶细嫩，白毫尽显，汤色微黄或黄亮，叶底嫩黄匀亮，气味芬芳馥郁，用细嫩单芽或一芽一叶加工而成。

黄小茶：芽叶较细嫩，显毫，汤色橙黄透亮，叶底嫩黄，香气浓郁，用细嫩芽叶加工而成。

黄大茶：外形条索粗壮，耐泡，汤色呈现透亮黄色或褐色，叶底嫩黄或黄中显褐色，香高味浓，采用一芽二、三叶或三、四叶加工而成。

3. 冲泡

（1）准备茶具。（建议使用玻璃杯或者盖碗，黄茶芽叶素有"金镶玉"的美称，将茶叶泡在玻璃杯中，可透过茶杯欣赏到茶叶在茶杯中或缥缈摇曳或苍劲如柱的景观，十分美观）

（2）水烧至80~90℃。

（3）温壶涤具：沸水倒入杯中冲洗，再迅速倒掉。

（4）投放茶叶，投放量为茶杯的四分之一处即可。

（5）静候几分钟，即可品尝。

4. 储存

黄茶与绿茶相近，保存方法也类似。

储存最忌潮湿、高温、暴晒、氧气和异味。

总原则：阴凉干燥、密封无异味。

家庭储存方法可以：陶瓷罐密封、塑料袋密封。（可存放冰箱）

5. 功效

（1）助消化、促食欲、护脾胃。黄茶是沤茶，在制作的过程中产生了大量的酶，消化酶有助于肠胃吸收，能保护脾胃。

（2）减肥降脂。如前说，黄茶助消化吸收，那些懒癌患者，不想动又怕胖可以试试哦。

除此之外，黄茶鲜叶中天然物质保留多，具有预防食道癌、抗癌杀菌消炎等药理功效。

（四）青茶

1. 茶性

青茶即乌龙茶（大红袍、武夷水仙、凤凰单丛等），性平，半发酵，工艺极其繁复，人工依赖高，以品香为主，香气高远、茶汤鲜爽，适宜人群最广。有不少好的乌龙茶，特别是陈放佳的乌龙茶，会出现令人愉悦的果酸，中医认为酸入肝经，因此有疏肝理气之功，但脾胃有病症者不宜多饮。乌龙茶中的武夷岩茶，更是特点鲜明，味重，"令人释躁平矜，怡情悦性"。凤凰单丛茶香气突出，在通窍理气上尤为明显。

2. 冲泡

乌龙茶香气怡人。代表茶有武夷山大红袍、安溪铁观音等，最佳用具是盖碗，同时讲究"高香低泡"的原则，即把三分之一的茶放入盖碗中，沸水100℃定点冲泡，激发茶香，冲水不能离盖碗太远，一定要近，才能聚集香气，保留茶香。

第一泡的时候只是让茶叶湿润，二泡的时候开始有茶香，三泡、四泡叶子已经完全舒展，味道充分释放，茶汤此时口感香气最好，五泡以后茶味渐渐减退，水味越来越重。

注意茶最好要占容器的三分之一，味道才醇香哦。

3. 储存

乌龙茶最好把它放在冰箱里低温保存。乌龙茶属于半发酵茶，介于红茶和绿茶之间很容易储存。

根据干燥烘烤的程度，岩茶、铁观音茶具有浓郁的香味，有些单味茶和其他具有重烤火的茶可以在室温下保存而不需要低温。

4. 功效

青茶属于半发酵的茶，其代表品种有武夷岩茶（大红袍）、铁观音等。具有促进血液循环、降低胆固醇等功效。

5. 禁忌

忌空腹饮乌龙茶，忌酒后饮茶。

因为这样很容易出现茶醉的现象，出现类似头晕、心慌、手脚无力等症状。忌睡前饮乌龙茶，这样只会让自己难以入眠。另外，冷了凉掉的乌龙茶最好要加温后饮用，因为冷饮乌龙茶会很容易对胃产生不利。

（五）红茶

1. 茶性

红茶（正山小种、金骏眉、祁门红茶、滇红茶等）性温，适合胃寒、手脚发凉、体弱、年龄偏大者饮用。红茶属于全发酵的茶，经过了发酵，因此比绿茶的刺激性更低。

2. 冲泡

红茶冲泡水温适宜90～95℃，环壁注水，快速出茶，并且不能留茶汤在盖碗中。如果第一泡茶汤没有出干净，接下来的每一泡茶都会发涩，所以每一泡茶出汤一定要干净。

环壁注水可以使水浸泡到每一根茶叶，激发茶的香味。

一泡水，二泡就开始出味道了，正宗的武夷山红茶可以冲泡六泡仍有余香，两泡到四泡是红茶最好的口感。

红茶：全世界接受度最高
花果香，性温和
益以白瓷器冲泡

3. 储存

红茶的储存最好使用陶瓷，可保存两年以上。红茶属于发酵茶，经过萎蔫、滚压、发酵、干燥等特殊工艺精制而成。红茶含水量不高，易受潮或受气味的影响，要避免与不同种类的茶混用存放。保持密封干燥，远离光线和高温。

虽然新红茶的香气很好，但火很重。买的时候可以放一到两个月，放一年或许红茶的味道和香气最好，但也可以储存两年以上。味道越来越醇厚，具有较高的耐泡性，老红茶具有明显的胃肠调节作用。当然，为了保持茶的新鲜和美味，最好把它放在冰箱里低温保存。

4. 功效

红茶属全发酵茶类，茶性温和，特别适合肠胃不好的人。尤其是小叶种红茶，如正山小种、烟小种等，滋味甜醇，无刺激性，具有调节脾胃的作用。如在红茶的茶汤中加入适量的牛奶和红糖，还可补充营养、增加能量，比较适合身体虚弱的人。

5. 禁忌

结石患者忌饮红茶。有贫血的、有精神衰弱失眠的人，饮红茶会使失眠症状加重。平时情绪容易激动或比较敏感、睡眠状况欠佳和身体较弱的人也不宜饮过多，因为红茶有提神作用。胃热、舌苔厚者、口臭者、易生痘者、双目赤红、上火的人、经期、孕期、哺乳期女性，不宜饮用红茶。

（六）白茶

1. 茶性

白茶（白毫银针、月光白、白牡丹等）性凉，适用人群和绿茶相似，但"绿茶的陈茶是草，白茶的陈茶是宝"，陈放的白茶有去邪扶正的功效。微发酵，茶汤呈象牙白，清鲜爽口，性寒，陈化后逐渐温和。

2. 冲泡

白茶常用盖碗冲泡，先用沸水把茶具清洗一遍，作消毒之用。清洗过后，将茶倒入盖碗（通常用120mL的盖碗，投茶5克即可）。

投茶后可用盖碗的余温闻香，之后再用沸水冲泡。用盖碗冲泡，可充分激发茶叶中的香气物质，因为盖碗的便捷性，又方便闻香，十分难得。

（老白茶用沸水冲泡，新白茶及白毫银针用90℃开水冲泡）

白茶三大类、白毫银针、白牡丹、寿眉。

冲泡白毫银针，建议茶友们采用定点注水的方式，这样不会破坏芽头娇嫩的茶，保证了茶叶的原滋味。

白毫银针冲泡时，前三泡出水时间要快，通常5秒出水即可。之后根据茶汤的浓度，延缓出水时间。

白牡丹，亦属于芽头娇嫩的茶，在冲泡时，与白毫银针有异曲同工之妙。出水时间，也是由快到慢，前三泡不要闷泡，否则易出现茶汤浓烈甚至是苦涩的情况。

待茶汤滋味变淡后，加长冲泡时间即可。

寿眉最大的特点在于它们的外形粗大，叶片厚、茶梗多。冲泡寿眉时，可直接将沸水冲泡到茶叶上。

因为寿眉的蜡质丰富、叶片厚、茶梗多，所以在冲泡的时候，出水时间可适当延缓一些，前三泡控制在7秒左右出水，后面几泡可根据茶汤浓度调整。

3. 储存

白茶储存简单，只需室温储存，防异味即可

白茶是最原始、最简单的茶。白茶最容易储存，不需要低温保鲜，只需要室温储存，防止异味；储存过程中有一定的转化和上升空间。存放时间越长，干茶和茶汤的颜色越深，口感越柔和。5年以上的白茶也很有效。

4. 功效

白茶含有丰富的多糖，在调节人体的免疫力和降低血糖等方面都有不错的功效。白茶的主要功效有保护脑神经、增强记忆力、减少焦虑，降血脂、降血糖，退热祛暑。此外，白茶中含有的茶氨酸还具有中和咖啡碱的作用。

5. 禁忌

白茶性寒凉，对于胃"热"者可在空腹时适量饮用。胃中性者，随时饮用都无妨，而胃"寒"者则要在饭后饮用。白茶用量，一般每人每天只要5克就足够，老年人更不宜太多，忌大量饮用新茶，建议喝3年以上的白茶。

二、十大名茶冲泡方法

明代的许次疏在《茶疏》中说："茶滋于水蕴于器，汤成于火，四者相连，缺一不可。"茶、水、器、火四者，环环相扣，这和我们谈的如何泡好茶正好相呼应。

泡茶看似容易，将茶置于壶内，注热水，待片刻，再倒出来，就完成了"泡茶"。表面看来，泡茶就如上述的分解动作，就可得好茶汤。然而，静心观茶、识茶，钻研茶的特质，才是泡好茶的第一步。在上述文字记载之外，实际泡茶过程中，以及面对不同茶叶和茶器时更仔细分辨，才得好茶汤滋味。在此我们要学习黄山毛峰、西湖龙井、祁门红茶、六安瓜片、安溪铁观音、洞庭碧螺春、都匀毛尖、武夷岩茶、信阳毛尖、君山银针中国十大名茶的冲泡方法。

（一）黄山毛峰的冲泡方法

冲泡黄山毛峰有以下几点是要值得注意的，否则的话，即使是上等的黄山毛峰也泡不出好的滋味来。

1. 比例

直接反应的是茶的浓淡，浓淡要合适才好，使我们能够品尝到茶的色和香，同时，适当的浓淡对于茶叶中的物质的浸出是有影响的，这不但影响到茶水的色、香、味，也影响到茶水对人体影响作用。浓淡可以科学计测，但是平时很少有人去理会这一指标的，还是要自己把握，一般是宜淡不宜浓。大致上说，一般绿茶，茶与水的重量比为1：80。常用的白瓷杯，每杯可放茶叶3克。一般玻璃杯，每杯可放2克。

2. 水温

对不同的茶要求用不同的水温，应视不同类茶的级别而定。但是我们经常不注意这一点，总是喜欢用很烫的水来冲泡。一般说来，红茶、绿茶、乌龙茶用沸水冲泡可以较好地使茶叶中的有效成分迅速浸出。某些嫩度很高的绿茶，如黄山毛峰、西湖龙井，应用80%～90%的开水冲泡，使茶水绿翠明亮，香气纯正、滋味甘醇。

3. 时间

一般也就是3～10分钟。泡久了不但茶的口味不好了，还容易将茶中对人体不利的物质泡出来。将黄山毛峰放入杯中后，先倒入少量开水，以浸没茶叶为度，加盖3分钟左右，再加入开水七八成满便可趁热饮用。水温高、茶叶嫩、茶量多，则冲泡时间可短些；反之，时间应长些。一般冲泡后加盖3分钟，茶中内含物浸出55%，香气发挥正常，此时饮茶最好。

4. 次数

一般3～4次就好了，俗话说："头道水，二道茶，三道四道赶快爬。"意思是说头道冲泡出来的茶水不是最好的，喝第二道正好，喝到三道、四道水就可以了。饮茶时，一般杯中茶水剩三分之一时，就应该加入开水，这样能维持茶水的适当浓度。

（二）安溪铁观音的冲泡方法

安溪铁观音茶的泡饮方法别具一格，自成一家。首先，必须严把用水、茶具、冲泡三道关。"水以石泉为佳，炉以炭火为妙，茶具以小为上"。

冲泡按其程序可分为八道：

1. 白鹤沐浴（洗杯）

用开水洗净茶具。

2. 观音入宫（落茶）

把铁观音茶放入茶具，放茶量约占茶具容量的五分之一。

3. 悬壶高冲（冲茶）

把滚开的水提高冲入茶壶或盖瓯，使茶叶转动。

4. 春风拂面（刮泡沫）

用壶盖或瓯盖轻轻刮去漂浮的白泡沫，使其清新洁净。

5. 关公巡城（倒茶）

把泡一二分钟后的茶水依次巡回注入并列的茶杯里。

6. 韩信点兵（点茶）

茶水倒到少许时要一点一点均匀地滴到各茶杯里。

7. 鉴尝汤色（看茶）

观赏杯中茶水的颜色。

8. 品啜甘霖（喝茶）

趁热细啜，先闻其香，后尝其味，边啜边闻，浅斟细饮。饮量虽不多，但能齿颊留香，喉底回甘，心旷神怡，别有情趣。

（三）西湖龙井的冲泡方法

用具：优质龙井茶、透明玻璃杯、水壶、清水罐、水勺、赏泉杯、赏茶盘、茶匙等。

1. 初识仙姿

龙井茶外形扁平光滑，享有色绿、香郁、味醇、形美"四绝"之盛誉。优质龙井茶，通常以清明前采制的为最好，称为明前茶；谷雨前采制的稍逊，称为雨前茶；而谷雨之后的就非上品了。明人田艺衡曾有"烹煎黄金芽，不取谷雨后"之语。

2. 再赏甘霖

"龙井茶、虎跑水"是为杭州西湖双绝，冲泡龙井茶必用虎跑水，如此才能茶水交融，相得益彰。虎跑泉的泉水是从砂岩、石英砂中渗出，流量为43.2～86.4立方米/日。现在将硬币轻轻置于盛满虎跑泉水的赏泉杯中，硬币置于水上而不沉，水面高于杯口而不外溢，表明该水水分子密度高、表面张力大，碳酸钙含量低。请来宾品赏这甘霖清冽的佳泉。

3. 静心备具

冲泡高档绿茶要用透明无花的玻璃杯，以便更好地欣赏茶叶在水中上下翻飞、翩翩起舞的仙姿，观赏碧绿的汤色、细嫩的茸毫，领略清新的茶香。冲泡龙井茶更是如此。现在，将水注入将用的玻璃杯，一来清洁杯子，二来为杯子增温。茶是圣洁之物，泡茶人要有一颗圣洁之心。

4. 悉心置茶

"茶滋于水，水藉于器。"茶与水的比例适宜，冲泡出来的茶才能不失茶性，充分展示茶的特色。一般来说，茶叶与水的比例为1：50，即100mL容量的杯子放入2克茶叶。现将茶叶用茶则从茶仓中轻轻取出，每杯用茶2～3克。置茶要心态平静，茶叶勿掉落在杯外。敬茶惜茶，是茶人应有的修养。

5. 温润茶芽

采用"回旋斟水法"向杯中注水少许，以四分之一杯为宜，温润的目的是浸润茶芽，使干茶吸水舒展，为将要进行的冲泡打好基础。

6. 悬壶高冲

温润的茶芽已经散发出一缕清香，这时高提水壶，让水直泻而下，接着利用手腕的力量，上下提拉注水，反复三次，让茶叶在水中翻动。这一冲泡手法，雅称凤凰三点头。凤凰三点头不仅为了泡茶本身的需要，为了显示冲泡者的姿态优美，更是中国传统礼仪的体现。三点头像是对客人鞠躬行礼，是对客人表示敬意，同时也表达了对茶的敬意。

7. 甘露敬宾

客来敬茶是中国的传统习俗，也是茶人所遵从的茶训。将精心泡制的清茶与亲朋好友共赏，别是一番欢愉。让我们共同领略这大自然赐予的绿色精英。

8. 辨香识韵

评定一杯茶的优劣，必从色、形、香、味入手。龙井是茶中珍品，素有"色绿、香郁、味甘、形美"四绝佳茗之称。其色澄清碧绿，其形一旗一枪，交错相映，上下沉浮。通常采摘茶叶时，只采嫩芽称"莲心"；一芽一叶，叶似旗、芽似枪，则称为"旗枪"；一芽两叶，叶形卷曲，形似雀舌，故称"雀舌"。闻其香，则是香气清新醇厚，无浓烈之感，细品慢啜，体会齿颊留芳、甘泽润喉的感觉。

（四）碧螺春的冲泡方法

备具：茶盘1只；无色透明玻璃杯3~5只；茶叶罐1只；赏茶碟（闻香碟）1只；茶巾1块；水盂1只；茶匙组1副；开水壶1只；沸水。70~80℃水温，用玻璃杯上投法冲泡。

1. 观茶闻香（赏茶）

用茶匙拨出少许茶样入于赏茶碟中，可供宾主观茶闻香。

2. 烫杯

取开水壶，往每个杯中冲入约占杯容量1/3的热开水进行烫杯，烫杯的作用是可以温杯和进一步洁杯。

3. 放置茶叶

茶与水的比例一般为1：50或根据个人的需要而定。

4. 浸润

倒入四分之一的开水，让茶叶在水中浸润，使芽叶吸水膨胀慢慢舒展，便于可溶物浸出，初展清香。这时的香气是整个冲泡过程中最浓郁的时候。

5. 冲泡

手提水壶高冲低斟反复3次，利用水的冲力，使茶叶在杯中上下翻动，促使茶汤均匀，冲水量为杯容量的七分左右，意为"七分茶，三分情"或俗语说的茶七饭八酒满杯。

6. 品茶

品茶当先闻香，后赏茶观色，可以看到杯中轻雾缥缈，茶汤澄清碧绿，芽叶嫩匀成朵，亭亭玉立，旗枪交错，上下浮动栩栩如生。然后细细品啜，寻求其中的茶香与鲜爽，滋味的变化过程，以及甘醇与回味的韵味。

（五）六安瓜片的冲泡方法

备具：直口玻璃杯一个、六安瓜片、电水壶一个、基本功夫茶具一套（包括茶海一个、竹节茶道六件套一个、陶瓷储茶罐一个）。

1. 烧水

凉温到75～85℃，用烧开的水沿着杯沿四壁倒入，温杯。用茶匙取3克茶叶放入玻璃杯。

2. 泡茶

上、中、下皆可，我们这里选择下投法，倒入适量温开水，以覆盖茶叶为佳。

3. 轻轻摇动茶杯

使茶叶完全吸附水分，散发香味，搁置3分钟左右。

4. 沿着杯壁加满水冲泡

观茶型，闻茶香，品茶汤。

（六）武夷岩茶的冲泡方法

备具：紫砂壶一个，武夷岩茶（这里以特级为例）、电水壶一个、基本功夫茶具一套（包括茶海一个、竹节茶道六件套一个、紫砂壶一个、陶瓷储茶罐一个）。

1. 温杯

用沸水温茶具，使茶具均匀受热。

2. 洗茶

用茶匙取适量茶叶放入紫砂壶，洗茶讲究一个"快"字，只要把茶叶的香味唤醒即可，无需泡出茶味。

3. 泡茶

弃去洗茶之水，倾入沸水，盖上壶盖泡4～5分钟，期间要用沸水浇注壶身，以3次为佳，高温之下才能使浓郁的茶香充分散发出来。

4. 出汤

将泡好的茶汤倒入公道杯中，低倒，快速，防止茶香飘逸。将公道杯中的茶汤分到小口杯里，即可品茶香，观茶形。

（七）祁门红茶的冲泡方法

祁门红茶采用清饮最能品味其隽永香气，冲泡工夫红茶时一般要选用紫砂茶具、白瓷茶具和白底红花瓷茶具。茶和水的比例在1∶50左右，泡茶的水温在90～95℃。冲泡工夫红茶一般采用壶泡法，首先将茶叶按比例放入茶壶中，加水冲泡，冲泡时间在2～3分钟，然后按循环倒茶法将茶汤注入茶杯中并使茶汤浓度均匀一致。品饮时要细品慢饮，好的工夫红茶一般可以冲泡2～3次。

备具：壶、公道杯、品茗杯、闻香杯放在茶盘上，茶道、茶样罐放在茶盘左侧，烧水壶放在茶盘右侧。

1. 赏茶

打开茶样罐，让客人欣赏茶叶的色和形。

2. 烫杯烧罐

将开水倒入水壶中，然后将水倒入公道杯，接着倒入品茗杯中。

3. 投茶

按1∶50的比例把茶放入壶中。

4. 洗茶

右手提壶加水，用左手拿盖刮去泡沫，左手将盖盖好，将茶水倒入闻香杯中。

5. 第一泡

将开水加入壶中，泡一分钟，趁机洗杯，将水倒掉，右手拿壶将茶水倒入公道杯中，再从公道杯斟入闻香杯，只斟七分满。

6. 鲤鱼跳龙门

用右手将品茗杯反过来盖在闻香杯上，右手大拇指放在品茗杯杯底上，食指放在闻香杯杯底，翻转一圈。

7. 游山玩水

左手扶住品茗杯杯底，右手将闻香杯从品茗杯中提起，并沿杯口转一圈。

8. 喜闻幽香

将闻香杯放在左手掌，杯口朝下，旋转90度，杯口对着自己，用大拇指捂着杯口，放在鼻子下方，细闻幽香。

9. 品啜甘茗

三个口是一个品，要作三口喝，仔细品尝，探知茶中甘味。

（八）君山银针的冲泡方法

（1）君山银针是一种较为特殊的黄茶，它有幽香，有醇味，具有茶的所有特性，但它更注重观赏性，因此其中冲泡技术和程序十分关键。

（2）冲泡君山银针用的水以清澈的山泉为佳，茶具最好用透明的玻璃杯，并用玻璃片作盖。杯子高度10～15厘米，杯口直径4～6厘米，每杯用茶量为3克，其具体的冲泡程序如下：用开水预热茶杯，清洁茶具，并擦干杯，以避免茶芽吸水而不宜竖立。用茶匙轻轻从茶罐中取出君山银针约3克，放入茶杯待泡。用水壶将70℃左右的热水，先快后慢冲入盛茶的杯子，至二分之一处，使茶芽湿透。

（3）稍后，再冲至七八分满为止。约5分钟后，去掉玻璃盖片。君山银针经冲泡后，可看见茶芽渐次直立，上下沉浮，并且在芽尖上有晶莹的气泡。

（4）君山银针是一种以赏景为主的特种茶，讲究在欣赏中饮茶，在饮茶中欣赏。刚冲泡的君山银针是横卧水面的，加上玻璃片盖后，茶芽吸水下沉，芽尖产生气泡，犹如雀舌含珠，似春笋出土。

（5）接着，沉入杯底的直立茶芽在气泡的浮力作用下，再次浮升，如此上下沉浮，真是妙不可言。当启开玻璃盖片时，会有一缕白雾从杯中冉冉升起，然后缓缓消失。赏茶之后，可端杯闻香，闻香之后就可以品饮了。

（九）太平猴魁的冲泡方法

1. 备具

透明玻璃杯一个、太平猴魁、电水壶一个、基本功夫茶具一套（包括茶海一个、竹节茶道六件套一个、陶瓷储茶罐一个）。

2. 温杯

使用80℃左右的开水温玻璃杯取适量茶叶（7～8片）放入玻璃杯中，根部朝下，赏茶形。

3. 洗茶

将80℃左右的开水沿着杯壁倒入茶杯中，快速洗茶。

4. 泡茶

先加入杯子容量三分之一的开水，1～2分钟后再加满水，即可。

（十）信阳毛尖的冲泡方法

1. 备器

三才杯（白瓷盖碗）若干只，木制托盘1个，开水壶、酒精炉1套（或随手泡1套），青瓷茶荷1个，茶道组1套，茶巾1条，茶叶罐1个（内装高级信阳毛尖）。

2. 焚香

焚香即手拈3柱细香默默祷告，这是在供奉茶神陆羽。

3. 涤器

涤器的过程是茶人净化自己心灵的过程，烹茶涤器，不仅是洗净茶具上的尘埃，更重要的是要净化提升茶人的灵魂。

4. 赏茶

由主泡人打开茶叶罐，用茶匙拨茶入茶荷，供客人鉴赏茶叶，并解说茶叶名称，特征、产地。

5. 投茶

用茶匙将茶叶拨入三才杯中，每杯3～5克茶叶，投茶时，可遵照五行学说金、木、水、火、土五个方位一一投入，不违背茶的圣洁特性，以祈求茶带给人们更多的幸福感。

6. 洗茶

这道程序是洗茶、润茶，向杯中倾入温度适当的开水，用水量为茶杯容量的四分之一或五分之一，迅速放下水壶，提杯按逆时针方向转动数圈，并尽快将水倒出，以免泡久了造成茶中的养分流失。

7. 注水

提壶冲水入杯，通常用"凤凰三点头"法冲泡，即主泡人将茶壶连续三下高提低放，此动作完毕，一盏茶即注满七成，这种特殊的手法叫"凤凰三点头"，表示对来客的极大敬意。

8. 献茗

向品茶者敬奉香茗，面带微笑，双手欠身奉茶，并说"请品茶！"

9. 收具

品茶结束后，要将茶具洗净收起。

第四节　家庭茶文化

一、茶、人、德、道

茶既是灵魂之饮，以茶载道，以茶行道，以茶修道，因而茶中无道就算不得"茶道"。不懂品茗技巧，也不理会饮茶修身养性的作用，亦算不得"茶人"。

茶道就是人道。茶道的角色是茶人，从古至今，从海内到海外，几乎无处不无茶人，无时不有茶人。一个人，只有当他对茶产生敬意时，才能成为新的茶人和爱茶人！

中国自古以佳茗待客，越是尊贵的客人越用上品招待，意喻如茶一般清醇优雅的气质和坦诚高洁的情操。陆树声著《茶寮记》中提道："煎茶虽微清小雅，然而其人与茶品相得。"要求茶、人之间的情操高尚、志同道合，饮茶时要吟诗、挥翰。

茶是自然的产物，本身就含有天地灵气，每一个侍茶者，应充分进行内在修炼，深刻领悟茶与人、茶与道、茶与德、茶与品、茶与礼等的内在联系，那么对茶的理解、对泡茶的感觉便会源于形而超于形，真正在服务中做到与茶相融、与人相融，服务就人性化、灵活化了。

二、家庭茶礼

一花一世界，一叶一如来。人们在茶中观察身外的大千世界，在茶中寻找内心的恬淡平和。环境对于饮茶的感受有着重要的影响。

1.家庭饮茶的环境

饮茶是很多人家庭生活中必不可少的事情，随着家庭茶艺的应运而生，家庭饮茶环境得体的要求是安静、清新、舒适、干净。现在介绍几种家庭饮茶的环境：

（1）书房

书房是读书、学习的场所，本身就具有安静、清新的特点，自古茶和书籍都有密不可分的关系，在书中更能体现出饮茶的意境，书房中可有一个小茶几，放置1~2人的茶具茶壶，一个人时沏一壶茶读一本书是非常惬意的，布置书房茶台要小而精致。

（2）庭院

如在庭院中种植一些花草，摆上茶几、椅子，和大自然融为一体，插一枝鲜花，燃一枝檀香，饮茶意境立刻就显现出来了。

（3）客厅

可以在客厅的一角辟出一个小空间，布置一些中式家具或是小型沙发，放上一套专业茶具，插一瓶立式插花，饮茶的氛围立刻就营造出来了，休闲时刻客户与家人、亲友一起饮茶聊天是幸福和有格调的生活方式。

2.家庭饮茶的特点

家庭饮茶的特点是休闲性、保健性、交际性。因此，家庭服务人员在泡茶时，要适时掌握客户饮茶的特点，为提供合适的茶品及有效地保障客户的私密性，泡好茶后该回避的要回避，不能回避的要注意保密原则，不能随便传播作为聊资。

3.家庭茶会

有一些家庭或者会所，房屋面积大，也喜欢经常约亲朋好友聚会，这时就会在客厅或庭院布置茶会、酒会等活动，让来的宾客有交流品鉴的地方。一般品茶会会比较讲究，要求茶叶和茶具的准备和摆布都很专业精细，还要具有地方特色，一般用陶或瓷器皿作茶具，不宜用玻璃杯及热水瓶。茶话会就比较随便一些，可加摆糖果、瓜子等。音乐茶会更加自由、活泼，乐曲准备比茶更重要，有时可以用饮料代表。家庭服务人员要注意给所有客人续茶，续茶时走路要轻，动作要稳，说话声音要小，举止要落落大方。续茶时要一视同仁，不能只给一小部分人续，而冷落了其他人。

三、家庭茶会环境与布置

现代茶艺是一种精致的诗意的生活方式，要想从茶的滴水微香中感悟大自然的真味，领略生活的真趣，在茶会活动开始前应当做好充分的准备，首先是布席。茶席布置从广义上讲就是品茗环境的布置，即根据茶艺的类型和主题，为品茗营造一个温馨、高雅、舒适、简洁的良好环境。其主要内容包括照明艺术、音乐选播和茶具组合三个方面。

（一）照明艺术

光线是满足人的视觉对空间、色彩、质感、造型等审美要素进行审美观照的必要条件。但是，在茶席布置时仅仅提供照明是远远不够的，茶室中的灯光还应当能营造出与所要演示的茶艺相适应的气氛，提升茶室的高雅格调和文化品位。要做到这些就应该注意处理好一般照明、局部照明与混合照明的关系。

一般照明是为了满足视觉的基本要求，因此，光的亮度和色调十分重要。品茗场所的光线应当柔和温馨，色调应当顺应季节的变化，让人感到眼睛舒适，心情放松、安详、恬静。

局部照明是指为照亮某些需要强调的部位而设置的照明，它能使室内空间层次发生变化，增强环境气氛的表现力，因此在茶席布置时非常重要。例如在泡茶台正上方的屋顶上安装一盏射灯。开灯时，灯光恰好投射在茶盘中央，人们的目光会自然而然地聚焦到射灯所照亮的范围，观赏茶杯中被射灯照得格外艳丽璀璨的茶汤，以及表演者的优美手势。

混合照明是指在同一场所中，既配置一般照明解决整个空间的基本照明，又配置局部照明，突出局部区域的亮度，调整光线的方向，以满足茶席布置的艺术要求。在茶席布置中通常是采用混合照明，主照明灯、屋顶射灯、壁灯、台灯、隐形灯、展示柜灯等都要配置各自独立的组合开关，以满足不同情景的不同需要。

（二）音乐的选播

音乐的选播在茶席布置中至关重要。没有音乐的茶室，是没有灵气的茶室；一套没有配乐的茶艺，是没有神韵的茶艺。音乐是生命的律动，在茶艺中应当十分重视用音乐来营造意境。不同节奏、不同旋律、不同音量的音乐对人体有不同的影响，快节奏大音量的音乐使人兴奋，慢节奏小音量的音乐使人放松，柔美的音乐可对人产生镇静、降压、愉悦、安全的效果。在茶室中，音乐主要用于两个方面。

其一是背景音乐。背景音乐最适合以慢拍、舒缓、轻柔的乐曲为主，其音量的控制非常重要。音量过高，显得喧嚣，令人心烦，会引起客人的反感；音量过低，则起不到营造气氛的作用。把背景音乐的音量调节到若有若无，像是从云中传来的天籁，有仙乐飘飘的感觉为最妙。

其二是主题音乐。主题音乐是专用于配合茶艺表演的，可以是乐曲也可以是歌曲。同一主题音乐还应当注意演奏时所使用的乐器，例如蒙古族茶艺宜选马头琴，维吾尔族茶艺宜选冬不拉、热瓦普，云南茶艺宜选葫芦丝、巴乌，汉族文士茶艺宜选古琴、古筝、箫、琵琶、二胡等。

（三）茶具组合

茶具组合及摆放是茶席布置的核心。古代茶具组合一般都本着"茶为君、器为臣、火为帅"的原则配置，即一切茶具组合都是为茶服务的。现代茶具组合是在实用性的基础上，尽可能做到兼顾艺术性，这主要从三个方面去考虑。

1. 根据茶性以及茶叶产地选择茶具

不同的茶类，不同的茶叶品种具有不同的茶性。例如：乌龙茶相对粗枝大叶，要求用沸水冲泡，宜以保温性能好的紫砂壶为核心组合茶具；冲泡高档的绿茶，要求展示茶形美和汤色美，宜选用玻璃杯冲泡；红茶要在较宽松的壶中冲泡才能充分舒展开茶胚，溶解出美味，所以宜选用容量较大的瓷壶冲泡。

2. 根据泡茶的主要目的选择茶具

同样是冲泡大红袍或铁观音，若是为了接待亲朋好友，可选用古朴典雅、美观实用的紫砂壶。若是为了审评茶叶或促销茶叶，则不宜用紫砂壶，最好选择盖碗(三才杯)审评杯。因为紫砂壶会吸附茶香，用老壶泡茶，闻到的香气通常是长期累积下来的混合茶香，并且无法观察冲水后茶叶的变化，而用盖碗则能最直观地审评出茶的优缺点。

3. 根据茶艺所反映的主题内容选择茶具

茶具的选择应当与茶艺主题所反映的时代、地域、民族以及人物的身份相一致。即使冲泡同一品种的茶，不同民族、不同地区流行的茶具也各具特色。茶具选定之后一般还要与铺垫、插花、焚香、挂画四个方面相配合。

四、家庭泡茶技巧

1. 怎样控制茶叶浸泡时间

茶叶的浸泡时间要根据茶叶不同而制定，不同的茶浸泡时间不相同，同一种茶在不同的浸泡时间下也会呈现出不同的味道。

茶叶的浸泡时间，一般在第一泡时，最好要5分钟左右。如果浸泡的时间过短，溶水成分还没有完全释放，因而茶汤也就体现不出来茶叶本身的香味。

一般的红茶、绿茶，冲泡时间大约3～4分钟，口感最佳。有的茶比较细嫩，因此浸出的时间比较短，要适当缩短时间，例如碧螺春只需要2～3分钟即可，有些茶则需要适当延长浸泡时间，否则就散发不出茶的鲜香，例如竹叶青浸泡时间要在6～7分钟。

2. 家庭茶艺怎样选择投茶量

投茶量并没有完全统一的标准，一般情况下，根据茶叶的类别、茶具的大小、饮用者的习惯来确定用量。茶多水少，味就浓，水多茶少，味就淡。

茶叶的用量有细茶粗吃，粗茶细吃的说法。相对来说粗茶的内含物质较多，粗茶放5克就可以了，但是细茶则至少要放8克才行。

茶叶有大叶，中叶和小叶的区分。在泡制时，大叶的投茶量相对较多，而小叶茶的少。因为小叶茶之间的缝隙小，看上去少实际量却很大，例如香片茶投茶量一般只要六分之一茶壶即可，而寿眉茶则至少需要三分之一茶壶，才能冲泡出茶的滋味。

根据不同的茶叶，投茶量也相对有一个基本的标准：绿茶一般投中号茶壶的五分之一；大叶的要占三分之一；清香型的青茶投四分之一，浓香型的青茶投三分之一；红茶一般投茶壶的四分之一；白茶一般投茶壶的三分之一；黑茶一般投茶壶的四分之一。

3. 家庭泡茶怎样控制水温

泡茶的水温是很讲究的，水温直接影响到茶汤的质量，水温控制不好，再好的茶也出不了茶味。

首先是烧水，烧水时一定要用大火急沸，切忌文火慢煮。水以刚刚煮沸起泡最佳，煮的过久了，水中的二氧化碳就会消失了，这样的水会使茶叶的鲜味丧失，茶味也就不鲜美了。在水质方面，水质好的话，可以在烧开时就泡茶，这样的水最好，煮的时间久了反而会损失微量元素，如果水质不好，就要多煮一会儿，这样可以使杂质沉淀一下，不至于影响茶的香味。

不同的茶叶，有着不同的水温标准。绿茶以85～90℃的水冲泡最好（目测水泡如蟹眼般大小），一般不用 100℃（目测水泡如龙眼般大小）的沸水冲泡；红茶和花茶，适宜用刚刚煮沸的约90℃的水冲泡（目测水泡如鱼眼般大小）。

4. 家庭泡茶用茶杯的投茶方法

家庭里一般用玻璃直身杯或带把瓷杯泡茶，投茶一般可以分为上投法、中投法、下投法三种。

（1）上投法就是先注水至7分满，然后再舀茶投入，下投法泡茶，对茶叶的选择比较高。一般是比较细嫩的茶叶选择此法，其先注水后投茶，可以避免紧实细致的名茶因水温过高而影响到茶汤和茶姿。但弊端是会使杯中茶汤浓度上下不一，影响茶香的发挥。具体操作时，如晃动一下茶杯，可使茶汤浓度均匀，茶香得以发挥，茶的滋味才会更好。

（2）中投法是指先将沸水注入杯中约四分之一，然后投入茶叶，再次注入沸水至7分满的方法，一般来说，对任何茶都适合，而且这一方法也解决了水温过高对茶叶带来的破坏。可以更好地发挥茶的香味，但是泡茶的过程有些繁琐，操作起来比较麻烦。

（3）下投法就是如我们平常所见的把茶先投入杯中，然后直接注入开水的方法。下投法对茶叶的选择要求不高。此法冲出的茶汤，茶汁易浸出，不会出现上下浓淡不一的情况，色、香、味都可以得到有效的发挥，因此在日常生活中使用的最多。

5. 家庭茶艺的冲泡时间和次数大概是多少

茶叶的冲泡时间和次数，和茶叶的种类、用量、水温、饮茶习惯都有关系，所用茶叶越多则冲泡所需时间越短。反之，茶叶越少则需要的时间越长、因此时间和次数的差别会造成茶汤的明显差异。

水温和冲泡时间有着密切关系。当水温高时，冲泡的时间可以相对短一点，水温低时，冲泡时间要适当延长。

冲泡茶叶，第一泡时，可溶性物质浸出能达到50%～55%；第二泡浸出30%左右；第三次浸出10%左右；第四次几乎没有浸出。因此，一般情况下，泡茶冲三次即可废弃。

一般来讲，普通的红茶、绿茶，每杯放3克左右的茶，用沸水200毫克冲泡，大约需要4～5分钟即可饮用。如果用中投法，在浸润过茶叶后，冲泡大约3分钟左右即可。当杯中剩余三分之一茶汤时，可以续水，反复冲泡三次最佳。通常来说茶叶的品种同样也影响着泡茶的时间。

6.保温杯泡茶技巧

通过前面学习，我们已经知道茶水的风味取决于茶叶的种类、茶叶与水的比例、水温与冲泡时间、水质，等等。用保温杯泡茶，相当于大大延长了冲泡时间并且保持了高温。这使得茶中可溶成分溶出得极为充分，咖啡因和茶多酚的充分溶出就使得苦涩味更为突出。

但这并非不能解决的问题。不同的茶叶苦涩程度不同，比如白茶和普洱熟茶就不像绿茶和普洱生茶那么容易泡得苦涩。此外降低茶叶与水的比例，也能够降低苦涩而获得比较好的风味。

也就是说，用保温杯泡茶不要照搬通常泡茶的方式，要对茶叶种类和茶叶量进行适当调整，同时开水冲泡至杯子的三分之二，待茶泡开，再加入三分之一的凉开水，这样，一杯可即时喝的茶水就准备好啦，同时也就可能避免长时间高温带来的风味欠缺。

本章学习重点

1.茶叶的识别与储存。
2.常用茶具与每一种茶具的正确名称及用途。
3.六大茶类的特征及冲泡方法。
4.十大名茶的冲泡方法。
5.茶道与人、与家庭环境的关系。
6.家庭常用泡茶技巧。

本章学习难点

1.识别每一种茶并记住相关特性。
2.如何以茶道内修素养提升家政服务人员与人沟通的能力？
3.各类茶的冲泡方法和技巧。
4.不同人群不同季节如何健康饮茶？

练习与思考

1.家庭茶艺的重要性是什么？

2.家庭常用茶具有哪些?

3.试述不同季节不同时段如何健康饮茶?

4.练习六大茶类的冲泡技法。

云

轻轻淡淡

舒卷飘浮

风

温温柔柔

纵横交织

当

地上的小花

含羞绽放的时候

入家辛劳的阿姨

抹去额头上的最后一滴汗珠

欣然收拾好工具

笑嘻嘻的

准备回家

后 记

　　本书撰写历时16个月，修改完善历经了12个版次，诚心聘请家政服务、职业教育、教育科研院、所、云南省人力资源和社会保障厅、昆明市人力资源和社会保障局等行业领域的各级各类专家22位参与指导、评审。具体编写情况如下：

家政服务通用培训教程（上册）

序　　　　　　　　　　　　撰写者　杨红波
绪　跨进家政门　　　　　　撰写者　董颖蓉　褚达鸥
第一篇　家务技能　　　　　撰写者　董颖蓉　陈苏燕　李开芬等
第二篇　孕产护理与育婴　　撰写者　李红英　李芸莹
第三篇　居家养老护理　　　撰写者　褚达鸥

家政服务通用培训教程（下册）

第四篇　家政服务礼仪　　　撰写者　董颖蓉
第五篇　家政服务心理认知　撰写者　董颖蓉　谢　青
第六篇　家庭安全常识　　　撰写者　褚达鸥
第七篇　家政服务素质拓展　撰写者　董颖蓉　王立滨　王　玲　冉顶平

　　本书为从事家政服务工作的从业人员提供专业技术服务支持只是一个开始，我们还将与专业同仁、行业专家为家政服务质量品质的提升做更多的工作，特别是为青少年培养生活劳动技能、提高生活与劳动素质构建课程、编写学习读物做出我们的贡献。

参考文献

［1］李玉.家政学概论［M］.北京：中国农业出版社，2009.

［2］李元春.现代应用家政学［M］.成都：四川科学技术出版社，1999.

［3］张平芳.现代家政学概论（第2版）［M］.北京：机械工业出版社，2017.

［4］马利军，马黎，刘路.家政服务员［M］.天津：天津科学技术出版社，2017.

［5］钱艳霞，姚金芝.家政服务员培训教程［M］.石家庄：河北科学技术出版社，2014.

［6］李敏.收纳整理有窍门［M］.广州：广东经济出版社，2009.

［7］林昆辉.家庭心理学［M］.北京：电子工业出版社，2014.

［8］王琴茹，王培俊.服务心理学［M］.北京：高等教育出版社，2015.

［9］孟庆轩.宠物养护常识［M］.北京：中国社会出版社，2008.

［10］拙耕.服务礼仪［M］.长春：吉林教育出版社，2019.

［11］段学成.服务礼仪［M］.北京：北京理工大学出版社，2010.

［12］马帮敏.护理心理学［M］.沈阳：辽宁大学出版社，2013.

［13］中国就业培训技术指导中心，人力资源和社会保障部社会保障能力建设中心.养老护理员（基础知识、初级、中级、高级、技师）［M］.北京：中国劳动社会保障出版社，2020.

［14］中国就业培训技术指导中心.育婴员（基础知识、初级、中级、高级）［M］.北京：中国劳动社会保障出版社，2019.

［15］贾云竹，周蕾，喻声援.实用居家养老照料指南［M］.北京：北京出版社，2019.

［16］韩阳.每天会一点家居收纳整理术［M］.北京：电子工业出版社，2014.

［17］蒋青海.家庭安全手册［M］.南京：江苏科学技术出版社，2005.

［18］张丙军.家庭安全禁忌［M］.石家庄：河北科学技术出版社，2006.